工程预决算快学快用系列手册

电气工程预决算快学快用
（第2版）

本书编写组　编

中国建材工业出版社

图书在版编目(CIP)数据

电气工程预决算快学快用/《电气工程预决算快学快用》编写组编.—2版.—北京：中国建材工业出版社，2014.8
（工程预决算快学快用系列手册）
ISBN 978-7-5160-0804-1

Ⅰ.①电… Ⅱ.①电… Ⅲ.①电气设备-建筑安装工程-建筑经济定额-技术手册 Ⅳ.①TU723.3-62

中国版本图书馆 CIP 数据核字(2014)第 071861 号

电气工程预决算快学快用（第 2 版）
本书编写组　编

出版发行：中国建材工业出版社
地　　址：北京市西城区车公庄大街 6 号
邮　　编：100044
经　　销：全国各地新华书店
印　　刷：北京紫瑞利印刷有限公司
开　　本：850mm×1168mm　1/32
印　　张：15.5
字　　数：492 千字
版　　次：2014 年 8 月第 2 版
印　　次：2014 年 8 月第 1 次
定　　价：42.00 元

本社网址：www.jccbs.com.cn　　微信公众号：zgjcgycbs
本书如出现印装质量问题，由我社营销部负责调换。电话：(010)88386906
对本书内容有任何疑问及建议，请与本书责编联系。邮箱：dayi51@sina.com

内 容 提 要

本书第 2 版根据《建设工程工程量清单计价规范》(GB 50500—2013)及《通用安装工程工程量计算规范》(GB 50856—2013)编写,详细介绍了建筑电气工程预决算编制的基础理论和方法。全书主要包括工程造价基础知识、电气工程施工图绘制与识读、建设工程定额体系、电气工程定额计价、电气工程工程量清单编制、电气工程工程量清单计价编制、工程价款约定与支付管理、合同管理与工程索赔等内容。

本书具有内容翔实、紧扣实际、易学易懂等特点,可供建筑电气工程预决算编制与管理人员使用,也可供高等院校相关专业师生学习时参考。

第 2 版前言

建设工程预决算是决定和控制工程项目投资的重要措施和手段，是进行招标投标、考核工程建设施工企业经营管理水平的依据。建设工程预决算应有高度的科学性、准确性及权威性。本书第一版自出版发行以来，深受广大读者的喜爱，对提升广大读者的预决算编制与审核能力，从而更好地开展工作提供了力所能及的帮助，对此编者倍感荣幸。

随着我国工程建设市场的快速发展，招标投标制、合同制的逐步推行，工程造价计价依据的改革正不断深化，工程造价管理改革正日渐加深，工程造价管理制度日益完善，市场竞争也日趋激烈，特别是《建设工程工程量清单计价规范》(GB 50500—2013)及《通用安装工程工程量计算规范》(GB 50856—2013)等 9 本工程量计算规范由住房和城乡建设部颁布实施，这对广大建设工程预决算工作者提出了更高的要求。对于《电气工程预决算快学快用》一书来说，其中部分内容已不能满足当前建筑电气工程预决算编制与管理工作的需要。

为使《电气工程预决算快学快用》一书的内容更好地满足建筑电气工程预决算工作的需要，符合建筑电气工程预决算工作实际，帮助广大建筑电气工程预决算工作者能更好地理解 2013 版清单计价规范和工程量计算规范的内容，掌握建标[2013]44 号文件的精神，我们组织建筑电气工程预决算方面的专家学者，在保持第 1 版编写风格及体例的基础上，对本书进行了修订。

(1)此次修订严格按照《建设工程工程量清单计价规范》(GB 50500—2013)和《通用安装工程工程量计算规范》(GB 50856—2013)的内容，以及建标[2013]44 号文件进行，修订后的图书能更好地满足当前建筑电气工程预决算编制与管理工作需要，对宣传贯彻 2013 版清单计价规范，使广大读者进一步了解定额计价与工程量清单计价的区别与联系提供很好的帮助。

(2) 修订时进一步强化了"快学快用"的编写理念,集预决算编制理论与编制技能于一体,对部分内容进一步进行了丰富与完善,对知识体系进行除旧布新,使图书的可读性得到了增强,便于读者更形象、直观地掌握建筑电气工程预决算编制的方法与技巧。

(3) 根据《建设工程工程量清单计价规范》(GB 50500—2013)对工程量清单与工程量清单计价表格的样式进行了修订。为强化图书的实用性,本次修订时还依据《通用安装工程工程量计算规范》(GB 50856—2013),对已发生了变动的建筑电气工程工程量清单项目,重新组织相关内容进行了介绍,并对照新版规范修改了其计量单位、工程量计算规则、工作内容等。

本书修订过程中参阅了大量建筑电气工程预决算编制与管理方面的书籍与资料,并得到了有关单位与专家学者的大力支持与指导,在此表示衷心的感谢。书中错误与不当之处,敬请广大读者批评指正。

第 1 版前言

工程造价管理是工程建设的重要组成部分,其目标是利用科学的方法合理确定和控制工程造价,从而提高工程施工企业的经营效果。工程造价管理贯穿于建设项目的全过程,从工程施工方案的编制、优化、技术安全措施的选用、处理,施工程序的统筹、规划,劳动组织的部署、调配,工程材料的选购、贮存,生产经营的预测、判断,技术问题的研究、处理,工程质量的检测、控制,以及招投标活动的准备、实施,工程造价管理工作无处不在。

工程预算编制是做好工程造价管理工作的关键,也是一项艰苦细致的工作。所谓工程预算,是指计算工程从开工到竣工验收所需全部费用的文件,是根据工程建设不同阶段的施工图纸、各种定额和取费标准,预先计算拟建工程所需全部费用的文件。工程预算造价有两个方面的含义,一个是工程投资费用,即业主为建造一项工程所需的固定资产投资、无形资产投资;另一方面是指工程建造的价格,即施工企业为建造一项工程形成的工程建设总价。

工程预算造价有一套科学的、完整的计价理论与计算方法,不仅需要工程预算编制人员具有过硬的基本功,充分掌握工程定额的内涵、工作程序、子目包括的内容、工程量计算规则及尺度,同时也需要工程预算人员具备良好的职业道德和实事求是的工作作风,需要工程预算人员勤勤恳恳、任劳任怨,深入工程建设第一线收集资料、积累知识。

为帮助广大工程预算编制人员更好地进行工程预算造价的编制与管理,以及快速培养一批既懂理论,又懂实际操作的工程预算工作者,我们特组织有着丰富工程预算编制经验的专家学者,编写了这套

《工程预决算快学快用系列手册》。

本系列丛书是编者多年实践工作经验的积累。丛书从最基础的工程预算造价理论入手，重点介绍了工程预算的组成及编制方法，既可作为工程预算工作者的自学教材，也可作为工程预算人员快速编制预算的实用参考资料。

本系列丛书作为学习工程预算的快速入门读物，在阐述工程预算基础理论的同时，尽量辅以必要的实例，并深入浅出、循序渐进地进行讲解说明。丛书集基础理论与应用技能于一体，收集整理了工程预算编制的技巧、经验和相关数据资料，使读者在了解工程造价主要知识点的同时，还可快速掌握工程预算编制的方法与技巧，从而达到"快学快用"的目的。

本系列丛书在编写过程中得到了有关领导和专家的大力支持和帮助，并参阅和引用了有关部门、单位和个人的资料，在此一并表示感谢。由于编者水平有限，书中错误及疏漏之处在所难免，敬请广大读者和专家批评指正。

本书编写组

2009 年 12 月

目　录

第一章　工程造价基础知识 (1)

第一节　工程建设项目概述 (1)
一、工程建设项目的概念 (1)
二、工程建设项目的划分 (1)
三、工程建设项目的建设程序 (2)
四、建设程序与工程造价体系 (4)

第二节　工程造价概述 (5)
一、工程造价的含义与特点 (5)
二、工程造价的产生与发展 (6)
三、工程造价的职能与作用 (8)
四、工程造价的分类 (10)
五、工程造价的计价特征 (13)

第三节　工程造价费用构成及计算 (14)
一、建设工程项目总费用构成 (14)
二、工程造价各项费用组成及计算 (15)

第四节　工程造价计价程序 (40)
一、建设单位工程招标控制价计价程序 (41)
二、施工企业工程投标报价计价程序 (42)
三、竣工结算计价程序 (43)

第二章　电气工程施工图绘制与识读 (44)

第一节　电气施工图绘制规定与识读方法 (44)
一、电气施工图绘制规定 (44)

二、电气施工图组成及内容 …………………………………… (46)
三、电气施工图识读要求与步骤 ……………………………… (51)
第二节 电气施工图绘制格式及表达方式 ……………………… (52)
一、图纸格式 …………………………………………………… (52)
二、图纸幅面尺寸 ……………………………………………… (54)
三、图线与字体 ………………………………………………… (54)
四、比例 ………………………………………………………… (56)
五、编号和参照代号 …………………………………………… (56)
六、标注 ………………………………………………………… (56)
七、方位与风向频率标记 ……………………………………… (57)
八、详图及其索引 ……………………………………………… (57)
九、设备材料表及说明 ………………………………………… (58)
第三节 电气图形符号、参照代号及标注方法 ………………… (58)
一、电气图形符号 ……………………………………………… (58)
二、电气图参照代号 …………………………………………… (74)
三、电气设备的标注方式 ……………………………………… (84)
四、电气图中其他标注方法 …………………………………… (88)

第三章 建设工程定额体系 …………………………………… (95)

第一节 概述 ……………………………………………………… (95)
一、定额的概念 ………………………………………………… (95)
二、定额的性质与作用 ………………………………………… (95)
三、定额的分类 ………………………………………………… (97)
第二节 人工、材料、施工机械台班定额消耗量及其单价的
　　　　确定 …………………………………………………… (99)
一、人工、材料、施工机械台班定额消耗量的确定 ………… (99)
二、人工、材料、施工机械台班单价的确定 ………………… (108)
第三节 预算定额 ………………………………………………… (112)
一、预算定额的概念 …………………………………………… (112)
二、预算定额的作用 …………………………………………… (113)

目 录

　　三、预算定额的分类 …………………………………… (113)

　　四、预算定额与企业定额的区别 ………………………… (114)

　　五、预算定额的编制 …………………………………… (114)

　　六、电气工程预算定额 ………………………………… (121)

　　七、单位估价表 ………………………………………… (141)

　　八、单位估价汇总表 …………………………………… (144)

　　九、补充单位估价表 …………………………………… (145)

　　十、综合预算定额 ……………………………………… (146)

　第四节　概算定额与概算指标 ……………………………… (147)

　　一、概算定额的概念 …………………………………… (147)

　　二、概算定额的作用 …………………………………… (148)

　　三、概算定额的内容 …………………………………… (148)

　　四、概算定额的编制 …………………………………… (148)

　　五、概算指标 …………………………………………… (150)

　第五节　企业定额 …………………………………………… (153)

　　一、企业定额的概念与特点 …………………………… (153)

　　二、企业定额的作用 …………………………………… (154)

　　三、企业定额的构成与表现形式 ……………………… (155)

　　四、企业定额的编制 …………………………………… (155)

第四章　电气工程定额计价 …………………………………… (162)

　第一节　概述 ………………………………………………… (162)

　　一、定额计价的概念 …………………………………… (162)

　　二、定额计价的依据 …………………………………… (162)

　　三、定额计价的条件 …………………………………… (162)

　　四、定额计价的步骤 …………………………………… (163)

　第二节　投资估算文件编制 ………………………………… (163)

　　一、投资估算指标编制 ………………………………… (163)

　　二、投资估算文件的组成 ……………………………… (164)

　　三、投资估算编制依据及编制要求 …………………… (170)

四、项目建议书阶段投资估算 (170)
五、可行性研究阶段投资估算 (172)
第三节 设计概算编制与审查 (173)
一、设计概算的内容及作用 (173)
二、设计概算编制 (174)
三、建设项目总概算及单项工程综合概算编制 (190)
四、其他费用、预备费、专项费用概算编制 (191)
五、单位工程概算编制 (195)
六、调整概算编制 (197)
七、设计概算文件编制程序和质量控制 (197)
八、设计概算的审查 (198)
第四节 施工图预算编制与审查 (201)
一、施工图预算概述 (201)
二、施工图预算文件组成及常用表格 (202)
三、工程施工图预算编制 (215)
四、工程施工图预算的审查 (218)
第五节 工程竣工结算与竣工决算编制与审查 (220)
一、工程价款主要结算方式 (220)
二、竣工结算编制 (222)
三、竣工结算的审查 (225)
四、工程竣工决算编制 (229)
五、工程竣工决算的审计 (232)
第六节 定额计价工程量计算 (233)
一、变压器安装工程工程量计算 (233)
二、变配电装置安装工程工程量计算 (236)
三、母线安装工程工程量计算 (239)
四、控制设备及低压电器安装工程工程量计算 (242)
五、蓄电池安装工程工程量计算 (243)
六、电机工程工程量计算 (244)
七、滑触线装置安装工程工程量计算 (246)

目　录

　　八、电缆安装工程工程量计算……………………………(247)
　　九、防雷与接地装置制作安装工程量计算 ……………(251)
　　十、10kV以下架空配电线路工程工程量计算…………(253)
　　十一、电气调整试验工程工程量计算……………………(257)
　　十二、配管、配线工程工程量计算………………………(262)
　　十三、照明器具安装工程工程量计算……………………(265)

第五章　电气工程工程量清单编制……………………(272)

第一节　工程量清单编制概述……………………………(272)
　　一、一般规定………………………………………………(272)
　　二、工程量清单编制依据…………………………………(272)
　　三、工程量清单编制原则…………………………………(273)
　　四、工程量清单编制内容…………………………………(274)
　　五、工程量清单编制标准格式……………………………(280)

第二节　电气工程工程量清单编制………………………(293)
　　一、变压器安装……………………………………………(293)
　　二、配电装置安装…………………………………………(295)
　　三、母线安装………………………………………………(299)
　　四、控制设备及低压电器安装……………………………(301)
　　五、蓄电池安装……………………………………………(308)
　　六、电机检查接线及调试…………………………………(311)
　　七、滑触线装置安装………………………………………(314)
　　八、电缆安装………………………………………………(316)
　　九、防雷及接地装置………………………………………(322)
　　十、10kV以下架空配电线路………………………………(325)
　　十一、配管、配线…………………………………………(328)
　　十二、照明器具安装………………………………………(331)
　　十三、附属工程……………………………………………(334)
　　十四、电气调整试验………………………………………(336)

第三节　电气工程工程量清单编制实例…………………(338)

第六章　电气工程工程量清单计价编制 ………… (348)

第一节　工程量清单计价概述 ………………… (348)
　　一、实行工程量清单计价的目的和意义 ……… (348)
　　二、2013 版清单计价规范简介 ………………… (350)
第二节　工程量清单计价相关规定 ………… (352)
　　一、计价方式 ……………………………………… (352)
　　二、发包人提供材料和机械设备 ……………… (354)
　　三、承包人提供材料和工程设备 ……………… (354)
　　四、计价风险 ……………………………………… (355)
第三节　电气工程招标控制价编制 ………… (356)
　　一、电气工程招标概述 ………………………… (356)
　　二、招标控制价编制 …………………………… (360)
　　三、招标控制价编制标准格式 ………………… (364)
第四节　电气工程投标报价编制 ……………… (371)
　　一、一般规定 ……………………………………… (371)
　　二、投标报价编制与复核 ……………………… (372)
　　二、投标报价编制标准格式 …………………… (374)
第五节　电气工程竣工结算编制 ……………… (381)
　　一、一般规定 ……………………………………… (381)
　　二、竣工结算编制与复核 ……………………… (382)
　　三、竣工结算价编制标准格式 ………………… (383)
第六节　电气工程造价鉴定 ………………… (397)
　　一、一般规定 ……………………………………… (397)
　　二、取证 …………………………………………… (398)
　　三、鉴定 …………………………………………… (399)
　　四、造价鉴定标准格式 ………………………… (400)
第七节　电气工程工程量清单计价编制实例 ……… (403)

第七章　工程价款约定与支付管理 ………… (417)

第一节　合同价款约定 ………………………… (417)

一、一般规定 …………………………………………… (417)
　　二、合同价款约定的内容 ………………………………… (418)
　第二节　合同价款调整 ……………………………………… (419)
　　一、一般规定 …………………………………………… (419)
　　二、合同价款调整方法 ………………………………… (420)
　第三节　合同价款期中支付 ………………………………… (433)
　　一、预付款 ……………………………………………… (433)
　　二、安全文明施工费 …………………………………… (434)
　　三、进度款 ……………………………………………… (435)
　第四节　竣工结算价款支付 ………………………………… (437)
　　一、结算款支付 ………………………………………… (437)
　　二、质量保证金 ………………………………………… (439)
　　三、最终结清 …………………………………………… (439)
　第五节　合同解除的价款结算与支付 ……………………… (440)
　第六节　合同价款争议的解决 ……………………………… (441)
　　一、监理或造价工程师合同约定 ……………………… (441)
　　二、管理机构的解释和认定 …………………………… (442)
　　三、协商和解 …………………………………………… (442)
　　四、调解 ………………………………………………… (443)
　　五、仲裁、诉讼 ………………………………………… (444)

第八章　合同管理与工程索赔 ………………………………… (445)

　第一节　建设工程施工合同管理 …………………………… (445)
　　一、建设工程合同阶段管理 …………………………… (445)
　　二、建设工程施工合同管理基本内容 ………………… (446)
　　三、建设工程施工合同文件的组成 …………………… (458)
　　四、建设工程施工合同的类型 ………………………… (459)
　第二节　工程索赔 …………………………………………… (461)
　　一、索赔的概念与特点 ………………………………… (461)
　　二、索赔分类 …………………………………………… (462)

三、索赔的基本原则 …………………………………… (464)

四、索赔的基本任务 …………………………………… (464)

五、索赔发生的原因 …………………………………… (465)

六、索赔证据 …………………………………………… (466)

七、承包人的索赔及索赔处理 ………………………… (468)

八、发包人的索赔及索赔处理 ………………………… (473)

九、索赔策略与技巧 …………………………………… (474)

参考文献 ……………………………………………… (477)

第一章 工程造价基础知识

第一节 工程建设项目概述

一、工程建设项目的概念

工程建设项目是指需要一定量的投资,在一定的约束条件下(时间、质量、成本等),经过决策、设计、施工等一系列程序,以形成固定资产为明确目标的一次性事业。

工程建设项目的时间限制和一次性决定了它有确定的开始和结束时间,具有一定的生命期。

(1)概念阶段。概念阶段从项目的构思到批准立项为止,包括项目前期策划和项目决策阶段。

(2)规划设计阶段。规划设计阶段从项目批准立项到现场开工为止,包括项目设计准备和项目设计阶段。

(3)实施阶段。实施阶段即施工阶段,从项目现场开工到工程竣工并通过验收为止。

(4)收尾阶段。收尾阶段从项目的动用开始到进行项目的后评价为止。

二、工程建设项目的划分

为适应工程管理和经济核算的需要,可将建设项目由大到小分解为单项工程、单位工程、分部工程和分项工程。

(1)单项工程。单项工程是建设项目的组成部分,是指具有独立的设计文件,建成后可以独立发挥生产能力或使用效益的工程。

(2)单位工程。单位工程是单项工程的组成部分,一般是指具有独立的设计文件或独立的施工条件,但不能独立发挥生产能力或使用效益的工程。

(3)分部工程。分部工程是单位工程的组成部分,是指在单位工程中,按照不同结构、不同工种、不同材料和机械设备而划分的工程。

(4)分项工程。分项工程是分部工程的组成部分,它是指在分部工程中,按照不同的施工方法、不同的材料、不同的规格而进一步划分的最基本的工程项目。

三、工程建设项目的建设程序

我国现阶段的建设程序,是根据国家经济体制改革和投资管理体制深化改革的要求及国家现行政策规定来实施的,一般大中型投资项目的工程建设程序包括立项决策的项目建议书阶段、可行性研究阶段、设计工作阶段、建设准备阶段、建设实施阶段、竣工验收阶段及项目后评价阶段。

1. 项目建议书阶段

项目建议书是在项目周期内的最初阶段,提出一个轮廓设想来要求建设某一具体投资项目和做出初步选择的建议性文件。项目建议书从总体和宏观上考察拟建项目的建设必要性、建设条件的可行性和获利的可能性,并做出项目的投资建议和初步设想,以作为国家(地区或企业)选择投资项目的初步决策依据和进行可行性研究的基础。

项目建议书一般包括以下内容:

(1)项目提出的背景、项目概况、项目建设的必要性和依据。

(2)产品方案、拟建规模和建设地点的初步设想。

(3)资源情况、建设条件与周边协调关系的初步分析。

(4)投资估算、资金筹措及还贷方案设想。

(5)项目的进度安排。

(6)经济效益、社会效益的初步估计和环境影响的初步评价。

2. 可行性研究阶段

可行性研究是项目建议书获得批准后,对拟建设项目在技术、工程和外部协作条件等方面的可行性、经济(包括宏观和微观经济)合理性进行全面分析和深入论证,为项目决策提供依据。

项目可行性研究阶段主要包括下列内容:

(1)可行性研究。项目建议书一经批准,即可着手进行可行性研究,对项目技术可行性和经济合理性进行科学的分析和论证。凡经可行性研究未获通过的项目,不得进行可行性研究报告的编制和进行下一阶段工作。

(2)可行性研究报告的编制。可行性研究报告是确定建设项目、编制

第一章　工程造价基础知识

设计文件的重要依据，所以，可行性研究报告的编制必须有相当的深度和准确性。

（3）可行性研究报告审批。属中央投资、中央和地方合资的大中型和限额以上项目的可行性研究报告要报送国家发改委审批。总投资 2 亿元以上的项目，都要经国家发改委审查后报国务院审批。中央各部门限额以下项目，由各主管部门审批。地方投资限额以下项目，由地方发改委审批。

可行性研究报告批准后，不得随意修改和变更。

3. 设计工作阶段

设计是建设项目的先导，是对拟建项目的实施在技术上和经济上所进行的全面而详尽的安排，是组织施工安装的依据，可行性研究报告经批准的建设项目应通过招标投标择优选择设计单位。根据建设项目的不同情况，设计过程一般可分为三个阶段：

（1）初步设计阶段。初步设计是根据可行性研究报告的要求所做的具体实施方案，其目的是为了阐明在指定地点、时间和投资控制数额内，拟建项目在技术上的可行性和经济上的合理性，并通过对项目所做出的技术经济规定，编制项目总概算。

（2）技术设计阶段。技术设计是根据初步设计及详细的调查研究资料编制的，目的是解决初步设计中的重大技术问题。

（3）施工图设计阶段。施工图设计是按照批准的初步设计和技术设计的要求，完整地表现建筑物外形、内部空间分割、结构体系以及建筑群的组合和周围环境的配合关系等的设计文件，在施工图设计阶段应编制施工图预算。

4. 建设准备阶段

项目在开工之前，要切实做好各项准备工作，其主要内容包括：

（1）征地、拆迁和场地平整。

（2）完成施工用水、电、路等工程。

（3）组织设备、材料订货。

（4）准备必要的施工图纸。

（5）组织施工招标投标，择优选定施工单位和监理单位。

5. 建设实施阶段

建设项目经批准开工建设，即进入建设实施阶段，这一阶段工作的内

容包括:

(1)针对建设项目或单项工程的总体规划安排施工活动。

(2)按照工程设计要求、施工合同条款、施工组织设计及投资预算等,在保证工程质量、工期、成本、安全目标的前提下进行施工。

(3)加强环境保护,处理好人、建筑、绿色生态建筑三者之间的协调关系,满足可持续发展的需要。

(4)项目达到竣工验收标准后,由施工承包单位移交给建设单位。

6. 竣工验收阶段

竣工验收是工程建设过程的最后一环,是全面考核基本建设成果、检验设计、施工质量的重要步骤,也是确认建设项目能否投入使用的标志。竣工验收阶段的工作内容包括:

(1)检验设计和工程质量,保证项目按设计要求的技术经济指标正常使用。

(2)有关部门和单位可以通过工程的验收总结经验教训。

(3)对验收合格的项目,建设单位可及时移交使用。

7. 项目后评价阶段

项目后评价是建设项目投资管理的最后一个环节,通过项目后评价可达到肯定成绩、总结经验、吸取教训、改进工作、提高决策水平的目的,并为制定科学的建设计划提供依据。

(1)使用效益实际发挥情况。

(2)投资回收和贷款偿还情况。

(3)社会效益和环境效益。

(4)其他需要总结的经验。

四、建设程序与工程造价体系

根据我国工程项目的建设程序,工程造价的确定应与工程建设各阶段的工作深度相适应,逐渐形成一个完整的造价体系。以政府投资项目为例,工程造价体系的形成一般分为以下几个阶段:

(1)项目建议书阶段的工程造价。在项目建议书阶段,按照有关规定应编制初步投资估算,经主管部门批准,作为拟建项目列入国家中长期计划和开展前期工作的控制造价;本阶段所做出的初步投资估算误差率应控制在±20%左右。

(2)项目可行性研究阶段的工程造价。在项目可行性研究阶段,按照有关规定编制投资估算,经主管部门批准作为国家对该项目的计划控制造价,其误差率应控制在±10%以内。

(3)项目设计阶段的工程造价。

1)在初步设计阶段,按照有关规定编制初步设计总概算,经主管部门批准后即为控制拟建项目工程投资的最高限额,未经批准不得随意突破。

2)在施工图设计阶段,按规定编制施工图预算,用以核实其造价是否超过批准的初步设计总概算,并作为结算工程价款的依据。若项目进行三阶段设计,即增加技术设计阶段,在设计概算的基础上编制修正概算。

(4)施工准备阶段的工程造价。施工准备阶段,按照有关规定编制招标工程的标底,参与合同谈判,确定工程承包合同阶段。

(5)项目实施阶段的工程造价。在工程施工阶段,根据施工图预算、合同价格,编制资金使用计划,作为工程价款支付、确定工程结算价的计划目标。

(6)项目竣工验收阶段的工程造价。在竣工验收阶段,根据竣工图编制竣工决算,作为反映建设项目实际造价和建设成果的总结性文件,也是竣工验收报告的重要组成部分。

第二节 工程造价概述

一、工程造价的含义与特点

工程造价通常是指一个工程项目的建造价格,是进行一个工程项目的建造所需要花费的全部费用,即从工程项目确定建设意向直至建成、竣工验收为止的整个建设期间所支出的总费用。这是保证工程项目建造正常进行的必要资金,是建设项目投资中的最主要部分。

由于工程建设项目具有一次性、产品的固定性、生产的流动性、有一定的生命期等特点,导致工程造价具有以下特点:

1. 大额性

能够发挥投资效用的任一项工程,不仅实物形体庞大,而且造价高昂。动辄数百万、数千万,甚至上亿、数十亿,特大型工程项目的造价可达百亿、千亿元人民币。工程造价的大额性使其关系到有关各方面的重大经济利益,同时也会对宏观经济产生重大影响。这就决定了工程造价的特殊地位,也说明了造价管理的重要意义。

2. 动态性

任何一项工程从决策到竣工交付使用，都有一个较长的建设期间，由于建设项目产品的固定性、生产的流动性、费用的变异性和建设周期长等特点决定了工程造价具有动态性。因此，工程造价在整个建设期中处于不确定状态，直至竣工决算后才能最终确定工程的实际造价。

3. 个别性

任何一项工程都有其特定的用途、功能、规模，因此，对每一项工程的结构、造型、空间分割及设备配置等都有具体的要求，因而使工程内容和实物形态都具有个别性、差异性。产品的差异性决定了工程造价的个别性差异。同时，每项工程所处地区、地段都不相同，使这一特点得到强化。

4. 兼容性

工程造价的兼容性，主要表现在它的两种含义及工程造价构成因素的广泛性和复杂性。在工程造价中，首先成本因素非常复杂；其次为获得建设工程用地支出的费用、项目可行性研究和规划设计费用、与政府一定时期政策（特别是产业政策和税收政策）相关的费用占有相当大的份额；再次，盈利的构成也较为复杂，资金成本也较大。

5. 阶段性

工程造价的阶段性十分明确，在工程建设项目生命期的不同阶段所确定的工程造价，其作用、费用名称及内容均不同。

二、工程造价的产生与发展

在中国漫长的封建社会中，不少官府建筑规模宏大、技术要求很高，历代工匠积累了丰富的经验，逐步形成一套工料限额管理制度，即现在我们所说的人工、材料定额。

随着我国社会主义市场经济和现代科学管理的发展，人们对工程造价管理的认识不断加深。我国工程造价管理体制逐渐完善与健全。

1. 工程造价管理的建立

我国工程造价管理体制建立于新中国成立初期。1949年全国面临着大规模的恢复重建工作，为合理确定工程造价，用好有限的基本建设资金，引进了苏联一套概预算定额管理制度。1957年颁布的《关于编制工业与民用建设预算的若干规定》规定了各个不同设计阶段都应编制概算和预算，明确了概预算的作用。

在当时计划经济模式以及我国基本建设大规模集中建设的条件下，

概预算制度的建立,有效地促进了建设资金的合理和节约使用。

2. 工程造价管理体制的调整

1958—1961年,我国基本建设的管理权下放到各省、市、自治区,概预算定额的管理权也随之下放,原有概预算部门及人员被精简,概预算控制投资的功能被削弱。

1961—1965年,提出了概预算"管理、调整、巩固、充实和提高"的要求,并编制了《全国统一预算定额》,使概预算及其定额管理得到了一定的恢复。

1967年,建工部直属企业实行经常费制度,工程完工后向建设单位实报实销,从而使施工企业变成了行政事业单位,概预算定额管理机构被撤销,预算人员改行,大量基础资料被销毁,概预算管理和概预算定额管理工作遭到严重破坏。

3. 工程造价管理体制的恢复发展

从1976年起至1993年,我国陆续编制和颁发了许多预算定额,工程造价管理得到了迅速恢复和进一步加强,国家重新建立了造价管理机构。

1993—2003年,随着经济体制改革和对外开放政策的实施,原有的静态造价管理模式已无法满足多变市场的造价管理需要,急需出台新的造价管理制度。

原建设部于1995年颁发了《全国统一建筑工程基础定额(土建)》,工程造价管理体制得到了长足的恢复与发展。

4. 工程造价管理体制的深化改革

为改革工程造价计价的方法,原建设部从2000年起逐渐在全国范围内推行工程量清单计价方法,并于2003年颁布并实施了《建设工程工程量清单计价规范》(GB 50500—2003)。与传统定额计价方式相比,实行工程量清单计价,能给投标者提供一个平等的竞争条件,有利于工程价款的拨付和工程价款的最终确定,有利于风险的合理分担,有利于业主对工程投资的控制。而且工程量清单计价有利于发挥企业自主报价的能力,实现从政府定价到市场定价的转变,有利于规范企业主在招标中的行为,有效抑制招标单位在招标中盲目压价的行为,从而真正体现公开、公正、公平的原则,反映市场经济规律。

为了巩固工程量清单计价改革的成果,进一步规范工程量清单计价的行为,提高工程量清单计价改革的整体效力,原建设部组织有关单位和专家对《建设工程工程量清单计价规范》(GB 50500—2003)进行了修订，并由中华人民共和国住房和城乡建设部以第63号公告发布了《建设工程工程量清单计价规范》(GB 50500—2008)，于2008年12月1日开始实施，这标志着我国工程造价管理体制改革进入了一个新的阶段，但由于附录没有修订，还存在有待完善的地方。

为了进一步适应建设市场的发展，需要借鉴国外经验，总结我国工程建设实践，进一步健全、完善计价规范。因此，2009年6月5日，标准定额司根据住房城乡建设部《关于印发〈2009年工程建设标准规范制订、修订计划〉的通知》(建标函[2009]88号)，发出《关于请承担〈建设工程工程量清单计价规范〉(GB 50500—2008)修订工作任务的函》(建标造函[2009]44号)，组织有关单位全面开展"08规范"的修订工作。以住房城乡建设部标准定额研究所、四川省建设工程造价管理总站为主编单位，中国建设工程造价管理协会、四川省造价工程师协会、信息产业部电子工程标准定额站、电力工程造价与定额管理总站、铁路工程定额所、铁道第三勘察设计院集团有限公司、北京市建设工程造价管理处、广东省建设工程造价管理总站、浙江省建设工程造价管理总站、江苏省建设工程造价管理总站、中国工程爆破协会等11个部门为参编单位。在标准定额司的领导下，通过主编、参编单位团结协作、共同努力，按照编制工作进度安排，经过两年多的时间，于2012年6月完成了国家标准《建设工程工程量清单计价规范》(GB 50500—2013)和《房屋建筑与装饰工程工程量计算规范》(GB 50854—2013)、《仿古建筑工程工程量计算规范》(GB 50855—2013)、《通用安装工程工程量计算规范》(GB 50856—2013)、《市政工程工程量计算规范》(GB 50857—2013)、《园林绿化工程工程量计算规范》(GB 50858—2013)、《矿山工程工程量计算规范》(GB 50859—2013)、《构筑物工程工程量计算规范》(GB 50860—2013)、《城市轨道交通工程工程量计算规范》(GB 50861—2013)、《爆破工程工程量计算规范》(GB 50862—2013)等9本计量规范的"报批稿"。经报批批准，圆满完成了修订任务。

三、工程造价的职能与作用

1. 工程造价的职能

工程造价除具有一般商品的价格职能外，还具有其特殊的职能。

(1)预测职能。由于工程造价具有大额性和动态性的特点，无论是投资者还是承包商都要对拟建工程进行预先测算。投资者预先测算工程造价,不仅可为项目决策提供科学依据,同时也是筹措资金、控制造价的需要。承包商测算工程造价,为其投标决策、投标报价和成本管理提供了依据。

(2)控制职能。工程造价的控制职能主要表现在两方面:一方面是工程造价对投资的控制,即在投资的各个阶段,根据对造价的多次性预估,对造价进行全过程、多层次的控制;另一方面,是工程造价对以承包商为代表的商品和劳务供应企业的成本控制。在价格一定的条件下,企业实际成本开支决定企业的盈利水平。成本越高,盈利越低。成本高于价格,就会危及企业的生存。所以,企业要以工程造价来控制成本,利用工程造价提供的信息资料作为控制成本的依据。

(3)单价职能。工程造价既是评价项目投资合理性和投资效益的主要依据,也是评价项目的偿贷能力、盈利能力、宏观效益、企业管理水平和经营成果的重要依据。

(4)调节职能。工程建设直接关系到经济增长,重要资源的分配和资金流向,对国计民生都产生重大影响。因此,国家对建设规模、结构进行宏观调节在任何条件下都不可缺少,对政府投资项目进行直接调控和管理也是非常必要的。这些都要通过工程造价来对工程建设中的物质消耗水平、建设规模、投资方向等进行调节。

2. 工程造价的作用

建设项目工程造价涉及国民经济中的多个部门、多个行业及社会再生产中的多个环节,也直接关系到人们的生活和居住条件,其作用范围广、影响程度大。工程造价的作用表现在下列几个方面:

(1)工程造价是项目决策的依据。建设工程投资大,生产和使用周期长等特点决定了项目决策的重要性。工程造价决定着项目的一次投资费用。因此,在项目决策阶段,建设工程造价是项目财务分析和经济评价的重要依据。

(2)工程造价是制定投资计划和控制投资的依据。制定正确的投资计划有利于合理、有效地使用建设资金。建设项目的投资计划是按照项目的建设工期、工程进度及建造价格等制定的。工程造价在控制投资方面的作用非常明显。工程造价是通过多次性预估,最终通过竣工决算确定下来的。每一次预估的过程就是对造价的控制过程;而每一次估算对下一次估算的限定和约束,都是对造价严格的控制,因此,工程造价可作为制定项目投资计划及对计划的实施过程进行动态控制的主要依据,并可作为控制投资的内部约束机制。

(3)工程造价是筹集建设资金的依据。投资体制的改革和市场经济的建立,要求项目的投资者必须有很强的筹资能力,以保证工程建设有充足的资金供应。工程造价基本决定了建设资金的需要量,从而为筹集资金提供了比较准确的依据。当建设资金来源于金融机构的贷款时,金融机构在对项目的盈利能力进行评估的基础上,也需要依据工程造价来确定给予投资者的贷款数额。

(4)工程造价是评价投资效果的重要指标。工程造价既是建设项目的总造价,又包含单项工程和单位工程的造价,还包含单位生产能力的造价或单位建筑面积的造价等,所有这些使工程造价自身形成了一个指标体系,能够对投资效果进行评价,并能够作为新的价格信息,对今后类似项目的投资具有参考借鉴价值。

(5)工程造价是合理利益分配和调节产业结构手段。工程造价的高低涉及国民经济各部门和企业之间的利益分配。合理地确定工程造价可成为项目投资者、承包商等合理分配利润并适时调节产业结构的手段。

四、工程造价的分类

(一)按投资形态分类

1. 静态投资

静态投资是指编制预期造价时以某一基准年、月的建设要素单价为依据所计算出的造价时值。包括了因工程量误差而可能引起的造价增加,不包括以后年月因价格上涨等风险因素而增加的投资,以及因时间迁移而发生的投资利息支出。

静态投资包括建筑安装工程费、设备和工器购置费、工程建设其他费以及预备费中的基本预备费。

2. 动态投资

动态投资是指完成了一个建设项目预计所需投资的总和,包括静态投资、价格上涨等因素而需要的投资以及预计价所需的投资利息支出。与静态投资相比,动态投资适应了市场价格运行机制的要求,更加符合实际的经济运行规律。

(二)按工程造价用途分类

工程造价按用途分类,包括标底价格、投标价格、直接发包价格和合同价格。

1. 标底价格

标底价格是招标人的期望价格，不是交易价格。招标人以此作为衡量投标人投标价格的一个尺度，也是招标人的一种控制投资的手段。

编制标底价格可由招标人自行操作，也可由招标人委托招标代理机构操作，由招标人做出决策。

2. 投标价格

投标人为了得到工程施工承包的资格，按照招标人在招标文件中的要求进行估价，然后根据投标策略确定投标价格，以争取中标并通过工程实施取得经济效益。因此，投标报价是卖方的要价，如果中标，这个价格就是合同谈判和签订合同确定工程价格的基础。

3. 直接发包价格

直接发包价格是由发包人与指定的承包人直接接触，通过谈判达成协议签订施工合同，不需要像招标承包定价方式那样，通过竞争定价。

直接发包方式计价，首先提出协商价格意见的可能是发包人或其委托的中介机构，也可能是承包人提出价格意见交发包人或其委托的中介组织进行审核。无论由哪一方提出协商价格意见，都要通过谈判协商，签订承包合同，确定合同价。

直接发包价格是以审定的施工图预算为基础，由发包人与承包人商定增减价的方式定价。

4. 合同价格

（1）固定合同价格。固定合同价是指合同中确定的工程合同价在实施期间不因价格变化而调整。固定合同价可分为固定合同总价和固定合同单价两种。

1）固定合同总价。它是指承包整个工程的合同价款总额已经确定，在工程实施中不再因物价上涨而变化，所以，固定合同总价应考虑价格风险因素，在合同中明确规定合同总价包括的范围。

2）固定合同单价。它是指合同中确定的各项单价在工程实施期间不因价格变化而调整，而在每月（或每阶段）工程结算时，根据实际完成的工程量结算，在工程全部完成时以竣工图的工程量最终结算工程总价款。

（2）可调合同价格。

1）可调总价。合同中确定的工程合同总价在实施期间可随价格变化而调整。发包人和承包人在商订合同时,以招标文件的要求及当时的物价计算出合同总价。如果在执行合同期间,由于通货膨胀引起成本增加达到某一限度时,合同总价则作相应调整。可调合同价使发包人承担了通货膨胀的风险,承包人则承担其他风险。

2)可调单价。合同单价可调,一般是在工程招标文件中规定。在合同中签订的单价,根据合同约定的条款,如在工程实施过程中物价发生变化等,可作调整。有的工程在招标或签约时,因某些不确定性因素而在合同中暂定某些分部分项工程的单价,在工程结算时,再根据实际情况和合同约定对合同单价进行调整,确定实际结算单价。

(3)成本加酬金。

1)成本加固定百分比酬金确定的合同价。这种合同价是发包人对承包人支付的人工、材料和施工机械使用费、措施费、施工管理费等按实际直接成本全部据实补偿,同时按照实际直接成本的固定百分比付给承包人一笔酬金,作为承包方的利润。

2)成本加固定酬金确定的合同价。工程成本实报实销,但酬金是事先商定的一个固定数目。这种承包方式虽然不能鼓励承包商降低成本,但从尽快取得酬金出发,承包商将会缩短工期,这是其可取之处。

3)成本加浮动酬金确定的合同价。这种承包方式要事先商定工程成本和酬金的预期水平。如果实际成本恰好等于预期水平,工程造价就是成本加固定酬金;如果实际成本低于预期水平,则增加酬金;如果实际成本高于预期水平,则减少酬金。

4)目标成本加奖罚确定的合同价。在仅有初步设计和工程说明书即迫切要求开工的情况下,可根据粗略估算的工程量和适当的单价表编制概算,作为目标成本;随着详细设计逐步具体化,工程量和目标成本可加以调整,另外规定一个百分数作为酬金;最后结算时,如果实际成本高于目标成本并超过事先商定的界限(例如 5%),则减少酬金,如果实际成本低于目标成本(也有一个幅度界限),则多付酬金。

(三)按建设项目构成的层次分类

1. 建设项目总投资

建设项目总投资是指投资主体为获取预期收益,在拟建项目上所需要投入的全部资金。

2. 固定资产投资

固定资产投资是指投资主体为达到预期收益的资金垫付行为。

3. 建筑安装工程造价

建筑安装工程造价即建筑安装工程产品价格,由建筑工程投资和安装工程投资两部分构成。建筑工程投资主要指用于建筑物的建造及有关准备、清理等工程的费用;安装工程投资指用于需要安装设备的安置、装配工程的费用等。

4. 单项工程造价

单项工程造价是指建筑单位工程造价、设备及安装单位工程造价及工程建设其他费用之和。

5. 单位工程造价

单位工程造价是指单位工程中的各分部分项工程造价之和,其中只包括建筑安装工程费,不包括设备及工器具购置费。

五、工程造价的计价特征

(1)单件性。建设工程在生产上的单件性及建筑产品具有的固定性、实物形态上的差异性决定了工程造价计价的单件性,每一项工程均需根据其特定的用途、功能、建设规模、建设地区和建设地点等单独进行计价。

(2)多次性。建设工程要经过可行性研究、设计、施工、验收等多个阶段,其过程是一个周期长、数量大的生产过程。为了更好地进行工程项目管理,明确工程建设各方的经济关系,适应工程造价管理的需要,需对工程造价按设计和施工阶段进行多次性计价。

(3)组合性。工程建设项目是一个工程综合体,从大到小可分解为若干有内在联系的单项工程、单位工程、分部工程和分项工程。建设项目的这种组合性决定了其工程造价的计算也是分部组合而成的,它既反映出确定概算造价和预算造价的逐步组合过程,亦反映出合同价和结算价的确定过程。

(4)多样性。在工程建设的不同阶段确定工程造价的计价依据、精度要求均不同,由此决定了计价方法的多样性。例如:计算概预算造价的方法有单价法和实物法等。计算投资估算的方法有设备系数法、生产能力指数估算法等。

(5)计价依据的复杂性。由于影响造价的因素多、计价依据复杂,种类繁多。

第三节 工程造价费用构成及计算

一、建设工程项目总费用构成

(一)工程造价的理论构成

1. 相关概念

(1)价值。马克思主义哲学中,价值是揭示外部客观世界对于满足人的需要的意义关系的范畴,是指具有特定属性的客体对于主体需要的意义。价值是价格形成的基础。

(2)商品价值。凝结在商品中的无差别的人类劳动就是商品的价值。商品的价值是由社会必要劳动所耗费的时间来确定的。商品生产中社会必要劳动时间消耗越多,商品中所含的价值量就越大;反之,商品中凝结的社会必要劳动时间越少,商品的价值量就越低。

(3)价格。价格是商品同货币交换比例的指数,或者说价格是价值的货币表现。

2. 工程造价的内容

从理论上讲,工程造价包含如下三个方面的内容:

(1)建设工程物质消耗转移价值的货币表现。包括工程施工材料、燃料、设备等物化劳动和施工机械台班、工具的消耗。

(2)建设工程中,劳动者为自己的劳动创造的价值的货币表现即为劳动工资报酬。主要包括劳动者的工资和奖金等费用。

(3)建设工程中,劳动者为社会创造价值的货币表现即为盈利。如设计、施工、建设单位的利润和税金等。

3. 工程造价的构成

从理论上讲,工程造价的基本构成如图 1-1 所示。

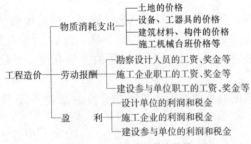

图 1-1 工程造价的基本构成

二、工程造价各项费用组成及计算

建设项目总投资包括固定资产投资和流动资产投资两部分(图1-2),是保证项目建设和生产经营活动正常进行的必要资金。

固定投资中形成固定资产的支出叫固定资产投资。固定资产是指使用期限超过一年的房屋、建筑物、机器、机械、运输工具以及与生产经营有关的设备、器具、工具等。这些资产的建造或购置过程中发生的全部费用都构成固定资产投资。建设项目总投资中的固定资产与建设项目的工程造价在量上相等。

流动资金是指为维持生产而占用的全部周转资金。它是流动资产与流动负债的差额。流动资产包括各种必要的现金、存款、应收及预付款项和存货;流动负债主要是指应付账款。值得指出的是,这里所说的流动资产是指为维持一定规模生产所需要的最低的周转资金和存货;这里所说的流动负债只含正常生产情况下平均的应付账款,不包括短期借款。

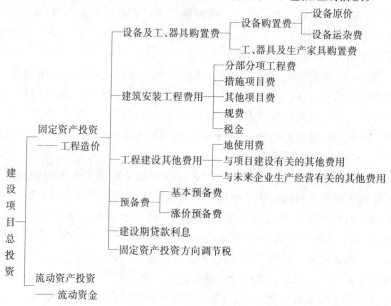

图1-2 我国建设项目总投资的构成

注:图中列示的项目总投资主要是指在项目可行性研究阶段用于财务分析时的总投资构成,在"项目报批总投资"或"项目概算总投资"中只包括铺底流动资金,其金额通常为流动资金总额的30%。

(一)设备及工、器具购置费

设备及工、器具购置费用由设备购置费和工具、器具及生产家具购置费组成,是固定资产投资中的积极部分。在生产性工程建设中,设备及工、器具购置费用占工程造价比重的增大,意味着生产技术的进步和资本有机构成的提高。

1. 设备购置费

设备购置费是指为建设项目购置或自制的达到固定资产标准的各种国产或进口设备、工具、器具的购置费用。它由设备原价和设备运杂费构成。

$$设备购置费=设备原价+设备运杂费 \qquad (1-1)$$

其中,设备原价是指国产标准设备、非标准设备的原价。设备运杂费是指设备原价中未包括的包装和包装材料费、运输费、装卸费、采购费及仓库保管费、供销部门手续费等。

(1)国产设备原价的构成及计算。国产设备原价一般指的是设备制造厂的交货价或订货合同价。一般根据生产厂或供应商的询价、报价、合同价确定,或采用一定的方法计算确定。国产设备原价分为国产标准设备原价和国产非标准设备原价。

1)国产标准设备原价。国产标准设备是指按照主管部门颁布的标准图纸和技术要求,由我国设备生产厂批量生产的,符合国家质量检验标准的设备。国产标准设备原价一般指的是设备制造厂的交货价,即出厂价。国产标准设备原价有两种,即带有备件的原价和不带备件的原价,在计算时,一般采用带有备件的原价。

2)国产非标准设备原价。国产非标准设备是指国家尚无定型标准,各设备生产厂不可能在工艺过程中采用批量生产,只能按一次订货,并根据具体的设计图纸制造的设备。非标准设备原价有多种不同的计算方法,如成本计算估价法、系列设备插入估价法、分部组合估价法、定额估价法等。但无论采用哪种方法,都应该使非标准设备计价接近实际出厂价,并且计算方法要简便。成本计算估价法是一种常用的估算非标准设备原价的方法。按成本计算估价法,非标准设备的原价由以下各项组成:

①材料费。其计算公式如下:

$$材料费=材料净重×(1+加工损耗系数)×每吨材料综合价 \qquad (1-2)$$

②加工费。包括生产工人工资和工资附加费、燃料动力费、设备折旧费、车间经费等。其计算公式如下:

第一章 工程造价基础知识

$$加工费 = 设备总质量(吨) \times 设备每吨加工费 \quad (1-3)$$

③辅助材料费(简称辅材费)。包括焊条、焊丝、氧气、氩气、氮气、油漆、电石等费用。其计算公式如下：

$$辅助材料费 = 设备总质量 \times 辅助材料费指标 \quad (1-4)$$

④专用工具费。以①~③项之和乘以一定百分比计算。

⑤废品损失费。以①~④项之和乘以一定百分比计算。

⑥外购配套件费。按设备设计图纸所列的外购配套件的名称、型号、规格、数量、重量，根据相应的价格加运杂费计算。

⑦包装费。以①~⑥项之和乘以一定百分比计算。

⑧利润。可以①~⑤项加第⑦项之和乘以一定利润率计算。

⑨税金。主要指增值税。其计算公式为：

$$增值税 = 当期销项税额 - 进项税额 \quad (1-5)$$

当期销项税额 = 销售额 × 适用增值税率

其中，销售额为①~⑧项之和。

⑩非标准设备设计费：按国家规定的设计费收费标准计算。

综上所述，单台非标准设备原价计算公式为：

$$\begin{aligned}单台非标准设备原价 = &\{[(材料费 + 加工费 + 辅助材料费) \times \\ &(1 + 专用工具费率) \times (1 + 废品损失费率) + \\ &外购配套件费] \times (1 + 包装费率) - \\ &外购配套件费\} \times (1 + 利润率) + 销项税金 + \\ &非标准设备设计费 + 外购配套件费 \quad (1-6)\end{aligned}$$

(2)进口设备原价的构成及计算。进口设备的原价是指进口设备的抵岸价，即抵达买方边境港口或边境车站，且交完关税等税费后形成的价格。进口设备抵岸价的构成与进口设备的交货方式有关。

1)进口设备的交货方式。进口设备的交货方式可分为内陆交货类、目的地交货类与装运港交货类(表1-1)。

表1-1　　　　　　　进口设备的交货类别

序号	交货类别	说　明
1	内陆交货	内陆交货即卖方在出口国内陆的某个地点交货。在交货地点，卖方及时提交合同规定的货物和有关凭证，并负担交货前的一切费用和风险；买方按时接收货物，交付货款，负担接货后的一切费用和风险，并自行办理出口手续和装运出口。货物的所有权也在交货后由卖方转移给买方

续表

序号	交货类别	说明
2	目的地交货	目的地交货即卖方在进口国的港口或内地交货,有目的港船上交货价、目的港船边交货价(FOS)和目的港码头交货价(关税已付)及完税后交货价(进口国的指定地点)等几种交货价。其特点是买卖双方承担的责任、费用和风险是以目的地约定交货点为分界线,只有当卖方在交货点将货物置于买方控制下才算交货,才能向买方收取货款。这种交货方式对卖方来说承担的风险较大,在国际贸易中卖方一般不愿采用
3	装运港交货	装运港交货即卖方在出口国装运港交货,主要有装运港船上交货价(FOB),习惯称离岸价格;运费在内价(CIF)和运费、保险费在内价(CIF),习惯称到岸价格。其特点是卖方按照约定的时间在装运港交货,只要卖方把合同规定的货物装船后提供货运单据便完成交货任务,可凭单据收回货款。装运港船上交货价(FOB)是我国进口设备采用最多的一种货价。采用船上交货价时卖方的责任是:在规定的期限内,负责在合同规定的装运港口将货物装上买方指定的船只,并及时通知买方;负担货物装船前的一切费用和风险,负责办理出口手续;提供出口国政府或有关方面签发的证件;负责提供有关装运单据。买方的责任是:负责租船或订舱,支付运费,并将船期、船名通知卖方;负担货物装船后的一切费用和风险;负责办理保险及支付保险费;办理在目的港的进口和收货手续;接受卖方提供的有关装运单据,并按合同规定支付货款

2)进口设备原价的构成及计算。进口设备采用最多的是装运港船上交货价(FOB),其抵岸价的构成可概括为:

进口设备原价=货价+国际运费+运输保险费+银行财务费+

外贸手续费+关税+增值税+消费税+

海关监管手续费+车辆购置附加费 (1-7)

①货价。一般是指装运港船上交货价(FOB)。设备货价分为原币货价和人民币交货价,原币货价一律折算为美元表示,人民币货价按原币货价乘以外汇市场美元兑换人民币中间价确定。设备货价按有关生产厂商询价、报价、订货合同价计算。

②国际运费。即从装运港(站)到达我国抵达港(站)的运费。我国进口设备大部分采用海洋运输,小部分采用铁路运输,个别采用航空运输。进口设备国际运费的计算公式为:

$$国际运费(海、陆、空) = 原币货价(FOB) \times 运费率 \quad (1-8)$$

$$国际运费(海、陆、空) = 运量 \times 单位运价 \quad (1-9)$$

其中,运费率或单位运价参照有关部门或进出口公司的规定执行。

③运输保险费。对外贸易货物运输保险费是由保险人(保险公司)与被保险人(出口人或进口人)订立保险契约,在被保险人交付议定的保险费后,保险人根据保险契约的规定对货物在运输过程中发生的承保责任范围内的损失给予经济上的补偿。这是一种财产保险。其计算公式为:

$$运输保险费 = \frac{原币货价(FOB) + 国外运费}{1 - 保险费率(\%)} \times 保险费率(\%) \quad (1-10)$$

其中,保险费率按保险公司规定的进口货物保险费率计算。

④银行财务费。一般是指中国银行手续费,可按下式简化计算:

$$银行财务费 = 人民币交货价(FOB) \times 银行财务费率 \quad (1-11)$$

⑤外贸手续费。按对外经济贸易部规定的外贸手续费率计取的费用,外贸手续费率一般取 1.5%。其计算公式为:

$$外贸手续费 = [装运港船上交货价(FOB) + 国际运费 + \\ 运输保险费] \times 外贸手续费率 \quad (1-12)$$

⑥关税。由海关对进出国境或关境的货物和物品征收的一种税。其计算公式为:

$$关税 = 到岸价格(CIF) \times 进口关税税率 \quad (1-13)$$

其中,到岸价格(CIF)包括离岸价格(FOB)、国际运费、运输保险费等费用,它作为关税完税价格。进口关税税率分为优惠税率和普通税率两种。优惠税率适用于与我国签订有关税互惠条款的贸易条约或协定的国家的进口设备;普通税率适用于与我国未签订有关税互惠条款的贸易条约或协定的国家的进口设备。进口关税税率按我国海关总署发布的进口关税税率计算。

⑦增值税。增值税是对从事进口贸易的单位和个人,在进口商品报关进口后征收的税种。我国增值税暂行条例规定,进口应税产品均按组成计税价格和增值税税率直接计算应纳税额。即:

$$组成计税价格 = 关税完税价格 + 关税 + 消费税 \quad (1-14)$$

$$进口产品增值税额 = 组成计税价格 \times 增值税税率 \quad (1-15)$$

其中,增值税税率根据规定的税率计算。

⑧消费税。对部分进口设备(如轿车、摩托车等)征收,一般计算公式为:

$$应纳消费税额=\frac{到岸价格(CIF)+关税}{1-消费税税率}×消费税税率 \qquad (1-16)$$

其中,消费税税率根据规定的税率计算。

⑨海关监管手续费。指海关对进口减税、免税、保税货物实施监督、管理、提供服务的手续费。对于全额征收进口关税的货物不计本项费用。其计算公式如下:

$$海关监管手续费=到岸价格×海关监管手续费率 \qquad (1-17)$$

⑩车辆购置附加费。进口车辆需缴进口车辆购置附加费。其计算公式如下:

$$车辆购置附加费=(到岸价格+关税+消费税)×车辆购置附加费率 \qquad (1-18)$$

(3)设备运杂费的构成和计算。

1)设备运杂费的构成。

①运费和装卸费。若是国产标准设备是指由设备制造厂交货地点起至工地仓库(或施工组织设计指定的需要安装设备的堆放地点)止所发生的运费和装卸费。若是进口设备则指由我国到岸港口、边境车站起至工地仓库(或施工组织设计指定的需要安装设备的堆放地点)止所发生的运费和装卸费。

②包装费。在设备出厂价格中没有包含的设备包装和包装材料器具费;在设备出厂价或进口设备价格中如已包括了此项费用,则不应重复计算。

③供销部门的手续费,按有关部门规定的统一费率计算。

④建设单位(或工程承包公司)的采购与仓库保管费,是指在采购、验收、保管和收发设备的过程中所发生的各种费用,包括设备采购、保管和管理人员工资,工资附加费,办公费,差旅交通费,设备供应部门办公和仓库所占固定资产使用费,工具用具使用费,劳动保护费,检验试验费等。这些费用可按主管部门规定的采购保管费率计算。一般来讲,沿海和交通便利的地区,设备运杂费率相对低一些;内地和交通不很便利的地区就要相对高一些,边远省份则要更高一些。对于非标准设备来讲,应尽量就近委托设备制造厂生产,以大幅度降低设备运杂费。进口设备由于原价

较高,国内运距较短,因而运杂费比率应适当降低。

2)设备运杂费的计算。设备运杂费按设备原价乘以设备运杂费率计算,其计算公式为:

$$设备运杂费＝设备原价×设备运杂费率 \quad (1\text{-}19)$$

其中,设备运杂费率按各部门及省、市等的规定计取。

2．工、器具及生产家具购置费

工、器具及生产家具购置费,是指新建或扩建项目初步设计规定的,保证初期正常生产必须购置的没有达到固定资产标准的设备、仪器、工卡模具、器具、生产家具和备品备件等的购置费用。一般以设备购置费为计算基数,按照部门或行业规定的工具、器具及生产家具费率计算。计算公式为:

$$工、器具及生产家具购置费＝设备购置费×定额费率 \quad (1\text{-}20)$$

(二)建筑安装工程费

1. 建筑安装工程费用组成

(1)建筑安装工程费用项目组成(按费用构成要素划分)

建筑安装工程费按照费用构成要素划分,由人工费、材料(包含工程设备,下同)费、施工机具使用费、企业管理费、利润、规费和税金组成。其中,人工费、材料费、施工机具使用费、企业管理费和利润包含在分部分项工程费、措施项目费、其他项目费中。如图1-3。

1)人工费

人工费是指按工资总额构成规定,支付给从事建筑安装工程施工的生产工人和附属生产单位工人的各项费用。内容包括:

①计时工资或计件工资。指按计时工资标准和工作时间或对已做工作按计件单价支付给个人的劳动报酬。

②奖金。指对超额劳动和增收节支支付给个人的劳动报酬。如节约奖、劳动竞赛奖等。

③津贴补贴。指为了补偿职工特殊或额外的劳动消耗和因其他特殊原因支付给个人的津贴,以及为了保证职工工资水平不受物价影响支付给个人的物价补贴。如流动施工津贴、特殊地区施工津贴、高温(寒)作业临时津贴、高空津贴等。

④加班加点工资。指按规定支付的在法定节假日工作的加班工资和在法定日工作时间外延时工作的加点工资。

⑤特殊情况下支付的工资。指根据国家法律、法规和政策规定,因

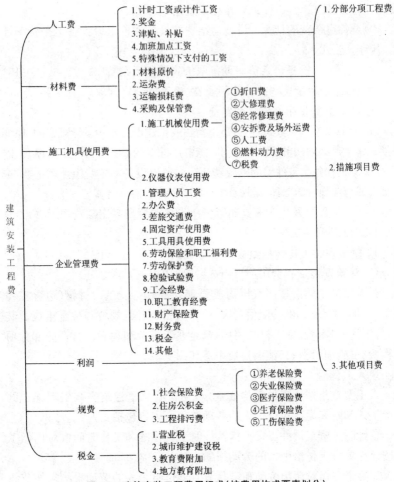

图 1-3　建筑安装工程费用组成（按费用构成要素划分）

病、工伤、产假、计划生育假、婚丧假、事假、探亲假、定期休假、停工学习、执行国家或社会义务等原因按计时工资标准或计时工资标准的一定比例支付的工资。

2）材料费

材料费是指施工过程中耗费的原材料、辅助材料、构配件、零件、半成品或成品、工程设备的费用。内容包括：

①材料原价。指材料、工程设备的出厂价格或商家供应价格。

②运杂费。指材料、工程设备自来源地运至工地仓库或指定堆放地点所发生的全部费用。

③运输损耗费。指材料在运输装卸过程中不可避免的损耗。

④采购及保管费。指为组织采购、供应和保管材料、工程设备的过程中所需要的各项费用。包括采购费、仓储费、工地保管费、仓储损耗。

工程设备是指构成或计划构成永久工程一部分的机电设备、金属结构设备、仪器装置及其他类似的设备和装置。

3）施工机具使用费

施工机具使用费是指施工作业所发生的施工机械、仪器仪表使用费或其租赁费。

①施工机械使用费。施工机械使用费以施工机械台班耗用量乘以施工机械台班单价表示，施工机械台班单价应由下列七项费用组成：

a. 折旧费。指施工机械在规定的使用年限内，陆续收回其原值的费用。

b. 大修理费。指施工机械按规定的大修理间隔台班进行必要的大修理，以恢复其正常功能所需的费用。

c. 经常修理费。指施工机械除大修理以外的各级保养和临时故障排除所需的费用。包括为保障机械正常运转所需替换设备与随机配备工具附具的摊销和维护费用，机械运转中日常保养所需润滑与擦拭的材料费用及机械停滞期间的维护和保养费用等。

d. 安拆费及场外运费。安拆费是指施工机械（大型机械除外）在现场进行安装与拆卸所需的人工、材料、机械和试运转费用以及机械辅助设施的折旧、搭设、拆除等费用；场外运费是指施工机械整体或分体自停放地点运至施工现场或由一施工地点运至另一施工地点的运输、装卸、辅助材料及架线等费用。

e. 人工费。指机上司机（司炉）和其他操作人员的人工费。

f. 燃料动力费。指施工机械在运转作业中所消耗的各种燃料及水、电等。

g. 税费。指施工机械按照国家规定应缴纳的车船使用税、保险费及年检费等。

②仪器仪表使用费。仪器仪表使用费是指工程施工所需使用的仪器仪表的摊销及维修费用。

4) 企业管理费

企业管理费是指建筑安装企业组织施工生产和经营管理所需的费用。内容包括：

①管理人员工资。指按规定支付给管理人员的计时工资、奖金、津贴补贴、加班加点工资及特殊情况下支付的工资等。

②办公费。指企业管理办公用的文具、纸张、账表、印刷、邮电、书报、办公软件、现场监控、会议、水电、烧水和集体取暖降温（包括现场临时宿舍取暖降温）等费用。

③差旅交通费。指职工因公出差、调动工作的差旅费、住勤补助费，市内交通费和误餐补助费，职工探亲路费，劳动力招募费，职工退休、退职一次性路费，工伤人员就医路费，工地转移费以及管理部门使用的交通工具的油料、燃料等费用。

④固定资产使用费。指管理和试验部门及附属生产单位使用的属于固定资产的房屋、设备、仪器等的折旧、大修、维修或租赁费。

⑤工具用具使用费。指企业施工生产和管理使用的不属于固定资产的工具、器具、家具、交通工具和检验、试验、测绘、消防用具等的购置、维修和摊销费。

⑥劳动保险和职工福利费。指由企业支付的职工退职金、按规定支付给离休干部的经费，集体福利费、夏季防暑降温、冬季取暖补贴、上下班交通补贴等。

⑦劳动保护费。企业按规定发放的劳动保护用品的支出。如工作服、手套、防暑降温饮料以及在有碍身体健康的环境中施工的保健费用等。

⑧检验试验费。指施工企业按照有关标准规定，对建筑以及材料、构件和建筑安装物进行一般鉴定、检查所发生的费用，包括自设试验室进行试验所耗用的材料等费用。不包括新结构、新材料的试验费，对构件做破坏性试验及其他特殊要求检验试验的费用和建设单位委托检测机构进行检测的费用，对此类检测发生的费用，由建设单位在工程建设其他费用中列支。但对施工企业提供的具有合格证明的材料进行检测不合格的，该检测费用由施工企业支付。

⑨工会经费。指企业按《工会法》规定的全部职工工资总额比例计提的工会经费。

⑩职工教育经费。指按职工工资总额的规定比例计提,企业为职工进行专业技术和职业技能培训,专业技术人员继续教育、职工职业技能鉴定、职业资格认定以及根据需要对职工进行各类文化教育所发生的费用。

⑪财产保险费。指施工管理用财产、车辆等的保险费用。

⑫财务费。指企业为施工生产筹集资金或提供预付款担保、履约担保、职工工资支付担保等所发生的各种费用。

⑬税金。指企业按规定缴纳的房产税、车船使用税、土地使用税、印花税等。

⑭其他。包括技术转让费、技术开发费、投标费、业务招待费、绿化费、广告费、公证费、法律顾问费、审计费、咨询费、保险费等。

5)利润

利润是指施工企业完成所承包工程获得的盈利。

6)规费

规费是指按国家法律、法规规定,由省级政府和省级有关权力部门规定必须缴纳或计取的费用。内容包括:

①社会保险费

a. 养老保险费。指企业按照规定标准为职工缴纳的基本养老保险费。

b. 失业保险费。指企业按照规定标准为职工缴纳的失业保险费。

c. 医疗保险费。指企业按照规定标准为职工缴纳的基本医疗保险费。

d. 生育保险费。指企业按照规定标准为职工缴纳的生育保险费。

e. 工伤保险费。指企业按照规定标准为职工缴纳的工伤保险费。

②住房公积金。指企业按规定标准为职工缴纳的住房公积金。

③工程排污费。指按规定缴纳的施工现场工程排污费。

其他应列而未列入的规费,按实际发生计取。

7)税金

税金是指国家税法规定的应计入建筑安装工程造价内的营业税、城市维护建设税、教育费附加以及地方教育附加。

(2)建筑安装工程费用项目组成(按工程造价形成划分)

建筑安装工程费按照工程造价形成划分,由分部分项工程费、措施项目费、其他项目费、规费、税金组成。分部分项工程费、措施项目费、其他项目费包含人工费、材料费、施工机具使用费、企业管理费和利润。如图1-4。

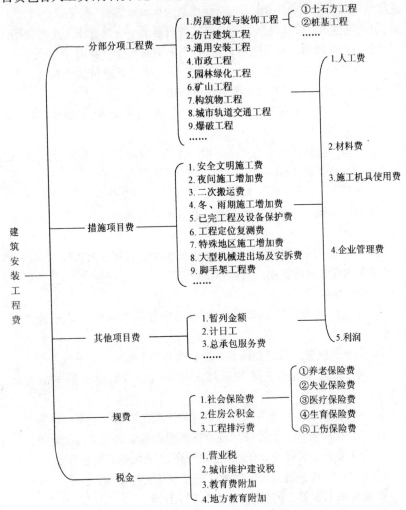

图1-4 建筑安装工程费用组成(按工程造价形成划分)

1) 分部分项工程费

分部分项工程费是指各专业工程的分部分项工程应予列支的各项费用。

① 专业工程。指按现行国家计量规范划分的房屋建筑与装饰工程、

仿古建筑工程、通用安装工程、市政工程、园林绿化工程、矿山工程、构筑物工程、城市轨道交通工程、爆破工程等各类工程。

②分部分项工程。指按现行国家计量规范对各专业工程划分的项目。如房屋建筑与装饰工程划分的土石方工程、地基处理与桩基工程、砌筑工程、钢筋及钢筋混凝土工程等。

各类专业工程的分部分项工程划分见现行国家或行业计量规范。

2) 措施项目费

措施项目费是指为完成建设工程施工，发生于该工程施工前和施工过程中的技术、生活、安全、环境保护等方面的费用。内容包括：

①安全文明施工费。包括：

a. 环境保护费。指施工现场为达到环保部门要求所需要的各项费用。

b. 文明施工费。指施工现场文明施工所需要的各项费用。

c. 安全施工费。指施工现场安全施工所需要的各项费用。

d. 临时设施费。指施工企业为进行建设工程施工所必须搭设的生活和生产用的临时建筑物、构筑物和其他临时设施费用。包括临时设施的搭设、维修、拆除、清理费或摊销费等。

②夜间施工增加费。指因夜间施工所发生的夜班补助费、夜间施工降效、夜间施工照明设备摊销及照明用电等费用。

③二次搬运费。指因施工场地条件限制而发生的材料、构配件、半成品等一次运输不能到达堆放地点，必须进行二次或多次搬运所发生的费用。

④冬雨季施工增加费。指在冬季或雨季施工需增加的临时设施、防滑、排除雨雪，人工及施工机械效率降低等费用。

⑤已完工程及设备保护费。指竣工验收前，对已完工程及设备采取的必要保护措施所发生的费用。

⑥工程定位复测费。指工程施工过程中进行全部施工测量放线和复测工作的费用。

⑦特殊地区施工增加费。指工程在沙漠或其边缘地区、高海拔、高寒、原始森林等特殊地区施工增加的费用。

⑧大型机械设备进出场及安拆费。指机械整体或分体自停放场地运至施工现场或由一个施工地点运至另一个施工地点，所发生的机械进出

场运输及转移费用及机械在施工现场进行安装、拆卸所需的人工费、材料费、机械费、试运转费和安装所需的辅助设施的费用。

⑨脚手架工程费。指施工需要的各种脚手架搭、拆、运输费用以及脚手架购置费的摊销(或租赁)费用。

措施项目及其包含的内容详见各类专业工程的现行国家或行业计量规范。

3)其他项目费

①暂列金额。指建设单位在工程量清单中暂定并包括在工程合同价款中的一笔款项。用于施工合同签订时尚未确定或者不可预见的所需材料、工程设备、服务的采购,施工中可能发生的工程变更、合同约定调整因素出现时的工程价款调整以及发生的索赔、现场签证确认等的费用。

②计日工。指在施工过程中,施工企业完成建设单位提出的施工图纸以外的零星项目或工作所需的费用。

③总承包服务费。指总承包人为配合、协调建设单位进行的专业工程发包,对建设单位自行采购的材料、工程设备等进行保管以及施工现场管理、竣工资料汇总整理等服务所需的费用。

4)规费。定义同本节"二"中"(二)"的"6"。

5)税金。定义同本节"二"中"(二)"的"7"。

2. 建筑安装工程费用计算方法

(1)费用构成计算方法

1)人工费

$$人工费 = \sum (工日消耗量 \times 日工资单价) \quad (1-21)$$

$$日工资单价 = \frac{生产工人平均月工资(计时计件) + 平均月(奖金+津贴补贴+特殊情况下支付的工资)}{年平均每月法定工作日}$$

$$(1-22)$$

注:式(1-21)主要适用于施工企业投标报价时自主确定人工费,是工程造价管理机构编制计价定额确定定额人工单价或发布人工成本信息的参考依据。

$$人工费 = \sum (工程工日消耗量 \times 日工资单价) \quad (1-23)$$

注:式(1-23)适用于工程造价管理机构编制计价定额时确定定额人工费,是施工企业投标报价的参考依据。

式(1-23)中日工资单价是指施工企业平均技术熟练程度的生产工人

在每工作日(国家法定工作时间内)按规定从事施工作业应得的日工资总额。

工程造价管理机构确定日工资单价应通过市场调查,根据工程项目的技术要求,参考实物工程量人工单价综合分析确定,最低日工资单价不得低于工程所在地人力资源和社会保障部门所发布的最低工资标准的:普工1.3倍、一般技工2倍、高级技工3倍。

工程计价定额不可只列一个综合工日单价,应根据工程项目技术要求和工种差别适当划分多种日人工单价,确保各分部工程人工费的合理构成。

2)材料费

①材料费:

$$材料费 = \sum(材料消耗量 \times 材料单价) \qquad (1-24)$$

$$材料单价 = [(材料原价 + 运杂费) \times [1 + 运输损耗率(\%)]] \times [1 + 采购保管费率(\%)] \qquad (1-25)$$

②工程设备费:

$$工程设备费 = \sum(工程设备量 \times 工程设备单价) \qquad (1-26)$$

$$工程设备单价 = (设备原价 + 运杂费) \times [1 + 采购保管费率(\%)] \qquad (1-27)$$

3)施工机具使用费

①施工机械使用费:

$$施工机械使用费 = \sum(施工机械台班消耗量 \times 机械台班单价) \qquad (1-28)$$

$$\begin{aligned}机械台班单价 = &台班折旧费 + 台班大修费 + 台班经常修理费 + \\ &台班安拆费及场外运费 + 台班人工费 + \\ &台班燃料动力费 + 台班车船税费\end{aligned} \qquad (1-29)$$

注:工程造价管理机构在确定计价定额中的施工机械使用费时,应根据《建筑施工机械台班费用计算规则》结合市场调查编制施工机械台班单价。施工企业可以参考工程造价管理机构发布的台班单价,自主确定施工机械使用费的报价,如租赁施工机械,公式为:施工机械使用费 = $\sum$(施工机械台班消耗量×机械台班租赁单价)。

②仪器仪表使用费:

仪器仪表使用费＝工程使用的仪器仪表摊销费＋维修费　(1-30)

4）企业管理费费率

① 以分部分项工程费为计算基础：

$$企业管理费费率(\%)=\frac{生产工人年平均管理费}{年有效施工天数×人工单价}×$$

$$人工费占分部分项工程费比例(\%) \quad (1-31)$$

② 以人工费和机械费合计为计算基础：

$$企业管理费费率(\%)=\frac{生产工人年平均管理费}{年有效施工天数×(人工单价+每一工日机械使用费)}×100\%$$

$$(1-32)$$

③ 以人工费为计算基础：

$$企业管理费费率(\%)=\frac{生产工人年平均管理费}{年有效施工天数×人工单价}×100\% \quad (1-33)$$

注：上述公式适用于施工企业投标报价时自主确定管理费，是工程造价管理机构编制计价定额确定企业管理费的参考依据。

工程造价管理机构在确定计价定额中企业管理费时，应以定额人工费或（定额人工费＋定额机械费）作为计算基数，其费率根据历年工程造价积累的资料，辅以调查数据确定，列入分部分项工程和措施项目中。

5）利润

施工企业根据企业自身需求并结合建筑市场实际自主确定，列入报价中。

工程造价管理机构在确定计价定额中利润时，应以定额人工费或（定额人工费＋定额机械费）作为计算基数，其费率根据历年工程造价积累的资料，并结合建筑市场实际确定，以单位（单项）工程测算，利润在税前建筑安装工程费的比重可按不低于5%且不高于7%的费率计算。利润应列入分部分项工程和措施项目中。

6）规费

① 社会保险费和住房公积金。社会保险费和住房公积金应以定额人工费为计算基础，根据工程所在地省、自治区、直辖市或行业建设主管部门规定费率计算。其计算公式为：

社会保险费和住房公积金＝∑（工程定额人工费×

社会保险费和住房公积金费率）　(1-34)

式(1-34)中,社会保险费和住房公积金费率可以每万元发承包价的生产工人人工费和管理人员工资含量与工程所在地规定的缴纳标准综合分析取定。

②工程排污费。工程排污费等其他应列而未列入的规费应按工程所在地环境保护等部门规定的标准缴纳,按实计取列入。

7)税金

$$税金 = 税前造价 \times 综合税率(\%) \quad (1-35)$$

其中,综合税率的计算方法如下:

①纳税地点在市区的企业

$$综合税率(\%) = \left(\frac{1}{1-3\%-3\%\times7\%-3\%\times3\%-3\%\times2\%}-1\right)\times100\% \quad (1-36)$$

②纳税地点在县城、镇的企业

$$综合税率(\%) = \left(\frac{1}{1-3\%-3\%\times5\%-3\%\times3\%-3\%\times2\%}-1\right)\times100\% \quad (1-37)$$

③纳税地点不在市区、县城、镇的企业

$$综合税率(\%) = \left(\frac{1}{1-3\%-3\%\times1\%-3\%\times3\%-3\%\times2\%}-1\right)\times100\% \quad (1-38)$$

④实行营业税改增值税的,按纳税地点现行税率计算。

(2)建筑安装工程计价参考公式

1)分部分项工程费

$$分部分项工程费 = \sum(分部分项工程量\times综合单价) \quad (1-39)$$

式(1-39)中综合单价包括人工费、材料费、施工机具使用费、企业管理费和利润以及一定范围的风险费用(下同)。

2)措施项目费

①国家计量规范规定应予计量的措施项目,其计算公式为:

$$措施项目费 = \sum(措施项目工程量\times综合单价) \quad (1-40)$$

②国家计量规范规定不宜计量的措施项目计算方法如下:

a. 安全文明施工费:

$$安全文明施工费 = 计算基数\times安全文明施工费费率(\%) \quad (1-41)$$

计算基数应为定额基价(定额分部分项工程费+定额中可以计量的

措施项目费)、定额人工费或(定额人工费+定额机械费),其费率由工程造价管理机构根据各专业工程的特点综合确定。

b. 夜间施工增加费:

夜间施工增加费=计算基数×夜间施工增加费费率(%) (1-42)

c. 二次搬运费:

二次搬运费=计算基数×二次搬运费费率(%) (1-43)

d. 冬雨季施工增加费:

冬雨季施工增加费=计算基数×冬雨季施工增加费费率(%)

(1-44)

e. 已完工程及设备保护费:

已完工程及设备保护费=计算基数×已完工程及设备保护费费率(%)

(1-45)

上述 b.~e. 项措施项目的计费基数应为定额人工费或(定额人工费+定额机械费),其费率由工程造价管理机构根据各专业工程特点和调查资料综合分析后确定。

3)其他项目费

暂列金额由建设单位根据工程特点,按有关计价规定估算,施工过程中由建设单位掌握使用、扣除合同价款调整后如有余额,归建设单位。

计日工由建设单位和施工企业按施工过程中的签证计价。

总承包服务费由建设单位在招标控制价中根据总包服务范围和有关计价规定编制,施工企业投标时自主报价,施工过程中按签约合同价执行。

4)规费和税金

建设单位和施工企业均应按照省、自治区、直辖市或行业建设主管部门发布标准计算规费和税金,不得作为竞争性费用。

(三)工程建设其他费用

工程建设其他费用是指从工程筹建到工程竣工验收交付使用止的整个建设期间,除建筑安装工程费用和设备、工器具购置费以外的,为保证工程建设顺利完成和交付使用后能够正常发挥效用而发生的各项费用。工程建设其他费用,按其内容可分为三类:土地使用费,与项目建设有关的费用,与未来企业生产和经营活动有关的费用。

(1)土地使用费

任何一个建设项目都固定于一定地点与地面相连接,必须占用一定量的土地,也就必然要发生为获得建设用地而支付的费用,这就是土地使用费。它是指通过划拨方式取得土地使用权而支付的土地征用及迁移补偿费,或者通过土地使用权出让方式取得土地使用权而支付的土地使用权出让金。

1)土地征用及迁移补偿费。土地征用及迁移补偿费,是指建设项目通过划拨方式取得无限期的土地使用权,依照《中华人民共和国土地管理法》等规定所支付的费用。其总和一般不得超过被征土地年产值的20倍,土地年产值则按该地被征用前三年的平均产量和国家规定的价格计算。内容包括:

①土地补偿费。征用耕地(包括菜地)的补偿标准,按国家规定,为该耕地年产值的若干倍,具体补偿标准由省、自治区、直辖市人民政府在此范围内制定。征用园地、鱼塘、藕塘、苇塘、宅基地、林地、牧场、草原等的补偿标准,由省、自治区、直辖市人民政府制定。征收无收益的土地,不予补偿。

②青苗补偿费和被征用土地上的房屋、水井、树木等附着物补偿费。这些补偿费的标准由省、自治区、直辖市人民政府制定。征用城市郊区的菜地时,还应按照有关规定向国家缴纳新菜地开发建设基金。地上附着物及青苗补偿费归地上附着物及青苗所有者所有。

③安置补助费。征用耕地、菜地的,每个农业人口的安置补助费为该地被征用3年平均年产值的4~6倍,每亩耕地的安置补助费最高不得超过其年产值的15倍。

④缴纳的耕地占用税或城镇土地使用税、土地登记费及征地管理费等。县市土地管理机关从征地费中提取土地管理费的比率,要按征地工作量大小,视不同情况,在1%~4%幅度内提取。

⑤征地动迁费。包括征用土地上的房屋及附属构筑物、城市公共设施等拆除、迁建补偿费及搬迁运输费,企业单位因搬迁造成的减产、停工损失补贴费及拆迁管理费等。

⑥水利水电工程水库淹没处理补偿费。包括农村移民安置迁建费,城市迁建补偿费,库区工矿企业、交通、电力、通信、广播、管网、水利等的恢复、迁建补偿费,库底清理费,防护工程费,环境影响补偿费用等。

2)土地使用权出让金。土地使用权出让金是指建设工程通过土地使用权出让方式,取得有限期的土地使用权,依照《中华人民共和国城镇国有土地使用权出让和转让暂行条例》规定,支付的土地使用权出让金。

① 明确国家是城市土地的唯一所有者,并分层次,有偿、有限期地出让、转让城市土地。第一层次是城市政府将国有土地使用权出让给用地者,该层次由城市政府垄断经营。出让对象可以是有法人资格的企事业单位,也可以是外商。第二层次及以下层次的转让则发生在使用者之间。

② 城市土地的出让和转让可采用协议、招标、公开拍卖等方式。

a. 协议方式是由用地单位申请,经市政府批准同意后双方洽谈具体地块及地价。该方式适用于市政工程、公益事业用地以及需要减免地价的机关、部队用地和需要重点扶持、优先发展的产业用地。

b. 招标方式是在规定的期限内,由用地单位以书面形式投标,市政府根据投标报价、所提供的规划方案以及企业信誉综合考虑,择优而取。该方式适用于一般工程建设用地。

c. 公开拍卖是指在指定的地点和时间,由申请用地者叫价应价,价高者得。这完全是由市场竞争决定,适用于盈利高的行业用地。

③ 在有偿出让和转让土地时,政府对地价不作统一规定,但应坚持以下原则:

a. 地价对目前的投资环境不产生大的影响。

b. 地价与当地的社会经济承受能力相适应。

c. 地价要考虑已投入的土地开发费用、土地市场供求关系、土地用途和使用年限。

④ 关于政府有偿出让土地使用权的年限,各地可根据时间、区位等各种条件作不同的规定,居住用地 70 年,工业用地 50 年,教育、科技、文化、卫生、体育用地 50 年,商业、旅游、娱乐用地 40 年,综合或其他用地 50 年。

⑤ 土地有偿出让和转让,土地使用者和所有者要签约,明确使用者对土地享有的权利和对土地所有者应承担的义务。

a. 有偿出让和转让使用权,要向土地受让者征收契税。

b. 转让土地如有增值,要向转让者征收土地增值税。

c. 在土地转让期间,国家要区别不同地段、不同用途向土地使用者收取土地占用费。

3) 城市建设配套费。指因进行城市公共设施的建设而分摊的费用。

4) 拆迁补偿与临时安置补助费,包括:

① 拆迁补偿费,指拆迁人对被拆迁人,按照有关规定予以补偿所需的

费用。拆迁补偿的形式可分为产权调换和货币补偿两种形式。产权调换的面积按照所拆迁房屋的建筑面积计算；货币补偿的金额按照被拆迁人或者房屋承租人支付搬迁补助费。

②临时安置补助费或搬迁补助费，指在过渡期内，被拆迁人或者房屋承租人自行安排住处的，拆迁人应当支付临时安置补助费。

(2) 与项目建设有关的其他费用

根据项目的不同，与项目建设有关的其他费用的构成也不尽相同，一般包括以下各项，在进行工程估算及概算时可根据实际情况进行计算。

1) 建设单位管理费。建设单位管理费是指建设项目从立项、筹建、建设、联合试运转、竣工验收、交付使用及后评估等全过程管理所需的费用。内容包括：

①建设单位开办费。指新建项目为保证筹建和建设工作正常进行所需办公设备、生活家具、用具、交通工具等购置费用，主要是建设项目管理过程中的费用。

②建设单位经费。包括工作人员的基本工资、工资性补贴、职工福利费、劳动保护费、劳动保险费、办公费、差旅交通费、工会经费、职工教育经费、固定资产使用费、工具用具使用费、技术图书资料费、生产人员招募费、工程招标费、合同契约公证费、工程质量监督检测费、工程咨询费、法律顾问费、审计费、业务招待费、排污费、竣工交付使用清理及竣工验收费、后评估等费用。不包括应计入设备、材料预算价格的建设单位采购及保管设备材料所需的费用，主要是日常经营管理的费用。建设单位管理费按照单项工程费用之和（包括设备工、器具购置费和建筑安装工程费用）乘以建设单位管理费率计算。建设单位管理费率按照建设项目的不同性质、不同规模确定。有的建设项目按照建设工期和规定的金额计算建设单位管理费。

2) 勘察设计费。勘察设计费是指为本建设项目提供项目建议书、可行性研究报告及设计文件等所需费用，内容包括：

①编制项目建议书、可行性研究报告及投资估算、工程咨询、评价以及为编制上述文件所进行勘察、设计、研究试验等所需费用。

②委托勘察、设计单位进行初步设计、施工图设计及概预算编制等所需费用。

③在规定范围内由建设单位自行完成的勘察、设计工作所需费用。

勘察设计费中,项目建议书、可行性研究报告按国家颁布的收费标准计算,设计费按国家颁布的工程设计收费标准计算勘察费,一般民用建筑6层以下的按 3~5 元/m² 计算,高层建筑按 8~10 元/m² 计算,工业建筑按 10~12 元/m² 计算。

3)研究试验费。研究试验费是指为建设项目提供和验证设计参数、数据、资料等所进行的必要的试验费用以及设计规定在施工中必须进行试验、验证所需费用。包括自行或委托其他部门研究试验所需人工费、材料费、试验设备及仪器使用费等。这项费用按照设计单位根据本工程项目的需要提出的研究试验内容和要求计算。

4)建设单位临时设施费。建设单位临时设施费是指建设期间建设单位所需临时设施的搭设、维修、摊销费用或租赁费用。临时设施包括临时宿舍、文化福利及公用事业房屋与构筑物、仓库、办公室、加工厂以及规定范围内的道路、水、电、管线等临时设施和小型临时设施。

5)工程监理费。工程监理费是指建设单位委托工程监理单位对工程实施监理工作所需费用。根据原国家物价局、建设部文件规定,选择下列方法之一计算:

①一般情况应按工程建设监理收费标准计算,即按所监理工程概算或预算的百分比计算。

②对于单工种或临时性项目可根据参与监理的年度平均人数计算。

6)工程保险费。工程保险费是指建设项目在建设期间根据需要实施工程保险所需的费用。包括以各种建筑工程及其在施工过程中的物料、机器设备为保险标的的建筑工程一切险,以安装工程中的各种机器、机械设备为保险标的的安装工程一切险,以及机器损坏保险等。根据不同的工程类别,分别以其建筑、安装工程费乘以建筑、安装工程保险费率计算。民用建筑(住宅楼、综合性大楼、商场、旅馆、医院、学校)占建筑工程费的 2‰~4‰;其他建筑(工业厂房、仓库、道路、码头、水坝、隧道、桥梁、管道等)占建筑工程费的 3‰~6‰;安装工程(农业、工业、机械、电子、电器、纺织、矿山、石油、化学及钢铁工业、电气桥梁)占建筑工程费的 3‰~6‰。

7)引进技术和进口设备其他费用。

①出国人员费用。指为引进技术和进口设备派出人员在国外培训和进行设计联络、设备检验等的差旅费、制装费、生活费等。这项费用根据设计规定的出国培训和工作的人数、时间及派往国家,按财政部、外交部

规定的临时出国人员费用开支标准及中国民用航空公司现行国际航线票价等进行计算,其中使用外汇部分应计算银行财务费用。

②国外工程技术人员来华费用。指为安装进口设备、引进国外技术等聘用外国工程技术人员进行技术指导工作所发生的费用。包括技术服务费、外国技术人员的在华工资、生活补贴、差旅费、医药费、住宿费、交通费、宴请费、参观游览等招待费用。这项费用按每人每月费用指标计算。

③技术引进费。指为引进国外先进技术而支付的费用。包括专利费、专有技术费(技术保密费)、国外设计及技术资料费、计算机软件费等。这项费用根据合同或协议的价格计算。

④分期或延期付款利息。指利用出口信贷引进技术或进口设备采取分期或延期付款的办法所支付的利息。

⑤担保费。指国内金融机构为买方出具保函的担保费。这项费用按有关金融机构规定的担保费率计算(一般可按承保金额的5‰计算)。

⑥进口设备检验鉴定费用。指进口设备按规定付给商品检验部门的进口设备检验鉴定费。这项费用按进口设备货价的3‰~5‰计算。

8)工程承包费。工程承包费是指具有总承包条件的工程公司,对工程建设项目从开始建设至竣工投产全过程的总承包所需的管理费用。具体内容包括组织勘察设计、设备材料采购、非标设备设计制造与销售、施工招标、发包、工程预决算、项目管理、施工质量监督、隐蔽工程检查、验收和试车直至竣工投产的各种管理费用。该费用按国家主管部门或省、自治区、直辖市协调规定的工程总承包费取费标准计算。如无规定时,一般工业建设项目为投资估算的6%~8%,民用建筑(包括住宅建设)和市政项目为4%~6%。不实行工程承包的项目不计算本项费用。

(3)与未来企业生产经营有关的其他费用

1)联合试运转费。联合试运转费是指新建企业或改建、扩建企业在工程竣工验收前,按照设计的生产工艺流程和质量标准对整个企业进行联合试运转所发生的费用支出与联合试运转期间的收入部分的差额部分。联合试运转费用一般根据不同性质的项目按需进行试运转的工艺设备购置费的百分比计算。

2)生产准备费。生产准备费是指新建企业或新增生产能力的企业,为保证竣工交付使用进行必要的生产准备所发生的费用。内容包括:

①生产人员培训费,包括自行培训、委托其他单位培训的人员的工资、工资性补贴、职工福利费、差旅交通费、学习资料费、学习费、劳动保护费等。

②生产单位提前进厂参加施工、设备安装、调试等以及熟悉工艺流程及设备性能等人员的工资、工资性补贴、职工福利费、差旅交通费、劳动保护费等。生产准备费一般根据需要培训和提前进厂人员的人数及培训时间,按生产准备费指标进行估算。应该指出,生产准备费在实际执行中是一笔在时间上、人数上、培训深度上很难划分的、活口很大的支出,尤其要严格掌握。

3)办公和生活家具购置费。办公和生活家具购置费是指为保证新建、改建、扩建项目初期正常生产、使用和管理所必须购置的办公和生活家具、用具的费用。改建、扩建项目所需的办公和生活用具购置费,应低于新建项目。

(四)预备费

按我国现行有关规定,预备费包括基本预备费和涨价预备费。

1. 基本预备费

基本预备费是指在初步设计及概算内难以预料的工程费用,内容包括:

(1)在批准的初步设计范围内,技术设计、施工图设计及施工过程中所增加的工程费用,设计变更、局部地基处理等增加的费用。

(2)一般自然灾害造成的损失和预防自然灾害所采取的措施费用。实行工程保险的工程项目费用应适当降低。

(3)竣工验收时为鉴定工程质量对隐蔽工程进行必要的挖掘和修复费用。基本预备费是按设备及工、器具购置费,建筑安装工程费用和工程建设其他费用三者之和为计取基础,乘以基本预备费费率进行计算。其计算公式为:

$$基本预备费=(设备及工、器具购置费+建筑安装工程费用+工程建设其他费用)×基本预备费费率 \quad (1-46)$$

基本预备费费率的取值应执行国家及部门的有关规定。

2. 涨价预备费

涨价预备费是指建设项目在建设期间内由于价格等变化引起工程造价变化的预测预留费用。费用内容包括人工、设备、材料、施工机械的价

第一章 工程造价基础知识

差费、建筑安装工程费及工程建设其他费用调整、利率、汇率调整等增加的费用。涨价预备费的测算方法，一般根据国家规定的投资综合价格指数，以估算年份价格水平的投资额为基数，采用复利方法计算。其计算公式为：

$$PF = \sum_{t=1}^{n} I_t \left[(1+f)^m (1+f)^{0.5} (1+f)^{t-1} - 1 \right] \quad (1\text{-}47)$$

式中　PF——涨价预备费；
　　　n——建设期年份数；
　　　I_t——建设期中第 t 年的投资计划额，包括设备及工器具购置费、建筑安装工程费、工程建设其他费用及基本预备费；
　　　f——年均投资价格上涨率；
　　　m——建设前期年限（从编制估算到开工建设，单位为"年"）。

(五) 建设期贷款利息

建设期投资贷款利息是指建设项目使用银行或其他金融机构的贷款，在建设期应归还的借款的利息。当总贷款是分年均衡发放时，建设期利息的计算可按当年借款在年中支用考虑，即当年贷款按半年计息，上年贷款按全年计息。其计算公式为：

$$q_j = \left(P_{j-1} + \frac{1}{2} A_j \right) \cdot i \quad (1\text{-}48)$$

式中　q_j——建设期第 j 年应计利息；
　　　P_{j-1}——建设期第 $(j-1)$ 年末贷款累计金额与利息累计金额之和；
　　　A_j——建设期第 j 年贷款金额；
　　　i——年利率。

(六) 固定资产投资方向调节税

为了贯彻国家产业政策，控制投资规模，引导投资方向，调整投资结构，加强重点建设，促进国民经济持续稳定协调发展，国家将根据国民经济的运行趋势和全社会固定资产投资的状况，对进行固定资产投资的单位和个人开征或暂缓征收固定资产投资方的调节税（该税征收对象不含中外合资经营企业、中外合作经营企业和外资企业）。

投资方向调节税根据国家产业政策和项目经济规模实行差别税率，税率分为 0％、5％、10％、15％、30％ 五个档次，各固定资产投资项目按其单位工程分别确定适用的税率。计税依据为固定资产投资项目实际完成的投资额，其中更新改造项目为建筑工程实际完成的投资额。投资方向调节税按固定资产投资项目的单位工程年度计划投资额预缴。年度终了后,按年度实际投资结算,多退少补。项目竣工后按全部实际投资进行清算,多退少补。

1. 基本建设项目投资适用的税率

(1)国家急需发展的项目投资,如农业、林业、水利、能源、交通、通讯、原材料,科教、地质、勘探、矿山开采等基础产业和薄弱环节的部门项目投资,适用零税率。

(2)对国家鼓励发展但受能源、交通等制约的项目投资,如钢铁、化工、石油、水泥等部分重要原材料项目,以及一些重要机械、电子、轻工工业和新型建材的项目,实行5%的税率。

(3)为配合住房制度改革,对城乡个人修建、购买住宅的投资实行零税率;对单位修建、购买一般性住宅投资,实行5%的低税率;对单位用公款修建、购买高标准独门独院、别墅式住宅投资,实行30%的高税率。

(4)对楼堂馆所以及国家严格限制发展的项目投资,课以重税,税率为30%。

(5)对不属于上述四类的其他项目投资,实行中等税负政策,税率15%。

2. 更新改造项目投资适用的税率

(1)为了鼓励企事业单位进行设备更新和技术改造,促进技术进步,对国家急需发展的项目投资,予以扶持,实行零税率;对单纯工艺改造和设备更新的项目投资,也实行零税率。

(2)对不属于上述提到的其他更新改造项目投资,一律适用10%的税率。

3. 注意事项

为贯彻国家宏观调控政策,扩大内需,鼓励投资,根据国务院的决定,对《中华人民共和国固定资产投资方向调节税暂行条例》规定的纳税义务人,其固定资产投资应税项目自2000年1月1日起新发生的投资额,暂停征收固定资产投资方向调节税。但该税种并未取消。

第四节 工程造价计价程序

建筑安装工程费有两种组成形式,按照工程造价形成划分,由分部分项工程费、措施项目费、其他项目费、规费、税金组成,按费用构成要素划

第一章 工程造价基础知识

分,由人工费、材料费、施工机具使用费、企业管理费和利润、规费、税金组成。

一、建设单位工程招标控制价计价程序

表1-2　　　　　建设单位工程招标控制价计价程序

工程名称:　　　　　　　标段:

序号	内容	计算方法	金额/元
1	分部分项工程费	按计价规定计算	
1.1			
1.2			
1.3			
1.4			
1.5			
2	措施项目费	按计价规定计算	
2.1	其中:安全文明施工费	按规定标准计算	
3	其他项目费		
3.1	其中:暂列金额	按计价规定估算	
3.2	其中:专业工程暂估价	按计价规定估算	
3.3	其中:计日工	按计价规定估算	
3.4	其中:总承包服务费	按计价规定估算	
4	规费	按规定标准计算	
5	税金(扣除不列入计税范围的工程设备金额)	(1+2+3+4)×规定税率	
招标控制价合计=1+2+3+4+5			

二、施工企业工程投标报价计价程序

表 1-3　　　　　　施工企业工程投标报价计价程序

工程名称：　　　　　　　　　标段：

序号	内容	计算方法	金额/元
1	分部分项工程费	自主报价	
1.1			
1.2			
1.3			
1.4			
1.5			
2	措施项目费	自主报价	
2.1	其中:安全文明施工费	按规定标准计算	
3	其他项目费		
3.1	其中:暂列金额	按招标文件提供金额计列	
3.2	其中:专业工程暂估价	按招标文件提供金额计列	
3.3	其中:计日工	自主报价	
3.4	其中:总承包服务费	自主报价	
4	规费	按规定标准计算	
5	税金(扣除不列入计税范围的工程设备金额)	(1+2+3+4)×规定税率	

投标报价合计=1+2+3+4+5

三、竣工结算计价程序

表 1-4　　　　　　　　　竣工结算计价程序

工程名称：　　　　　　　标段：

序号	汇总内容	计算方法	金额/元
1	分部分项工程费	按合同约定计算	
1.1			
1.2			
1.3			
1.4			
1.5			
2	措施项目	按合同约定计算	
2.1	其中:安全文明施工费	按规定标准计算	
3	其他项目		
3.1	其中:专业工程结算价	按合同约定计算	
3.2	其中:计日工	按计日工签证计算	
3.3	其中:总承包服务费	按合同约定计算	
3.4	索赔与现场签证	按发承包双方确认数额计算	
4	规费	按规定标准计算	
5	税金(扣除不列入计税范围的工程设备金额)	(1+2+3+4)×规定税率	
竣工结算总价合计=1+2+3+4+5			

第二章 电气工程施工图绘制与识读

第一节 电气施工图绘制规定与识读方法

一、电气施工图绘制规定

1. 一般规定

(1) 同一个工程项目所用的图纸幅面规格宜一致。

(2) 同一个工程项目所用的图形符号、文字符号、参照代号、术语、线型、字体、制图方式等应一致。

(3) 图样中本专业的汉字标注字高不宜小于 3.5mm,主导专业工艺、功能用房的汉字标注字高不宜小于 3.0mm,字母或数字标注字高不应小于 2.5mm。

(4) 图样宜以图的形式表示,当设计依据、施工要求等在图样中无法以图表示时,应按下列规定进行文字说明:

1) 对于工程项目的共性问题,宜在设计说明里集中说明。

2) 对于图样中的局部问题,宜在本图样内说明。

(5) 主要设备表宜注明序号、名称、型号、规格、单位、数量,可按图 2-1 所示的格式绘制。

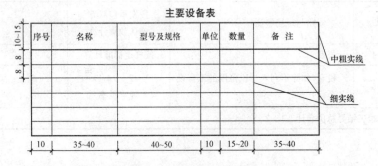

图 2-1 主要设备表的格式

第二章 电气工程施工图绘制与识读

(6)图形符号表宜注明序号、名称、图形符号、参照代号、备注等。建筑电气专业的主要设备表和图形符号表宜合并,可按图2-2所示的格式绘制。

图2-2 主要设备、图形符号表的格式

(7)电气设备及连接线缆、敷设路由等位置信息应以电气平面图为准,其安装高度统一标注不会引起混淆时,安装高度可在系统图、电气平面图、主要设备表或图形符号表的任一处标注。

2. 图号和图纸编排

(1)设计图纸应有图号标识。图号标识宜表示出设计阶段、设计信息、图纸编号。

(2)设计图纸应编写图纸目录,并宜符合下列规定:

1)初步设计阶段工程设计的图纸目录宜以工程项目为单位进行编写。

2)施工图设计阶段工程设计的图纸目录宜以工程项目或工程项目的各子项目为单位进行编写。

3)施工图设计阶段各子项目共同使用的统一电气详图、电气大样图、通用图,宜单独进行编写。

4)设计图纸宜按规定进行编排:图纸目录、主要设备表、图形符号、使用标准图目录、设计说明宜在前,设计图样宜在后。

(3)设计图样宜按下列规定进行编排:

1)建筑电气系统图宜编排在前,电路图、接线图(表)、电气平面图、剖面图、电气详图、电气大样图、通用图宜编排在后。

2)建筑电气系统图宜按强电系统、弱电系统、防雷、接地等依次编排。

3)电气平面图应按地面下各层依次编排在前,地面上各层由低向高依次编排在后。

(4)建筑电气专业的总图宜按图纸目录、主要设备表、图形符号、设计说明、系统图、电气总平面图、路由剖面图、电力电缆井和人(手)孔剖面图、电气详图、电气大样图、通用图依次编排。

3. 图样布置

(1)在一张图纸内绘制多个电气平面图时,应自下而上按建筑物层次由低向高的顺序布置。

(2)电气详图和电气大样图宜按索引编号顺序布置。

(3)每个图样均应在图样下方标注出图名,图名下应绘制一条中粗横线(0.7b),长度宜与图名长度相等。图样比例宜标注在图名的右侧,字的基准线应与图名取平;比例的字高宜比图名的字高小一号。

(4)图样中的文字说明宜采用"附注"形式书写在标题栏的上方或左侧,当"附注"内容较多时,宜对"附注"内容进行编号。

二、电气施工图组成及内容

由于每一项电气工程的规模不同,所以反映该项工程的电气图种类和数量也不尽相同,通常一项工程的电气施工图由以下几部分组成:

1. 首页

首页内容包括电气工程图的图纸目录、图例、设备明细表、设计说明等。图纸目录内容有序号、图纸名称、图纸编号、图纸张数等。图例使用表格的形式列出该系统中使用的图形符号或文字符号,通常只列出本套图纸中所涉及的一些图形符号或文字符号。设备材料明细表只列出该电气工程所需要的设备和材料的名称、型号、规格和数量等。设计说明(施工说明)主要阐述电气工程设计的依据、工程的要求和施工原则、建筑特点、电气安装标准、安装方法、工程等级、工艺要求及有关设计的补充说明等。通过识读设计说明可以了解以下内容:

(1)工程规模概况、总体要求、采用的标准规范、标准图册及图号、负荷级别、供电要求、电压等级、供电线路及杆号、电源进户要求和方式、电压质量、弱电信号分贝要求等。

(2)系统保护方式及接地电阻要求、系统防雷等级、防雷技术措施及要求、系统安全用电技术措施及要求、系统对过电压和跨步电压及漏电采取的技术措施。

(3)工作电源与备用电源的切换程序及要求、供电系统短路参数、计算电流、有功负荷、无功负荷、功率因数及要求、电容补偿及切换程序要求、调整参数、试验要求及参数、大容量电动机启动方式及要求、继电保护装置的参数及要求、母线联络方式、信号装置、操作电源和报警方式。

(4) 高低压配电线路类型及敷设方法要求、厂区线路及户外照明装置的形式、控制方式；某些具体部位或特殊环境（爆炸及火灾危险、高温、潮湿、多尘、腐蚀、静电和电磁等）安装要求及方法；系统对设备、材料、元件的要求及选择原则，动力及照明线路的敷设方法及要求。

(5) 供配电控制方式、工艺装置控制方法及其联锁信号、检测、调节系统的技术方法及调整参数、自动化仪表的配置及调整参数、安装要求及其管线敷设要求、系统联动或自动控制的要求及参数、工艺系统的参数及要求。

(6) 弱电系统的机房安装要求、供电电源的要求、管线敷设方式、防雷接地要求及具体安装方法，探测器、终端及控制报警系统安装要求，信号传输分贝要求、调整及试验要求。

(7) 铁构件加工制作和控制盘柜制作要求，防腐要求、密封要求、焊接工艺要求，大型部件吊装要求，混凝土基础工程施工要求，强度等级、设备冷却管路试验要求，蒸馏水及电解液配制要求，化学法降低接地电阻剂配制要求等非电气的有关要求。

(8) 所有图中交代不清、不能表达或没有必要用图表示的要求、标准、规定、方法等。

(9) 除设计说明外，其他每张图上的文字说明或注明的个别、局部的一些要求等，如，相同或同一类别元件的安装标高及要求等。

(10) 土建、暖通、设备、管道、装饰、空调制冷等专业对电气系统的要求或相互配合的有关说明、图样，如电气竖井、管道交叉、抹灰厚度、基准线等。

2. 电气总平面图

电气总平面图是在建筑总平面图上表示电源及电力负荷分布的图样。电气总平面图应表示出建筑物和构筑物的名称、外形、编号、坐标、道路形状、比例等，指北针或风玫瑰图宜绘制在电气总平面图图样的右上角。强电和弱电宜分别绘制电气总平面图。通过电气总平面图可了解该项工程的概况，掌握电气负荷的分布及电源装置等。一般大型工程都有电气总平面图，中小型工程则由动力平面图或照明平面图代替。通过识读电气总平面图可以了解以下内容：

(1)建筑物名称、编号、用途、层数、标高、等高线,用电设备容量及大型电动机容量、台数,弱电装置类别,电源及信号进户位置。

(2)变配电所位置及电压等级、变压器台数及容量、电源进户方式,架空线路走向、杆塔杆型及路灯、拉线布置,电缆走向、电缆沟及电缆井的位置、回路编号、电缆根数,主要负荷导线截面面积及根数,弱电线路的走向及敷设方式,大型电动机、主要用电负荷位置以及电压等级,特殊或直流用电负荷位置、容量及其电压等级等。

(3)系统周围环境、河道、公路、铁路、工业设施、电网方位及电压等级、居民区、自然条件、地理位置、海拔等。

(4)设备材料表中的主要设备材料的规格、型号、数量、进货要求及其他特殊要求等。

(5)文字标注和符号意义,以及其他有关说明和要求等。

3. 电气系统图

电气系统图是用单线图表示电能或电信号接回路分配出去的图样。电气系统图应表示出系统的主要组成、主要特征、功能信息、位置信息、连接信息等。电气系统图宜按功能布局、位置布局绘制,连接信息可采用单线表示。电气系统图可根据系统的功能或结构(规模)的不同层次分别绘制。电气系统图宜标注电气设备、路由(回路)等的参照代号、编号等,并应采用用于系统的图形符号绘制。建筑电气系统图用得很多,动力、照明、变配电装置、通信广播、电缆电视、火灾报警、防盗保安、微机监控、自动化仪表等都要用到系统图。通过识读电气系统图可以了解以下内容:

(1)进线回路数及编号、电压等级、进线方式(架空、电缆)、导线及电缆规格型号、计算方式、电流电压互感器及仪表规格型号与数量、防雷方式及避雷器规格型号与数量。

(2)进线开关规格型号及数量、进线柜的规格型号及台数、高压侧联络开关规格型号。

(3)变压器规格型号及台数、母线规格型号及低压侧联络开关(柜)规格型号。

(4)低压出线开关(柜)的规格型号及台数、回路数及用途和编号、计量方式及仪表、有无直控电动机或设备及其规格型号与台数、启动方式、导线及电缆规格型号。

(5)有无自备发电设备或 UPS,其规格型号、容量与系统连接方式及切换方式、切换开关及线路的规格型号、计算方式及仪表。

(6)电容补偿装置的规格型号及容量、切换方式及切换装置的规格型号。

4. 电气平面图

电气平面图是表示电气设备与线路平面位置的图纸,是进行建筑电气设备安装的重要依据。电气平面图应表示出建筑物轮廓线、轴线号、房间名称、楼层标高、门、窗、墙体、梁柱、平台和绘图比例等,承重墙体及柱宜涂灰。电气平面图应绘制出安装在本层的电气设备、敷设在本层和连接本层电气设备的线缆、路由等信息。进出建筑物的线缆,其保护管应注明与建筑轴线的定位尺寸、穿建筑外墙的标高和防水形式。电气平面图应标注电气设备、线缆敷设路由的安装位置、参照代号等,并应采用用于平面图的图形符号绘制。

电气平面图、剖面图中局部部位需另绘制电气详图或电气大样图时,应在局部部位处标注电气详图或电气大样图编号,在电气详图或电气大样图下方标注其编号和比例。电气设备布置不相同的楼层应分别绘制其电气平面图;电气设备布置相同的楼层可只绘制其中一个楼层的电气平面图。建筑专业的建筑平面图采用分区绘制时,电气平面图也应分区绘制,分区部位和编号宜与建筑专业一致,并应绘制分区组合示意图,各区电气设备线缆连接处应加标注。强电和弱电应分别绘制电气平面图。

防雷接地平面图应在建筑物或构筑物建筑专业的顶部平面图上绘制接闪器、引下线、断接卡、连接板、接地装置等的安装位置及电气通路。由于电气平面图缩小的比例较大,因此不能表现电气设备的具体位置,只能反映电气设备之间的相对位置关系。

通过电气平面图的识读,可以了解以下内容:

(1)了解建筑物的平面布置、轴线分布、尺寸以及图纸比例。

(2)了解各种变配电设备的编号、名称,各种用电设备的名称、型号以及它们在平面图上的位置。

(3)弄清楚各种配电线路的起点和终点、敷设方式、型号、规格、根数,以及在建筑物中的走向、平面和垂直位置。

5. 设备布置图

设备布置图表示各种电气设备平面与空间的位置、安装方式及其相互关系。一般由平面图、立面图、断面图、剖面图及各种构配件详图等组成。设备布置图一般都是按照三面视图的原理绘制的,与机械工程图没有原则性区别。

6. 电路图

电路图是单独用来表示电气设备、元件控制方式及其控制线路的图纸。电路图应便于理解电路的控制原理及其功能,可不受元器件实际物理尺寸和形状的限制。电路图应表示元器件的图形符号、连接线、参照代号、端子代号、位置信息等。电路图应绘制主回路系统图。电路图的布局应突出控制过程或信号流的方向,并可增加端子接线图(表)、设备表等内容。电路图中的元器件可采用单个符号或多个符号组合表示。同一项工程同一张电路图,同一个参照代号不宜表示不同的元器件。电路图中的元器件可采用集中表示法、分开表示法、重复表示法表示。通过查看控制原理图可以知道各设备元件的工作原理、控制方式,掌握建筑物功能实现的方法等。

7. 接线图(表)

接线图(表)是与电路图配套的图纸,用来表示设备元件外部接线以及设备元件之间接线。建筑电气专业的接线图(表)宜包括电气设备单元接线图(表)、互连接线图(表)、端子接线图(表)、电缆图(表)。接线图(表)应能识别每个连接点上所连接的线缆,并应表示出线缆的型号、规格、根数、敷设方式、端子标识,宜表示出线缆的编号、参照代号及补充说明。连接点的标识宜采用参照代号、端子代号、图形符号等表示。接线图中元器件、单元或组件宜采用正方形、矩形或圆形等简单图形表示,也可采用图形符号表示。通过接线图(表)可以知道系统控制的接线及控制电缆、控制线的走向及布置等。动力、变配电装置、火灾报警、防盗保安、微机监控、自动化仪表、电梯等都要用到接线图(表)。

8. 大样图

大样图一般用来表示某一具体部位或某一设备元件的结构或具体安装方法。通过大样图可以了解该项工程的复杂程度。一般非标准的控制柜、箱、检测元件和架空线路的安装等都要用到大样图,大样图通常均采用标准通用图集,其中剖面图也是大样图的一种。

9. 电缆清册

电缆清册是用表格的形式表示该系统中电缆的规格、型号、数量、走向、敷设方法、头尾接线部位等内容,一般使用电缆较多的工程均有电缆清册,简单的工程通常没有电缆清册。

10. 电气材料表

电气材料表是把某一电气工程所需的主要设备、元件、材料和有关数据列成表格,表示其名称、符号、型号、规格、数量、备注等内容。应与图联系起来阅读,根据建筑电气施工图编制的主要设备材料和预算,作为施工图设计文件提供给建筑单位。

三、电气施工图识读要求与步骤

(一)电气施工图识读要求

(1)对于投影图的识读,其关键是要解决好平面与立体的关系,即搞清电气设备的装配、连接关系。

(2)电气系统图、原理图和接线图都是用各种图例符号绘制的示意性图样,不表示平面与立体的实际情况,只表示各种电气设备、部件之间的关系。识读时应按以下要求进行:

1)在识读电气工程施工图前,必须明确和熟悉图纸中的图形、符号所代表的内容和含义,这是识图的基础,符号掌握得越多,记得越牢,读起图来就越方便。

2)对于控制原理图,要搞清主电路(一次回路系统)和辅助电路(二次回路系统)的相互关系、控制原理及作用。控制回路和保护回路是为主电路服务的,它起着对主电路的启动、停止、制动及保护等作用。

3)对于每一回路的识读应从电源端开始,顺着电源线,依次通过每一电气元件时,都要弄清楚它们的动作及变化,以及由于这些变化可能造成的连锁反应。

(二)电气施工图识读步骤

1. 粗读

粗读就是将施工图从头到尾大概浏览一遍,主要了解工程的概况,做到心中有数。粗读主要是阅读电气总平面图、电气系统图、设备材料表和设计说明。

2. 细读

细读就是仔细阅读每一张施工图,并重点掌握以下内容:

(1)每台设备和元件安装位置及要求。
(2)每条线缆走向、布置及敷设要求。
(3)所有线缆连接部位及接线要求。
(4)所有控制、调节、信号、报警工作原理及参数。

3. 精读

精读就是将施工图中的关键部位及设备、贵重设备及元件、电力变压器、大型电机及机房设施、复杂控制装置的施工图重新仔细阅读,系统熟练地掌握中心作业内容和施工图要求。

第二节 电气施工图绘制格式及表达方式

工程图是工程界的技术语言,其绘制格式及各种表达方式都必须遵守相关的规定。因此,阅读建筑电气工程图之前必须熟悉这些基本规定。

一、图纸格式

图纸通常由图框线、标题栏、幅面线、装订边和对中标志组成,其格式如图2-3和图2-4所示。

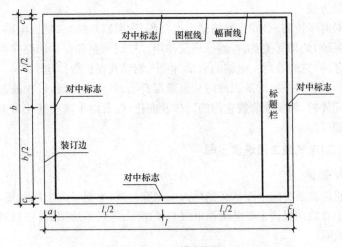

图2-3 A0~A3 横式幅面(一)

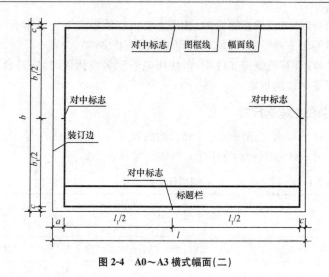

图 2-4 A0～A3 横式幅面（二）

标题栏应符合图 2-5 的规定，并根据工程的需要确定其尺寸、格式及分区。签字栏应包括实名列和签名列，并应符合下列规定：

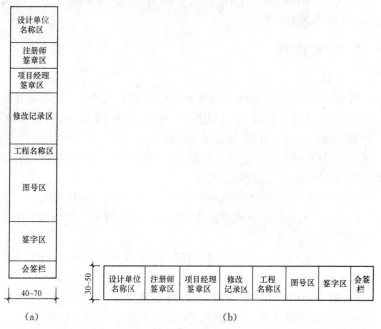

图 2-5 标题栏

(1) 涉外工程的标题栏内,各项主要内容的中文下方应附有译文,设计单位的上方或左方,应加"中华人民共和国"字样。

(2) 在计算机制图文件中,当使用电子签名与认证时,应符合国家有关电子签名法的规定。

二、图纸幅面尺寸

图纸的幅面是指图纸短边和长边的尺寸,一般分为 A0 号、A1 号、A2 号、A3 号、A4 号五种标准图幅。具体尺寸见表 2-1。

表 2-1　　　　　　　幅面及图框尺寸　　　　　　　mm

尺寸代号 \ 幅面代号	A0	A1	A2	A3	A4
$b \times l$	841×1189	594×841	420×594	297×420	210×297
c	10				5
a	25				

注:表中 b 为幅面短边尺寸,l 为幅面长边尺寸,c 为图框线与幅面线间宽度,a 为图框线与装订边间宽度。

三、图线与字体

1. 图线

(1) 建筑电气专业的图线宽度 b 应根据图纸的类型、比例和复杂程度,按现行国家标准《房屋建筑制图统一标准》(GB/T 50001—2010)的规定选用,一般为 0.5mm、0.7mm、1.0mm。

(2) 电气总平面图和电气平面图宜采用三种及以上的线宽绘制,其他图样宜采用两种及以上的线宽绘制。

(3) 同一张图纸内,相同比例的各图样宜选用相同的线宽组。

(4) 同一个图样内,各种不同线宽组中的细线可统一采用线宽组中较细的细线。

(5) 建筑电气专业常用的制图图线、线型及线宽宜符合表 2-2 的规定。

(6) 图样中可使用自定义的图线、线型及用途,并应在设计文件中明确说明。自定义的图线、线型及用途不应与国家现行有关标准相矛盾。

表 2-2　　　　　　　　　制图图线、线型及线宽

图线名称		线　型	线宽	一般用途
实线	粗	——————	b	本专业设备之间电气通路连接线、本专业设备可见轮廓线、图形符号轮廓线
	中粗	——————	$0.7b$	
	中	——————	$0.7b$ / $0.5b$	本专业设备可见轮廓线、图形符号轮廓线、方框线、建筑物可见轮廓线
	细	——————	$0.25b$	非本专业设备可见轮廓线、建筑物可见轮廓线；尺寸、标高、角度等标注线及引出线
虚线	粗	— — — —	b	本专业设备之间电气通路不可连接线；线路改造中原有线路
	中粗	— — — —	$0.7b$	
	中	— — — —	$0.7b$ / $0.5b$	本专业设备不可见轮廓线、地下电缆沟、排管区、隧道、屏蔽线、连锁线
	细	— — — —	$0.25b$	非本专业设备不可见轮廓线及地下管沟、建筑物不可见轮廓线等
波浪线	粗	∼∼∼∼	b	本专业软管、软护套保护的电气通路连接线、蛇形敷设线缆
	中粗	∼∼∼∼	$0.7b$	
单点长画线		— · — · —	$0.25b$	定位轴线、中心线、对称线；结构、功能、单元相同围框线
双点长画线		— ·· — ·· —	$0.25b$	辅助围框线、假想或工艺设备轮廓线
折断线		—∿—	$0.25b$	断开界线

2. 字体

图面上的汉字、字母和数字是图纸的重要组成部分,因此,图中的字体必须字体端正,笔画清楚,排列整齐,间距均匀。图样和说明中的汉字宜用长仿宋体和黑体,图样和说明中的拉丁字母、阿拉伯数字与罗马数字宜采用单线简体或罗马字体。字体的字高应从表 2-3 中选取。

表 2-3　　　　　　　　字体的最小高度　　　　　　　　　　　mm

字体种类	中文矢量字体	True type 字体及非中文矢量字体
字高	3.5、5、7、10、14、20	3、4、6、8、10、14、20

四、比例

(1)电气总平面图、电气平面图的制图比例,宜与工程项目设计的主导专业一致,采用的比例宜符合表 2-4 的规定,并应优先采用常用比例。

表 2-4　　　　　电气总平面图、电气平面图的制图比例

序号	图　　名	常用比例	可用比例
1	电气总平面图、规划图	1∶500、1∶1000、1∶2000	1∶300、1∶5000
2	电气平面图	1∶50、1∶100、1∶150	1∶200
3	电气竖井、设备间、电信间、变配电室等平、剖面图	1∶20、1∶50、1∶100	1∶25、1∶150
4	电气详图、电气大样图	10∶1、5∶1、2∶1、1∶1、1∶2、1∶5、1∶10、1∶20	4∶1、1∶25、1∶50

(2)电气总平面图、电气平面图应按比例制图,并应在图样中标注制图比例。

(3)一个图样宜选用一种比例绘制。选用两种比例绘制时,应做说明。

五、编号和参照代号

(1)当同一类型或同一系统的电气设备、线路(回路)、元器件等的数量大于或等于 2 时,应进行编号。

(2)当电气设备的图形符号在图样中不能清晰地表达其信息时,应在其图形符号附近标注参照代号。

(3)编号宜选用 1、2、3……数字顺序排列。

(4)参照代号采用字线代码标注时,参照代号宜由前缀符号、字线代码和数字组成。当采用参照代号标注不会引起混淆时,参照代号的前缀符号可省略。

(5)参照代号可表示项目的数量、安装位置、方案等信息。参照代号的编制规则宜在设计文件里说明。

六、标注

(1)电气设备的标注应符合下列规定:

1) 宜在用电设备的图形符号附近标注其额定功率、参照代号。

2) 对于电气箱(柜、屏),应在其图形符号附近标注参照代号,并宜标注设备安装容量。

3) 对于照明灯具,宜在其图形符号附近标注灯具的数量、光源数量、光源安装容量、安装高度、安装方式。

(2) 电气线路的标注应符合下列规定:

1) 应标注电气线路的回路编号或参照代号、线缆型号及规格、根数、敷设方式、敷设部位等信息。

2) 对于弱电线路,宜在线路上标注本系统的线型符号,线型符号应按有关标准的规定标注。

3) 对于封闭母线、电缆梯架、托盘和槽盒,宜标注其规格及安装高度。

七、方位与风向频率标记

1. 方位

工程平面图一般按上北下南、左西右东来表示建筑物和设备的位置和朝向。但在许多情况下都用方位标记(指北针方向)来表示朝向。方位标记如图 2-6 所示。

2. 风向频率标记

风向频率标记是在工程总平面图上表示该地区全面和夏季风向频率的符号。它是根据某一地区多年统计的风向发生频率的平均值,按一定比例绘制而成的。风向频率标记形似一朵玫瑰花,故又称为风向玫瑰图。如图 2-7 所示。

图 2-6 方位标记

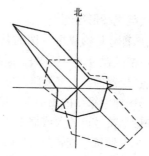

图 2-7 风向玫瑰图

八、详图及其索引

为了详细表明某些细部的结构、做法、安装工艺要求,有时需要将这部分单独放大,详细表示,这种图称为详图。根据不同的情况,详图可以与总图画在同一张图样上,也可以画在另外的图样上。这就需要用一种标志将详图和总图联系起来,这种联系标志称为详图索引,如图 2-8 所示。图 2-8(a)表示 2 号详图与总图画在同一张图样上;图 2-8(b)表示 2 号详图画在第 3 张图样上;图 2-8(c)表示 5 号详图被索引在第 2 张图样上,可采用编号为 J103 的标准图集中的标准图。

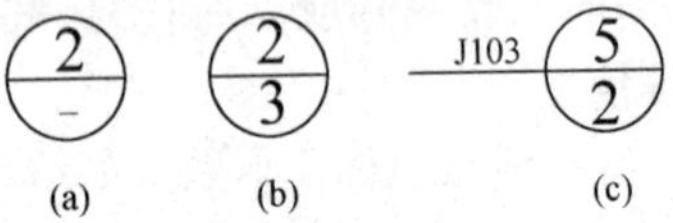

图 2-8 详图索引标志

九、设备材料表及说明

设备材料表一般都要列出系统主要设备及主要材料的规格、型号、数量、具体要求或产地。但是表中的数量一般只作为概算估计数,不作为设备和材料的供货依据。

在某些图纸上还写有"说明"。说明主要标注图中交代不清或没有必要用图表示的要求、标准、规格等,并用以补充说明工程特点、设计思想、施工方法、维护管理等方面的注意事项。

第三节 电气图形符号、参照代号及标注方法

一、电气图形符号

图形符号是构成电气图的基本单元。电气工程图形符号的种类很多,一般都画在电气系统图、平面图、原理图和接线图上,用于标明电气设备、装置、元器件及电气线路在电气系统中的位置、功能和作用。

(1)图样中采用的图形符号应符合下列规定:

1)图形符号可放大或缩小。

2)当图形符号旋转或镜像时,其中的文字宜为视图的正向。

3)当图形符号有两种表达形式时,可任选其中一种形式,但同一工程应使用同一种表达形式。

4)当现有图形符号不能满足设计要求时,可按图形符号生成原则产生新的图形符号。新产生的图形符号宜由一般符号与一个或多个相关的

第二章 电气工程施工图绘制与识读

补充符号组合而成。

5)补充符号可置于一般符号的里面、外面或与其相交。

(2)强电图样宜采用表 2-5 的常用图形符号。

表 2-5　　　　　　　强电图样的常用图形符号

序号	常用图形符号		说　明	应用类别
	形式 1	形式 2		
1	—///—	—∕3—	导线组(示出导线数,如示出三根导线)	电路图、接线图、平面图、总平面图、系统图
2	—∿—		软连接	
3	○		端子	
4	▯▯▯▯▯		端子板	电路图
5	┬	┬•	T 型连接	电路图、接线图、平面图、总平面图、系统图
6	┼┼	┼•┼•	导线的双 T 连接	
7	┼		跨接连接(跨越连接)	
8	⊃		阴接触件(连接器的)、插座	电路图、接线图、系统图
9	▬		阳接触件(连接器的)、插头	电路图、接线图、平面图、系统图
10	⌐		定向连接	
11	⌐⌐		进入线束的点(本符号不适用于表示电气连接)	电路图、接线图、平面图、总平面图、系统图
12	─▭─		电阻器,一般符号	
13	┬┴		电容器,一般符号	

续表一

序号	常用图形符号		说明	应用类别
	形式1	形式2		
14			半导体二极管，一般符号	电路图
15			发光二极管，一般符号	
16			双向三级闸流晶体管	
17			PNP晶体管	
18			电机，一般符号，见注2	电路图、接线图、平面图、系统图
19			三相笼式感应电动机	
20			单相笼式感应电动机有绕组分相引出端子	电路图
21			三相绕线式转子感应电动机	
22			双绕组变压器，一般符号（形式2可表示瞬时电压的极性）	电路图、接线图、平面图、总平面图、系统图 形式2只适用电路图
23			绕组间有屏蔽的双绕组变压器	

续表二

序号	常用图形符号		说　明	应用类别
	形式1	形式2		
24			一个绕组上有中间抽头的变压器	
25			星形—三角形连接的三相变压器	电路图、接线图、平面图、总平面图、系统图。 形式2只适用电路图
26			具有4个抽头的星形—星形连接的三相变压器	
27			单相变压器组成的三相变压器,星形—三角形连接	
28			具有分接开关的三相变压器,星形—三角形连接	电路图、接线图、平面图、系统图。 形式2只适用电路图
29			三相变压器,星形—星形—三角形连接	电路图、接线图、系统图。 形式2只适用电路图

续表三

序号	常用图形符号		说明	应用类别
	形式1	形式2		
30			自耦变压器,一般符号	电路图、接线图、平面图、总平面图、系统图。形式2只适用电路图
31			单相自耦变压器	
32			三相自耦变压器,星形连接	
33			可调压的单相自耦变压器	电路图、接线图、系统图。形式2只适用电路图
34			三相感应调压器	
35			电抗器,一般符号	
36			电压互感器	
37			电流互感器,一般符号	电路图、接线图、平面图、总平面图、系统图。形式2只适用电路图

续表四

序号	常用图形符号 形式1	常用图形符号 形式2	说　明	应用类别
38			具有两个铁心,每个铁心有一个次级绕组的电流互感器,见注3,其中形式2中的铁心符号可以略去	
39			在一个铁心上具有两个次级绕组的电流互感器,形式2中的铁心符号必须画出	
40			具有三条穿线一次导体的脉冲变压器或电流互感器	
41			三个电流互感器(四个次级引线引出)	电路图、接线图、系统图。 形式2只适用电路图
42			具有两个铁心,每个铁心有一个次级绕组的三个电流互感器,见注3	
43	L1、L3		两个电流互感器,导线L1和导线L3(三个次级引线引出)	
44	L1、L3		具有两个铁心,每个铁心有一个次级绕组的两个电流互感器,见注3	

续表五

序号	常用图形符号 形式1	常用图形符号 形式2	说明	应用类别
45	○		物件,一般符号	电路图、接线图、平面图、系统图
46	□			
47		见注4		
48			有稳定输出电压的变换器	电路图、接线图、系统图
49			频率由f1变到f2的变频器(f1和f2可用输入和输出频率的具体数值代替)	电路图、系统图
50			直流/直流变换器	电路图、接线图、系统图
51			整流器	
52			逆变器	
53			整流器/逆变器	
54			原电池 长线代表阳极,短线代表阴极	
55	G		静止电能发生器,一般符号	电路图、接线图、平面图、系统图
56	G		光电发生器	电路图、接线图、系统图
57			剩余电流监视器	

续表六

序号	常用图形符号		说　明	应用类别
	形式1	形式2		
58			动合(常开)触点,一般符号;开关,一般符号	
59			动断(常闭)触点	
60			先断后合的转换触点	
61			中间断开的转换触点	
62			先合后断的双向转换触点	电路图、接线图
63			延时闭合的动合触点(带该触点的器件被吸合时,此触点延时闭合)	
64			延时断开的动合触点(当带该触点的器件被释放时,此触点延时断开)	
65			延时断开的动断触点(当带该触点的器件被吸合时,此触点延时断开)	

续表七

序号	常用图形符号		说明	应用类别
	形式1	形式2		
66			延时闭合的动断触点(当带该触点的器件被释放时,此触点延时闭合)	
67	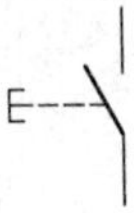		自动复位的手动按钮开关	
68	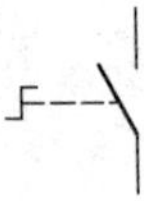		无自动复位的手动旋转开关	
69	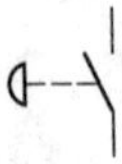		具有动合触点且自动复位的蘑菇头式的应急按钮开关	电路图、接线图
70	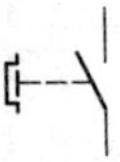		带有防止无意操作的手动控制的具有动合触点的按钮开关	
71	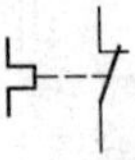		热继电器,动断触点	
72	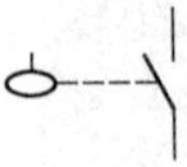		液位控制开关,动合触点	
73	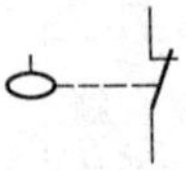		液位控制开关,动断触点	
74	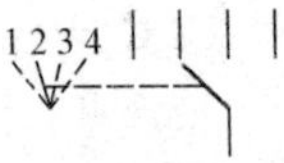		带位置图示的多位开关,最多四位	电路图
75			接触器;接触器的主动合触点(在非操作位置上触点断开)	电路图、接线图

第二章 电气工程施工图绘制与识读

续表八

序号	常用图形符号		说明	应用类别
	形式1	形式2		
76			接触器;接触器的主动断触点(在非操作位置上触点闭合)	
77			隔离器	
78			隔离开关	
79			带自动释放功能的隔离开关(具有由内装的测量继电器或脱扣器触发的自动释放功能)	
80			断路器,一般符号	电路图、接线图
81			带隔离功能断路器	
82			剩余电流动作断路器	
83			带隔离功能的剩余电流动作断路器	
84			继电器线圈,一般符号;驱动器件,一般符号	
85			缓慢释放继电器线圈	

续表九

序号	常用图形符号		说　明	应用类别
	形式1	形式2		
86			缓慢吸合继电器线圈	
87			热继电器的驱动器件	
88			熔断器，一般符号	
89			熔断器式隔离器	
90			熔断器式隔离开关	电路图、接线图
91			火花间隙	
92			避雷器	
93			多功能电器控制与保护开关电器（CPS）（该多功能开关器件可通过使用相关功能符号表示可逆功能、断路器功能、隔离功能、接触器功能和自动脱扣功能。当使用该符号时，可省略不采用的功能符号要素）	

续表十

序号	常用图形符号		说明	应用类别
	形式1	形式2		
94	Ⓥ		电压表	电路图、接线图、系统图
95	Wh		电度表(瓦时计)	
96	Wh		复费率电度表(示出二费率)	
97	⊗		信号灯,一般符号,见注5	电路图、接线图、平面图、系统图
98			音响信号装置,一般符号(电喇叭、电铃、单击电铃、电动汽笛)	
99			蜂鸣器	
100	□		发电站,规划的	总平面图
101	▨		发电站,运行的	
102			热电联产发电站,规划的	
103			热电联产发电站,运行的	
104	○		变电站、配电所,规划的(可在符号内加上任何有关变电站详细类型的说明)	
105	⊘		变电站、配电所,运行的	

续表十一

序号	常用图形符号		说　明	应用类别
	形式1	形式2		
106	●		接闪杆	接线图、平面图、总平面图、系统图
107	─○─		架空线路	总平面图
108	─□─		电力电缆井/人孔	
109	─⊞─		手孔	
110	═══		电缆梯架、托盘和槽盒线路	平面图、总平面图
111	═╪═		电缆沟线路	
112	─╱─		中性线	电路图、平面图、系统图
113	─┬─		保护线	
114	─╤─		保护线和中性线共用线	
115	─///╤─		带中性线和保护线的三相线路	
116	─• ↗		向上配线或布线	平面图
117	─• ↘		向下配线或布线	
118	↗•↗		垂直通过配线或布线	
119	───•↗		由下引来配线或布线	
120	───•↘		由上引来配线或布线	
121	⊙		连接盒；接线盒	

续表十二

序号	常用图形符号 形式1	常用图形符号 形式2	说明	应用类别
122		MS	电动机启动器,一般符号	电路图、接线图、系统图。形式2用于平面图
123		SDS	星-三角启动器	
124		SAT	带自耦变压器的启动器	
125		ST	带可控硅整流器的调节-启动器	
126			电源插座、插孔,一般符号(用于不带保护极的电源插座),见注6	平面图
127			多个电源插座(符号表示三个插座)	
128			带保护极的电源插座	
129			单相二、三极电源插座	
130			带保护极和单极开关的电源插座	
131			带隔离变压器的电源插座(剃须插座)	
132			开关,一般符号(单联单控开关)	
133			双联单控开关	
134			三联单控开关	

续表十三

序号	常用图形符号		说　　明	应用类别
	形式1	形式2		
135			n 联单控开关，$n>3n$	
136			带指示灯的开关（带指示灯的单联单控开关）	
137			带指示灯的双联单控开关	
138			带指示灯的三联单控开关	
139			带指示灯的 n 联单控开关，$n>3$	
140			单极限时开关	
141			单极声光控开关	平面图
142			双控单极开关	
143			单极拉线开关	
144			风机盘管三速开关	
145			按钮	
146			带指示灯的按钮	
147			防止无意操作的按钮（例如借助于打碎玻璃罩进行保护）	

续表十四

序号	常用图形符号		说　明	应用类别
	形式1	形式2		
148	⊗		灯,一般符号,见注7	
149	E		应急疏散指示标志灯	
150	→		应急疏散指示标志灯(向右)	
151	←		应急疏散指示标志灯(向左)	
152	⇄		应急疏散指示标志灯(向左、向右)	
153	✕		专用电路上的应急照明灯	
154	⊠		自带电源的应急照明灯	平面图
155	⊢──┤		荧光灯,一般符号(单管荧光灯)	
156			二管荧光灯	
157			三管荧光灯	
158	⊢─n─┤		多管荧光灯,$n>3$	
159			单管格栅灯	
160			双管格栅灯	
161			三管格栅灯	

续表十五

序号	常用图形符号		说　明	应用类别
	形式1	形式2		
162	⊗		投光灯，一般符号	平面图
163	⊗→		聚光灯	
164	◯		风扇；风机	

注：1. 当电气元器件需要说明类型和敷设方式时，宜在符号旁标注下列字母：EX—防爆；EN—密闭；C—暗装。

2. 当电机需要区分不同类型时，符号"★"可采用下列字母表示：G—发电机；GP—永磁发电机；GS—同步发电机；M—电动机；MG—能作为发电机或电动机使用的电机；MS—同步电动机；MGS—同步发电机或电动机等。

3. 符号中加上端子符号（○）表明是一个器件，如果使用了端子代号，则端子符号可以省略。

4. □可作为电气箱（柜、屏）的图形符号，当需要区分其类型时，宜在□内标注下列字母：LB—照明配电箱；ELB—应急照明配电箱；PB—动力配电箱；EPB—应急动力配电箱；WB—电度表箱；SB—信号箱；TB—电源切换箱；CB—控制箱、操作箱。

5. 当信号灯需要指示颜色时，宜在符号旁标注下列字母：YE—黄；RD—红；GN—绿；BU—蓝；WH—白。如果需要指示光源种类，宜在符号旁标注下列字母：Na—钠；Xe—氙；Ne—氖；IN—白炽灯；Hg—汞；I—碘；EL—电致发光的；ARC—弧光；IR—红外线的；FL—荧光的；UV—紫外线的；LED—发光二极管。

6. 当电源插座需要区分不同类型时，宜在符号旁标注下列字母：1P—单相；3P—三相；1C—单相暗敷；3C—三相暗敷；1EX—单相防爆；3EX—三相防爆；1EN—单相密闭；3EN—三相密闭。

7. 当灯具需要区分不同类型时，宜在符号旁标注下列字母：ST—备用照明；SA—安全照明；LL—局部照明灯；W—壁灯；C—吸顶灯；R—筒灯；EN—密闭灯；G—圆球灯；EX—防爆灯；E—应急灯；L—花灯；P—吊灯；BM—浴霸。

二、电气图参照代号

1. 参照代号的构成

（1）参照代号主要作为检索项目信息的代号。通过使用参照代号，可以表示不同层次的产品，也可以把产品的功能信息或位置信息联系起来。参照代号有三种构成方式：①前缀符号加字母代码；②前缀符号加字母代

码和数字;③前缀符号加数字。前缀符号字符分为:

1)"−"表示项目的产品信息(即系统或项目的构成)。
2)"="表示项目的功能信息(即系统或项目的作用)。
3)"+"表示项目的位置信息(即系统或项目的位置)。

(2)参照代号的主类字母代码按所涉及项目的用途和任务划分。参照代号的子类字母代码(第二字符)是依据国家标准《技术产品及技术产品文件结构原则 字母代码 按项目用途和任务划分的主类和子类》(GB/T 20939—2007)划分。由于子类字母代码的划分并没有明确的规则,因此,参照代号的字母代码应优先采用单字母。只有当用单字母代码不能满足设计要求时,可采用多字母代码,以便较详细和具体地表达电气设备、装置和元器件。

(3)当电气设备的图形符号在图样中不会引起混淆时,可不标注其参照代号,例如电气平面图中的照明开关或电源插座,如果没有特殊要求时,可只绘制图形符号。当电气设备的图形符号在图样中不能清晰地表达其信息时,例如电气平面图中的照明配电箱,如果数量大于等于2且规格不同时,只绘制图形符号已不能区别,需要在图形符号附近加注参照代号 AL1、AL2……。

2. 参照代号的标注

(1)参照代号的标注。参照代号宜水平书写。当符号用于垂直布置图样时,与符号相关的参照代号应置于符号的左侧;当符号用于水平布置图样时,与符号相关的参照代号应置于符号的上方。与项目相关的参照代号应清楚地关联到项目上,不应与项目交叉,否则可借助引出线。

(2)在功能和结构上属于同一单元的项目,可用单点长画线有规则地封闭围成围框,参照代号宜置于围框线的左上方或左方。

(3)参照代号有利于识别项目。当项目数量在9以内时,编号采用阿拉伯数字1~9。数量在99以内时,编号采用阿拉伯数字01~99。

3. 参照代号的应用

(1)参照代号的应用应根据实际工程的规模确定,同一个项目其参照代号可有不同的表示方式。以照明配电箱为例,如果一个建筑工程楼层超过10层,一个楼层的照明配电箱数量超过10个,每个照明配电箱参照代号的编制规则如图2-9所示。

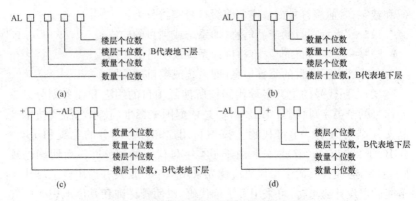

图 2-9 照明配电箱参照代号编制规则示例

参照代号 AL11B2,ALB211,+B2-ALL11,-AL11+B2,均可表示安装在地下二层的第 11 个照明配电箱。采用图 2-9(a)、(b)参照代号标注,因不会引起混淆,所以取消了前缀符号"—"。图 2-9(a)、(b)表示方式占用字符少,但参照代号的编制规则需在设计文件里说明。采用图 2-9(c)、(d)参照代号标注,对位置、数量信息表示更加清晰、直观、易懂,且前缀符号国家标准有定义,参照代号的编制规则不用再在设计文件里说明。

图 2-9 所示四种参照代号的表示方式,设计人员可任意选择使用,但同一项工程使用参照代号的表示方式应一致。

(2)如果参照代号采用前缀符号加字母代码和数字,则数字应在字母代码之后,数字可以对具有相同字母代码的项目(电气元件、配电箱等)进行编号,可以代表一定的意义。

(3)参照代号分为单层参照代号和多层参照代号,单层参照代号使用 1 个前缀符号表示项目 1 个信息,多层参照代号使用 2~3 个前缀符号(相同或不同)表示项目多个信息。一般使用多层参照代号可以比较准确地标识项目,如图 2-9(c)、(d)所示。

(4)图 2-9(c)、(d)中字母 B 代表地下层,地上层可用字母 F 代替,或直接写数字。例如:+F2-AL11 和+2-AL11 均表示地上 2 层第 11 个照明配电箱。位置信息可以用于表示群体建筑中的个体建筑、不同流水作业段或防火分区等。多层参照代号的使用示例见表 2-6。

第二章 电气工程施工图绘制与识读

表 2-6　　　　　　　　多层参照代号使用示例

序号	多层参照代号示例	说　明
1	+I-AK1	I段母线的AK1动力配电柜
2	+A+F2-AL11	A栋2层第11照明配电箱
3	=CP01-AC1	CP01空压机系统第1控制箱

4. 电气图常用参照代号

电气设备常用参照代号宜采用表2-7所示的字母代码。

表 2-7　　　　　　电气设备常用参照代号的字母代码

项目种类	设备、装置和元件名称	参照代号的字母代码	
		主类代码	含子类代码
两种或两种以上的用途或任务	35kV开关柜	A	AH
	20kV开关柜		AJ
	10kV开关柜		AK
	6kV开关柜		—
	低压配电柜		AN
	并联电容器箱(柜、屏)		ACC
	直流配电箱(柜、屏)		AD
	保护箱(柜、屏)		AR
	电能计量箱(柜、屏)		AM
	信号箱(柜、屏)		AS
	电源自动切换箱(柜、屏)		AT
	动力配电箱(柜、屏)		AP
	应急动力配电箱(柜、屏)		APE
	控制、操作箱(柜、屏)		AC
	励磁箱(柜、屏)		AE
	照明配电箱(柜、屏)		AL
	应急照明配电箱(柜、屏)		ALE
	电度表箱(柜、屏)		AW
	弱电系统设备箱(柜、屏)		—

续表一

项目种类	设备、装置和元件名称	参照代号的字母代码	
		主类代码	含子类代码
把某一输入变量(物理性质、条件或事件)转换为供进一步处理的信号	热过载继电器	B	BB
	保护继电器		BB
	电流互感器		BE
	电压互感器		BE
	测量继电器		BE
	测量电阻(分流)		BE
	测量变送器		BE
	气表、水表		BF
	差压传感器		BF
	流量传感器		BF
	接近开关、位置开关		BG
	接近传感器		BG
	时钟、计时器		BK
	温度计、湿度测量传感器		BM
	压力传感器		BP
	烟雾(感烟)探测器		BR
	感光(火焰)探测器		BR
	光电池		BR
	速度计、转速计		BS
	速度变换器		BS
	温度传感器、温度计		BT
	麦克风		BX
	视频摄像机		BX
	火灾探测器		—
	气体探测器		—
	测量变换器		—
	位置测量传感器		BG
	液位测量传感器		BL

续表二

项目种类	设备、装置和元件名称	参照代号的字母代码 主类代码	参照代号的字母代码 含子类代码
材料、能量或信号的存储	电容器	C	CA
	线圈		CB
	硬盘		CF
	存储器		CF
	磁带记录仪、磁带机		CF
	录像机		CF
提供辐射能或热能	白炽灯、荧光灯	E	EA
	紫外灯		EA
	电炉、电暖炉		EB
	电热、电热丝		EB
	灯、灯泡		
	激光器		
	发光设备		—
	辐射器		
直接防止（自动）能量流、信息流、人身或设备发生危险的或意外的情况，包括用于防护的系统和设备	热过载释放器	F	FD
	熔断器		FA
	安全栅		FC
	电涌保护器		FC
	接闪器		FE
	接闪杆		FE
	保护阳极（阴极）		FR
启动能量流或材料流，产生用作信息载体或参考源的信号。生产一种新能量、材料或产品	发电机	G	GA
	直流发电机		GA
	电动发电机组		GA
	柴油发电机组		GA
	蓄电池、干电池		GB
	燃料电池		GB
	太阳能电池		GC
	信号发生器		GF
	不间断电源		GU

续表三

项目种类	设备、装置和元件名称	参照代号的字母代码	
		主类代码	含子类代码
处理(接收、加工和提供)信号或信息(用于防护的物体除外,见F类)	继电器	K	KF
	时间继电器		KF
	控制器(电、电子)		KF
	输入、输出模块		KF
	接收机		KF
	发射机		KF
	光耦器		KF
	控制器(光、声学)		KG
	阀门控制器		KH
	瞬时接触继电器		KA
	电流继电器		KC
	电压继电器		KV
	信号继电器		KS
	瓦斯保护继电器		KB
	压力继电器		KPR
提供驱动用机械能(旋转或线性机械运动)	电动机	M	MA
	直线电动机		MA
	电磁驱动		MB
	励磁线圈		MB
	执行器		ML
	弹簧储能装置		ML
提供信息	打印机	P	PF
	录音机		PF
	电压表		PV
	告警灯、信号灯		PG
	监视器、显示器		PG

续表四

项目种类	设备、装置和元件名称	参照代号的字母代码	
		主类代码	含子类代码
提供信息	LED(发光二极管)	P	PG
	铃、钟		PB
	计量表		PG
	电流表		PA
	电度表		PJ
	时钟、操作时间表		PT
	无功电度表		PJR
	最大需用量表		PM
	有功功率表		PW
	功率因数表		PPF
	无功电流表		PAR
	(脉冲)计数器		PC
	记录仪器		PS
	频率表		PF
	相位表		PPA
	转速表		PT
	同位指示器		PS
	无色信号灯		PG
	白色信号灯		PGW
	红色信号灯		PGR
	绿色信号灯		PGG
	黄色信号灯		PGY
	显示器		PC
	温度计、液位计		PG

续表五

项目种类	设备、装置和元件名称	参照代号的字母代码	
		主类代码	含子类代码
受控切换或改变能量流、信号流或材料流(对于控制电路中的信号,见K类和S类)	断路器	Q	QA
	接触器		QAC
	晶闸管、电动机启动器		QA
	隔离器、隔离开关		QB
	熔断器式隔离器		QB
	熔断器式隔离开关		QB
	接地开关		QC
	旁路断路器		QD
	电源转换开关		QCS
	剩余电流保护断路器		QR
	软启动器		QAS
	综合启动器		QCS
	星—三角启动器		QSD
	自耦降压启动器		QTS
	转子变阻式启动器		QRS
限制或稳定能量、信息或材料的运动或流动	电阻器、二极管	R	RA
	电抗线圈		RA
	滤波器、均衡器		RF
	电磁锁		RL
	限流器		RN
	电感器		—
把手动操作转变为进一步处理的特定信号	控制开关	S	SF
	按钮开关		SF
	多位开关(选择开关)		SAC
	启动按钮		SF
	停止按钮		SS
	复位按钮		SR
	试验按钮		ST
	电压表切换开关		SV
	电流表切换开关		SA

续表六

项目种类	设备、装置和元件名称	参照代号的字母代码	
		主类代码	含子类代码
保持能量性质不变的能量变换,已建立的信号保持信息内容不变的变换,材料形态或形状的变换	变频器、频率转换器	T	TA
	电力变压器		TA
	DC/DC 转换器		TA
	整流器、AC/DC 变换器		TB
	天线、放大器		TF
	调制器、解调器		TF
	隔离变压器		TF
	控制变压器		TC
	整流变压器		TR
	照明变压器		TL
	有载调压变压器		TLC
	自耦变压器		TT
保护物体在一定的位置	支柱绝缘子	U	UB
	强电梯架、托盘和槽盒		UB
	瓷瓶		UB
	弱电梯架、托盘和槽盒		UG
	绝缘子		—
从一地到另一地导引或输送能量、信号、材料或产品	高压母线、母线槽	W	WA
	高压配电线缆		WB
	低压母线、母线槽		WC
	低压配电线缆		WD
	数据总线		WF
	控制电缆、测量电缆		WG
	光缆、光纤		WH
	信号线路		WS
	电力(动力)线路		WP
	照明线路		WL
	应急电力(动力)线路		WPE
	应急照明线路		WLE
	滑触线		WT

续表七

项目种类	设备、装置和元件名称	参照代号的字母代码	
		主类代码	含子类代码
连接物	高压端子、接线盒	X	XB
	高压电缆头		XB
	低压端子、端子板		XD
	过路接线盒、接线端子箱		XD
	低压电缆头		XD
	插座、插座箱		XD
	接地端子、屏蔽接地端子		XE
	信号分配器		XG
	信号插头连接器		XG
	（光学）信号连接		XH
	连接器		—
	插头		—

三、电气设备的标注方式

绘制图样时，宜采用表2-8所示的电气设备标注方式表示。

表2-8　　　　　电气设备的标注方式

序号	标注方式	说　明	示　例
1	$\dfrac{a}{b}$	用电设备标注 a—参照代号 b—额定容量(kW或kVA)	$\dfrac{-AL11}{3kW}$ 照明配电箱AL11，额定容量3kW
2	-a+b/c 注1	系统图电气箱(柜、屏)标注 a—参照代号 b—位置信息 c—型号	-AL11+F2/□ 照明配电箱AL11，位于地上二层，型号为□

第二章 电气工程施工图绘制与识读

续表一

序号	标注方式	说明	示例
3	-a 注1	平面图电气箱(柜、屏)标注 a—参照代号	-AL11 或 AL11
4	a b/c d	照明、安全、控制变压器标注 a—参照代号 b/c——次电压/二次电压 d—额定容量	TA1 220/36V 500vA 照明变压器 TA1,变比 220/36V,容量 500VA
5	$a-b\dfrac{c\times d\times L}{e}f$	灯具标注 a—数量 b—型号 c—每盏灯具的光源数量 d—光源安装容量 e—安装高度(m) "—"表示吸顶安装 L—光源种类,参见表2-5 注5 f—安装方式,参见表2-9	$8-\square\dfrac{1\times 18\times FL}{3.5}CS$ 8盏单管18W荧光灯链吊式安装,距地3.5m。灯具形式为□。 若照明灯具的型号、光源种类在设计说明或材料表中已注明,灯具标注可省略为: $8-\dfrac{1\times 18}{3.5}CS$
6	$\dfrac{a\times b}{c}$	电缆梯架、托盘和槽盒标注 a—宽度(mm) b—高度(mm) c—安装高度(mm)	$\dfrac{400\times 100}{+3.1}$ 宽度400mm,高度100mm,安装高度3.1m
7	a/b/c	光缆标注 a—型号 b—光纤芯数 c—长度	—

续表二

序号	标注方式	说　明	示　例
8	a b-c (d×e+ f×g)i-jh 注2	线缆的标注 a—参照代号 b—型号 c—电缆根数 d—相导体根数 e—相导体截面(mm^2) f—N、PE 导体根数 g—N、PE 导体截面(mm^2) i—敷设方式和管径(mm),参见表2-10 j—敷设部位,参见表2-11 h—安装高度(m)	单根电缆标注示例: -WD01　YJV-0.6/1kV -(3×50+1×25)CT SC50-WS3.5 多根电缆标注示例: -WD01　YJV-0.6/1kV-2(3×50+1×25)SC50 -WS3.5 导线标注示例: -WD24　BV-450/750V　5×2.5　SC20-FC 线缆的额定电压不会引起混淆时,标注可省略为: -WD01　YJV-2(3×50+1×25)CT　SC50-FC -WD24　BV-5×2.5 SC20-FC
9	a-b(c×2×d)e-f	电话线缆的标注 a—参照代号 b—型号 c—导体对数 d—导体直径(mm) e—敷设方式和管径(mm),参见表2-10 f—敷设部位,参见表2-11	-W1-HYV(5×2×0.5) SC15-WS

注:1. 前级"-"在不会引起混淆时可省略。
　2. 当电源线缆 N 的 PE 分开标注时,应先标注 N 后标注 PE(线缆规格中的电压值在不会引起混淆时可省略)。

表 2-9　　　　　　　　灯具安装方式标注的文字符号

序号	名称	文字符号
1	线吊式	SW
2	链吊式	CS
3	管吊式	DS
4	壁装式	W
5	吸顶式	C
6	嵌入式	R
7	吊顶内安装	CR
8	墙壁内安装	WR
9	支架上安装	S
10	柱上安装	CL
11	座装	HM

表 2-10　　　　　　　线缆敷设方式标注的文字符号

序号	名称	文字符号
1	穿低压流体输送用焊接钢管(钢导管)敷设	SC
2	穿普通碳素钢电线套管敷设	MT
3	穿可挠金属电线保护套管敷设	CP
4	穿硬塑料导管敷设	PC
5	穿阻燃半硬塑料导管敷设	FPC
6	穿塑料波纹电线管敷设	KPC
7	电缆托盘敷设	CT
8	电缆梯架敷设	CL
9	金属槽盒敷设	MR
10	塑料槽盒敷设	PR
11	钢索敷设	M
12	直埋敷设	DB
13	电缆沟敷设	TC
14	电缆排管敷设	CE

表 2-11　　　　　　　线缆敷设部位标注的文字符号

序号	名称	文字符号
1	沿或跨梁(屋架)敷设	AB
2	沿或跨柱敷设	AC
3	沿吊顶或顶板面敷设	CE
4	吊顶内敷设	SCE
5	沿墙面敷设	WS

续表

序号	名称	文字符号
6	沿屋面敷设	RS
7	暗敷设在顶板内	CC
8	暗敷设在梁内	BC
9	暗敷设在柱内	CLC
10	暗敷设在墙内	WC
11	暗敷设在地板或地面下	FC

四、电气图中其他标注方法

1. 电气线路线型符号

电气图样中的电气线路可采用表 2-12 的线型符号绘制。

表 2-12　　　图样中的电气线路线型符号

序号	线型符号		说明
	形式 1	形式 2	
1	S	S	信号线路
2	C	C	控制线路
3	EL	EL	应急照明线路
4	PE	PE	保护接地线
5	E	E	接地线
6	LP	LP	接闪线、接闪带、接闪网
7	TP	TP	电话线路
8	TD	TD	数据线路
9	TV	TV	有线电视线路
10	BC	BC	广播线路
11	V	V	视频线路
12	GCS	GCS	综合布线系统线路
13	F	F	消防电话线路
14	D	D	50V 以下的电源线路
15	DC	DC	直流电源线路
16			光缆，一般符号

2. 供配电系统设计文件的文字符号

供配电系统设计文件的标注宜采用表 2-13 的文字符号。

表 2-13　　　　　供配电系统设计文件标注的文字符号

序号	文字符号	名称	单位	序号	文字符号	名称	单位
1	U_n	系统标称电压,线电压(有效值)	V	11	I_c	计算电流	A
2	U_r	设备的额定电压,线电压(有效值)	V	12	I_{st}	启动电流	A
3	I_r	额定电流	A	13	I_p	尖峰电流	A
4	f	频率	Hz	14	I_s	整定电流	A
5	P_r	额定功率	kW	15	I_k	稳态短路电流	kA
6	P_n	设备安装功率	kW	16	$\cos\varphi$	功率因数	—
7	P_c	计算有功功率	kW	17	u_{kr}	阻抗电压	%
8	Q_c	计算无功功率	kvar	18	i_p	短路电流峰值	kA
9	S_c	计算视在功率	kVA	19	S''_{KQ}	短路容量	MVA
10	S_r	额定视在功率	kVA	20	K_d	需要系数	—

3. 设备端子和导体的标志和标识

设备端子和导体宜采用表 2-14 的标志和标识。

表 2-14　　　　　设备端子和导体的标志和标识

序号	导体		文字符号	
			设备端子标志	导体和导体终端标识
1	交流导体	第 1 线	U	L1
		第 2 线	V	L2
		第 3 线	W	L3
		中性导体	N	N
2	直流导体	正极	+或 C	L^+
		负极	−或 D	L^-
		中间点导体	M	M
3	保护导体		PE	PE
4	PEN 导体		PEN	PEN

4. 常用辅助文字符号

电气图样中常用辅助文字符号宜按表 2-15 执行。

表 2-15　　　　　　　　常用辅助文字符号

序号	文字符号	中文名称	序号	文字符号	中文名称
1	A	电流	36	FA	事故
2	A	模拟	37	FB	反馈
3	AC	交流	38	FM	调频
4	A、AUT	自动	39	FW	正、向前
5	ACC	加速	40	FX	固定
6	ADD	附加	41	G	气体
7	ADJ	可调	42	GN	绿
8	AUX	辅助	43	H	高
9	ASY	异步	44	HH	最高(较高)
10	B、BRK	制动	45	HH	手孔
11	BC	广播	46	HV	高压
12	BK	黑	47	IN	输入
13	BU	蓝	48	INC	增
14	BW	向后	49	IND	感应
15	C	控制	50	L	左
16	CCW	逆时针	51	L	限制
17	CD	操作台(独立)	52	L	低
18	CO	切换	53	LL	最低(较低)
19	CW	顺时针	54	LA	闭锁
20	D	延时、延迟	55	M	主
21	D	差动	56	M	中
22	D	数字	57	M、MAN	手动
23	D	降	58	MAX	最大
24	DC	直流	59	MIN	最小
25	DCD	解调	60	MC	微波
26	DEC	减	51	MD	调制
27	DP	调度	62	MH	人孔(人井)
28	DR	方向	63	MN	监听
29	DS	失步	64	MO	瞬间(时)
30	E	接地	65	MUX	多路用的限定符号
31	EC	编码	66	NR	正常
32	EM	紧急	67	OFF	断开
33	EMS	发射	68	ON	闭合
34	EX	防爆	69	OUT	输出
35	F	快速	70	O/E	光电转换器

续表

序号	文字符号	中文名称	序号	文字符号	中文名称
71	P	压力	89	STE	步进
72	P	保护	90	STP	停止
73	PL	脉冲	91	SYN	同步
74	PM	调相	92	SY	整步
75	PO	并机	93	SP	设定点
76	PR	参量	94	T	温度
77	R	记录	95	T	时间
78	R	右	96	T	力矩
79	R	反	97	TM	发送
80	RD	红	98	U	升
81	RES	备用	99	UPS	不间断电源
82	R、RST	复位	100	V	真空
83	RTD	热电阻	101	V	速度
84	RUN	运转	102	V	电压
85	S	信号	103	VR	可变
86	ST	启动	104	WH	白
87	S、SET	置位、定位	105	YE	黄
88	SAT	饱和			

5. 电气设备辅助文字符号

电气设备辅助文字符号宜按表 2-16 和表 2-17 执行。

表 2-16　　　　　强电设备辅助文字符号

强电	文字符号	中文名称	强电	文字符号	中文名称
1	DB	配电屏(箱)	11	LB	照明配电箱
2	UPS	不间断电源装置(箱)	12	ELB	应急照明配电箱
3	EPS	应急电源装置(箱)	13	WB	电度表箱
4	MEB	总等电位端子箱	14	IB	仪表箱
5	LEB	局部等电位端子箱	15	MS	电动机启动器
6	SB	信号箱	16	SDS	星—三角启动器
7	TB	电源切换箱	17	SAT	自耦降压启动器
8	PB	动力配电箱	18	ST	软启动器
9	EPB	应急动力配电箱	19	HDR	烘手器
10	CB	控制箱、操作箱	—		

表 2-17　　　　　　　　弱电设备辅助文字符号

强电	文字符号	中文名称	强电	文字符号	中文名称
1	DDC	直接数字控制器	14	KY	操作键盘
2	BAS	建筑设备监控系统设备箱	15	STB	机顶盒
3	BC	广播系统设备箱	16	VAD	音量调节器
4	CF	会议系统设备箱	17	DC	门禁控制器
5	SC	安防系统设备箱	18	VD	视频分配器
6	NT	网络系统设备箱	19	VS	视频顺序切换器
7	TP	电话系统设备箱	20	VA	视频补偿器
8	TV	电视系统设备箱	21	TG	时间信号发生器
9	HD	家居配线箱	22	CPU	计算机
10	HC	家居控制器	23	DVR	数字硬盘录像机
11	HE	家居配电箱	24	DEM	解调器
12	DEC	解码器	25	MO	调制器
13	VS	视频服务器	26	MOD	调制解调器

6. 信号灯、按钮和导线的颜色标识

(1) 信号灯和按钮的颜色标识宜分别按表 2-18 和表 2-19 执行。

表 2-18　　　　　　　　信号灯的颜色标识

名称	颜色标识	
状态	颜色	备注
危险指示	红色(RD)	—
事故跳闸		
重要的服务系统停机		
起重机停止位置超行程		
辅助系统的压力/温度超出安全极限		

续表

名称	颜色标识	
状态	颜色	备注
警告指示	黄色(YE)	—
高温报警		
过负荷		
异常指示		
安全指示	绿色(GN)	核准继续运行
正常指示		
正常分闸(停机)指示		
弹簧储能完毕指标		设备在安全状态
电动机降压启动过程指示	蓝色(BU)	
开关的合(分)或运行指示	白色(WH)	单灯指示开关运行状态；双灯指示开关合时运行状态

表 2-19　　按钮的颜色标识

名称	颜色标识
紧停按钮	红色(RD)
正常停和紧停合按钮	
危险状态或紧急指令	
合闸(开机)(启动)按钮	绿色(GN)、白色(WH)
分闸(停机)按钮	红色(RD)、黑色(BK)
电动机降压启动结束按钮	白色(WH)
复位按钮	
弹簧储能按钮	蓝色(BU)
异常、故障状态	黄色(YE)
安全状态	绿色(GN)

(2)导体的颜色标识宜按表 2-20 执行。

表 2-20　　　　　　　　　导体的颜色标识

导体名称	颜色标识
交流导体的第 1 线	黄色(YE)
交流导体的第 2 线	绿色(GN)
交流导体的第 3 线	红色(RD)
中性导体 N	淡蓝色(BU)
保护导体 PE	绿/黄双色(GN/YE)
PEN 导体	全长绿/黄色(GN/YE),终端另用淡蓝色(BU)标志或全长淡蓝色(BU),终端另用绿/黄双色(GN/YE)标志
直流导体的正极	棕色(BN)
直流导体的负极	蓝色(BU)
直流导体的中间点导体	淡蓝色(BU)

第三章 建设工程定额体系

第一节 概 述

一、定额的概念

定额,就是进行生产经营活动时,在人力、物力、财力消耗方面所应遵守或达到的数量标准。

在建设安装工程生产中,为了完成建设安装工程产品,必须消耗一定数量的劳动力、材料和机械台班以及相应的资金,在一定的生产条件下,由国家授权部门和地区用科学方法统一组织编制,颁发并实施的工程建设标准,称为建设安装工程定额。

二、定额的性质与作用

1. 定额的性质

定额是调动企业和职工生产积极性,加速经济建设,增加社会物质财富的有力工具。不同社会制度下的工程定额的性质不同,在我国其性质表现在以下几个方面:

(1)定额的科学性。

1)定额的编制是自觉遵循客观规律的要求,通过对施工生产过程进行长期的观察、测定、综合、分析,在广泛搜集资料和总结经验的基础上,实事求是地运用科学的方法制定出来的。

2)定额的科学性还表现在制定定额所采用的方法上,通过不断吸收现代科学技术的新成就,不断完善,形成一套严密的确定定额水平的科学方法。

(2)定额的权威性。工程建设定额的权威性的客观基础是定额的科学性。只有科学的定额才具有权威。在社会主义市场经济条件下,工程建设定额必然涉及各有关方面的经济关系和利益关系。赋予工程建设定额以一定的权威性,就意味着在规定的范围内,对于定额的使用者和执行者来说,不论主观上愿意不愿意,都必须按定额的规定执行。在市场不规范的情况下,赋予工程建设定额以权威性是十分重要的。

(3) 定额的时效性。一定时期内的定额,反映一定时期的社会生产力水平、劳动价值消耗和工程技术发展水平。随着社会经济的发展,新工艺、新材料的采用,技术水平的不断提高,各种资源的消耗量逐渐降低,往往会突破原有的定额水平,从而导致定额水平的提高,原来相对稳定的统一定额不再对工程造价的统一和调控发挥作用。在这种情况下,授权部门必须根据新的形势要求,重新编制或修订原有定额,制定出符合新的生产条件的新定额或补充定额,以满足管理和指导生产的需要,这就是定额的时效性。

(4) 定额的相对稳定性。定额中各项指标的多少,是由一定时期的社会生产力水平决定的。但社会生产力的发展有一个由量变到质变的过程,即应有一个周期,而且定额的执行也有一个实践过程。只有当生产条件发生变化,技术水平有较大的提高,原有定额不能适应生产需要时,授权部门才会制定出新的适应生产需要的定额或补充定额。所以每一次制定的定额必须具有相对稳定性,决不可朝定夕改。

(5) 定额的统一性。定额的统一性,主要是由国家对经济发展的有计划的宏观调控职能决定的。工程建设定额的统一性按照其影响力和执行范围来看,有全国统一定额、地区统一定额和行业统一定额等;按照定额的制定、颁布和贯彻使用来看,有统一的程序、统一的原则、统一的要求和统一的用途。

(6) 定额的针对性与地域性。生产领域中,由于所生产的产品形形色色,成千上万,并且每种产品的质量标准、安全要求、操作方法及完成该产品的工作内容各不相同,因此,针对每种不同产品(或工序)的资源消耗量的标准,一般来说是不能互相袭用的。

2. 定额的作用

定额是科学管理的产物,是实行科学管理的基础,在工程建设和企业管理中,确定和执行先进合理的定额是技术和经济管理工作中的重要一环。在社会主义市场经济条件下工程项目的计划、设计和施工中,定额具有以下几方面的作用:

(1) 定额是投资决策和价格决策的依据。定额可以有效地规范建筑市场,投资者可以利用定额提供的信息提高项目投资决策和价格决策的科学性,利用定额权衡自己的财务状况、支付能力,预测资金投入和预期回报。同时在投标报价时制定出正确合理的价格,以获取更多的经济效益。

(2) 定额是编制计划的基础。工程建设活动需要编制各种计划来组织与指导生产,而计划编制中又需要各种定额来作为计算人力、物力、财力等资源需要量的依据。

(3)定额是评价工程项目设计方案是否经济合理的尺度。由于定额是项目投资决策的依据,而项目投资的大小反映了项目的设计方案技术经济水平,因此,定额是评价工程项目设计方案的尺度。

(4)定额是组织和管理施工的工具。建筑企业计算、平衡资源需要量,组织材料供应,调配劳动力,签发任务单,组织劳动竞赛,调动人的积极因素,考核工程消耗和劳动生产率,贯彻按劳分配工资制度,计算工人报酬等,都要利用定额。因此,从组织施工和管理生产的角度来说,企业定额又是建筑企业组织和管理施工的工具。

(5)定额是总结先进生产方法的手段。定额是在平均先进的条件下,通过对生产流程的观察、分析、综合等过程制定的,可以以定额方法为手段,对同一产品在同一操作条件下的不同的生产方法进行观察、分析和总结,从而得到一套比较完整的、优良的生产方法,作为生产中推广的范例。

(6)定额有利于完善建筑市场信息系统。定额的可靠性和灵敏性是市场成熟和效率的标志。实行定额管理可对大量建筑市场信息进行加工整理,也可对建筑市场信息进行传递,同时还可对建筑市场信息进行反馈。

三、定额的分类

(一)按生产要素分类

物质资料生产所必须具备的三要素是劳动者、劳动手段和劳动对象。按此三要素可将定额分为劳动定额、材料消耗定额和机械台班使用定额。

1. 劳动定额

劳动定额又称人工定额,是建筑安装工人在一定的生产技术装备、合理的劳动组织与合理使用材料的条件下,完成质量合格的单位产品所需劳动消耗量标准,或规定单位时间内完成质量合格产品的数量标准。

(1)劳动定额的形式。劳动定额按其表示形式的不同又可分为时间定额和产量定额。

(2)劳动定额的编制。

1)分析基础资料,拟定定额的编制方案。编制方案的内容包括:

①提出对拟编定额的定额水平总的设想。

②拟定额分章、分节、分项的目录。

③选择产品和人工、材料、机械的计量单位。

④设计定额表格的形式和内容。

2) 确定正常的施工条件。

①拟定工作地点。

②拟定工作组成。

③拟定施工人员编制。

3) 拟定定额时间：确定的基本工作时间、辅助工作时间、准备与结束工作时间、不可避免中断时间和休息时间之和，就是劳动定额的时间定额。根据时间定额可计算出产量定额，时间定额和产量定额互成倒数。

2. 材料消耗定额

材料消耗定额是指在节约与合理使用材料的条件下，完成质量合格的单位产品所需消耗各种建筑材料（包括各种原材料、燃料、成品、半成品、构配件、周转材料的摊销等）的数量标准。

3. 机械台班使用定额

机械台班使用定额又称机械台班消耗定额，是指在合理施工组织与合理使用机械的正常施工条件下，规定施工机械完成质量合格的单位产品所需消耗机械台班的数量标准，或规定施工机械在单位台班时间内应完成质量合格产品的数量标准。

机械台班使用定额按其表示形式的不同，亦可分为机械台班时间定额与机械台班产量定额。

(二) 按定额编制单位与使用范围分类

按定额编制单位与使用范围可将定额分为全国统一定额、省（市）地区定额、行业专用定额和企业定额。

1. 全国统一定额

全国统一定额是指由国家主管部门（原建设部）编制，作为各省（市）编制地区定额依据的各种定额，如《全国统一安装工程基础定额》和《全国统一安装工程预算定额》（简称全统定额）等。

2. 省（市）地区定额

省（市）地区定额是指由各省、市、自治区建设主管部门制定的各种定额。该定额可以作为该地区建设工程项目标底编制的依据，也可在施工企业没有自己的企业定额时，作为投标计价的依据。

3. 行业专用定额

行业专用定额是指由国务院下属的主管部、委制定而行业专用的各种定额,如《铁路工程消耗量定额》、《交通工程消耗量定额》等。

4. 企业定额

企业定额是指建筑施工企业根据本企业的施工技术水平和管理水平,以及各地区有关工程造价计算的规定,编制的完成单位合格产品所必需的人工、材料和施工机械台班的消耗量,以及其他生产经营要素消耗的数量标准。

第二节 人工、材料、施工机械台班定额消耗量及其单价的确定

一、人工、材料、施工机械台班定额消耗量的确定

(一)施工工作研究

1. 施工过程

施工过程就是在建设工地范围内所进行的生产过程,包括劳动者、劳动对象和劳动工具三要素。其中,劳动者是指不同工种、不同技术等级的建筑安装工人;劳动对象是指建筑材料、半成品、构件、配件等;劳动工具是指手动工具、小型机具和机械等。

通过对施工过程的细致分析,能够更深入地确定施工过程各个工序组成的必要性及其顺序的合理性,从而正确制定各个工序所需要的工时消耗。

施工过程的分类见表 3-1。

表 3-1 施工过程的分类

分类标准	类别	内容
根据施工过程组织上的复杂程度分类	工序	工序是组织上不可分割的、在操作过程中技术上属于同类的施工过程。工序的特征是:劳动者不变,劳动对象、劳动工具和工作地点也不变。在工作中如有一项改变,那就说明已经由一项工序转入另一项工序了
	工作过程	工作过程是由同一工人或同一小组所完成的、在技术操作上相互有机联系的工序的综合体。其特点是人员编制不变,工作地点不变,而材料和工具则可以变换
	综合工作过程	综合工作过程是同时进行的、在组织上有机地联系在一起的,并且最终能获得一种产品的施工过程的总和

续表

分类标准	类别	内容
根据施工工艺特点分类	循环施工过程	组成部分按一定顺序依次循环进行,并且每经一次重复都可以生产出同一种产品的施工过程,称为循环施工过程
	非循环施工过程	若施工过程的工序或其组成部分不是以同样的次序重复,或者生产出来的产品各不相同,这种施工过程则称为非循环的施工过程

2. 工作时间

工作时间是指工作班延续时间,对施工中工作时间进行研究目的是确定施工的时间定额和产量定额。

对工作时间消耗的研究,可分为两个系统进行,即工人工作时间的消耗和机器工作时间消耗。

(1)工人工作时间消耗。工人工作时间消耗即工人在工作班内的时间消耗,按其性质可分为必需消耗时间和损失时间两类。

1)必需消耗的工作时间是工人在正常施工条件下,为完成一定合格产品所消耗的时间,是制定定额的主要依据,包括有效工作时间、休息时间和不可避免中断时间的消耗。

①有效工作时间。有效工作时间是从生产效果来看与产品生产直接有关的时间消耗。

②休息时间。休息时间是工人在工作过程中为恢复体力所必需的短暂休息和生理需要的时间消耗。

③不可避免的中断时间。不可避免的中断时间是由于施工工艺特点引起的工作中断所必需的时间。

2)损失时间是与产品生产无关,而与施工组织和技术上的缺点及工人在施工过程中的个人过失或某些偶然因素有关的时间消耗,损失时间包括多余和偶然工作时间、停工时间、违背劳动纪律的损失时间。

①多余和偶然工作时间是指在正常施工条件下不应发生或因意外因素所造成的时间消耗。

②停工时间是工作班内停止工作造成的工时损失。

③违背劳动纪律造成的工作时间损失是指工人迟到、早退、聊天、擅自离开工作岗位等造成的时间损失。

(2)机器工作时间消耗。

1)定额时间。包括有效工作时间、不可避免的无负荷工作时间和不可避免的中断时间。

2)非定额时间。包括多余工作、停工、违背劳动纪律所消耗的工作时间和低负荷下的工作时间。

(二)时间消耗的测定

测定时间消耗的基本方法为计时观察法。计时观察法也称现场观察法,它以研究工时消耗为对象,以观察测时为手段,通过密集抽样和粗放抽样等技术进行直接的时间研究。

常用的计时观察法有测时法、写实记录法和工作日写实法三种。

1. 测时法

测时法主要适用于测定定时重复的循环工作的工时消耗,是精确度比较高的一种计时观察法。

测时法只用来测定施工过程中循环组成部分工作时间消耗,不测定工人休息、准备与结束即其他非循环的工作时间。

2. 写实记录法

写实记录法是研究各种性质的工作时间消耗的方法,包括基本工作时间、辅助工作时间、不可避免中断时间、准备与结束时间以及各种损失时间。

采用写实记录方法,可以获得分析工作时间消耗和制定定额所必需的全部资料。这种测定方法比较简便、易于掌握,并能保证必需的精确度。

3. 工作日写实法

工作日写实法,是一种研究整个工作班内的各种工时消耗的方法,利用写实记录表记录观察资料。记录时间时不需要将有效工作时间分为各个组成部分,只需划分适合技术水平和不适合技术水平两类。但是工时消耗还需按性质分类记录。

工作日写实法与测时法、写实记录法相比较,具有技术简便、应用面广和资料全面的优点,在我国是一种采用较广的编制定额的方法。

(三)人工定额消耗量的确定

1. 确定工序作业时间

(1)拟定基本工作时间。基本工作时间在必需消耗的工作时间中占

的比重最大。在拟定基本工作时间时,必须细致、精确。拟定基本工作时间的基本方法如下:

1) 各组成部分单位与最终产品单位一致的基本工作时间计算。此时,单位产品基本工作时间就是施工过程各个组成部分作业时间的总和。其计算公式为:

$$T_1 = \sum_{i=1}^{n} t_i$$

式中 T_1——单位产品基本工作时间;
t_i——各组成部分的基本工作时间;
n——各组成部分的个数。

2) 各组成部分单位与最终产品单位不一致时的基本工作时间计算。此时,各组成部分基本工作时间应分别乘以相应的换算系数。计算公式为:

$$T_1' = \sum_{i=1}^{n} k_i \times t_i$$

式中 k_i——对应于 t_i 的换算系数。

(2) 拟定辅助工作时间。辅助工作时间的确定方法与基本工作时间相同。如果在计时观察时不能取得足够的资料,也可采用工时规范或经验数据来确定。若有现行的工时规范,可以直接利用工时规范中规定的辅助工作时间的百分比来计算。

2. 确定规范时间

规范时间内容包括工序作业时间以外的准备与结束时间、不可避免中断时间以及休息时间,确定方法见表 3-2。

表 3-2　　　　　　　　　规范时间的确定

序号	项目	确定方法
1	准备与结束时间	准备与结束工作时间分为工作日和任务两种。任务的准备与结束时间通常不能集中在某一个工作日中,而要采取分摊计算的方法,分摊在单位产品的时间定额里。 如果在计时观察资料中不能取得足够的准备与结束时间的资料,也可根据工时规范或经验数据来确定

续表

序号	项目	确定方法
2	不可避免的中断时间	在确定不可避免中断时间的定额时,必须注意由工艺特点所引起的不可避免中断才可列入工作过程的时间定额。不可避免中断时间也需要根据测时资料,通过整理分析获得,也可以根据经验数据或工时规范,以占工作日的百分比表示此项工时消耗的时间定额
3	休息时间	休息时间应根据工作班休息制度、经验资料、计时观察资料,以及对工作的疲劳程度作全面分析来确定。同时,应考虑尽可能利用不可避免中断时间作为休息时间

3. 拟定时间定额与产量定额

(1)时间定额。时间定额即为确定的基本工作时间、辅助工作时间、准备与结束工作时间、不可避免中断时间与休息时间之和。

利用工时规范,可以计算劳动定额的时间定额。计算公式为:

作业时间＝基本工作时间＋辅助工作时间

规范时间＝准备与结束工作时间＋不可避免的中断时间＋休息时间

工序作业时间＝基本工作时间＋辅助工作时间

＝基本工作时间$/[1-$辅助时间$(\%)]$

$$定额时间 = \frac{作业时间}{1-规范时间(\%)}$$

(2)产量定额。产量定额又称每工产量,指在合理的劳动组合、合理的使用材料、合理的机械配合条件下,某种专业(工种)、某种技术等级的工人小组或个人,在单位工日中所完成的合格产品的数量。建筑产品多种多样,产量定额一般是以 m、m^2、m^3、kg、t、块、套、组、台等为计量单位。

产量定额根据时间定额计算,其计算公式如下:

$$每工产量 = \frac{1}{单位产品时间定额(工日)}$$

或

$$台班产量 = \frac{小组成员工日数的总和}{单位产品时间定额(工日)}$$

(3)时间定额与产量定额的关系。产量定额的高低与时间定额成反比,两者互为倒数。生产某一单位合格产品所消耗的工时越少,则在单位时间内产品产量就越高。反之就越低。

$$时间定额 \times 产量定额 = 1$$

或

$$时间定额 = \frac{1}{产量定额}$$

$$产量定额 = \frac{1}{时间定额}$$

所以两种定额中,无论知道哪一种定额,都可以很容易地计算出另一种定额。

时间定额和产量定额是同一个劳动定额量的不同表示方法,但有各自不同的用处。时间定额便于综合,便于计算总工日数,便于核算工资,所以劳动定额一般均采用时间定额的形式。产量定额便于施工班组分配任务,便于编制施工作业计划。

(四)材料定额消耗量的确定

各种类型材料的损耗量之和称为材料损耗量,除去损耗量之后净用于工程实体上的数量称为材料净用量,材料净用量与材料损耗量之和称为材料总消耗量,损耗量与总消耗量之比称为材料损耗率,三者关系用公式表示为:

$$损耗率 = \frac{损耗量}{总消耗量} \times 100\%$$

$$损耗量 = 总消耗量 - 净用量$$

$$总消耗量 = \frac{净用量}{1 - 损耗率}$$

通常将损耗量与净用量之比,作为损耗率,即:

$$损耗率 = \frac{损耗量}{净用量} \times 100\%$$

$$总消耗量 = 净用量 \times (1 + 损耗率)$$

1. 确定材料损耗量的基本方法

确定实体材料的净用量定额和材料损耗定额的计算数据,是通过现场技术测定、实验室试验、现场统计和理论计算等方法获得的,具体内容见表 3-3。

表 3-3　　　　　　　　　确定材料损耗量的基本方法

方法	内容	适用范围
现场技术测定法	现场技术测定法又称观测法,是根据对材料消耗过程的测定与观察,通过完成产品数量和材料消耗量的计算,而确定各种材料消耗定额的一种方法	适用于确定材料损耗量
实验室试验法	通过试验,能够对材料的结构、化学成分和物理性能等配比做出科学的结论,为编制材料消耗定额提供有技术根据的、比较精确的计算数据	适用于编制材料净用量
现场统计法	现场统计法,是以施工现场积累的分部分项工程使用材料数量、完成产品数量、完成工作原材料的剩余数量等统计资料为基础,经过整理分析,获得材料消耗的数据	作为编制定额的辅助性方法

2. 周转性材料消耗量的计算

在编制材料消耗定额时,某些工序定额、单项定额和综合定额中涉及周转材料的确定和计算。周转性材料消耗的定额量是指每使用一次摊销的数量,其计算必须考虑一次使用量、周转使用量、回收价值和摊销量之间的关系。

(1)一次使用量是指周转性材料一次使用的基本量,即一次投入量。周转性材料的一次使用量根据施工图计算,其用量与各分部分项工程部位、施工工艺和施工方法有关。

(2)周转使用量是指周转性材料在周转使用和补损的条件下,每周转一次的平均需用量,根据一定的周转次数和每次周转使用的损耗量等因素来确定。

(3)周转回收量是指周转性材料在周转使用后除去损耗部分的剩余数量,即尚可以回收的数量。

(4)周转性材料摊销量是指完成一定计量单位产品,一次消耗周转性材料的数量。其计算公式为:

$$材料的摊销量 = 一次使用量 \times 摊销系数$$

其中:

一次使用量＝材料的净用量×(1－材料损耗率)

$$摊销系数＝\frac{周转使用系数－[(1－损耗率)×回收价值率]}{周转次数×100\%}$$

$$周转使用系数＝\frac{(周转次数－1)×损耗率}{周转次数×100\%}$$

$$回收价值率＝\frac{一次使用量×(1－损耗率)}{周转次数×100\%}$$

(五)机械台班定额消耗量的确定

1. 机械台班时间定额与产量定额

(1)机械台班时间定额。在合理施工组织与合理使用机械的正常施工条件下，规定某类机械完成单位合格产品所需消耗的机械工作时间称为机械台班时间定额。

完成合格产品所需的机械工作时间包括有效工作时间(正常负荷下的工作时间和降低负荷下的工作时间)、不可避免的中断时间、不可避免的无负荷工作时间。

一台施工机械工作一个工作班(即8小时)称为一个台班，一般是以"台班"为计量单位。

$$单位产品机械时间定额(台班)＝\frac{1}{台班产量}$$

由于机械必须由工人小组配合，所以完成单位合格产品的时间定额，同时列出人工时间定额。即

$$单位产品人工时间定额(工日)＝\frac{小组成员总人数}{台班产量}$$

(2)机械台班产量定额。机械台班产量定额是指在合理施工组织与合理使用机械的正常施工条件下，规定某种施工机械在单位台班时间内应完成质量合格的产品数量。

$$机械台班产量定额＝\frac{1}{机械时间定额(台班)}$$

(3)时间定额与产量定额的关系。机械时间定额和机械产量定额互为倒数关系。

复式表示法有如下形式：

$$\frac{人工时间定额}{机械台班产量}或\frac{人工时间定额}{机械台班产量}\bigg|台班车次$$

2. 机械台班使用定额的编制

(1)确定正常的施工条件。

1)拟定工作地点的合理组织。对施工地点机械和材料放置位置,工人从事操作的场所,做出科学合理的平面布置和空间安排。

2)拟定合理的工人编制。根据施工机械的性能和设计能力,工人的专业分工和劳动工效,合理确定操纵机械的工人和直接参加机械化施工过程的工人的编制人数。

(2)确定机械纯工作 1h 正常生产率。机械纯工作 1h 正常生产率,就是在正常施工组织条件下,具备必需的知识和技能的技术工人操纵机械 1h 的生产率。

1)对于循环动作机械,确定机械纯工作 1h 正常生产率的步骤如下:

第一步:根据现场观察资料和机械说明书确定各循环组成部分的延续时间;

第二步:将各循环组成部分的延续时间相加,减去各组成部分之间的交叠时间,求出循环过程的正常延续时间,即:

$$\text{机械一次循环的正常延续时间} = \sum \left(\begin{array}{c} \text{循环各组成部分} \\ \text{正常延续时间} \end{array} \right) - \text{交叠时间}$$

第三步:计算机械纯工作 1h 的正常循环次数,计算公式如下:

$$\text{机械纯工作 1h 正常循环次数} = \frac{60 \times 60(\text{s})}{\text{一次循环的正常延续时间}}$$

第四步:计算循环机械纯工作 1h 的正常生产率,计算公式如下:

$$\text{循环动作机械纯工作 1h 正常生产率} = \text{机械纯工作 1h 循环次数} \times \text{一次循环生产的产品数量}$$

2)对于连续动作机械,确定机械纯工作 1h 正常生产率要根据机械的类型和结构特征,以及工作过程的特点来进行。其计算公式如下:

$$\text{连续动作机械纯工作 1h 正常生产率} = \frac{\text{工作时间内生产的产品数量}}{\text{工作时间(h)}}$$

(3)确定施工机械的正常利用系数。机械的正常利用系数,是指机械在工作班内对工作时间的利用率。

$$\text{机械正常利用系数} = \frac{\text{机械在一个工作班内纯工作时间}}{\text{一个工作班延续时间(8h)}}$$

(4)计算施工机械台班定额。计算施工机械台班定额是编制机械定额工作的最后一步。在确定了机械工作正常条件、机械纯工作 1h 正常生产率和机械正常利用系数之后,采用下列公式计算施工机械的产量定额:

$$\frac{\text{施工机械台}}{\text{班产量定额}} = \frac{\text{机械纯工作}}{\text{1h 正常生产率}} \times \text{工作班纯工作时间}$$

或

$$\frac{\text{施工机械台}}{\text{班产量定额}} = \frac{\text{机械纯工作}}{\text{1h 正常生产率}} \times \text{工作班延续时间} \times \text{机械正常利用系数}$$

$$\text{施工机械台班时间定额} = \frac{1}{\text{施工机械台班产量定额}}$$

二、人工、材料、施工机械台班单价的确定

1. 人工工资标准的确定

人工工资标准是指一个施工工人在一个工作日内应计入预算定额中的全部人工费用,也称人工工日单价。人工工日单价由生产工人基本工资、生产工人工资性补贴、生产工人辅助工资、职工福利费及生产工人劳动保护费构成,人工工日单价即上述各项费用之和。人工工日各组成费用见表 3-4。

表 3-4   人工工日单价的构成

序号	构成项目	内容
1	生产工人基本工资	生产工人基本工资是指发放给建筑安装工人基本工资,其计算公式如下: $$\text{基本工资}(G_1) = \frac{\text{生产工人平均每月工资}}{\text{年平均每月法定工作日}}$$ 式中 年平均每月法定工作日=(全年日历日-法定假日)/12
2	生产工人工资性补贴	生产工人工资性补贴是指按规定标准发放的特价补贴,如煤、燃气补贴,交通费补贴,住房补贴,流动施工津贴和地区津贴等。其计算公式如下: $$\text{工资性补贴}(G_2) = \frac{\sum\text{年发放标准}}{\text{全年日历日}-\text{法定假日}} + \frac{\sum\text{月发放标准}}{\text{年平均每月法定工作日}} + \text{每工作日发放标准}$$ 式中 法定假日是指双休日和法定节日

序号	构成项目	内 容
3	生产工人辅助工资	生产工人辅助工资是指生产工人年有效施工天数以外非作业天数的工资,包括职工学习、培训期间的工资,调动工作、探亲、休假期间的工资,因天气影响的停工工资,女工哺乳时间的工资,病假在6个月以内的工资及产、婚、丧假期的工资。计算公式如下: $$\text{生产工人辅助工资}(G_3)=\frac{\text{全年无效工作日}\times(G_1+G_2)}{\text{全年日历日}-\text{法定假日}}$$
4	职工福利费	该费用是指按规定计提的职工福利费。其计算公式如下: $$\text{职工福利费}(G_4)=(G_1+G_2+G_3)\times\text{福利费计提比例}(\%)$$
5	生产工人劳动保护费	生产工人劳动保护费是指按规定标准发放的劳动保护用品的购置费及修理费,徒工服装补贴,防暑降温费,在有碍身体健康的环境中施工的保健费用等。其计算公式如下: $$\text{生产工人劳动保护费}(G_5)=\frac{\text{生产工人年平均支出劳动保护费}}{\text{全年日历日}-\text{法定假日}}$$

注:近年来,我国陆续出台了养老保险、医疗保险、失业保险、住房公积金等社会保障的改革措施,新的人工工资标准会逐步将上述费用纳入人工预算单价中。

2. 材料预算价格的确定

材料预算价格指材料(包括成品、半成品及构配件等)从其来源地(或交货地点、仓库提货地点)运至施工工地仓库(或施工现场材料存放地点)后的出库价格。材料预算价格由材料原价、材料运杂费、材料运输损耗费、材料采购及保管费和材料检验试验费构成。

材料费在建筑工程费用中大约占工程总造价的60%左右,在金属结构工程费用中所占的比重更大,它是工程造价的主要组成部分。因此,合理确定材料预算价格,正确计算材料费用,有利于工程造价的计算、确定与控制。材料预算价格的计算公式如下:

材料预算价格=(材料原价+材料运杂费+材料运输损耗费)×(1+材料采购保管费率)+材料原价×材料检验试验费率

材料预算价格的组成与计算见表3-5。

表 3-5　　　　　　　　　材料预算价格的组成与计算

序号	构成项目	内容
1	材料原价	材料原价指材料原价材料的出厂价、交货地价、市场批发价、进口材料抵岸价或销售部门的批发价、市场采购价或市场信息价。 在确定材料原价时，凡同一种材料因来源地、交货地、生产厂家、供货单位不同而有几种原价时，应根据不同来源地的不同单价、供货数量，采用加权平均的方法确定其综合原价。其计算公式如下： $$C=(K_1C_1+K_2C_2+\cdots+K_nC_n)/(K_1+K_2+\cdots+K_n)$$ 式中　C——综合原价或加权平均原价； 　　　$K_1,K_2,\cdots,K_n$——材料不同来源地的供货数量或供货比例； 　　　$C_1,C_3,\cdots,C_n$——材料不同来源地的不同单价（或价格）
2	材料运杂费	材料运杂费指材料自来源地运至工地仓库或指定堆放地点所发生的全部费用。材料运杂费包含外埠中转运输过程中所发生的一切费用和过境过桥费用。 同一品种的材料有若干个来源地时，应采用加权平均的方法计算材料运杂费。计算公式如下： $$T=(K_1T_1+K_2T_2+\cdots+K_nT_n)/(K_1+K_2+\cdots+K_n)$$ 式中　T——加权平均运杂费； 　　　$K_1,K_2,\cdots,K_n$——材料不同来源地的供货数量； 　　　$T_1,T_2,\cdots,T_n$——材料不同运输距离的运费。 在材料运杂费中便于材料运输和保护而实际发生的包装费应计入材料预算价格内，但不包括已计入材料原价的包装费
3	材料运输损耗费	材料运输损耗费指材料在装卸、运输过程中不可避免的损耗费用。其计算公式如下： 材料运输损耗费＝（材料原价＋材料运杂费）×相应材料运输损耗率
4	材料采购保管费	材料采购保管费是指各材料供应管理部门在组织采购、供应和保管材料过程中所需的各项费用。包括材料的采购费、仓储管理费和仓储损耗费。其计算公式如下： 材料采购保管费＝（材料原价＋材料运杂费＋材料运输损耗费）×材料采购保管费率

续表

序号	构成项目	内容
5	材料检验试验费	材料检验试验费是指建筑材料、构件和建筑安装物进行一般鉴定、检查所发生的费用,包括自设试验室进行试验所耗用的材料和化学药品等费用。不包括新结构、新材料的试验费和建设单位对具有出厂合格证明的材料进行检验,对构件做破坏性试验及其他特殊要求检验试验的费用。其计算公式如下: 材料检验试验费=单位材料量检验试验费×材料消耗量 或　　材料检验试验费=材料原价×材料检验试验费率

3. 施工机械台班单价的确定

施工机械台班单价是指一台施工机械在正常运转条件下的一个工作台班所需支出和分摊的各项费用的总和。施工机械台班费的比重,将随着施工机械化水平的提高而增加,相应人工费也随之逐步减少。

施工机械台班单价按其规定由台班折旧费、台班大修理费、台班经常修理费、安拆费及场外运费、机工人员工资动力燃料费、车船使用税和保险费组成,这些费用按其性质不同划分为第一类费用(即需分摊费用)和第二类费用(即需支出费用)见表3-6。

表 3-6　　　　　施工机械台班单价的组成

构成项目		内容
第一类费用	台班折旧费	台班折旧费是指施工机械在规定使用期限内收回施工机械原值及贷款利息而分摊到每一台班的费用。其计算公式如下: 台班折旧费=$\dfrac{\text{施工机械预算价格}\times(1+\text{残值率})+\text{贷款利息}}{\text{耐用总台班}}$ 式中　施工机械预算价格是按照施工机械原值、购置附加费、供销部门手续费和一次运杂费之和计算
	台班大修理费	台班大修理费是指施工机械按规定的大修理间隔台班必须进行的大修理,以恢复施工机械正常功能所需的费用。其计算公式如下: 台班大修理费=$\dfrac{\text{一次大修理费}\times(\text{大修理周期}-1)}{\text{耐用总台班}}$

续表

构成项目		内容
第一类费用	台班经常修理费	台班经常修理费是指施工机械除大修理以外的各级保养和临时故障排除所需的费用。其计算公式如下： 台班经常修理费＝台班大修理费×K 式中 K 值为施工机械台班经常维修系数，K 等于台班经常维修费与台班大修理费的比值
	安拆费及场外运费	安拆费是指施工机械在现场进行安装与拆卸所需的人工、材料、机械和试运转费，以及机械辅助设施的折旧、搭设、拆除等费用。 场外运费是指施工机械整体或分体，从停放地点运至施工现场或由一个施工地点运至另一个施工地点，运输距离在 25km 以内的施工机械进出场及转移费用。包括施工机械的装卸、运输辅助材料及架线等费用。 安拆费及场外运费根据施工机械的不同，可分为计入台班单价、单独计算和不计算三种类型
第二类费用	机上人员工资	机上人员工资是指施工机械操作人员及其他操作人员的工资、津贴等
	台班动力燃料费	台班动力燃料费是指施工机械在运转作业中所耗用的固体燃料、液体燃料及水、电等费用。其计算公式如下： 台班动力燃料费＝台班动力燃料消耗量×相应单价
	台班车船使用税	台班车船使用税是指施工机械按照国家有关规定应缴纳的车船使用税。其计算公式如下： 台班车船使用税＝$\dfrac{每年每吨车船使用税}{年工作台班}$
	保险费	保险费是指按照有关规定应缴纳的第三者责任险、车主保险费等

第三节 预算定额

一、预算定额的概念

预算定额是指完成一定计量单位质量合格的分项工程或结构构件所

需消耗的人工、材料和机械台班的数量标准。

预算定额是由国家主管部门或被授权的省、市有关部门组织编制并颁发的一种法令性指标,也是一项重要的经济法规。预算定额中的各项消耗量指标,反映了国家或地方政府对完成单位建筑产品基本构造要素(即每一单位分项工程或结构构件)所规定的人工、材料和机械台班等消耗的数量限额。

基本构造要素,即通常所说的分项工程和结构构件。预算定额按工程基本构造要素规定劳动力、材料和机械的消耗数量,以满足编制施工图预算、规划和控制工程造价的要求。

二、预算定额的作用

定额计价模式下,预算定额体现了国家、业主和承包商之间的一种经济关系。按预算定额所确定的工程造价,为拟建工程提供必要的投资资金,承包商则在预算定额的范围内,通过施工活动,按照质量、工期完成工程任务。因此,预算定额在工程施工活动中具有以下重要作用:

(1)预算定额是编制施工预算,合理确定工程造价的依据。
(2)预算定额是建设工程招标投标中确定标底和投标价的主要依据。
(3)预算定额是施工企业编制人工、材料、机械台班需要量计划,统计完成工程量,考核工程成本,实行经济核算,加强施工管理的基础。
(4)预算定额是编制计价定额(即单位估价表)的依据。
(5)预算定额是编制概算定额和概算指标的基础。

三、预算定额的分类

1. 按表现形式分类

预算定额按照表现形式,可分为预算定额、单位估价表和单位估价汇总表三种。在现行预算定额中一般都列有基价,这种既包括定额人工、材料和施工机械台班消耗量,又列有人工费、材料费、施工机械使用费和基价的预算定额,称其为"单位估价表"。这种预算定额可以满足企业管理中不同用途的需要,并可以按照基价计算工程费用,用途较广泛,是现行定额中的主要表现形式。单位估价汇总表简称为"单价",它只表现"三费"(即人工费、材料费和施工机械使用费)以及合计,因此可以大大减少定额的篇幅,为编制工程预算查阅单价带来方便。

2. 按综合程度分类

预算定额按照综合程度,可分为预算定额和综合预算定额。综合预算定额是在预算定额基础上,对预算定额的项目进一步综合扩大,使定额项目减少,更为简便适用,可以简化编制工程预算的计算过程。

四、预算定额与企业定额的区别

预算定额与企业定额的区别主要体现在二者的编制目的和项目划分两个方面,具体内容见表 3-7。

表 3-7　　　　　预算定额与企业定额的区别

主要区别	预算定额	企业定额
编制目的	编制预算定额的主要目的是确定建筑工程中每一单位分项工程或结构构件的预算基价。而任何产品价格的确定都应按照生产该产品的社会必要劳动量来确定。因此,预算定额中的人工、材料、机械台班的消耗量指标,应体现社会平均水平的消耗量指标	编制企业定额的主要目的是为了提高建筑施工企业的管理水平,进而推动社会生产力向更高的水平发展。企业定额中的人工、材料、机械台班的消耗量指标,应是平均先进水平的消耗量指标
项目划分	预算定额的项目划分不仅考虑了企业定额中未包含的多种因素,如材料在现场内的超运距、人工幅度差用工等,还包括了为完成该分项工程或结构构件全部工序的内容	企业定额的项目划分比预算定额的项目的划分详细

五、预算定额的编制

1. 预算定额的编制原则

(1) 按社会平均必要劳动量确定定额水平的原则。在社会主义市场经济条件下,确定预算定额的各种消耗量指标,应遵循价值规律的要求,按照产品生产中所消耗的社会平均必要劳动量确定其定额水平。即在正常施工的条件下,以平均的劳动强度、平均的劳动熟练程度、平均的技术装备水平,确定完成每一单位分项工程或结构构件所需要的劳动消耗量,并据此作为确定预算定额水平的主要原则。

(2) 简明适用的原则。简明适用是指在编制预算定额时,对于那些主要的、常用的、价值量大的项目,分项工程划分宜细;次要的、不常用的、价值量相对较小的项目则可以粗一些。

(3)坚持统一性和差别性相结合的原则。

1)统一性,就是从培育全国统一市场规范计价行为出发,计价定额的制定规划和组织实施由国务院建设行政主管部门归口,并负责全国统一定额制定或修订,颁发有关工程造价管理的规章制度办法等。

2)差别性,就是在统一的基础上,各部门和省、自治区、直辖市主管部门可以在自己的管辖范围内,根据本部门和地区的具体情况,制定部门和地区性定额、补充性制度和管理办法,以适应我国幅员辽阔,地区间部门发展不平衡和差异大的实际情况。

(4)坚持由专业人员编审的原则。编制预算定额有很强的政策性和专业性,既要合理把握定额水平,又要反映新工艺、新结构和新材料的定额项目,还要推进定额结构的改革。因此,必须改变以往临时抽调人员编制定额的做法,建立专业队伍,长期稳定地积累经验和资料,不断补充和修订定额,促进预算定额适应市场经济的要求。

2. 预算定额的编制依据

(1)现行劳动定额和施工定额。预算定额是在现行劳动定额和施工定额的基础上编制的。

1)预算定额中劳动、材料、机械台班消耗水平,需要根据劳动定额或施工定额取定。

2)预算定额的计量单位的选择,也要以施工定额为参考,从而保证两者的协调性和可比性,减轻预算定额的编制工作量,缩短编制时间。

(2)现行设计规范、施工验收规范和安全操作规程。预算定额在确定劳动、材料和施工机械台班消耗数量时,必须考虑上述各项法规的要求和影响。

(3)具有代表性的典型工程施工图及有关标准图。对这些图纸进行仔细分析研究,并计算出工程数量,作为编制定额时选择施工方法、确定定额含量的依据。

(4)新技术、新结构、新材料和先进的施工方法等。这类资料是调整定额水平和增加新的定额项目所必需的依据。

(5)有关科学试验、技术测定和统计、经验资料。这类资料是确定定额水平的重要依据。

(6)现行的预算定额、材料预算价格及有关文件规定等。包括过去定额编制过程中积累的基础资料,也是编制预算定额的依据和参考。

3. 预算定额的编制步骤

(1)准备阶段。根据收集到的有关资料和国家政策性文件,拟定编制方案,对编制过程中一些重大原则问题做出统一规定,具体内容包括:

1)定额项目和步距的划分要适当。

2)确定统一计量单位。

3)确定机械化施工和工厂预制的程度。

4)确定设备和材料的现场内水平运输距离和垂直运输高度,作为计算运输用人工和机具的基础。

5)确定主要材料损耗率。

6)确定工程量计算规则,统一计算口径。

7)确定定额表达式、计算表达式、数字计算精度及各种幅度差等。

(2)初稿编制阶段。在这个阶段,根据确定的定额项目和基础资料,进行反复分析和测算,编制定额项目劳动力计算表、材料及机械台班计算表,并附注有关计算说明,然后汇总编制预算定额项目表,即预算定额初稿。

(3)预算定额水平测算阶段。新编定额必须与原定额进行对比测算,对定额水平升降原因进行分析。一般新编定额的水平较历史上已经达到过的水平相比应略有提高。在定额水平测算前,必须编出同一工人工资、材料价格、机械台班费的新旧两套定额的工程单价。定额水平的测算一般有两种方法,具体内容见表 3-8。

表 3-8　　　　　　　　预算定额水平的测算方法

方　　法		内　　容
单项定额水平测算	新编定额与现行定额直接对比测算	以新编定额与现行定额相同项目的人工、材料耗用量和机械台班的使用量直接分析对比,这种方法比较简单,但应注意新编和现行定额口径是否一致,并对影响可比的因素予以剔除
	新编定额和实际对比测算	把新编定额拿到施工现场与实际工料消耗水平对比测算,征求有关人员意见,分析定额水平是否符合正常情况下的施工。采用这种方法,应注意实际消耗水平的合理性,对因施工管理不善而造成的工、料、机械台班的浪费应予以剔除

续表

方　　法	内　　　　容
定额总水平测算	选择具有代表性的单位工程,按新编和现行定额的人工、材料耗用量和机械台班使用量,用相同的工资单价、材料预算价格、机械台班单价分别编制两份工程预算,按工程直接费进行对比分析,测算出定额水平提高或降低比率,并分析其原因

影响定额水平的因素很多,具体包括:施工规范变更的影响;修改现行定额误差的影响;改变施工方法的影响;调整材料损耗率的影响;材料规格变化的影响;调整劳动定额水平的影响;机械台班使用量和台班费变化的影响;其他材料费变化的影响;调整人工工资标准、材料价格的影响;其他因素的影响等。

(4)修改定稿,整理资料阶段。

1)印发征求意见。定额编制初稿完成后,需要征求各有关方面意见和组织讨论,反馈意见。在统一意见的基础上整理分类,制定修改方案。

2)修改整理报批。按修改方案的决定,将初稿按照定额的顺序进行修改,并经审核无误后形成报批稿,经批准后交付印刷。

3)撰写编制说明。为顺利地贯彻执行定额,需要撰写新定额编制说明。其内容包括:项目、子目数量;人工、材料、机械的内容范围;资料的依据和综合取定情况;定额中允许换算和不允许换算规定的计算资料;工人、材料、机械单价的计算和资料;施工方法、工艺的选择及材料运距的考虑;各种材料损耗率的取定资料;调整系数的使用;其他应该说明的事项与计算数据、资料。

4)立档、成卷。定额编制资料是贯彻执行定额中需查对资料的唯一依据,也为修编定额提供历史资料数据,应作为技术档案永久保存。

4. 预算定额编制的工作内容

(1)定额项目的划分。对定额项目进行划分时,应考虑如下因素:

1)便于确定单位估价表。

2)便于编制施工图预算。

3)便于进行计划、统计和成本核算工作。

(2)确定工程内容和施工方法。

1)定额子目中人工、材料消耗量和施工机械台班使用量是直接由工程内容确定的,所以,工程内容范围的规定是十分重要的。

2)编制预算定额所取定的施工方法,必须选用正常的、合理的施工方法用以确定各专业的工程和施工机械。

(3)定额计量单位与计算精度的确定。

1)定额计量单位的确定。定额计量单位应与定额项目内容相适应,要能确切反映各分项工程产品的形态特征、变化规律与实物数量,并便于计算和使用。

①当物体的断面形状一定而长度不定时,宜采用"m"或延长米为计量单位。

②当物体有一定的厚度而长与宽度变化不定时,宜采用"m^2"为计量单位。

③当物体的长、宽、高均变化不定时,宜采用"m^3"作为计量单位。

④当物体的长、宽、高均变化不大,但其质量与价格差异却很大时,宜采用"kg"或"t"为计量单位。

在预算定额项目表中,一般都采用扩大的计量单位,如"100mm"、"$100m^2$"、"$10m^3$"等,以便于预算定额的编制和使用。

2)计算精度的确定。预算定额项目中各种消耗量指标的数值单位和计算时小数位数的取定如下:

①人工以"工日"为单位,取小数后2位。

②机械以"台班"为单位,取小数后2位。

③木材以"m^3"为单位,取小数后3位。

④钢材以"t"为单位,取小数后3位。

⑤标准砖以"千块"为单位,取小数后2位。

⑥砂浆、混凝土、沥青膏等半成品以"m^3"为单位,取小数后2位。

(4)预算定额中人工、材料、施工机械消耗量的确定。

确定预算定额人工、材料、机械台班消耗指标时,必须先按施工定额的分项逐项计算出消耗指标,然后,再按预算定额的项目加以综合。但是,这种综合不是简单的合并和相加,而需要在综合过程中增加两种定额之间的适当的水平差。预算定额的水平,首先取决于这些消耗量的合理确定。

人工、材料和施工机械台班消耗量指标,应根据定额编制原则和要求,采用理论与实际相结合、图纸计算与施工现场测算相结合、编制人员与现场工作人员相结合等方法进行计算和确定,使定额既符合政策要求,又与客观情况一致,便于贯彻执行。

(5)编制定额项目表和拟定有关说明。定额项目表的一般格式是:横向排列为各分项工程的项目名称,竖向排列为分项工程的人工、材料和施工机械消耗量指标。有的项目表下部还有附注以说明设计有特殊要求时,怎样进行调整和换算。

预算定额的主要内容包括目录、总说明、各章、节说明、定额表以及有关附录等。

1)总说明。主要说明编制预算定额的指导思想、编制原则、编制依据、适用范围以及编制预算定额时有关共性问题的处理意见和定额的使用方法等。

2)各章、节说明。各章、节说明主要包括以下内容:

①编制各分部定额的依据。

②项目划分和定额项目步距的确定原则。

③施工方法的确定。

④定额活口及换算的说明。

⑤选用材料的规格和技术指标。

⑥材料、设备场内水平运输和垂直运输主要材料损耗率的确定。

⑦人工、材料、施工机械台班消耗定额的确定原则及计算方法。

3)工程量计算规则及方法。

4)定额项目表。主要包括该项定额的人工、材料、施工机械台班消耗量和附注。

5)附录。一般包括主要材料取定价格表、施工机械台班单价表及其他有关折算、换算表等。

预算定额的表格形式见表3-9。这是《全国统一安装工程预算定额》电气设备安装工程分册中的一种表格形式。

表 3-9　户内干包式电力电缆头制作、安装预算定额示例　　（单位:个）

工作内容:定位、量尺寸、锯断、剥保护层及绝缘层、清洗、包缠绝缘、压连接管及接线端子、安装、接线。

定额编号			2—626	2—627	2—628	2—629	2—630	2—631
项目			干包终端头(1kV 以下截面 mm² 以下)			干包中间头(1kV 以下截面 mm² 以下)		
			35	120	240	35	120	240
	名称	单位	单价(元)	数			量	
人工	综合工日	工日	23.22	0.550	0.900	1.170	1.070	1.760	2.280
材料	破布	kg	5.830	0.300	0.500	0.800	0.300	0.500	0.800
	汽油 70#	kg	2.900	0.300	0.350	0.400	0.400	0.600	0.800
	镀锡裸铜绞线 16mm²	kg	30.440	0.200	0.300	0.350	0.250	0.250	0.350
	固定卡子 3×80	套	1.640	2.060	2.060	2.060	—	—	—
	铜铝过渡接线端子 25mm²	个	3.730	3.760	—	—	—	—	—
	铜铝过渡接线端子 95mm²	个	7.250	—	3.760	—	—	—	—
	铜铝过渡接线端子 185mm²	个	14.290	—	—	3.760	—	—	—
	铜接线端子 DT—25mm²	个	7.250	1.020	1.020	1.020	—	—	—
	塑料带 20mm×40m	kg	12.800	0.140	0.450	0.700	0.300	0.650	1.120
	塑料手套 ST 型	个	3.000	1.050	1.050	1.050	—	—	—
	焊锡丝	kg	54.100	0.050	0.100	0.200	0.050	0.100	0.200
	焊锡膏瓶装 50g	kg	66.600	0.010	0.020	0.040	0.010	0.020	0.040
	电力复合酯一级	kg	20.000	0.030	0.050	0.080	0.030	0.050	0.080
	自黏性橡胶带 20mm×5m	卷	2.590	0.600	0.800	1.000	1.200	1.800	2.500
	封铅:含铅 65% 含锡 35%	kg	6.900	—	—	—	0.360	0.590	0.710
	铝压接管 25mm²	个	2.590	—	—	—	3.760	—	—
	铝压接管 95mm²	个	7.250	—	—	—	—	3.760	—
	铝压接管 185mm²	个	12.010	—	—	—	—	—	3.760
	镀锌精制带帽螺栓 M10×100 以内 2 平 1 弹垫	10 套	8.190	0.900	0.400	0.400	—	—	—
	镀锌精制带帽螺栓 M12×100 以内 2 平 1 弹垫	10 套	13.360	—	0.500	0.700	—	—	—
	其他材料费	元	1.000	1.960	2.350	3.700	1.010	1.930	3.108

注:1. 未包括终端盒、保护盒、铅套管和安装支架。

　　2. 干包电缆头不装"终端盒"时,称为"简包电缆头",适用于一般塑料和橡皮绝缘低压电缆。

六、电气工程预算定额

(一)《全国统一安装工程预算定额》的特点与费用取定

《全国统一安装工程预算定额》(简称"全统定额")是由原建设部组织修订,为适应工程建设需要,规范安装工程造价计价行为的一套较完整、适用的标准定额。它适用于全国同类工程的新建、改建、扩建工程。全统定额是完成规定计量单位分项工程计价所需的人工、材料、施工机械台班的消耗量标准;是统一全国安装工程预算工程量计算规则、项目划分、计量单位的依据;是编制安装工程地区单位估价表、施工图预算、招标工程标底、确定工程造价的依据;也是编制概算定额(指标)、投资估算指标的基础;也可作为制定企业定额和投标报价的基础。

1. 全统定额的特点

(1)全统定额扩大了适用范围。全统定额基本实现了各有关工业部门之间的共性较强的通用安装定额,在项目划分、工程量计算规则、计量单位和定额水平等方面的统一,改变了过去同类安装工程定额水平相差悬殊的状况。

(2)全统定额反映了现行技术标准规范的要求。自1980年以后,国家和有关部门先后发布了许多新的设计规范和施工验收规范、质量标准等。全统定额根据现行技术标准、规范的要求,对原定额进行了修订、补充,从而使全统定额更为先进合理,有利于正确确定工程造价和提高工程质量。

(3)全统定额尽量做到了综合扩大、少留活口。如脚手架搭拆费,由原来规定按实际需要计算改为按系数计算或计入定额子目;又如场内水平运距,全统定额规定场内水平运距是综合考虑的,不得因实际运距与定额不同而进行调整;再如金属桅杆和人字架等一般起重机具摊销费,经过测算综合取定了摊销费列入定额子目,各个地区均按取定值计算,不允许调整。

(4)凡是已有定点批量生产的成品,全统定额中未编制定额,应当以商品价格列入安装工程预算。如非标准设备制作,采用了原机械部和化工部联合颁发的非标准设备统一计价办法,保温用玻璃棉毡、席、岩棉瓦块以及仪表接头加工件等,均按成品价格计算。

(5)全统定额增加了一些新的项目,使定额内容更加完善,扩大了定额的覆盖面。

(6)根据现有的企业施工技术装备水平,在全统定额中合理地配备了施工机械,适当提高了机械化水平,减少了工人的劳动强度,提高了劳动效率。

2. 全统定额的费用取定

(1)脚手架搭拆费。安装工程脚手架搭拆及摊销费,在全统定额中采取两种取定方法。一是把脚手架搭拆人工及材料摊销量编入定额各子目中,如起重机安装和10kV以上电气设备安装都把脚手架搭拆费摊销入定额子目;二是绝大部分的脚手架采用系数的方法计算其脚手架搭拆费。在测算脚手架搭拆费系数时,要结合下列各因素进行综合考虑:

1)各专业工程交叉作业施工时,可以互相利用脚手架的因素,如管道安装和仪表安装或电缆敷设;设备安装和设备保温;保冷、刷油、采暖、照明与土建施工等,在测算时扣除了可以重复利用的脚手架费用。

2)安装工程脚手架是按简易脚手架考虑的。

3)施工时如使用土建脚手架,作有偿使用处理。

4)脚手架系数是综合取定系数,因此,除定额规定不计取脚手架费用者外,不论实际搭设与否或搭拆数量多少,均应按规定系数计取,包干使用,不得调整。

(2)高层建筑增加费。全统定额所指的高层建筑,是指六层以上(不含六层)的多层建筑,单层建筑物自室外设计标高正负零至檐口(或最高层地面)高度在20m以上(不含20m),不包括屋顶水箱、电梯间、屋顶平台出入口等高度的建筑物。

计算高层建筑增加费的范围包括暖气、给排水、生活用煤气、通风空调、电气照明工程及其保温、刷油等。费用内容包括人工降效、材料、工具垂直运输增加的机械台班费用,施工用水加压泵的台班费用及工人上下班所乘坐的升降设备台班费等。

高层建筑增加费的计算是以高层建筑安装全部人工费(包括六层或20m以下部分的安装人工费)为基数乘以高层建筑增加费率。同一建筑物有部分高度不同时,可按不同高度分别计算。单层建筑物在20m以上的高层建筑计算高层建筑增加费时,先将高层建筑物的高度,除以(每层高度)3m,计算出相当于多层建筑物的层数,再按"高层建筑增加费用系数表"所列的相应层数的增加费率计算。

(3)场内运输费用。场内水平和垂直搬运是指施工现场设备、材料的运输。全统定额对运输距离作了如下规定：

1)材料和机具运输距离以工地仓库至安装地点300m计算，管道或金属结构预制件的运距以现场预制厂至安装地点计算。上述运距已在定额内作了综合考虑，不得因实际运距与定额不一致而调整。

2)设备运距按安装现场指定堆放地点至安装地点70m以内计算。设备出库搬运不包括在定额之内，应另行计算。

3)垂直运输的基准面，在室内为室内地平面，在室外为安装现场地平面。设备或操作物高度离楼、地面超过定额规定高度时，应按规定系数计算超高费。设备的高度以设备基础为基准面，其他操作物以工程量的最高安装高度计算。

(4)安装与生产同时进行增加费。是指扩建工程在生产车间或装置内施工，因生产操作或生产条件限制(如不准动火)干扰了安装正常进行，致使降低工效所增加的费用，不包括为了保证安全生产和施工所采取的措施费用。安装工作不受干扰则不应计此费用。

(5)在有害身体健康的环境中施工降效增加费。是指在民法通则有关规定允许的前提下，改扩建工程中由于车间装置范围内有害气体或高分贝噪声超过国家标准以致影响身体健康而降低效率所增加的费用。不包括劳保条例规定应享受的工种保健费。

(6)全统定额第一册规定，金属桅杆及人字架等一般起重机具的摊销费，按安装设备的净质量(包括底座、辅机)每吨8.74元计算。电气工程的设备安装费均按此办法计算，各地区均不得调整。

(7)定额调整系数的分类与计算办法。全统定额中规定的调整系数或费用系数分为两类：一类为子目系数，是在定额各章、节规定的各种调整系数，如超高系数、高层建筑增加系数等，均属于子目系数；另一类是综合系数，是在定额总说明或册说明中规定的一些系数，如脚手架系数、安装与生产同时进行增加费系数、在有害身体健康的环境中施工降效增加费系数等。

子目系数是综合系数的计算基础。上述两类系数计算所得的数值构成直接费。

(二)全统定额(电气设备安装工程分册)简介
1. 定额适用范围

全统定额第二册电气设备安装工程适用于工业与民用新建、扩建工程中 10kV 以下变配电设备及线路安装工程、车间动力电气设备及电气照明器具、防雷及接地装置安装、配管配线、电梯电气装置、电气调整试验等的安装工程。

2. 定额有关费用的规定

(1)脚手架搭拆费(10kV 以下架空线路除外)按人工费的 4% 计算,其中人工工资占 25%。

(2)工程超高增费(已考虑了超高因素的定额项目除外):操作物高度离楼地面 5m 以上、20m 以下的电气安装工程,按超高部分人工费的 33% 计算。

(3)高层建筑(指高度在 6 层或 20m 以上的工业与民用建筑)增加费按表3-10计算(全部为人工工资)。

表 3-10　　　　　　　　高层建筑增加费系数

层数	9层以下(30m)	12层以下(40m)	15层以下(50m)	18层以下(60m)	21层以下(70m)	24层以下(80m)
按人工费的%	1	2	4	6	8	10
层数	27层以下(90m)	30层以下(100m)	33层以下(110m)	36层以下(120m)	39层以下(130m)	42层以下(140m)
按人工费的%	13	16	19	22	25	28
层数	45层以下(150m)	48层以下(160m)	51层以下(170m)	54层以下(180m)	57层以下(190m)	60层以下(200m)
按人工费的%	31	34	37	40	43	46

注:为高层建筑供电的变电所和供水等动力工程,如装在高层建筑的底层或地下室的,均不计取高层建筑增加费。装在 6 层以上的变配电工程和动力工程则同样计取高层建筑增加费。

(4)安装与生产同时进行时,安装工程的总人工费增加 10%,全部为因降效而增加的人工费(不含其他费用)。

(5)在有害人身健康的环境(包括高温、多尘、噪声超过标准和有害气体等有害环境)中施工时,安装工程的总人工费增加 10%,全部为因降效而增加的人工费(不含其他费用)。

3. 定额组成

全统定额电气设备安装工程分册共由 14 个分部工程组成。即:变压

第三章 建设工程定额体系

器,配电装置,母线,绝缘子,控制设备及低压电器,蓄电池,电机,滑触线装置,电缆,防雷及接地装置,10kV以下架空配电线路,电气调整实验,配管、配线,照明器具,电梯电气装置。

(1)变压器分部工程。变压器分部工程共分5个分项工程,见表3-11。

表 3-11　　　　　　　　变压器分部工程定额组成

序号	分项工程名称	定 额 组 成
1	油浸式电力变压器安装	工作内容包括开箱检查,本体就位,器身检查,套管、油枕及散热器清洗,油柱试验,风扇油泵电机解体检查接线,附件安装,垫铁、止轮器制作、安装,补充注油及安装后整体密封试验,接地,补漆,配合电气试验
2	干式变压器安装	工作内容包括开箱检查,本体就位,垫铁、止轮器制作安装,附件安装,接地,补漆,配合电气试验
3	消弧线圈安装	工作内容包括开箱检查,本体就位,器身检查,垫铁、止轮器制作安装,附件安装,补充注油及安装后整体密封试验,接地,补漆,配合电气试验
4	电力变压器干燥	工作内容包括准备,干燥及维护、检查,记录整理,清扫,收尾及注油
5	变压器油过滤	工作内容包括过滤前准备及过滤后清理、油过滤、取油样、配合试验

(2)配电装置分部工程。配电装置分部工程共分12个分项工程,见表3-12。

表 3-12　　　　　　　　配电装置分部工程定额组成

序号	分项工程名称	定 额 组 成
1	油断路器安装	工作内容包括开箱、解体检查、组合、安装及调整、传动装置安装调整、动作检查、消弧室干燥、注油、接地
2	真空断路器、SF_6 断路器安装	工作内容包括开箱、解体检查、组合、安装及调整、传动装置安装调整、动作检查、消弧室干燥、注油、接地
3	大型空气断路器、真空接触器安装	工作内容包括开箱检查、划线,安装固定,绝缘柱杆组装、传动机构及接点调整、接地

续表

序号	分项工程名称	定 额 组 成
4	隔离开关、负荷开关安装	工作内容包括开箱检查、安装固定、调整、拉杆配制和安装、操作机构联锁装置及信号装置接头检查、安装、接地
5	互感器安装	工作内容包括开箱检查、打眼、安装固定、接地
6	熔断器、避雷器安装	工作内容包括开箱检查、打眼、安装固定、接地
7	电抗器安装	工作内容包括开箱检查、安装固定、接地
8	电抗器干燥	工作内容包括准备、通电干燥、维护值班、测量、记录、清理
9	电力电容器安装	工作内容包括开箱检查、安装固定、接地
10	并联补偿电容器组架及交流滤波装置安装	工作内容包括开箱检查、安装固定、接线、接地
11	高压成套配电柜安装	工作内容包括开箱检查、安装固定、放注油、导电接触面的检查调整、附件拆装、接地
12	组合型成套箱式变电站安装	工作内容包括开箱检查、安装固定、接线、接地

(3)母线、绝缘子分部工程。母线、绝缘子分部工程共分15个分项工程,见表3-13。

表3-13　　　　　母线、绝缘子分部工程定额组成

序号	分项工程名称	定 额 组 成
1	绝缘子安装	工作内容包括开箱检查、清扫、绝缘摇测、组合安装、固定、接地、刷漆
2	穿墙套管安装	工作内容包括开箱检查、清扫、安装、固定、接地、刷漆
3	软母线安装	工作内容包括检查、下料、压接、组装、悬挂、调整弛度、紧固、配合绝缘子测试
4	软母线引下线、跳线及设备连线	工作内容包括测量、下料、压接、安装连接、调整弛度
5	组合软母线安装	工作内容包括检查、下料、压接、组装、悬挂紧固、调整弛度、横联装置安装

续表

序号	分项工程名称	定 额 组 成
6	带形母线安装	含带形铜母线、带形铝母线,工作内容包括平直、下料、撼弯、母线安装、接头、刷分相漆
7	带形母线引下线安装	有带形铜母线引下线、带形铝母线引下线,工作内容包括平直、下料、撼弯、钻眼、安装固定、刷相色漆
8	带形母线用伸缩节头及铜过渡板安装	有带形铜母线用伸缩节头及铜过渡板、带形铝母线用伸缩节头,工作内容包括钻眼、锉面、挂锡、安装
9	槽形母线安装	工作内容包括平直、下料、撼弯、锯头、钻孔、对口、焊接、安装固定、刷分相漆
10	槽形母线与设备连接	分为与发电机、变压器连接,与断路器、隔离开关连接,工作内容包括平直、下料、撼弯、钻孔、锉面、连接固定
11	共箱母线安装	工作内容包括配合基础铁件安装、清点检查、吊装、调整箱体、连接固定(包括母线连接)、接地、刷漆、配合实验
12	低压封闭式插接母线槽安装	有低压封闭式插接母线槽和封闭母线槽进出分线箱两项,工作内容包括开箱检查、接头清洗处理、绝缘测试、吊装就位、线槽连接、固定、接地
13	重型母线安装	工作内容包括平直、下料、撼弯、钻孔、接触面搪锡、焊接、组合、安装
14	重型母线伸缩器及导板制作、安装	工作内容包括加工制作、焊接、组装、安装
15	重型铝母线接触面加工	工作内容为接触面加工

(4)控制设备及低压电器分部工程。控制设备及低压电器分部工程共分24个分项工程,见表3-14。

表3-14　　　　控制设备及低压电器分部工程定额组成

序号	分项工程名称	定 额 组 成
1	控制、继电、模拟及配电屏安装	工作内容包括开箱检查,安装,电器、表计及继电器等附件的拆装、送交实验,盘内整理及一次接线

续表一

序号	分项工程名称	定额组成
2	硅整流柜安装	工作内容包括开箱检查、安装、一次接线、接地
3	可控硅柜安装	工作内容包括开箱检查、安装、一次接线、接地
4	直流屏及其他电屏(柜)安装	工作内容包括开箱检查、安装、各种电器、表计等附件的拆装、送交实验、盘内整理及一次校线、接线
5	控制台、控制箱安装	工作内容包括开箱检查、安装、电器、表计及继电器等附件的拆装、送交实验、盘内整理、接线
6	成套配电箱安装	工作内容包括开箱检查、安装、查校线、接地
7	控制开关安装	工作内容包括开箱检查、安装、接线、接地
8	熔断器、限位开关安装	工作内容包括开箱检查、安装、接线、接地
9	控制器、接触器、启动器、电磁铁、快速自动开关安装	工作内容包括开箱检查、安装、触头调整、注油、接线、接地
10	电阻器、变阻器安装	工作内容包括开箱检查、安装、触头调整、注油、接线、接地
11	按钮、电笛、电铃安装	工作内容包括开箱检查、安装、接线、接地
12	水位电气信号装置	工作内容包括测位、划线、安装、配管、穿线、接线、刷油
13	仪表、电器、小母线安装	工作内容包括开箱检查、盘上划线、钻眼、安装固定、写字编号、下料布线、上卡子
14	分流器安装	工作内容包括接触面加工、钻眼、连接、固定
15	盘柜配线	工作内容包括放线、下料、包绝缘带、排线、卡线、校线、接线
16	端子箱、端子板安装及端子板外部接线	工作内容包括开箱检查、安装、表计拆装、试验、校线、套绝缘管、压焊端子、接线
17	焊铜接线端子	工作内容包括削线头、套绝缘管、焊接头、包缠绝缘带
18	压铜接线端子	工作内容包括削线头、套绝缘管、压线头、包缠绝缘带
19	压铝接线端子	工作内容包括削线头、套绝缘管、压线头、包缠绝缘带
20	穿通板制作、安装	工作内容包括制作、平直、下料、制作、焊接、打洞、安装、接地、油漆
21	基础槽钢、角钢安装	工作内容包括平直、下料、钻孔、安装、接地、油漆

续表二

序号	分项工程名称	定额组成
22	铁构件制作、安装及箱盒制作	工作内容包括制作、平直、划线、下料、钻孔、组对、焊接、刷油（喷漆）、安装、补刷油
23	木配电箱制作	工作内容包括选料、下料、制榫、净面、拼缝、拼装、砂光、油漆
24	配电板制作、安装	工作内容包括制作、下料、制榫、拼缝、钻孔、拼装、砂光、油漆、包钉铁皮、安装、接线、接地

(5)蓄电池分部工程。蓄电池分部工程共分5个分项工程，见表3-15。

表 3-15　　　　蓄电池分部工程定额组成

序号	分项工程名称	定额组成
1	蓄电池防震支架安装	工作内容包括打眼、固定、组装、焊接
2	碱性蓄电池安装	工作内容包括检查测试、安装固定、极柱连接、补充注液
3	固定密闭式铅酸蓄电池安装	工作内容包括搬运、开箱检查、安装、连接线、配注电解液、标志标号
4	免维护铅酸蓄电池安装	工作内容包括搬运、开箱检查、支架固定、蓄电池就位、整理检查、连接与接线、护罩安装、标志标号
5	蓄电池充放电	工作内容包括直流回路检查、放电设施准备、初充电、放电、再充电、测量、记录技术数据

(6)电机分部工程。电机分部工程共分11个分项工程，见表3-16。

表 3-16　　　　电机分部工程定额组成

序号	分项工程名称	定额组成
1	发电机及调相机检查接线	工作内容包括检查定子、转子、研磨电刷和滑环，安装电刷，测量轴承绝缘，配合密封试验，接地，干燥，整修整流子及清理
2	小型直流电机检查接线	工作内容包括检查定子、转子和轴承，吹扫，调整和研磨电刷，测量空气间隙，手动盘车检查电动机转动情况，接地，空载试运转

续表

序号	分项工程名称	定 额 组 成
3	小型交流异步电机检查接线	工作内容包括检查定子、转子和轴承,吹扫、测量空气间隙,手动盘车检查电机转动情况,接地,空载试运转
4	小型交流同步电机检查接线	工作内容包括检查定子、转子和轴承,吹扫、测量空气间隙,调整和研磨电刷,手动盘车检查电机转动情况,接地,空载试运转
5	小型防爆式电机检查接线	工作内容包括检查定子、转子和轴承,吹扫、测量空气间隙,手动盘车检查电机转动情况,接地,空载试运转
6	小型立式电机检查接线	工作内容包括检查定子、转子和轴承,吹扫、测量空气间隙,手动盘车检查电机转动情况,接地,空载试运转
7	大中型电机检查接线	工作内容包括检查定子、转子和轴承,吹扫、调整和研磨电刷,测量空气间隙,用机械盘车检查电机转动情况,接地,空载试运转
8	微型电机、变频机组检查接线	工作内容包括检查定子、转子和轴承,测量空气间隙,手动盘车检查电机转动情况,接地,空载试运转
9	电磁调速电动机检查接线	工作内容包括检查定子、转子和轴承,吹扫、测量空气间隙,手动盘车检查电机转动情况,接地,空载试运转
10	小型电机干燥	工作内容包括接电源及干燥前准备,安装加热装置及保温设施,加温干燥及值班,检查绝缘情况,拆除清理
11	大中型电机干燥	工作内容包括接电源及干燥前准备,安装加热装置及保温设施,加温干燥及值班,检查绝缘情况,拆除清理

(7)滑触线装置分部工程。滑触线装置分部工程共分 7 个分项工程,见表 3-17。

表 3-17　　　　　滑触线装置分部工程定额组成

序号	分项工程名称	定 额 组 成
1	轻型滑触线的安装	工作内容包括平直、除锈、刷油、支架、滑触线、补偿器安装

续表

序号	分项工程名称	定 额 组 成
2	安全节能型滑触线的安装	工作内容包括开箱检查、测位划线、组装、调直、固定、安装导电器及滑触线
3	角钢、扁钢滑触线的安装	工作内容包括平直、下料、除锈、刷漆、安装、连接伸缩器、装拉紧装置
4	圆钢、工字钢滑触线安装	工作内容包括平直、下料、除锈、刷漆、安装、连接伸缩器、装拉紧装置
5	滑触线支架的安装	工作内容包括测位、放线、支架及支持器安装、底板钻眼、指示灯安装
6	滑触线拉紧装置及挂式支持器的制作、安装	工作内容包括划线、下料、钻孔、刷油、绝缘子灌注螺栓、组装、固定、拉紧装置组装成套、安装
7	移动软电缆安装	工作内容包括配钢索、装拉紧装置、吊挂、滑轮及托架、电缆敷设、接线

(8)电缆分部工程。电缆分部工程共分 17 个分项工程,见表 3-18。

表 3-18　　　　　电缆分部工程定额组成

序号	分项工程名称	定 额 组 成
1	电缆沟挖填、人工开挖路面	工作内容包括测位、划线、挖电缆沟、回填土、夯实、开挖路面、清理现场
2	电缆沟铺砂、盖砖及移动盖板	工作内容包括调整电缆间距、铺砂、盖砖(或保护板)、埋设标桩、揭(盖)盖板
3	电缆保护管敷设及顶管	(1)电缆保护管敷设。工作内容包括测位、锯管、敷设、打喇叭口。 (2)顶管。工作内容包括测位、安装机具、顶管、接管、清理
4	桥架安装	(1)钢制桥架、玻璃钢桥架、铝合金桥架。工作内容包括组对、焊接或螺栓固定、弯头、三通或四通、盖板、隔板、附件的安装。 (2)组合式桥架及桥架支撑架。工作内容包括桥架组对、螺栓连接、安装固定,立柱、托臂膨胀螺栓或焊接固定、螺栓固定在支架立柱上

续表

序号	分项工程名称	定 额 组 成
5	塑料电缆槽、混凝土电缆槽安装	工作内容包括测位、划线、安装、接口
6	电缆防火涂料、堵洞、隔板及阻燃盒槽安装	工作内容包括清扫、堵洞、安装防火隔板(阻燃槽盒)、涂防火材料、清理
7	电缆防腐、缠石棉绳、刷漆、剥皮	工作内容包括配料、加垫、灌防腐材料、铺砖、缠石棉绳、管道(电缆)刷色漆、电缆剥皮
8	铝芯电力电缆敷设	工作内容包括开盘、检查、架盘、敷设、锯断、排列、整理、固定、收盘、临时封头、挂牌
9	铜芯电力电缆敷设	工作内容包括开盘、检查、架盘、敷设、锯断、排列、整理、固定、收盘、临时封头、挂牌
10	户内干包式电力电缆头制作、安装	工作内容包括定位、量尺寸、锯断、剥保护层及绝缘层、清洗、包缠绝缘、压连接管及接线端子、安装、接线
11	户内浇注式电力电缆终端头制作、安装	工作内容包括定位、量尺寸、锯断、剥切清洗、内屏蔽层处理、包缠绝缘、压扎锁管及接线端子、装终端盒、配料浇注、安装、接线
12	户内热缩式电力电缆终端头制作、安装	工作内容包括定位、量尺寸、锯断、剥切清洗、内屏蔽层处理、焊接地线、压扎锁管及接线端子、装热缩管、加热成形、安装、接线
13	户外电力电缆终端头制作、安装	工作内容包括定位、量尺寸、锯断、剥切清洗、内屏蔽层处理、焊接地线、装热缩管、压接线端子、装终端盒、配料浇注、安装、接线
14	浇注式电力电缆中间头制作、安装	工作内容包括定位、量尺寸、锯断、剥切清洗、内屏蔽层处理、焊接地线、压接线端子、装中间盒、配料浇注、安装
15	热缩式电力电缆中间头制作、安装	工作内容包括定位、量尺寸、锯断、剥切清洗、内屏蔽层处理、焊接地线、装热缩管、压接线端子、加热成形、安装
16	控制电缆敷设	工作内容包括开盘、检查、架盘、敷设、切断、排列、整理、固定、收盘、临时封头、挂牌
17	控制电缆头制作、安装	工作内容包括定位、量尺寸、锯断、剥切、包缠绝缘、安装、校接线

(9)防雷及接地装置分部工程。防雷及接地装置分部工程共分 7 个分项工程,见表 3-19。

表 3-19　　　　　防雷及接地装置分部工程定额组成

序号	分项工程名称	定额组成
1	接地极(板)制作、安装	工作内容包括尖端及加固帽加工、接地极打入地下及埋设、下料、加工、焊接
2	接地母线敷设	工作内容包括挖地沟、接地线平直、下料、测位、打眼、埋卡子、撅弯、敷设、焊接、回填土夯实、刷漆
3	接地跨接线安装	工作内容包括下料、钻孔、撅弯、挖填土、固定、刷漆
4	避雷针制作、安装	(1)避雷针制作。工作内容包括下料、针尖针体加工、挂锡、校正、组焊、刷漆等(不含底座加工)。 (2)避雷针安装。工作内容包括预埋铁件、螺栓或支架,安装固定、补漆等。 (3)独立避雷针安装。工作内容包括组装、焊接、吊装、找正、固定、补漆
5	半导体小长针消雷装置安装	工作内容包括组装、吊装、找正、固定、补漆
6	避雷引下线敷设	工作内容包括平直、下料、测位、打眼、埋卡子、焊接、固定、刷漆
7	避雷网安装	工作内容包括平直、下料、测位、打眼、埋卡子、焊接、固定、刷漆

(10)10kV 以下架空配电线路分部工程。10kV 以下架空配电线路分部共分 9 个分项工程,见表 3-20。

表 3-20　　　　10kV 以下架空配电线路分部工程定额组成

序号	分项工程名称	定额组成
1	工地运输	工作内容包括线路器材外观检查,绑扎、抬运,卸至指定地点、返回,装车、支垫、绑扎、运至指定地点,人工卸车,返回
2	土石方工程	工作内容包括复测、分坑、挖方、修整、操平、排水、装卸挡水板、岩石打眼、爆破、回填

续表

序号	分项工程名称	定额组成
3	底盘、拉盘、卡盘安装及电杆防腐	工作内容包括基坑整理、移运、盘安装、操平、找正、卡盘螺栓紧固、工器具转移、木杆根部烧焦涂
4	电杆组立	(1)单杆。工作内容包括立杆、找正、绑地横木、根部刷油、工器具转移。 (2)接腿杆。工作内容包括木杆加工、接腿、立杆、找正、绑地横木、根部刷油、工器具转移。 (3)撑杆及钢圈焊接。工作内容包括:木杆加工、根部刷油、立杆、装包箍、焊缝间隙轻微调整、挖焊接操作坑、焊接及焊口清理、钢圈防腐防锈处理、工器具转移
5	横担安装	(1)10kV以下横担。工作内容包括量尺寸、定位、上抱箍、装横担、支撑及杆顶支座、安装绝缘子。 (2)1kV以下横担。工作内容包括定位、上抱箍、装支架、横担、支撑及杆顶支座、安装瓷瓶。 (3)进户线横担。工作内容包括测位、划线、打眼钻孔、横担安装、装瓷瓶及防水弯头
6	拉线制作安装	工作内容包括拉线长度实测、放线、丈量与截割、装金具、拉线安装、紧线调节、工器具转移
7	导线架设	工作内容包括线材外观检查、架线盘、放线、直线接头连接、紧线、弛度观测、耐张终端头制作、绑扎、跳线安装
8	导线跨越及进户线架设	(1)导线跨越。工作内容包括跨越架搭拆、架线中的监护转移。 (2)进户线架设。工作内容包括放线、紧线、瓷瓶绑扎、压接包头
9	杆上变配电设备安装	工作内容包括支架、横担、撑铁的安装,设备的安装固定、检查、调整,油开关注油、配线、接线、接地

(11)电气调整试验分部工程。电气调整试验分部工程共分18个分项工程,见表3-21。

表 3-21　　　　　　　电气调整试验分部工程定额组成

序号	分项工程名称	定　额　组　成
1	发电机、调相机系统调试	工作内容包括发电机、调相机、励磁机、隔离开关、断路器、保护装置和一、二次回路的调整试验
2	电力变压器系统调试	工作内容包括变压器、断路器、互感器、隔离开关、风冷及油循环冷却系统电气装置、常规保护装置等一、二次回路的调试及空投试验
3	送配电装置系统调试	工作内容包括自动开关或断路器、隔离开关、常规保护装置、电测量仪表、电力电缆等一、二次回路系统的调试
4	特殊保护装置系统调试	工作内容包括保护装置本体及二次回路的调整试验
5	自动投入装置调试	工作内容包括自动装置、继电器及控制回路的调整试验
6	中央信号装置、事故照明切换装置、不间断电源调试	工作内容包括装置本体及控制回路的调整试验
7	母线、避雷器、电容器、接地装置调试	工作内容包括母线耐压试验，接触电阻测量、避雷器、母线绝缘监视装置、电测量仪表及一、二次回路的调试，接地电阻测试
8	电抗器、消弧线圈、电除尘器调试	工作内容包括电抗器、消弧圈的直流电阻测试、耐压试验，高压静电除尘装置本体及一、二次回路的调试
9	硅整流设备、可控硅整流装置调试	工作内容包括开关、调压设备、整流变压器、硅整流设备及一、二次回路的调试，可控硅控制系统调试
10	普通小型直流电动机调试	工作内容包括直流电动机（励磁机）、控制开关、隔离开关、电缆、保护装置及一、二次回路的调试
11	可控硅调速直流电动机系统调试	（1）一般可控硅调速电动机。工作内容包括控制调节器的开环、闭环调试，可控硅整流装置调试，直流电动机及整组试验，快速开关、电缆及一、二次回路的调试。 （2）全数字式控制可控硅调速电机。工作内容包括微机配合电气系统调试，可控硅整流装置调试，直流电机及整组试验，快速开关、电缆及一、二次回路的调试

续表

序号	分项工程名称	定 额 组 成
12	普通交流同步电动机调试	工作内容包括电动机、励磁机、断路器、保护装置、启动设备和一、二次回路的调试
13	低压交流异步电动机调试	工作内容包括电动机、开关、保护装置、电缆等一、二次回路的调试
14	高压交流异步电动机调试	工作内容包括电动机、断路器、互感器、保护装置、电缆等一、二次回路的调试
15	交流变频调速电动机(AC—AC、AC—DC—AC系统)调试	(1)交流同步电动机变频调速。工作内容包括变频装置本体、变频母线、电动机、励磁机、断路器、互感器、电力电缆、保护装置等一、二次回路的调试。 (2)交流异步电动机变频调速。工作内容包括变频装置本体、变频母线、电动机、互感器、电力电缆、保护装置等一、二次设备回路的调试
16	微型电机、电加热器调试	工作内容包括微型电动机、电加热器、开关、保护装置及一、二次回路的调试
17	电动机组及联锁装置调试	工作内容包括电动机组、开关控制回路的调试,电机联锁装置调试
18	绝缘子、套管、绝缘油、电缆试验	工作内容包括准备、取样、耐压试验,电缆临时固定、试验,电缆故障测试

(12)配管、配线分部工程。配管、配线分部工程共分 22 个分项工程,见表 3-22。

表 3-22　　　　配管、配线分部工程定额组成

序号	分项工程名称	定 额 组 成
1	电线管敷设	(1)砖、混凝土结构明暗配。工作内容包括测位、划线、打眼、埋螺栓、锯管、套螺纹、揻弯、配管、接地、刷漆。 (2)钢结构支架、钢索配管。工作内容包括测位、划线、打眼、上卡子、安装支架、锯管、套螺纹、揻弯、配管、接地、刷漆

续表一

序号	分项工程名称	定 额 组 成
2	钢管敷设	(1)砖、混凝土结构明配。工作内容包括测位、划线、埋螺栓、锯管、套螺纹、揻弯、配管、接地、刷漆。 (2)砖、混凝土结构暗配。工作内容包括测位、划线、锯管、套螺纹、揻弯、刨沟、配管、接地、刷漆。 (3)钢模板暗配。工作内容包括测位、划线、钻孔、锯管、套螺纹、揻弯、配管、接地、刷漆。 (4)钢结构支架配管。工作内容包括测位、划线、打眼、上卡子、锯管、套螺纹、揻弯、配管、接地、刷漆。 (5)钢索配管。工作内容包括测位、划线、锯管、套螺纹、揻弯、上卡子、配管、接地、刷漆
3	防爆钢管敷设	(1)砖、混凝土结构明配。工作内容包括测位、划线、打眼、埋螺栓、锯管、套螺纹、揻弯、配管、接地、气密性试验、刷漆。 (2)砖、混凝土结构暗配。工作内容包括测位、划线、锯管、套丝、揻弯、配管、接地、气密性实验、刷漆。 (3)钢结构支架配管。工作内容包括测位、划线、打眼、安装支架、锯管、套螺纹、揻弯、配管、接地、试压、刷漆。 (4)塔器照明配管。工作内容包括测位、划线、锯管、套螺纹、揻弯、配管、支架制作安装、试压、补焊口漆
4	可挠金属套管敷设	(1)砖、混凝土结构明暗配。工作内容包括测位、划线、刨沟、断管、配管、固定、接地、清理、填补。 (2)吊棚内暗敷设。工作内容包括测位、划线、断管、配管、固定、接地
5	塑料管敷设	(1)硬质聚氯乙烯管敷设分砖、混凝土结构明暗配、钢索配管。工作内容包括测位、划线、打眼、埋螺栓、锯管、揻弯、接管、配管。 (2)刚性阻燃管敷设分砖、混凝土结构明暗配、吊棚内敷设。工作内容包括测位、划线、打眼、下胀管、连接管件、配管、安螺钉、切割空心墙体、刨沟、抹砂浆保护层。 (3)半硬质阻燃管暗敷设。工作内容包括测位、划线、打眼、刨沟、敷设、抹砂浆保护层。 (4)半硬质阻燃管理地敷设。工作内容包括测位、划线、挖土、敷设、填实土方

续表二

序号	分项工程名称	定 额 组 成
6	金属软管敷设	工作内容包括量尺寸、断管、连接接头、钻眼、攻螺纹、固定
7	管内穿线	工作内容包括穿引线、扫管、涂滑石粉、穿线、编号、接焊包头
8	瓷夹板配线	按敷设部位分为木结构、砖混结构、砖混结构粘接三种情况,工作内容包括测位、划线、打眼、埋螺栓、下过墙管、上瓷夹(配料、粘瓷夹)、配线、焊接包头
9	塑料夹板配线	工作内容包括测位、划线、打眼、下过墙管、配料、固定线夹、配线、焊接包头
10	鼓形绝缘子配线	(1)在木结构、顶棚内及砖混结构敷设。工作内容包括测位、划线、打眼、埋螺钉、钉木楞、下过墙管、上绝缘子、配线、焊接包头。 (2)沿钢支架及钢索敷设。工作内容包括测位、划线、打眼、下过墙管、安装支架、吊架、上绝缘子、配线、焊接包头
11	针式绝缘子配线	分沿屋架、梁、柱、墙敷设和跨屋架、梁、柱敷设,工作内容包括测位、划线、打眼、安装支架、下过墙管、上绝缘子、配线、焊接包头
12	蝶式绝缘子配线	分沿屋架、梁、柱敷设和跨屋架、梁、柱敷设,工作内容包括测位、划线、打眼、安装支架、下过墙管、上绝缘子、配线、焊接包头
13	木槽板配线	(1)木结构。工作内容包括测位、划线、打眼、下过墙管、断料、做角弯、装盒子、配线、焊接包头。 (2)砖、混凝土结构。工作内容包括测位、划线、打眼、埋螺钉、下过墙管、断料、做角弯、装盒子、配线、焊包头
14	塑料槽板配线	工作内容包括测位、打眼、埋螺钉、下过墙管、断料、做角弯、装盒子、配线、焊接包头
15	塑料护套线明敷设	分为木结构、砖混结构、沿钢索敷设,工作内容包括测位、划线、打眼、埋螺钉(配料、粘底板)、下过墙管、上卡子、装盒子、配线、焊接包头

续表三

序号	分项工程名称	定 额 组 成
16	线槽配线	工作内容包括清扫线槽、放线、编号、对号、接焊包头
17	钢索架设	工作内容包括测位、断料、调直、架设、绑扎、拉紧、刷漆
18	母线拉紧装置及钢索拉紧装置制作、安装	工作内容包括下料、钻眼、撅弯、组装、测位、打眼、埋螺栓、连接固定、刷漆
19	车间带形母线安装	分沿屋架、梁、柱、墙敷设和跨屋架、梁、柱敷设,工作内容包括打眼,支架安装,绝缘子灌注、安装,母线平直、撅弯、钻孔、连接、架设、拉紧装置、夹具、木夹板的制作安装,刷分相漆
20	动力配管混凝土地面刨沟	工作内容包括测位、划线、刨沟、清埋、填补
21	接线箱安装	工作内容包括测位、打眼、埋螺栓、箱子开孔、刷漆、固定
22	接线盒安装	工作内容包括测定、固定、修孔

(13)照明器具分部工程。照明器具分部工程共分 10 个分项工程,见表 3-23。

表 3-23　　　　照明器具分部工程定额组成

序号	分项工程名称	定 额 组 成
1	普通灯具的安装	(1)吸顶灯具。工作内容包括测定、划线、打眼、埋螺栓、上木台、灯具安装、接线、焊接包头。 (2)其他普通灯具。工作内容包括测定、划线、打眼、埋螺栓、上木台、支架安装、灯具组装、上绝缘子、保险器、吊链加工、接线、焊接包头
2	装饰灯具的安装	包括吊式、吸顶式艺术装饰灯具,荧光艺术装饰灯具,几何形状组合艺术灯具,标志、诱导装饰灯具,水下装饰灯具,点光源装饰灯具,草坪灯具,歌舞厅灯具。工作内容包括开箱清点,测定划线,打眼埋螺栓,支架制作、安装,灯具拼装固定,挂装饰部件,接焊线包头等

续表

序号	分项工程名称	定 额 组 成
3	荧光灯具的安装	(1)组装型。工作内容包括测位、划线、打眼、埋螺栓、上木台、吊链、吊管加工、灯具组装、接线、接焊包头。 (2)成套型。工作内容包括测位、划线、打眼、埋螺栓、上木台、吊链、吊管加工、灯具安装、接线、接焊包头。
4	工厂灯及防水防尘灯的安装	工作内容包括测定划线,打眼埋螺栓,上木台,吊管加工,灯具安装,接线,接焊包头
5	工厂其他灯具的安装	(1)碘钨灯、投光灯。工作内容包括测定划线、打眼埋螺栓、支架安装、灯具组装、接线、接焊包头。 (2)混光灯。工作内容包括测定划线、打眼埋螺栓、支架的制作安装,灯具及镇流器组装、接线、接地、接焊包头。 (3)烟囱、水塔、独立式塔架标志灯。工作内容包括测定划线、打眼埋螺栓、灯具安装、接线、接焊包头。 (4)密闭灯具。工作内容包括测定划线,打眼埋螺栓,上底台、支架的安装,灯具安装、接线、接焊包头。
6	医院灯具的安装	工作内容包括测定划线、打眼埋螺栓、灯具安装、接线、接焊包头
7	路灯安装	工作内容包括测定划线、支架安装、灯具安装、接线
8	开关、按钮、插座安装	工作内容包括测定划线,打眼埋螺栓,清扫盒子,上木台,缠钢丝弹簧垫,装开关、按钮和插座,接线,装盖
9	安全变压器、电铃、风扇安装	(1)安全变压器。工作内容包括开箱检查和清扫;测位划线和打眼,支架安装、固定变压器、接线、接地。 (2)电铃。工作内容包括测位划线和打眼、埋木砖,上木底板,安电铃,接焊包头。 (3)门铃。工作内容包括测位、打眼、埋塑料胀管、上螺钉,接线、安装。 (4)风扇。工作内容包括测位划线、打眼、固定吊钩、安装调速开关、接焊包头、接地
10	盘管风机开关、请勿打扰灯、须刨插座、钥匙取电器安装	工作内容包括开箱检查、测位划线、清扫盒子、缠钢丝弹簧垫、接线、焊接包头、安装、调速等

(14)电梯电气装置分部工程。电梯电气装置分部工程共分 7 个分项工程,见表 3-24。

表 3-24　　　　　电梯电气装置分部工程定额组成

序号	分项工程名称	定额组成
1	交流手柄操作或按钮控制(半自动)电梯电气安装	工作内容包括开箱检查、清点、电气设备安装、管线敷设、挂电缆、接线、接地、测绝缘
2	交流信号或集选控制(自动)电梯电气安装	
3	直流快速自动电梯电气安装	
4	直流高速自动电梯电气安装	
5	小型杂物电梯电气安装	
6	电厂专用电梯电气安装	
7	电梯增加厅门、自动轿厢门及提升高度	工作内容包括配管接线,装指层灯、召唤按钮、门锁开关

七、单位估价表

1. 单位估价表的概念

单位估价表又称工程预算单价表,是以货币形式确定定额计量单位某分部分项工程或结构构件直接费用的文件。它是根据预算定额所确定的人工、材料和机械台班消耗数量,乘以人工工资单价、材料预算价格和机械台班预算价格汇总而成。

2. 单位估价表的作用

单位估价表,是编制和审查设计概、预算,确定工程造价,办理工程拨款和工程结算的主要依据。

单位估价表的作用包括以下几点:

(1)单位估价表是确定工程预算造价的基本依据之一,即按设计图纸计算出分项工程量后,分别乘以相应的定额单价(单位估价表)得出分项直接费,汇总各分部分项直接费,按规定计取各项费用,即得出单位工程全部预算造价。

(2)单位估价表是预算定额在当地区域内以价格表现的具体形式,用来确定每一结构构件或每一分项工程的单位价值,其中包括该单位构件或分项工程所需的全部人工、材料及施工机械使用费的全部费用。

(3)单位估价表是对设计方案进行经济比较的基础资料。对于每个分项工程,同部位选择什么样的设计方案,除考虑生产、功能、坚固、美观等条件外,还必须考虑经济条件。这就需要采用单位估价表进行衡量、比较,在同样条件下选择一种经济合理的方案。

(4)单位估价表是进行已完工程结算的依据,即建设单位和施工企业,按单位估价表核对已完工程的单价是否正确,以便进行分部分项工程结算。

(5)单位估价表是施工企业进行经济成本分析的依据,即施工企业为了考核成本执行情况,必须对单位估价表中所定的单价和实际成本进行比较。通过对两者的对比,算出降低成本的多少并找出原因。

单位估价表的作用很大,合理地确定单价,正确使用单位估价表,是准确确定工程造价,促进企业加强经济核算、提高投资效益的重要环节。

3. 单位估价表的分类

单位估价表是在预算定额的基础上编制的。因定额种类繁多,若按工程定额性质、使用范围及编制依据不同可划分为表 3-25 中的不同种类。

表 3-25　　　　　　　　　　单位估价表的分类

分类标准	定 额 组 成
按定额性质划分	(1)建筑工程单位估价表,适用于一般建筑工程。 (2)设备安装工程单位估价表,适用于机械、电气设备安装工程、给排水工程、电气照明工程、采暖工程、通风工程等
按使用范围划分	(1)全国统一定额单位估价表,适用于各地区、各部门的建筑及设备安装工程。 (2)地区单位估价表,是在地方统一预算定额的基础上,按本地区的工资标准、地区材料预算价格、建筑机械台班费用及本地区建设的需要而编制的,只适于本地区范围内使用。 (3)专业工程单位估价表,仅适用于专业工程的建筑及设备安装工程的单位估价表
按编制依据划分	按编制依据分为定额单位估价表和补充单位估价表。 补充单位估价表,是指定额缺项、没有相应项目可使用时,可按设计图纸资料,依照定额单位估价表的编制原则,制定补充单位估价表

4. 单位估价表的编制

(1)单位估价表的编制要点。

单位估价表的编制是一项细致繁重的工作,工作量很大,应尽量简化编制工作。目前,我国一些较大的城市,都编有地区统一使用的单位估价表。因此,在编制一个具体工程的概(预)算时,应尽量采用工程所在地区的单位估价表。若工程所在地区的材料预算价格与地区统一单位估价表中所采用的材料预算价格有较大出入时,可根据实际情况对地区统一单位估价表中主要材料的价格进行换算,或采用地区差价系数进行调整,以简化编制工作。

进行单位估价表的编制时,应注意下列事项:

1)对于同一名称的材料,由于规格不同,其价格也会有很大的差异,因此编制单位估价表时,所运用的材料规格应恰当。

2)对于不同强度等级的砂浆及混凝土,在编制单位估价表时,为了简化编制工作并便于换算,可根据附表中的配合比,计算出每立方米的单价,在编制单位估价表时直接使用定额中"带括号"的砂浆或混凝土数量相乘,而不再以材料的数量分别计算价格,这样不但可以节省很多时间,也可以减少错误。每立方米砂浆及混凝土的配合比单价,以附表形式附于单位估价表后面。

3)编制单位估价表时应注意材料计算单位,如发现材料预算价格中所用单位与定额中采用的单位不符时,应根据定额规定的单位,加以换算后再行使用。

4)编制单位估价表时应熟悉材料性能及用途,对于性质的用途不同的材料,其价格也相差较大。

5)编制单位估价表时,对于周转使用并计算回收的材料,可以先根据定额规定的回收百分率全部算好扣除回收后的净使用量,然后再乘以材料预算价格计算其合价,有利于提高准确性。

6)在编制单位估价表时,不得任意改变定额中的人工、材料及施工机械使用台班消耗量,如编制换算单位估价表时,也应根据定额规定进行换算。

(2)地区单位估价的编制。按地区进行单位估价表的编制是为了简化工程预算的编制手续,提高单位估价表和预算的质量。

1)地区单位估价表的编制依据。

①建筑安装工程预算定额。

②现行建筑安装工人工资标准。
③地区材料预算价格。
④机械台班费用。

2)编制地区单位估价表时,其项目名称、顺序排列,应按预算定额并结合本地区工程建设的需要进行编制。对定额不足的项目,可由地区进行补充。

3)人工工资的计算:地区单位估价表的人工工资,包括建筑安装工人基本工资、附加工资和工资性质的津贴。

①基本工资:按预算定额规定的工人等级和地区现行建筑安装工人工资标准计算。

②附加工资:按照地区的规定和企业现行标准综合确定。

③工资性质的津贴:包括粮煤补贴及副食品价格补贴,按照地区主管部门的规定计算,综合列入地区单位估价表。

4)材料预算价格的计算。地区单位估价表的材料预算价格按新编地区材料预算价格计算。

5)构件及配件预算价格的计算。

①凡由独立核算的加工厂制作的,其原价按批准的产品出厂价格或计划价格计算。

②凡由建筑安装企业内部附属加工厂制作的,应执行预算定额和材料预算价格编制地区单位估价表。

③对于构件及配件的运费,应按预算定额中构件运输项目分别编制。

6)机械费的确定。应按照建筑安装工程预算定额中的机械费计算。凡预算定额规定的特种机械允许换算价格者,应按机械台班费用定额、特种机械的价格编制地区单位估价表。

7)材料规格及单价的取定。对于预算定额附表内已列明规格的,应按定额附表中列明的规格及单价取定;对于预算定额附表内未列明规格的,可根据地区一般常用材料规格,结合经验资料取定。

8)计量单位的确定。地区单位估价表的计量单位统一以"元"为单位,"元"以下一般可取两位小数。

八、单位估价汇总表

单位估价汇总表也称单价手册,是在编制单位估价表完毕后,将所有单位估价表的合计汇总在一起,并将定额计算单位全部折算成个位单位,这样编制预算填写单价时不易弄错。

单位估价汇总表将单位估价表中的主要资料编入,包括工程项目名称、规格、预算单价以及其中人工费、材料费、施工机械台班费等内容。

为使单位估价汇总表更加简明、适用,亦可对单位估价表中可合并的项目进行合并,使单位估价汇总表的定额项目更加简略一些。

单位估价汇总表的表格形式见表 3-26。

表 3-26　　　　　单位估价汇总表(变压器安装)

定额编号	项　目	单位	单位价值	其　中		
				人工费	材料费	机械费
2-1	容量变压器 250kV·A 以下	台	246.63	111.12	73.93	61.50
2-2	容量变压器 500kV·A 以下	台	305.33	142.67	89.47	73.19
2-3	容量变压器 1000kV·A 以下	台	528.41	244.17	120.89	163.35
2-4	容量变压器 2000kV·A 以下	台	675.52	316.33	148.96	210.23
2-5	容量变压器 4000kV·A 以下	台	1119.57	569.85	217.89	331.83
2-6	容量变压器 8000kV·A 以下	台	2310.93	835.67	837.01	638.25
2-7	容量变压器 20000kV·A 以下	台	3464.17	1237.30	1420.44	806.43
2-8	容量变压器 40000kV·A 以下	台	4079.42	1611.72	1583.18	884.52

九、补充单位估价表

凡国家、省、市、自治区颁发的通用性预算定额和经批准的中央各部委编制的专业性定额中所缺少的项目,可编制补充单位估价表。

1. 补充单位估价表的组成

补充单位估价表由人工费、材料费及施工机械使用费三部分组成。

2. 补充单位估价表的编制

(1)编制要求。

1)补充单位估价表的分部工程范围划分、计算单位、编制内容及工程说明,应与相应的定额一致。

2)编制一般补充单位估价表时,其人工费、材料费的消耗量和施工机械台班使用量应根据有关设计图纸、施工定额或现场测定资料情况以及类似工程确定。

3)补充单位估价表编好后,应与预算文件一起报送批准预算的部门进行审定。

4)批准后的补充单位估价表,只适用于同一建设单位的各项工程,但对于经批准后的标准构件的补充单位估价表,如重复使用时,可只对其价值部分作不同地区的修正,其人工、材料的消耗量和施工机械台班的使用量可不必重复。

(2) 编制步骤与方法。

1) 确定补充单位估价表的编制范围与计算单位,使其与计算工程量取得一致。

2) 计算构件数量。计算构件数量应计算每个构件所需的材料分析数量,并根据定额规定的损耗率加上其所需的损耗。

3) 计算人工消耗量。编制补充单位估价表时,计算人工消耗量的方法一般有两种,具体内容见表 3-27。

表 3-27　　　　　　　　人工消耗量的计算方法

方　法	内　　　　容
根据劳动定额计算	这个方法比较复杂,工作量也大,首先要确定在编制补充单位估价表范围内的操作工序及内容,分别列出后,然后在劳动定额中批出每一工序所需要的工种、工日、等级(或平均等级工数量,下同),才得出所需的人工数量
比照类似定额项目代入计算	这个方法比较简单,在实际工作中也经常使用,其优点是所花工作量少,且不致因工序不够熟悉而漏项,以致少算人工数量,但其缺点是准确性较差,如比照类似定额项目不够恰当,则更不准。其方法可以将各部分构件分别比照类似项目的人工数量或平均等级工,最后将各部分相加为应得之工日

4) 计算施工机械台班使用量。计算方法一般是以预算定额机械台班定额来确定所需的台班使用量。

十、综合预算定额

综合预算定额是在预算定额或单位估价汇总表的基础上,在合理确定定额水平的前提下,对定额项目综合扩大,使定额项目减少,每个定额项目包含的工作内容或工序增加。这样,用综合预算定额编制预算,可以简化编制手续,节省编制时间,提高工作效率。

综合预算定额一般有以下两种表现形式:

(1) 第一种是定额的形式,即在综合预算定额内,不仅表现价格,还表现主要工程量、用工数量及主要材料消耗量。

(2)第二种形式是单位估价汇总表的形式,即在综合预算定额内只表现价格。

第四节 概算定额与概算指标

一、概算定额的概念

概算定额又称为扩大结构定额,是指生产一定计量单位的经扩大的建筑工程结构件或分部分项工程所需要的人工、材料和施工机械台班的消耗量及费用的标准。

概算定额可分为概算定额、概算指标和其他费用定额三种。

概算定额是在预算定额的基础上,根据有代表性的建筑工程通用图和标准图等资料,进行综合、扩大和合并而成。概算定额与预算定额的区别见表3-28。

表3-28　　　　　　概算定额与预算定额的区别

项目	内容
相同点	概算定额与预算定额的相同处,都是以建(构)筑物各个结构部分和分部分项工程为单位表示的,内容也包括人工、材料和机械台班使用量定额三个基本部分,并列有基准价。 概算定额表达的主要内容、表达的主要方式及基本使用方法都与综合预算定额相近。 　　定额基准价=定额单位人工费+定额单位材料费+定额单位机械费 　　　　　　=人工概算定额消耗量×人工工资单价+ 　　　　　　　$\sum$(材料概算定额消耗量×材料预算价格)+ 　　　　　　　$\sum$(施工机械概算定额消耗量×机械台班费用单价)
不同点	概算定额与预算定额的不同之处,在于项目划分和综合扩大程度上的差异,同时,概算定额主要用于设计概算的编制。由于概算定额综合了若干分项工程的预算定额,因此,使概算工程量计算和概算表的编制,都比编制施工图预算简化了很多。 编制概算定额时,应考虑到能适应规划、设计、施工各阶段的要求。概算定额与预算定额应保持一致水平,即在正常条件下,反映大多数企业的设计、生产及施工管理水平。 概算定额的内容和深度是以预算定额为基础的综合与扩大。在合并中不得遗漏或增加细目,以保证定额数据的严密性和正确性。概算定额务必达到简化、准确和适用

二、概算定额的作用

正确合理地编制概算定额,对提高设计概算的质量,加强基本建设的经济管理、合理使用建设资金、降低建设成本等方面都有巨大的作用,具体体现在以下方面:

(1)概算定额是在扩大初步设计阶段编制概算,是技术设计阶段编制修正概算的主要依据。

(2)概算定额是编制建筑安装工程主要材料申请计划的基础资料。

(3)概算定额是进行设计方案技术经济分析比较的依据。

(4)概算定额是编制概算指标的依据。

(5)概算定额是确定基本建设项目投资额、编制基本建设计划、实行基本建设大包干、控制基本建设投资和施工图预算造价的依据。

(6)概算定额是建设项目主要材料需要量计划的依据。

三、概算定额的内容

概算定额由文字说明和定额表两部分组成。

(1)文字说明包括总说明和各章节的说明。

1)在总说明中,主要对编制的依据、用途、适用范围、工程内容、有关规定、取费标准和概算造价计算方法等进行阐述。

2)在各章说明中,包括分部工程量的计算规则、说明、定额项目的工程内容等。

(2)定额表格式。定额表头注有本节定额的工作内容,定额的计量单位(或在表格内)。表格内有基价、人工、材料和机械费,主要材料消耗量等。

四、概算定额的编制

1. 概算定额的编制依据

(1)现行的全国通用的设计标准、规范和施工验收规范。

(2)现行的预算定额。

(3)标准设计和有代表性的设计图纸及其他设计资料。

(4)过去颁发的概算定额。

(5)现行的人工工资标准、材料预算价格和施工机械台班单价。

(6)有关施工图预算和结算资料。

2. 概算定额的编制原则

(1)使概算定额适应设计、计划、统计和拨款的要求,更好地为基本建设服务。

(2)概算定额水平的确定,应与预算定额的水平基本一致,必须能够反映正常条件下大多数企业的设计、生产、施工管理水平。

(3)概算定额的编制深度,要适应设计深度的要求,项目划分,应坚持简化、准确和适用的原则。以主体结构分项为主,合并其他相关部分,进行适当综合扩大。

(4)概算定额项目计量单位的确定,与预算定额要尽量一致;应考虑统筹法及应用电子计算机编制的要求,以简化工程量和概算的计算编制。

(5)为了稳定概算定额水平,统一考核尺度和简化计算工程量,编制概算定额时,原则上不留活口,对于设计和施工变化多而影响工程量多、价差大的,应根据有关资料进行测算,综合取定常用数值,对于其中还包括不了的个性数值,可适当留些活口。

3. 概算定额的编制步骤

概算定额的编制一般分三阶段进行,即准备阶段、编制初稿阶段和审查定稿阶段。

(1)准备阶段。准备阶段主要是确定编制机构和编制人员,进行调查研究,了解现行概算定额执行情况和存在的问题,明确编制的目的,制定概算定额的编制方案和确定概算定额项目。

(2)编制初稿阶段。初稿编制是根据已确定的编制方案和定额项目,对搜集的各种资料进行深入细致的测算和分析,确定人工、材料和机械台班的消耗量指标,最后编制出概算定额初稿。

(3)审查定稿阶段。审查定稿的主要工作是对概算定额的水平进行测算,即测算新编概算定额与原概算定额及现行预算定额之间的水平差距。测算的方法既要分项进行测算,又要通过编制单位工程概算,并以单位工程为对象进行综合测算。

(4)审批阶段。概算定额经测算比较后,即可报送国家授权机关审批。经过审批后的概算定额方可实施。

4. 概算定额的编制方法

(1)定额计量单位确定。概算定额计量单位基本上按预算定额的规定执行,但是单位的内容扩大,仍用 m、m^2、m^3 等。

(2)确定概算定额的幅度差。由于概算定额是在预算定额基础上进行适当的合并与扩大。因此,在工程量取值、工程的标准和施工方法确定上需综合考虑,且定额与实际应用必然会产生一些差异。这种差异国家允许预留一个合理的幅度差,以便依据概算定额编制的设计概算能控制住施工图预算。概算定额与预算定额之间的幅度差,国家规定一般控制在5%以内。

(3)定额小数取位。概算定额小数取位与预算定额相同。

5. 照明电气工程概算定额

照明电气工程概算定额(价目表)的工程量计算办法如下:

(1)建筑物内照明工程,以建筑物的"m^2"为计量单位,已包括导线、钢管、开关、插座、引入建筑物横担等全部附件和整个施工过程。

(2)建筑物内电力工程,以电力设备设计容量"kW"为计量单位,已包括干线、支架、钢管和引往电动机的管线、金属软管、检查接线及控制设备,以管线费与电气设备费百分比计算。

(3)弱电工程,以弱电主机设备"套"为计量单位,已包括钢管、导线、开关、扬声器、按钮、分线盒、终端盒、接地线等附件。

(4)防雷装置,以屋面面积"m^2"为计量单位,已包括避雷带、引下线装置、接地极等全部内容。

6. 概算定额手册的内容

概算定额手册的内容包括文字说明和定额项目表两部分。

(1)文字说明。

1)总说明。在总说明中,主要阐述概算定额的编制依据、使用范围、包括的内容及作用及建筑面积计算规则等。

2)各章说明。各章说明主要阐述本章包括的综合工作内容及工程量计算规则等。

(2)定额项目表。定额项目表是概算定额手册的主要内容,由若干分节定额组成。各分节定额由工程内容、定额表及附注说明组成。定额表中有定额编号、计量单位、概算价格、人工、材料、机械台班消耗量指标。

五、概算指标

1. 概算指标的概念

概算指标是以一个建筑物或构筑物为对象,按各种不同的结构类型,确定每 $100m^2$ 或 $1000m^3$ 和每座为计量单位的人工、材料和机械台班(机械台班一般不以量列出,用系数计入)的消耗指标(量)或每万元投资额中各种指标的消耗数量。

概算指标的表现形式见表3-29。

表 3-29　　　　　　　概算指标的表现形式

表现形式	内容
综合概算指标	综合概算指标是指按工业或民用建筑及其结构类型而制定的概算指标。综合概算指标的概括性较大,其准确性、针对性不如单项指标
单项概算指标	单项概算指标是指为某种建筑物或构筑物编制的概算指标。其针对性较强,故指标中对工程结构形式要作介绍。只要工程项目的结构形式及工程内容与单项指标中的工程概况相吻合,编制出的设计概算就比较准确

2. 概算指标的作用

概算指标比概算定额更加综合扩大,是编制初步设计或扩大初步设计概算的依据。概算指标的作用具体表现在以下几个方面：

(1)概算指标在工程初步设计阶段是编制工程设计概算的依据。这是指在没有条件计算工程量时,只能使用概算指标。

(2)概算指标是设计单位在工程项目方案设计阶段,进行方案设计技术经济分析和估算的依据。

(3)概算指标在建设项目的可行性研究阶段,作为编制项目的投资估算的依据。

(4)概算指标在建设项目规划阶段,是进行资源需要量计算的依据。

3. 概算指标的内容

概算指标要有总说明,指出指标的编制依据、条件、用途以及指标的使用方法等。

概算指标的计算方法,主要有以下几种：

(1)按设备原价的百分比计算安装费：

$$设备安装费 = 设备原价 \times 设备安装费率$$

(2)按设备净质量计算安装费：

$$设备安装费 = 设备净质量(t) \times 每吨设备安装费$$

(3)按材料质量计算直接费：

$$直接费 = 材料质量(t) \times 每吨材料直接费指标$$

(4)按扩大的实物工程量计算直接费。

(5)按建筑面积每平方米计算其附属工程的直接费。

(6) 按投资的百分率计算工程费。

4. 概算指标的编制

(1) 编制依据。

1) 标准设计图纸和各类工程典型设计。

2) 国家颁发的建筑标准、设计规范、施工规范等。

3) 各类工程造价资料。

4) 现行的概算定额、预算定额、补充定额及过去颁发的概算定额。

5) 人工工资标准、材料预算价格、机械台班预算价格及其他价格资料。

6) 有关施工图预算和结算资料。

(2) 编制原则。

1) 按平均水平确定概算指标的原则。在我国社会主义市场经济条件下,概算指标作为确定工程造价的依据,同样必须遵照价值规律的客观要求,在其编制时必须按社会必要劳动时间,贯彻平均水平的编制原则。只有这样才能充分发挥概算指标合理确定和控制工程造价的作用。

2) 概算指标的内容与表现形式要贯彻简明适用的原则。为适应市场经济的客观要求,概算指标的项目划分应根据用途的不同,确定其项目的综合范围。遵循粗而不漏,适应面广的原则,体现综合扩大的性质;概算指标的形式和内容应遵循简明易懂的原则,要便于在采用时根据拟建工程的具体情况进行必要的调整换算,能在较大范围内满足不同用途的需要。

3) 概算指标的编制依据必须具有代表性。概算指标所依据的工程设计资料,应具有代表性,而且应技术先进、经济合理。

(3) 编制步骤。概算指标的编制分为准备阶段、编制阶段和审核定案及审批阶段,具体内容如下:

1) 准备阶段,主要是收集资料,确定概算指标项目,研究编制概算指标的有关方针、政策和技术性的问题。

2) 编制阶段,主要是选定图纸,并根据图纸资料计算工程量和编制单位工程预算书,按编制方案确定的指标项目和人工及主要材料消耗指标,以及填写概算指标表格。

3) 审核定案及审批,概算指标初步确定后要进行审查、比较,并作必要的调整后,送国家授权机关审批。

5. 概算指标的应用

概算指标的应用比概算定额具有更大的灵活性,由于它是一种综合性很强的指标,不可能与拟建工程的建筑特征、结构特征、自然条件、施工条件完全一致。因此,在选用概算指标时要十分慎重,选用的指标与设计对象在各个方面应尽量一致或接近,不一致的地方要进行换算,以提高准确性。

概算指标的应用一般有两种情况:第一种情况,当设计对象的结构特征与概算指标一致时,可以直接套用;第二种情况,当设计对象的结构特征与概算指标的规定局部不同时,要对指标的局部内容进行调整后再套用。

(1)每 $100m^2$ 造价调整。调整的思路如同定额换算,即从原每 $100m^2$ 概算造价中,减去每 $100m^2$ 建筑面积需换算出结构构件的价值,加上每 $100m^2$ 建筑面积需换入结构构件的价值,即得每 $100m^2$ 修正概算造价调整指标,再将每 $100m^2$ 造价调整指标乘以设计对象的建筑面积,即得出拟建工程的概算造价。

(2)每 $100m^2$ 工料数量的调整。调整的思路是:从所选定指标的工料消耗量中,换出与拟建工程不同的结构构件的工料消耗量,换入所需结构构件的工料消耗量。

关于换入换出的工料数量,是根据换出换入结构构件的工程量乘以相应的概算定额中工料消耗指标得到的。根据调整后的工料消耗量和地区材料预算价格,人工工资标准、机械台班预算单价,计算每 $100m^2$ 的概算基价,然后根据有关取费规定,计算每 $100m^2$ 的概算造价。

这种方法主要适用于不同地区的同类工程编制概算。用概算指标编制工程概算,工程量的计算工作很少,也节省了大量的定额套用和工料分析工作,因此比用概算定额编制工程概算的速度要快,但是准确性差一些。

第五节 企业定额

一、企业定额的概念与特点

1. 企业定额的概念

企业定额,是指建筑安装企业根据本企业的技术水平和管理水平,编制完成单位合格产品所必需的人工、材料和施工机械台班的消耗量,以及其他生产经营要素消耗的数量标准。企业定额反映企业的施工生产与生产消费之间的数量关系,是施工企业生产力水平的体现,每个企业均应拥有反映自己企业能力的企业定额。企业的技术和管理水平不同,企业定额的定额水平也就不同。因此,企业定额是施工企业进行施工管理和投标报价的基础和依据,从一定意义上讲,企业定额是企业的商业秘密,是企业参与市场竞争的核心竞争能力的具体表现。

2. 企业定额的特点

每个企业均应拥有反映自己企业能力的企业定额、企业定额的企业水平与企业技术和管理水平相适应。企业定额具有以下特点:

(1)企业定额的各项平均消耗量指标要比社会平均水平低,以体现企业定额的先进性。

(2)企业定额可以体现本企业在某些方面的技术优势及本企业局部或全面的管理优势。

(3)企业所有的各项单价都是动态的、变化的,具有市场性。

(4)企业定额与施工方案能全面接轨。

二、企业定额的作用

企业定额反映企业的施工生产与生产消费之间的数量关系,体现了施工企业的生产力水平。因此,企业定额是施工企业进行施工管理和投标报价的基础和依据,从一定意义上讲,企业定额是企业的商业秘密,是企业参与市场竞争的核心竞争能力的具体表现。

企业定额的作用具体表现在以下几个方面:

(1)企业定额是企业计划、管理的依据。

(2)企业定额是编制施工组织设计的依据。

(3)企业定额是企业激励工人的条件。

(4)企业定额是计算劳动报酬、实行按劳分配的依据。

(5)企业定额是编制施工预算,加强企业成本管理的基础。

(6)企业定额是业内推广先进技术和鼓励创新的工具。

(7)企业定额是编制预算和补充估价表的基础。

(8)企业定额是施工企业进行工程投标、编制工程投票报价的基础和主要依据。

(9)企业定额可以规范建筑市场秩序以及承发包行为。

三、企业定额的构成与表现形式

企业定额的构成及表现形式因企业的性质不同、取得资料的详细程度不同、编制的目的不同、编制的方法不同而不同。其构成及表现形式主要有以下几种：

(1)企业劳动定额。

(2)企业材料消耗定额。

(3)企业机械台班使用定额。

(4)企业施工定额。

(5)企业定额估价表。

(6)企业定额标准。

(7)企业产品出厂价格。

(8)企业机械台班租赁价格。

四、企业定额的编制

1. 企业定额编制原则

(1)执行国家、行业的有关规定，适应《建设工程工程量清单计价规范》(GB 50500—2013)的原则。

(2)真实、平均先进性原则。

(3)企业定额必须适用于企业内部管理和对外投标报价等多种需要，符合其简明适用原则。

(4)时效性和相对稳定性原则。

(5)独立自主编制原则。

(6)编制人员以专为主、专群结合原则。

2. 企业定额编制依据

(1)现行劳动定额和施工定额。

(2)现行设计规范、施工及验收规范、质量评定标准和安全操作规程。

(3)国家统一的工程量计算规则、分部分项工程项目划分、工程量计算单位。

(4)新技术、新工艺、新材料和先进的施工方法等。

(5)有关的科学试验、技术测定和统计、经验资料。

(6)市场人工、材料、机械价格信息。

(7)各种费用、税金的确定资料。

3. 企业定额编制步骤

(1)制定《企业定额编制计划书》。《企业定额编制计划书》的制定通常包括如下内容：

1)明确企业定额的编制目的。

2)确定企业定额水平,实现企业定额的编制。

3)确定企业定额形式和编制方法。

4)拟成立企业定额编制机构,提交需参编人员名单。

5)明确应收集的数据和资料。

6)确定工期和编制进度。

(2)搜集资料,对搜集的资料进行分类整理、分析、对比、研究和综合测算,提取可供使用的各种技术数据。内容包括企业整体水平与定额水平的差异；现行法律、法规,以及规程规范对定额的影响；新材料、新技术对定额水平的影响等。

(3)拟定编制企业定额的工作方案与计划,具体内容如下：

1)根据编制目的,确定企业定额的内容及专业划分。

2)确定企业定额的册、章、节的划分和内容的框架。

3)确定企业定额的结构形式及步距划分原则。

4)具体参编人员的工作内容、职责、要求。

(4)编制企业定额初稿。

1)确定企业定额的定额项目及内容。

2)确定定额计量单位。

3)确定企业定额指标。

4)编制企业定额项目表。

5)对企业定额的项目进行编制。

6)编制企业定额相关项目说明。

7)编制企业定额估价表。

(5)对定额的水平、使用范围、结构及内容的合理性,以及存在的缺陷进行综合评估,并根据评审结果对定额进行修正。经评审和修改后,企业定额就可以组织实施了。

4. 企业定额编制方法

(1)技术测定法。根据生产技术、操作工艺、劳动组织和施工条件,对施工过程中的各种具体活动进行实地观察,记录施工中工人和机械的工作时间消耗、完成产品的数量以及有关影响因素,并将记录的结果进行整理,加以客观地分析,从而制定定额的方法。

(2)统计分析法。结合过去施工中同类工程或同类产品工时消耗的统计资料,考虑当前生产技术组织条件的变化因素,经过科学地分析研究后制定定额的方法。

(3)比较类推法。借助同类型或相似类型的产品或工序已经精确测定好的典型定额项目的定额水平,经过分析比较,类推出同类相邻项目定额水平的定额制定方法。

(4)经验估计法。由有丰富经验的定额人员、工程技术人员和工人,根据个人或集体的实践经验,经过分析图纸和现场观察,了解施工的生产技术组织条件和操作方法的难易程度,通过座谈讨论制定定额的方法。

5. 企业定额编制程序

(1)规划阶段。把建立企业定额作为提高企业管理水平和竞争能力的大事,组成包括副总经理或总经济师、财务人员、造价人员、劳资、技术等专业人员的工作团队,具体实施企业定额的编制工作。工作团队应根据要求,提出建立企业定额的整体计划和各阶段的具体计划,确定编制的原则和方法。

(2)积累阶段。由各专业人员负责收集、积累本专业有关定额调研和测定内容的资料,主要包括:

1)企业劳动生产率、执行劳动定额情况、一线工人比例、项目和公司管理人员、材料人员、劳保人员等比例等。

2)一线工人的工资情况、项目和公司管理费用收支情况、利润、技术措施费、文明施工费、劳保支出情况等。

3)常用材料的采购成本,包括材料供应价格、运杂费、采购保管费情况。

4)周转材料和现场材料的使用,包括领退料情况以及损耗等。

5)技术设备水平、设备完好率及折旧情况、设备净值、设备维修费用及工器具情况等。

6)采用新技术、新工艺、新材料和推广技术革新降低成本的情况等。

(3)调研阶段。整体研究分析企业近年来的工程承包经济效益,对企业的人工费、材料费、机械设备使用费、现场经费、企业管理费、施工技术措施费、施工组织措施费、社会保险费用、利润、税金等费用的收支情况和现行定额相应费用的差异及原因进行调查和分析。

(4)编制阶段。以能实事求是计算实际成本满足施工需要和投标报价需要为前提,按照《建设工程工程量清单计价规范》(GB 50500—2013)的规定,统一工程量计算规则、统一项目划分、统一计量单位、统一编码并参照造价管理部门发布的工、料、机消耗量标准,根据定额的编制原则和方法进行编制。

(5)审核、试行阶段。试行前的审核,只是书面的审核,试行阶段才进行付诸实践的审核。试行一般应该选择管理水平较高的一两个项目部的两三个工程,重点考察分部分项工程的工、料、机消耗量和费用,周转材料使用费,项目部和公司机关应分摊在工程上的管理费、利润等。

6. 企业定额消耗量指标的确定

(1)人工消耗量的确定。企业定额的人工消耗量的确定一般是通过定额测算法确定的。

定额测算法就是通过对本企业近年(一般为三年)的各种基础资料包括财务、预结算、供应、技术等部门的资料进行科学的分析归纳,测算出企业现有的消耗水平,然后将企业消耗水平与国家统一(或行业)定额水平进行对比,计算出水平差异率,最后,以国家统一定额为基础按差异率进行调整,用调整后的资料来编制企业定额。

定额测算法确定人工消耗量的过程如下:

1)搜集资料,整理分析,计算预算定额人工消耗水平和企业实际人工消耗水平。

选择近三年本公司承建的已竣工结算完的有代表性的工程项目,计算预算人工工日消耗量,计算方法是用工程结算书中的人工费除以人工费单价。其计算公式为:

$$预算人工工日消耗量 = 预算人工费 \div 预算人工费单价$$

然后,根据考勤表和施工记录等资料,计算实际工作工日消耗量。

2)用预算定额人工消耗量与企业实际人工消耗量对比,计算工效增长率。

首先,计算预算定额完成率,预算定额完成率的计算公式为:

$$预算定额完成率 = \frac{预算人工工日消耗量}{实际工作工日消耗量} \times 100\%$$

当预算定额完成率>1时,说明企业劳动率水平比社会平均劳动率水平高,反之则低。

然后,计算工效增长率,其计算公式为:
$$工效增长率=预算定额完成率-1$$

3)计算施工方法对人工消耗的影响。不同的施工方法产生不同的生产率水平,直接对人工、材料和机械台班的使用数量产生影响。

一般编制企业定额所选用的施工方法,应是企业近年在施工中经常采用的并在以后较长期限内继续使用的施工方法。两种施工方法对资源消耗量影响的差异可按下列公式计算:

$$\frac{施工方法对分项工程}{工日消耗影响的指标}=\frac{\sum 两种施工方法对工日消耗影响的差异额}{\sum 受影响的分项工程工日消耗}\times 100\%$$

$$\frac{施工方法对整体工程}{工日消耗影响的指标}=\frac{\sum 两种施工方法对工日消耗影响的差异额}{\sum 受影响的分项工程工日消耗}\times$$
$$受影响项目人工费合计占工程总人工费的比重$$

4)计算施工技术规范及施工质量验收标准对人工消耗的影响。施工技术规范及施工验收标准的变化对人工消耗的影响,主要通过施工工序和施工程序的变化来体现,这种变化对人工消耗的影响要通过现场调研取得。

比较简单的现场调研方法是走访现场有经验的工人,了解施工技术规范及施工验收标准变化后,现场的施工发生了哪些变化,变化量是多少,并做详细的调查记录。然后,根据调查记录,选择有代表性的工程,进行实地观察核实。最后对取得的资料分析对比,确定施工技术规范及施工验收标准的变化对企业劳动生产率水平影响的趋势和幅度。

5)计算新材料、新工艺对人工消耗的影响。新材料、新工艺对人工消耗及对企业过去生产率水平的影响也是通过现场调研确定的。

6)计算企业技术装备程度对人工消耗的影响。企业的技术装备程度表明生产施工过程中的机械化和自动化水平,分析机械装备程度对劳动生产率的影响,对企业定额的编制具有十分重要的意义。

劳动的技术装备程度,通常以平均每一劳动者装备的生产性固定资产或动力、能力的数量来表示。其计算公式为:

$$劳动的技术装备程度指标=\frac{生产性固定资产(或动力、能力)平均数}{平均生产工人人数}$$

7)其他影响因素的计算。企业人工消耗水平的影响因素是复杂的、多方面的,除上述1)~6)项中的基本因素外,在实际的企业定额编制工作中,还要根据具体的目的和特性,从不同的角度对其进行具体的分析。

8)关键项目和关键工序的调研。在编制企业定额时,对工程中经常发生的、资源消耗量大的项目及工序,要进行重点调查,选择一些有代表性的施工项目,进行现场访谈和实地观测,搜集现场第一手资料,进行充分的对比分析,确定各类资源的实际耗用量,作为编制企业定额的依据。

9)确定企业定额项目水平,编制人工消耗指标。通过上述一系列的工作,取得编制企业定额所需的各类数据,然后根据上述数据,考虑企业还可挖掘的潜力,确定企业定额人工消耗的总体水平,最后以差别水平的方式,将影响定额人工消耗水平的各种因素落实到具体的定额项目中,编制企业定额人工消耗指标。

(2)材料消耗量的确定。

1)以预算定额为基础,计算企业施工过程中材料消耗水平。

2)计算使用新型材料与老旧材料的数量,在编制具体的企业定额子目时进行调整。

3)对重点项目和工序消耗的材料进行计算和调研。

4)周转性材料的计算。周转性材料的消耗量一部分被综合在具体的定额子目中,另一部分作为措施项目费用的组成部分单独计取。

5)计算企业施工过程中材料消耗水平与定额水平的差异,即:

$$材料消耗差异率 = \frac{预算材料消耗量}{实际材料消耗量} \times 100\% - 1$$

6)调整预算定额材料种类和消耗量,编制施工材料消耗量指标。

(3)施工机械台班消耗量的确定。

1)计算预算定额施工机械台班消耗量水平和企业实际机械台班消耗水平。预算定额施工机械台班消耗量水平的计算,可以通过对工程结算资料进行人、材、机分析,取得定额消耗的各类机械台班数量。

2)对本企业采用的新型施工机械进行统计分析。

3)计算设备综合利用指标,分析影响企业机械设备利用率的各种原因。

4)计算施工机械台班消耗的实际水平与预算水平的差异,即:

$$机械台班消耗差异率 = \frac{预算机械台班消耗量}{实际机械台班消耗量} \times 100\% - 1$$

5)调整预算定额施工机械台班使用的各类消耗量,编制施工机械台班消耗量指标。

(4)措施性消耗指标的确定。措施费用指标的编制,是通过对本企业在某类(以工程特性、规模、地域、自然环境等特征划分的工程类别)工程中所采用的措施项目及其实施效果进行对比分析,选择技术可行、经济效益好的措施方案,进行经济技术分析,确定其各类资源消耗量,作为本企业内部推广使用的措施费用指标。

措施费用指标的编制方法一般采用方案测算法,即根据具体的施工方案,进行技术经济分析,将方案分解,对其每一步的施工过程所消耗的人、材、机等资源进行定性和定量分析,最后整理汇总编制指标。

(5)费用定额的确定。费用定额的制定一般采用方案测算法,费用定额的制定过程是选择有代表性的工程,对工程中实际发生的各项管理费用支出金额进行核实,剔除其中不合理的开支项目后汇总,然后与本工程生产工人实际消耗的工日数进行对比,计算每个工日应支付的管理费用。

(6)利润率的确定。利润率的确定是根据某些有代表性工程的利润水平,通过对比分析,结合建筑市场同类企业的利润水平以及本企业目前工作量的饱满程度进行综合取定。

第四章 电气工程定额计价

第一节 概　　述

一、定额计价的概念

定额计价是指根据招标文件,按照各地区现行定额中的"工程量计算规则"计算工程量,同时参照建设行政主管部门发布的人工工日单价、机械台班单价、材料以及设备价格信息及同期市场价格,进行工程各项费用的计算,确定工程造价。

我国建筑产品价格市场化经历了"国家定价——国家指导价——国家调控价"三个阶段。定额计价是以概预算定额、各种费用定额为基础依据,按照规定的计算程序确定工程造价的特殊计价方法。因此,利用工程建设定额计算的工程造价,介于国家指导价和国家调控价之间。

二、定额计价的依据

(1)经会审后的施工图纸及施工说明书。

(2)现行建筑和安装工程预算定额和配套使用的各省、市、自治区的单位计价表。

(3)地区材料预算价格。

(4)安装工程取费标准。

(5)施工图会审纪要。

(6)工程施工设计及验收规范。

(7)工程承包合同或协议书。

(8)施工组织设计及施工方案。

(9)国家标准图集和相关技术经济文件、预算或工程造价手册、工具书等。

三、定额计价的条件

(1)施工图纸已经会审。

(2)施工组织设计或施工方案已经审批。

(3)工程承包合同已经签订生效。

四、定额计价的步骤

(1)读图、熟悉工程施工图纸。

(2)熟读工程施工组织设计和施工方案,了解工程合同所划分的内容及范围。

(3)根据现行定额的"工程量计算规则"计算工程量。

(4)填写工、料分析表。

(5)计算工程项目的各项费用和有关税费。

(6)确定工程造价及相关技术经济指标。

(7)编制说明。

(8)审核、签字(盖章)。

第二节 投资估算文件编制

一、投资估算指标编制

投资估算指标简称估算指标,是编制项目建议书、设计任务书、可行性研究报告及进行投资估算的依据。

投资估算指标的编制,要正确体现党和国家的有关建设方针政策、符合近期技术发展方向,反映正常建设条件下的造价水平,并适当留有余地。投资估算指标的编制一般分为三个阶段进行。

1. 收集、整理资料阶段

资料是编制工作的基础,资料收集得越广泛,反映出的问题越多,编制工作考虑得越全面,就越有利于提高投资估算指标的实用性和覆盖面。

(1)收集资料。投资估算指标编制所需收集的资料包括已建成或正在建设的、符合现行技术政策和技术发展方向、有可能重复采用的、有代表性的工程设计施工图、标准设计,以及相应的竣工决算或施工图预算资料等。

(2)整理资料。对调查收集到的资料要选择占投资比重大、相互关联多的项目进行认真的分析整理,由于已建成或正在建设的工程的设计意图、建设时间和地点、资料的基础等不同,相互之间的差异很大,需要去粗取精、去伪存真地加以整理,才能重复利用。将整理后的数据资料按项目划分栏目加以归类,按照编制年度的现行定额、费用标准和价格,调整成编制年度的造价水平及相互比例。

2. 平衡调整阶段

已经收集分析整理的资料，由于其来源不同，难免会由于设计方案、建设条件和建设时间上的差异带来某些影响，使数据失准或漏项等，必须对有关资料进行综合平衡调整。

3. 测算审查阶段

测算是在同一价格条件下将新编的指标和选定工程的概预算进行比较，检验其"量差"的偏离程度是否在允许偏差的范围之内，若产生的偏差过大，则要查找原因，进行修正，以保证指标的确切、实用。测算同时也是对指标编制质量进行的一次系统检查，应由专人进行，以保持测算口径的统一，在此基础上组织有关专业人员予以全面审查定稿。

二、投资估算文件的组成

投资估算文件一般由封面、签署页、编制说明、投资估算分析、投资估算汇总表、单项工程投资估算汇总表等内容组成。

1. 封面

投资估算封面格式见表 4-1。

表 4-1　　　　　投资估算封面格式

（工程名称）
投 资 估 算
档 案 号：
（编制单位名称） **（工程造价咨询单位执业章）** 年　月　日

2. 签署页

投资估算签署页一般包括项目编制单位的行政及技术负责人、编制人、单位资质证书编号等内容,其格式见表 4-2。

表 4-2　　　　　　　投资估算签署页格式

(工程名称)

投 资 估 算

档 案 号:

编 制 人:＿＿＿＿＿[执业(从业)印章]＿＿＿＿＿
审 核 人:＿＿＿＿＿[执业(从业)印章]＿＿＿＿＿
审 定 人:＿＿＿＿＿[执业(从业)印章]＿＿＿＿＿
法定负责人:＿＿＿＿＿＿＿＿＿＿＿＿＿＿＿＿＿

3. 编制说明

(1)工程概况。

(2)编制范围。

(3)编制方法。

(4)编制依据。

(5)主要技术经济指标。

(6)有关参数、率值选定的说明。

(7)特殊问题的说明。主要包括采用新技术、新材料、新设备、新工艺等问题的说明。

(8)必须说明的价格确定。

(9)进口材料、设备、技术费用的构成与计算参数。

(10)采用巨形结构、异形结构的费用估算方法。

(11)环保(不限于)投资占总投资的比重。

(12)未包括项目或费用的必要说明等。

(13)采用限额设计的工程还应对投资限额和投资分解作进一步说明。

(14)采用方案比选的工程还应对方案比选的估算和经济指标作进一步说明。

4. 投资估算分析

(1)工程投资比例分析。

(2)分析设备购置费、建筑工程费、安装工程费、工程建设其他费用、预备费占建设总投资的比例;分析引进设备费用占全部设备费用的比例等。

(3)分析影响投资的主要因素。

(4)与国内类似工程项目的比较,分析说明投资高低的原因。

5. 投资估算汇总表

投资估算汇总表见表4-3。

第四章 电气工程定额计价

表 4-3　　　　　　　　　投资估算汇总表

工程名称：

序号	工程和费用名称	估算价值(万元)					技术经济指标			%
		建筑工程费	设备及工器具购置费	安装工程费	其他费用	合计	单位	数量	单位价值	
一	工程费用									
(一)	主要生产系统									
1										
2										
3										
(二)	辅助生产系统									
1										
2										
3										
(三)	公用及福利设施									
1										
2										
3										
(四)	外部工程									
1										
2										
3										
	小计									

续表

序号	工程和费用名称	估算价值(万元)					技术经济指标				%
		建筑工程费	设备及工器具购置费	安装工程费	其他费用	合计	单位	数量	单位价值	
二	工程建设其他费用									
1										
2										
3										
	小计									
三	预备费									
1	基本预备费									
2	价差预备费									
	小计									
四	建设期贷款利息									
五	流动资金									
	投资估算合计(万元)									
	%									

编制人： 审核人： 审定人：

6. 单项工程投资估算汇总表

单项工程投资估算汇总表见表 4-4。

表 4-4 单项工程投资估算汇总表

工程名称：

序号	工程和费用名称	估算价值（万元）					技术经济指标			%
		建筑工程费	设备及工器具购置费	安装工程费	其他费用	合计	单位	数量	单位价值	
一	工程费用									
（一）	主要生产系统									
1	××车间									
	一般土建									
	给排水									
	采暖									
	通风空调									
	照明									
	工艺设备及安装									
	工艺金属结构									
	工艺管道									
	工业筑炉及保温									
	变配电设备及安装									
	仪表设备及安装									
	小计									
2										
3										

编制人： 审核人： 审定人：

三、投资估算编制依据及编制要求

1. 投资估算编制依据

(1)国家、行业和地方政府的有关规定。

(2)工程勘察与设计文件,图示计量或有关专业提供的主要工程量和主要设备清单。

(3)行业部门、行业协会或项目所在地工程造价管理机构等编制的投资估算指标、概算指标、工程建设其他费用定额、综合单价、价格指数及相关造价文件等。

(4)类似工程的各种技术经济指标和参数。

(5)工程所在地的同期的工、料、机市场价格,建筑、工艺及附属设备的市场价格和有关费用。

(6)政府有关部门、金融机构等发布的价格指数、利率、汇率、税率等有关参数。

(7)与建设项目相关的工程地质资料、设计文件、图纸等。

(8)委托人提供的其他技术经济资料。

2. 投资估算编制要求

(1)要根据主体专业设计的阶段和深度,所采用生产工艺流程的成熟性,以及编制者所掌握的国家及地区、行业或部门相关投资估算基础资料和数据的合理、可靠、完整程度,结合各自行业的特点,采用生产能力指数法、系数估算法、比例估算法、混合法(生产能力指数法与比例估算法、系数估算法与比例估算法等综合使用)、指标估算法进行建设项目投资估算。

(2)投资估算无论采用何种办法,均应充分考虑拟建项目设计的技术参数和投资估算所采用的估算系数、估算指标,在质和量方面所综合的内容,均应遵循口径一致的原则。

(3)投资估算无论采用何种办法,均应将所采用的估算系数和估算指标价格、费用水平调整到项目所在地及投资估算编制年的实际水平。

四、项目建议书阶段投资估算

项目建议书阶段的投资估算一般要求编制总投资估算,总投资估算表中工程费用的内容应分解到主要单项工程,工程建设其他费用可在总投资估算表中分项计算。

项目建议书阶段建设项目投资估算可采用生产能力指数法、系数估算法、比例估算法、混合法、指标估算法等。

1. 生产能力指数法

生产能力指数法是根据已建成类似项目的生产能力和投资额,进行粗略估算拟建建设项目相关投资额的方法。

生产能力指数法的计算公式为:

$$C = C_1(Q/Q_1)^X \cdot f$$

式中　C——拟建建设项目的投资额;

　　　C_1——已建成类似建设项目的投资额;

　　　Q——拟建建设项目的生产能力;

　　　Q_1——已建成类似建设项目的生产能力;

　　　X——生产能力指数($0 \leqslant X \leqslant 1$);

　　　f——不同的建设时期、不同的建设地点而产生的定额水平、设备购置和建筑安装材料价格、费用变更和调整等综合调整系数。

2. 系数估算法

系数估算法是以已知的拟建项目主体工程费或主要生产工艺设备费为基数,以其他辅助费或配套工程费占主体工程费或主要生产工艺设备费的百分比为系数,进行估算拟建项目相关投资额的方法。系数估算法的计算公式为:

$$C = E(1 + f_1 P_1 + f_2 P_2 + f_3 P_3 + \cdots) + I$$

式中　　　　C——拟建建设项目的投资额;

　　　　　　E——拟建建设项目的主体工程费或主要生产工艺设备费;

　P_1、P_2、$P_3\cdots$——已建成类似建设项目的辅助或配套工程费占主体工程费或主要生产工艺设备费的比重;

　f_1、f_2、$f_3\cdots$——由于建设时间、地点不同而产生的定额水平、建筑安装材料价格、费用变更和调整等综合调整系数;

　　　　　　I——根据具体情况计算的拟建建设项目各项其他基本建设费用。

3. 比例估算法

比例估算法是根据已知的同类项目主要生产工艺设备投资占整个项目的投资比例,先逐项估算出拟建项目主要生产工艺设备投资,再按比例进行估算拟建项目相关投资额的方法。

比例估算法的计算公式为：

$$C = \sum_{i=1}^{n} Q_i P_i / k$$

式中　C——拟建建设项目的投资额；

　　　k——主要生产工艺设备费占拟建建设项目投资额的比例；

　　　n——主要生产工艺设备的种类；

　　　Q_i——第 i 种主要生产工艺设备的数量；

　　　P_i——第 i 种主要生产工艺设备购置费(到厂价格)。

4. 混合法

混合法是根据主体专业设计的阶段和深度，投资估算编制者所掌握的国家及地区、行业或部门相关投资估算，包括造价咨询机构自身统计和积累的相关造价基础资料和数据，对一个拟建项目采用生产能力指数法与比例估算法或系数估算法与比例估算法混合估算其相关投资额的方法。

5. 指标估算法

指标估算法是把拟建项目以单项工程或单位工程，按建设内容纵向划分为各个主要生产设施、辅助及公用设施、行政及福利设施以及各项其他基本建设费用，按费用性质横向划分为建筑工程、设备购置、安装工程等费用，根据各种具体的投资估算指标，进行各单位工程或单项工程投资的估算，在此基础上汇集编制成拟建项目的各个单项工程费用和拟建项目的工程费用投资估算。再按相关规定估算工程其他费用、预备费、建设期贷款利息等，形成拟建项目总投资。

五、可行性研究阶段投资估算

(1)可行性研究阶段投资估算原则上应采用指标估算法，对于对投资有重大影响的主体工程应估算出分部分项工程量，参考相关综合定额或概算定额编制主要单项工程的投资估算。

(2)预可行性研究阶段、方案设计阶段，项目投资估算视设计深度，宜参照可行性研究阶段的编制办法进行。

(3)在一般的设计条件下，可行性研究投资估算深度在内容上应达到规定要求。

第三节 设计概算编制与审查

一、设计概算的内容及作用

1. 设计概算的内容

设计概算是初步设计概算的简称,是指在初步设计或扩大初步设计阶段,由设计单位根据初步设计图纸、定额、指标、其他工程费用定额等,对工程投资进行的概略计算,这是初步设计文件的重要组成部分,是确定工程设计阶段的投资的依据,经过批准的设计概算是控制工程建设投资的最高限额。设计概算分为三级概算,即单位工程概算、单项工程综合概算、建设项目总概算。其编制内容及相互关系如图4-1所示。

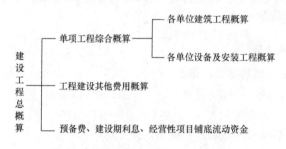

图4-1 设计概算的编制内容及相互关系

2. 设计概算的作用

(1)设计概算是确定建设项目、各单项工程及各单位工程投资的依据。按照规定报请有关部门或单位批准的初步设计及总概算,一经批准即作为建设项目静态总投资的最高限额,不得任意突破,必须突破时须报原审批部门(单位)批准。

(2)设计概算是编制投资计划的依据。计划部门根据批准的设计概算编制建设项目年固定资产投资计划,并严格控制投资计划的实施。若建设项目实际投资数额超过了总概算,那么必须在原设计单位和建设单位共同提出追加投资的申请报告基础上,经上级计划部门审核批准后,方能追加投资。

(3)设计概算是进行拨款和贷款的依据。建设银行根据批准的设计概算和年度投资计划,进行拨款和贷款,并严格实行监督控制。对超出概算的部分,未经计划部门批准,建行不得追加拨款和贷款。

(4)设计概算是实行投资包干的依据。在进行概算包干时,单项工程综合概算及建设项目总概算是投资包干指标商定和确定的基础,尤其经上级主管部门批准的设计概算或修正概算,是主管单位和包干单位签订包干合同,控制包干数额的依据。

(5)设计概算是考核设计方案的经济合理性和控制施工图预算的依据。设计单位根据设计概算进行技术经济分析和多方案评价,以提高设计质量和经济效果。同时保证施工图预算在设计概算的范围内。

(6)设计概算是进行各种施工准备、设备供应指标、加工订货及落实各项技术经济责任制的依据。

(7)设计概算是控制项目投资,考核建设成本,提高项目实施阶段工程管理和经济核算水平的必要手段。

二、设计概算编制

(一)设计概算编制依据

(1)批准的可行性研究报告。

(2)设计工程量。

(3)项目涉及的概算指标或定额。

(4)国家、行业和地方政府有关法律、法规或规定。

(5)资金筹措方式。

(6)正常的施工组织设计。

(7)项目涉及的设备、材料供应及价格。

(8)项目的管理(含监理)、施工条件。

(9)项目所在地区有关的气候、水文、地质地貌等自然条件。

(10)项目所在地区有关的经济、人文等社会条件。

(11)项目的技术复杂程度,以及新技术、专利使用情况等。

(12)有关文件、合同、协议等。

(二)设计概算文件组成

1. 不同编制形式文件的组成

(1)三级编制(总概算、综合概算、单位工程概算)形式设计概算文件的组成:

1)封面、签署页及目录。
2)编制说明。
3)总概算表。
4)其他费用表。
5)综合概算表。
6)单位工程概算表。
7)附件:补充单位估价表。
(2)二级编制(总概算、单位工程概算)形式设计概算文件的组成:
1)封面、签署页及目录。
2)编制说明。
3)总概算表。
4)其他费用表。
5)单位工程概算表。
6)附件:补充单位估价表。

2. 设计概算文件常用表格

(1)设计概算封面、签署页、目录、编制说明样式见表 4-5～表 4-8。
(2)概算表格格式见表 4-9～表 4-10。
1)总概算表(表 4-11)为采用三级编制形式的总概算的表格。
2)总概算表(表 4-12)为采用二级编制形式的总概算的表格。
3)其他费用表(表 4-13)。
4)其他费用计算表(表 4-14)。
5)综合概算表(表 4-15)为单项工程综合概算的表格。
6)建筑工程概算表(表 4-16)为单位工程概算的表格。
7)设备及安装工程概算表(表 4-17)为单位工程概算的表格。
8)补充单位估价表(表 4-18)。
9)主要设备、材料数量及价格表(表 4-19)。
10)进口设备、材料货价及从属费用计算表(表 4-20)。
11)工程费用计算程序表(表 4-21)。
(3)调整概算对比表。
1)总概算对比表(表 4-22)。
2)综合概算对比表(表 4-23)。

表 4-5　　　　　　　设计概算封面式样

(工程名称)

设 计 概 算

档 案 号：

共 册　　第 册

(编制单位名称)
(工程造价咨询单位执业章)
年　月　日

表 4-6　　　　　　　　　设计概算签署页式样

（工程名称）

设 计 概 算

档 案 号：

共　册　　第　册

编 制 人：_____［执业（从业）印章］_____
审 核 人：_____［执业（从业）印章］_____
审 定 人：_____［执业（从业）印章］_____
法定负责人：_____

表 4-7　　　　　　　　　　设计概算目录式样

序号	编号	名称	页次
1		编制说明	
2		总概算表	
3		其他费用表	
4		预备费计算表	
5		专项费用计算表	
6		×××综合概算表	
7		×××综合概算表	
		……	
9		×××单项工程概算表	
10		×××单项工程概算表	
		……	
11		补充单位估价表	
12		主要设备材料数量及价格表	
13		概算相关资料	

表 4-8　　　　　　　　　　编制说明式样

编制说明

1　工程概况；

2　主要技术经济指标；

3　编制依据；

4　工程费用计算表；

1)建筑工程工程费用计算表；

2)工艺安装工程工程费用计算表；

3)配套工程工程费用计算表；

4)其他工程工程费计算表。

5　引进设备、材料有关费率取定及依据：国外运输费、国外运输保险费、海关税费、增值税、国内运杂费、其他有关税费；

6　其他有关说明的问题；

7　引进设备、材料从属费用计算表。

第四章　电气工程定额计价

表 4-9　　　　　　　　　总概算表(三级编制形式)

总概算编号：_____　　工程名称：_____　　　　（单位：万元）共　页 第　页

序号	概算编号	工程项目或费用名称	建筑工程费	设备购置费	安装工程费	其他费用	合计	其中:引进部分 美元	其中:引进部分 折合人民币	占总投资比例(％)
一		工程费用								
1		主要工程								
		××××××								
		××××××								
2		辅助工程								
		××××××								
3		配套工程								
		××××××								
二		其他费用								
1		××××××								
2		××××××								
三		预备费								
四		专项费用								
1		××××××								
2		××××××								
		建设项目概算总投资								

编制人：　　　　　　　　审核人：　　　　　　　　审定人：

表 4-10　　　　　　总概算表(二级编制形式)

总概算编号：_____　工程名称：_____　　　（单位：万元）　共　页　第　页

序号	概算编号	工程项目或费用名称	建筑工程费	设备购置费	安装工程费	其他费用	合计	其中:引进部分		占总投资比例(%)
								美元	折合人民币	
一		工程费用								
1		主要工程								
(1)	×××	××××××								
(2)	×××	××××××								
2		辅助工程								
(1)	×××	××××××								
3		配套工程								
(1)	×××	××××××								
二		其他费用								
1		××××××								
2		××××××								
三		预备费								
四		专项费用								
1		××××××								
2		××××××								
		建设项目概算总投资								

编制人：　　　　　　　　审核人：　　　　　　　　审定人：

第四章 电气工程定额计价

表 4-11　　　　　　　　　　**其他费用表**

工程名称：_____　　单位：万元(元)　共　页　第　页

序号	费用项目编号	费用项目名称	费用计算基数	费率(%)	金额	计算公式	备注
1							
2							

编制人：　　　　　　　　　　审核人：

表 4-12　　　　　　　　　　**其他费用计算表**

其他费用编号：_____　费用名称：_____　单位：万元(元)　共　页　第　页

序号	费用项目编号	费用项目名称	费用计算基数	费率(%)	金额	计算公式	备注

编制人：　　　　　　　　　　审核人：

表 4-13　　　　　　　　　　综合概算表

综合概算编号：＿＿＿　工程名称(单项工程)：＿＿＿　(单位：万元)　共　页　第　页

序号	概算编号	工程项目或费用名称	设计规模或主要工程量	建筑工程费	设备购置费	安装工程费	其他费用	合计	其中:引进部分	
									美元	折合人民币
一		主要工程								
1	×××	××××××								
2	×××	××××××								
二		辅助工程								
1	×××	××××××								
2	×××	××××××								
三		配套工程								
1	×××	××××××								
2	×××	××××××								
		单项工程概算费用合计								

编制人：　　　　　审核人：　　　　　审定人：

第四章 电气工程定额计价

表 4-14 建筑工程概算表

单位工程概算编号：_____　　工程名称(单项工程)：_____　　共　页　第　页

序号	定额编号	工程项目或费用名称	单位	数量	单价(元)				合价(元)			
					定额基价	人工费	材料费	机械费	金额	人工费	材料费	机械费
一		土石方工程										
1	××	×××××										
2	××	×××××										
二		砌筑工程										
1	××	×××××										
三		楼地面工程										
1	××	×××××										
		小　计										
		工程综合取费										
		单位工程概算费用合计										

编制人：　　　　　　　　　　　　　　审核人：

表 4-15 设备及安装工程概算表

单位工程概算编号：_____ 工程名称(单项工程)：_____ 共 页第 页

序号	定额编号	工程项目或费用名称	单位	数量	单价(元)					合价(元)				
					设备费	主材费	定额基价	其中:		设备费	主材费	定额费	其中:	
								人工费	机械费				人工费	机械费
一		设备安装												
1	××	×××××												
2	××	×××××												
二		管道安装												
1	××	×××××												
三		防腐保温												
1	××	×××××												
		小　计												
		工程综合取费												
		合计(单位工程概算费用)												

编制人：　　　　　　　　　　　　审核人：

第四章 电气工程定额计价

表 4-16　　　　　　　　　　补充单位估价表

子目名称：　　　　　　　　工作内容：　　　　　　共　页　第　页

补充单位估价表编号						
定 额 基 价						
人工费						
材料费						
机械费						
名　　称	单位	单价	数　　量			
综合工日						
材料						
其他材料费						
机械						

编制人：　　　　　　　　　　　　　　　审核人：

表 4-17　　　　　　　主要设备、材料数量及价格表

序号	设备、材料	规格型号及材质	单位	数量	单价(元)	价格来源	备注

编制人：　　　　　　　　　　　　　　　审核人：

表 4-18 总概算对比表

总概算编号：_____ 工程名称：_____ （单位：万元） 共 页 第 页

序号	工程项目或费用名称	原批准概算					调整概算					差额（调整概算－原批准概算）	备注
		建筑工程费	设备购置费	安装工程费	其他费用	合计	建筑工程费	设备购置费	安装工程费	其他费用	合计		
一	工程费用												
1	主要工程												
(1)	××××××												
(2)	××××××												
2	辅助工程												
(1)	××××××												
3	配套工程												
(1)	××××××												
二	其他费用												
1	××××××												
2	××××××												
三	预备费												
四	专项费用												
1	××××××												
2	××××××												
	建设项目概算总投资												

编制人：   审核人：

第四章 电气工程定额计价

表 4-19　　　　　　　　　综合概算对比表

综合概算编号：_____　工程名称：_____　　（单位：万元）　共　页　第　页

序号	工程项目或费用名称	原批准概算					调整概算					差额（调整概算－原批准概算）	调整的主要原因
		建筑工程费	设备购置费	安装工程费	其他费用	合计	建筑工程费	设备购置费	安装工程费	其他费用	合计		
一	主要工程												
1	×××××												
2	×××××												
二	辅助工程												
1	×××××												
三	配套工程												
1	×××××												
2	×××××												
	单项工程概算费用合计												

编制人：　　　　　　　　　　　审核人：

表 4-20　　　　　　　进口设备、材料货价及从属费用计算表

序号	设备、材料规格、名称及费用名称	单位	数量	单价（美元）	外币金额（美元）				折合人民币（元）	关税	增值税	银行财务费	外贸手续费	国内运杂费	合计（元）
					货价	运输费	保险费	其他费用	合计							

编制人：　　　　　　　　　　　审核人：

表 4-21　　　　　　　　　　工程费用计算程序表

序号	费用名称	取费基础	费率	计算公式

表 4-22　　　　　　　　　　总概算对比表

总概算编号：_____　工程名称：_____　　　　（单位：万元）　共　页　第　页

序号	工程项目或费用名称	原批准概算					调整概算					差额（调整概算－原批准概算）	备注
		建筑工程费	设备购置费	安装工程费	其他费用	合计	建筑工程费	设备购置费	安装工程费	其他费用	合计		
一	工程费用												
1	主要工程												
(1)	××××××												
(2)	××××××												
2	辅助工程												
(1)	××××××												
3	配套工程												
(1)	××××××												
二	其他费用												
1	××××××												
2	××××××												
三	预备费												

第四章 电气工程定额计价

续表

序号	工程项目或费用名称	原批准概算					调整概算					差额(调整概算－原批准概算)	备注
		建筑工程费	设备购置费	安装工程费	其他费用	合计	建筑工程费	设备购置费	安装工程费	其他费用	合计		
四	专项费用												
1	××××××												
2	××××××												
	建设项目概算总投资												

编制人：　　　　　　　　　审核人：

表 4-23　　　　　　　　　综合概算对比表

综合概算编号：＿＿＿＿　工程名称：＿＿＿＿＿＿＿＿　　　　（单位：万元）　共　页第　页

序号	工程项目或费用名称	原批准概算					调整概算					差额(调整概算－原批准概算)	调整的主要原因
		建筑工程费	设备购置费	安装工程费	其他费用	合计	建筑工程费	设备购置费	安装工程费	其他费用	合计		
一	主要工程												
1	××××××												
2	××××××												
二	辅助工程												
1	××××××												
三	配套工程												
1	××××××												
2	××××××												
	单项工程概算费用合计												

编制人：　　　　　　　　　审核人：

三、建设项目总概算及单项工程综合概算编制

(1)概算编制说明应包括以下主要内容:

1)项目概况:简述建设项目的建设地点、设计规模、建设性质(新建、扩建或改建)、工程类别、建设期(年限)、主要工程内容、主要工程量、主要工艺设备及数量等。

2)主要技术经济指标:项目概算总投资(有引进的给出所需外汇额度)及主要分项投资、主要技术经济指标(主要单位工程投资指标)等。

3)资金来源:按资金来源不同渠道分别说明,发生资产租赁的说明租赁方式及租金。

4)编制依据,参见上述"二、(一)设计概算编制依据"。

5)其他需要说明的问题。

6)总说明附表。

①建筑、安装工程工程费用计算程序表。

②引进设备、材料清单及从属费用计算表。

③具体建设项目概算要求的其他附表及附件。

(2)总概算表。概算总投资由工程费用、其他费用、预备费及应列入项目概算总投资中的几项费用组成。即:

第一部分　工程费用;

第二部分　其他费用;

第三部分　预备费;

第四部分　应列入项目概算总投资中的几项费用:

1)建设期利息。

2)固定资产投资方向调节税。

3)铺底流动资金。

(3)第一部分　工程费用。按单项工程综合概算组成编制,采用二级编制的按单位工程概算组成编制。

1)市政民用建设项目排列顺序:主体建(构)筑物、辅助建(构)筑物、配套系统。

2)工业建设项目排列顺序:主要工艺生产装置、辅助工艺生产装置、公用工程、总图运输、生产管理服务性工程、生活福利工程、厂外工程。

(4)第二部分　其他费用。一般按其他费用概算顺序列项,具体见下述"四、其他费用、预备费、专项费用概算编制"。

(5)第三部分 预备费。包括基本预备费和价差预备费,具体见下述"四、其他费用、预备费、专项费用概算编制"。

(6)第四部分 应列入项目概算总投资中的几项费用。一般包括建设期利息、铺底流动资金、固定资产投资方向调节税(暂停征收)等,具体见下述"三、其他费用、预备费、专项费用概算编制"。

(7)综合概算以单项工程所属的单位工程概算为基础,采用"综合概算表"进行编制,分别按各单位工程概算汇总成若干个单项工程综合概算。

(8)对单一的、具有独立性的单项工程建设项目,按二级编制形式直接编制总概算。

四、其他费用、预备费、专项费用概算编制

(1)一般建设项目其他费用包括建设用地费、建设管理费、勘察设计费、可行性研究费、环境影响评价费、劳动安全卫生评价费、场地准备及临时设施费、工程保险费、联合试运转费、生产准备及开办费、特殊设备安全监督检验费、市政公用设施建设及绿化补偿费、引进技术和引进设备材料其他费、专利及专有技术使用费、研究试验费等。

1)建设管理费

①以建设投资中的工程费用为基数乘以建设管理费费率计算。

$$建设管理费 = 工程费用 \times 建设管理费费率$$

②工程监理是受建设单位委托的工程建设技术服务,属建设管理范畴。如采用监理,建设单位部分管理工作量会转移至监理单位。监理费应根据委托的监理工作范围和监理深度在监理合同中商定或按当地或所属行业部门有关规定计算。

③如建设管理采用工程总承包方式,其总包管理费由建设单位与总包单位根据总包工作范围在合同中商定,从建设管理费中支出。

④改扩建项目的建设管理费费率应比新建项目适当降低。

⑤建设项目建成后,应及时组织验收,移交生产或使用。已超过批准的试运行期,并已符合验收条件但未及时办理竣工验收手续的建设项目,视同项目已交付生产,其费用不得从基建投资中支付,所实现的收入作为生产经营收入,不再作为基建收入。

2)建设用地费

①根据征用建设用地面积、临时用地面积,按建设项目所在省、市、自治区人民政府制定颁发的土地征用补偿费、安置补助费标准和耕地占用

税、城镇土地使用税标准计算。

②建设用地上的建(构)筑物如需迁建,其迁建补偿费应按迁建补偿协议计列或按新建同类工程造价计算。

③建设项目采用"长租短付"方式租用土地使用权,在建设期间支付的租地费用计入建设用地费,在生产经营期间支付的土地使用费应进入营运成本中核算。

3)可行性研究费

①依据前期研究委托合同计列,或参照《国家计委关于印发〈建设项目前期工作咨询收费暂行规定〉的通知》(计投资[1999]1283号)规定计算。

②编制预可行性研究报告参照编制项目建议书收费标准并可适当调增。

4)研究试验费

①按照研究试验内容和要求进行编制。

②研究试验费不包括以下项目:

a. 应由科技三项费用(即新产品试制费、中间试验费和重要科学研究补助费)开支的项目。

b. 应在建筑安装费用中列支的施工企业对建筑材料、构件和建筑物进行一般鉴定、检查所发生的费用及技术革新的研究试验费。

c. 应由勘察设计费或工程费用中开支的项目。

5)勘察设计费。依据勘察设计委托合同计列,或参照原国家计委、建设部《关于发布〈工程勘察设计收费管理规定〉的通知》(计价格[2002]10号)规定计算。

6)环境影响评价及验收费、水土保持评价及验收费、劳动安全卫生评价及验收费。环境影响评价及验收费依据委托合同计列,或按照原国家计委、国家环境保护总局《关于规范环境影响咨询收费有关问题的通知》(计价格[2002]125号)规定及建设项目所在省、市、自治区环境保护部门有关规定计算;水土保持评价及验收费、劳动安全卫生评价及验收费依据委托合同以及按照国家和建设项目所在省、市、自治区劳动和国土资源等行政部门规定的标准计算。

7)职业病危害评价费等。依据职业病危害评价、地震安全性评价、地质灾害评价委托合同计列,或按照建设项目所在省、市、自治区有关行政部门规定的标准计算。

8) 场地准备及临时设施费

①场地准备及临时设施费应尽量与永久性工程统一考虑。建设场地的大型土石方工程应进入工程费用中的总图运输费用中。

②新建项目的场地准备和临时设施费应根据实际工程量估算,或按工程费用的比例计算。改扩建项目一般只计拆除清理费。其计算公式为:

$$场地准备和临时设施费 = 工程费用 \times 费率 + 拆除清理费$$

③发生拆除清理费时可按新建同类工程造价或主材费、设备费的比例计算。凡可回收材料的拆除工程采用以料抵工方式冲抵拆除清理费。

④此项费用不包括已列入建筑安装工程费用中的施工单位临时设施费用。

9) 引进技术和引进设备其他费

①引进项目图纸资料翻译复制费:根据引进项目的具体情况计列或按引进货价(FOB)的比例估列;引进项目发生备品备件测绘费时按具体情况估列。

②出国人员费用:依据合同或协议规定的出国人次、期限以及相应的费用标准计算。生活费按照财政部、外交部规定的现行标准计算,旅费按中国民航公布的票价计算。

③来华人员费用:依据引进合同或协议有关条款及来华技术人员派遣计划进行计算。来华人员接待费用可按每人次费用指标计算。引进合同价款中已包括的费用内容不得重复计算。

④银行担保及承诺费:应按担保或承诺协议计取。投资估算和概算编制时可以担保金额或承诺金额为基数乘以费率计算。

⑤引进设备材料的国外运输费、国外运输保险费、关税、增值税、外贸手续费、银行财务费、国内运杂费、引进设备材料国内检验费等,按照引进货价(FOB 或 CIF)计算后进入相应的设备、材料费中。

⑥单独引进软件,不计关税只计增值税。

10) 工程保险费

①不投保的工程不计取此项费用。

②不同的建设项目可根据工程特点选择投保险种,根据投保合同计列保险费用。编制投资估算和概算时可按工程费用的比例估算。

③不包括已列入施工企业管理费中的施工管理用财产、车辆保险费。

11) 联合试运转费

①不发生试运转或试运转收入大于(或等于)费用支出的工程,不列

此项费用。

②当联合试运转收入小于试运转支出时：

联合试运转费＝联合试运转费用支出－联合试运转收入

③联合试运转费不包括应由设备安装工程费用开支的调试及试车费用，以及在试运转中暴露出来的因施工原因或设备缺陷等发生的处理费用。

④试运行期按照以下规定确定：引进国外设备项目按建设合同中规定的试运行期执行；国内一般性建设项目试运行期原则上按照批准的设计文件所规定的期限执行。个别行业的建设项目试运行期需要超过规定试运行期的，应报项目设计文件审批机关批准。试运行期一经确定，各建设单位应严格按规定执行，不得擅自缩短或延长。

12）特殊设备安全监督检验费。按照建设项目所在省、市、自治区安全监察部门的规定标准计算。无具体规定的，在编制投资估算和概算时可按受检设备现场安装费的比例估算。

13）市政公用设施费。按工程所在地人民政府规定标准计列；不发生或按规定免征项目不计算。

14）专利及专有技术使用费

①按专利使用许可协议和专有技术使用合同的规定计列。

②专有技术的界定应以省、部级鉴定批准为依据。

③项目投资中只计需要在建设期支付的专利及专有技术使用费。协议或合同规定在生产支付的使用费应在生产成本中核算。

④一次性支付的商标权、商誉及特许经营权费按协议或合同规定计列。协议或合同规定在生产期支付的商标权或特许经营权费应在生产成本中核算。

⑤为项目配套的专用设施投资，包括专用铁路线、专用公路、专用通信设施、变送电站、地下管道、专用码头等，如由项目建设单位负责投资但产权不归属本单位的，应作无形资产处理。

15）生产准备及开办费

①新建项目按设计定员为基数计算，改扩建项目按新增设计定员为基数计算。

生产准备费＝设计定员×生产准备费用指标（元／人）

②可采用综合的生产准备费用指标进行计算，也可以按费用内容的

第四章 电气工程定额计价

分类指标计算。

(2)引进工程其他费用中的国外技术人员现场服务费、出国人员旅费和生活费折合人民币列入,用人民币支付的其他几项费用直接列入其他费用中。

(3)预备费包括基本预备费和价差预备费,基本预备费以总概算第一部分"工程费用"和第二部分"其他费用"之和为基数的百分比计算;价差预备费一般按下式计算:

$$P = \sum_{t=1}^{n} I_t [(1+f)^m (1+f)^{0.5} (1+f)^{t-1} - 1]$$

式中　P——价差预备费;
　　　n——建设期(年)数;
　　　I_t——建设期第 t 年的投资;
　　　f——投资价格指数;
　　　t——建设期第 t 年;
　　　m——建设前年数(从编制概算到开工建设年数)。

(5)应列入项目概算总投资中的几项费用。

1)建设期利息:根据不同资金来源及利率分别计算。即:

$$Q = \sum_{j=1}^{n} (P_{j-1} + A_j/2) i$$

式中　Q——建设期利息;
　　　P_{j-1}——建设期第 $j-1$ 年末贷款累计金额与利息累计金额之和;
　　　A_j——建设期第 j 年贷款金额;
　　　i——贷款年利率;
　　　n——建设期年数。

2)铺底流动资金按国家或行业有关规定计算。

3)固定资产投资方向调节税(暂停征收)。

五、单位工程概算编制

(1)单位工程概算是编制单项工程综合概算(或项目总概算)的依据,单位工程概算项目根据单项工程中所属的每个单体按专业分别编制。

(2)单位工程概算一般分建筑工程、设备及安装工程两大类,建筑工程单位工程概算按下述(3)的要求编制,设备及安装工程单位工程概算按下述(4)的要求编制。

(3)建筑工程单位工程概算

1)建筑工程概算费用内容及组成见建标[2013]44号《建筑安装工程费用项目组成》。

2)建筑工程概算要采用"建筑工程概算表"编制,按构成单位工程的主要分部分项工程编制,根据初步设计工程量按工程所在省、市、自治区颁发的概算定额(指标)或行业概算定额(指标),以及工程费用定额计算。

3)对于通用结构建筑可采用"造价指标"编制概算;对于特殊或重要的建(构)筑物,必须按构成单位工程的主要分部分项工程编制,必要时结合施工组织设计进行详细计算。

(4)设备及安装工程单位工程概算

1)设备及安装工程概算费用由设备购置费和安装工程费组成。

2)设备购置费

定型或成套设备费=设备出厂价格+运输费+采购保管费

引进设备费用分外币和人民币两种支付方式,外币部分按美元或其他国际主要流通货币计算。非标准设备原价有多种不同的计算方法,如综合单价法、成本计算估价法、系列设备插入估价法、分部组合估价法、定额估价法等。一般采用不同种类设备综合单价法计算,其计算公式为:

$$设备费 = \sum 综合单价(元/吨) \times 设备单重(吨)$$

工、器具及生产家具购置费一般以设备购置费为计算基数,按照部门或行业规定的工具、器具及生产家具费率计算。

3)安装工程费。安装工程费用内容组成,以及工程费用计算方法见建标[2013]44号《建筑安装工程费用项目组成》。其中,辅助材料费按概算定额(指标)计算,主要材料费以消耗量按工程所在地当年预算价格(或市场价)计算。

4)引进材料费用计算方法与引进设备费用计算方法相同。

5)设备及安装工程概算采用"设备及安装工程概算表"形式,按构成单位工程的主要分部分项工程编制,要据初步设计工程量按工程所在省、市、自治区颁发的概算定额(指标)或行业概算定额(指标),以及工程费用定额计算。

6)概算编制深度可参照《建设工程工程量清单计价规范》(GB 50500—2013)执行。

(5)当概算定额或指标不能满足概算编制要求时,应编制"补充单位估价表"。

六、调整概算编制

(1)设计概算批准后一般不得调整。由于特殊原因需要调整概算时,由建设单位调查分析变更原因,报主管部门审批同意后,由原设计单位核实编制、调整概算,并按有关审批程序报批。

(2)调整概算的原因。

1)超出原设计范围的重大变更。

2)超出基本预备费规定范围内不可抗拒的重大自然灾害引起的工程变动和费用增加。

3)超出工程造价调整预备费的国家重大政策性的调整。

(3)影响工程概算的主要因素已经清楚,工程量完成了一定量后方可进行调整,一个工程只允许调整一次概算。

(4)调整概算编制深度与要求、文件组成及表格形式同原设计概算,调整概算还应对工程概算调整的原因做详尽分析说明,所调整的内容在调整概算总说明中要逐项与原批准概算对比,并编制调整前后概算对比表,分析主要变更原因。

(5)在上报调整概算时,应同时提供有关文件和调整依据。

七、设计概算文件编制程序和质量控制

(1)设计概算文件编制的有关单位应当一起制定编制原则、方法,以及确定合理的概算投资水平,对设计概算的编制质量、投资水平负责。

(2)项目设计负责人和概算负责人对全部设计概算的质量负责;概算文件编制人员应参与设计方案的讨论;设计人员要树立以经济效益为中心的观念,严格按照批准的工程内容及投资额度设计,提出满足概算文件编制深度的技术资料;概算文件编制人员对投资的合理性负责。

(3)概算文件需要经编制单位自审、建设单位(项目业主)复审,工程造价主管部门审批。

(4)概算文件的编制与审查人员必须具有国家注册造价工程师资格,或者具有省市(行业)颁发的造价员资格证,并根据工程项目大小按持证专业承担相应的编审工作。

(5)各造价协会(或者行业)、造价主管部门可根据所主管的工程特点制定概算编制质量的管理办法,并对编制人员采取相应的措施进行考核。

八、设计概算的审查
1. 设计概算审查的内容

(1)审查设计概算的编制依据。包括国家综合部门的文件,国务院主管部门和各省、市、自治区根据国家规定或授权制定的各种规定及办法,以及建设项目的设计文件等重点审查。

1)审查编制依据的合法性。采用的各种编制依据必须经过国家或授权机关的批准,符合国家的编制规定,未经批准的不能采用。也不能强调情况特殊,擅自提高概算定额、指标或费用标准。

2)审查编制依据的时效性。各种依据,如定额、指标、价格、取费标准等,都应根据国家有关部门的现行规定进行,注意有无调整和新的规定。有的虽然颁发时间较长,但不能全部适用;有的应按有关部门作的调整系数执行。

3)审查编制依据的适用范围。各种编制依据都有规定的适用范围,如各主管部门规定的各种专业定额及其取费标准,只适用于该部门的专业工程;各地区规定的各种定额及其取费标准,只适用于该地区的范围以内。特别是地区的材料预算价格区域性更强,如某市有该市区的材料预算价格,又编制了郊区内一个矿区的材料预算价格,如在该市的矿区建设时,其概算采用的材料预算价格,则应用矿区的价格,而不能采用该市的价格。

(2)审查概算编制深度。

1)审查编制说明。审查编制说明可以检查概算的编制方法、深度和编制依据等重大原则问题。

2)审查概算编制深度。一般大中型项目的设计概算,应有完整的编制说明和"三级概算"(即总概算表、单项工程综合概算表、单位工程概算表),并按有关规定的深度进行编制。审查是否有符合规定的"三级概算",各级概算的编制、校对、审核是否按规定签署。

3)审查概算的编制范围。审查概算编制范围及具体内容是否与主管部门批准的建设项目范围及具体工程内容一致;审查分期建设项目的建筑范围及具体工程内容有无重复交叉,是否重复计算或漏算;审查其他费用所列的项目是否都符合规定,静态投资、动态投资和经营性项目铺底流动资金是否分部列出等。

(3)审查建设规模、标准。审查概算的投资规模、生产能力、设计标准、建设用地、建筑面积、主要设备、配套工程、设计定员等是否符合原批准可行性研究报告或立项批文的标准。如概算总投资超过原批准投资估算10%以上，应进一步审查超估算的原因。

(4)审查设备规格、数量和配置。工业建设项目设备投资比重大，一般占总投资的30%～50%，要认真审查。审查所选用的设备规格、台数是否与生产规模一致，材质、自动化程度有无提高标准，引进设备是否配套、合理，备用设备台数是否适当，消防、环保设备是否计算等。还要重点审查价格是否合理、是否符合有关规定，如国产设备应按当时询价资料或有关部门发布的出厂价、信息价，引进设备应依据询价或合同价编制概算。

(5)审查工程费。建筑安装工程投资是随工程量增加而增加的，要认真审查。要根据初步设计图纸、概算定额及工程量计算规则、专业设备材料表、建构筑物和总图运输一览表进行审查，有无多算、重算、漏算。

(6)审查计价指标。审查建筑工程采用工程所在地区的计价定额、费用定额、价格指数和有关人工、材料、机械台班单价是否符合现行规定；审查安装工程所采用的专业部门或地区定额是否符合工程所在地区的市场价格水平，概算指标调整系数、主材价格、人工、机械台班和辅材调整系数是否按当地最新规定执行；审查引进设备安装费率或计取标准、部分行业专业设备安装费率是否按有关规定计算等。

(7)审查其他费用。工程建设其他费用投资约占项目总投资25%以上，必须认真逐项审查。审查费用项目是否按国家统一规定计列，具体费率或计取标准、部分行业专业设备安装费率是否按有关规定计算等。

2. 设计概算审查的方法

(1)对比分析法。对比分析法主要是通过建设规模、标准与立项批文对比；工程数量与设计图纸对比；综合范围、内容与编制方法、规定对比；各项取费与规定标准对比；材料、人工单价与市场住处对比；引进设备、技术投资与报价要求对比；技术经济指标与同类工程对比等等。通过以上对比，容易发现设计概算存在的主要问题和偏差。

(2)查询核实法。查询核实法是对一些关键设备和设施、重要装置、引进工程图纸不全、难以核算的较大投资进行多方查询核对，逐项落实的方法。主要设备的市场价向设备供应部门或招标代理公司查询核实；重要生产装置、设施向同类企业(工程)查询了解；引进设备价格及有关税费向进出口公司调查落实；复杂的建安工程向同类工程的建设、承包、施工单位征求意见；深度不够或不清楚的问题直接向原概算编制人员、设计者询问清楚。

(3)联合会审法。联合会审前，可先采取多种形式分头审查，包括设计单位自审，主管、建设、承包单位初审，工程造价咨询公司评审，邀请同行专家预审，审批部门复审等，经层层审查把关后，由有关单位和专家进行联合会审。在会审会上，由设计单位介绍概算编制情况及有关问题，各有关单位、专家汇报初审和预审意见。然后进行认真分析、讨论，结合对各专业技术方案的审查意见所产生的投资增减，逐一核实原概算出现的问题。经过充分协商，认真听取设计单位意见后，实事求是地处理、调整。通过以上复审后，对审查中发现的问题和偏差，按照单项、单位工程的顺序，先按设备费、安装费、建筑费和工程建设其他费用分类整理；然后按照静态投资部分、动态投资部分和铺底流动资金三大类，汇总核增或核减的项目及其投资额；最后将具体审核数据，按照"原编"、"审核结果"、"增减投资"、"增减幅度"四栏列表，并按照原总概算表汇总顺序，将增减项目逐一列出，相应调整所属项目投资合计数，再依次汇总审核后的总投资及增减投资额。对于差错较多、问题较大或不能满足要求的，责成按会审意见修改返工后，重新报批；对于无重大原则问题，深度基本满足要求，投资增减不多的，当场核定概算投资额，并提交审批部门复核后，正式下达审批概算。

3. 设计概算审查的步骤

设计概算审查是一项复杂而细致的技术经济工作，审查人员既应懂得有关专业技术知识，又应具有熟练编制概算的能力，一般情况下可按如下步骤进行：

(1)概算审查的准备。概算审查的准备工作包括了解设计概算的内容组成、编制依据和方法；了解建设规模、设计能力和工艺流程；熟悉设计图纸和说明书；掌握概算费用的构成和有关技术经济指标；明确概算各种表格的内涵；收集概算定额、概算指标、取费标准等有关规定的文件资料等。

(2)进行概算审查。根据审查的主要内容，分别对设计概算的编制依据、单位工程设计概算、综合概算、总概算进行逐级审查。

(3)进行技术经济对比分析。利用规定的概算定额或指标以及有关技术经济指标与设计概算进行分析对比，根据设计和概算列明的工程性质、结构类型、建设条件、费用构成、投资比例、占地面积、生产规模、设备数量、造价指标、劳动定员等与国内外同类型工程规模进行对比分析，从大的方面找出和同类型工程的距离，为审查提供线索。

(4)研究、定案、调整概算。对概算审查中出现的问题要在对比分析、找出差距的基础上深入现场进行实际调查研究。了解设计是否经济合理、概算编制依据是否符合现行规定和施工现场实际、有无扩大规模、多估投资或预留缺口等情况，并及时核实概算投资。对于当地没有同类型的项目而不能进行对比分析时，可向国内同类型企业进行调查，收集资料，作为审查的参考。经过会审决定的定案问题应及时调整概算，并经原批准单位下发文件。

第四节 施工图预算编制与审查

一、施工图预算概述

1. 施工图预算的含义

施工图预算是在设计的施工图完成以后，以施工图为依据，根据预算定额、费用标准以及工程所在地区的人工、材料、施工机械设备台班的预算价格编制的，是确定建筑工程、安装工程预算造价的文件。

2. 施工图预算的作用

(1)建设工程施工图预算是招标投标的重要基础，既是工程量清单的编制依据，也是标底编制的依据。招标投标法实施以来，市场竞争日趋激烈，施工企业一般根据自身特点确定报价，传统的施工图预算在投标报价中的作用将逐渐弱化，但是施工图预算的原理、依据、方法和编制程序，仍是投标报价的重要参考资料。

(2)施工图预算是施工单位在施工前组织材料、机具、设备及劳动力供应的重要参考，是施工企业编制进度计划、统计完成工作量、进行经济核算的参考依据，是甲乙双方办理工程结算和拨付工程款的参考依据，也是施工单位拟定降低成本措施和按照工程量清单计算结果、编制施工预算的依据。

(3)对于工程造价管理部门来说，施工图预算是监督、检查执行定额标准，合理确定工程造价、测算造价指数的依据。

3. 施工图预算的形式

施工图预算有单位工程预算、单项工程预算和建设项目总预算。单位工程预算是根据施工图设计文件、现行预算定额、费用定额以及人工、材料、设备、机械台班等预算价格资料,编制单位工程的施工图预算;然后汇总所有各单位工程施工图预算,成为单项工程施工图预算;再汇总各所有单项工程施工图预算,便是一个建设项目建筑安装工程的总预算。单位工程预算构成如图4-2所示。

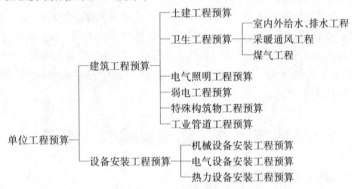

图4-2 单位工程预算构成

二、施工图预算文件组成及常用表格

1. 施工图预算文件组成

施工图预算根据建设工程实际情况可采用三级预算编制或二级预算编制形式。当建设项目有多个单项工程时,应采用三级预算编制形式,三级预算编制形式由建设项目施工图总预算、单项工程综合预算、单位工程施工图预算组成。当建设项目只有一个单项工程时,应采用二级预算编制形式,二级预算编制形式由建设工程施工图总预算和单位工程施工图预算组成。

(1)三级预算编制形式的工程预算文件的组成如下:

1)封面、签署页及目录。

2)编制说明。

3)总预算表。

4)综合预算表。

5)单位工程预算表。

6)附件。

(2)二级预算编制形式的工程预算文件的组成如下:

1)封面、签署页及目录。

2) 编制说明。
3) 总预算表。
4) 单位工程预算表。
5) 附件。

2. 施工图预算表格格式

(1) 建设工程施工图预算文件的封面、签署页、目录、编制说明式样见表 4-24～表 4-27。

表 4-24　　　　　工程预算封面式样

(工程名称)

设 计 预 算

档 案 号：

共　册　　第　册

【设计(咨询)单位名称】

证书号(公章)

年　月　日

表 4-25　工程预算签署页式样

（工程名称）

工程预算

档　案　号：

共　册　　第　册

编　制　人：＿＿＿＿＿（执业或从业印章）＿＿＿＿＿
审　核　人：＿＿＿＿＿（执业或从业印章）＿＿＿＿＿
审　定　人：＿＿＿＿＿（执业或从业印章）＿＿＿＿＿
法定代表人或其授权人：＿＿＿＿＿＿＿＿＿＿＿＿＿

表 4-26　　　　　　　　　工程预算文件目录式样

序号	编号	名　称	页次
1		编制说明	
2		总预算表	
3		其他费用表	
4		预备费计算表	
5		专项费用计算表	
6		×××综合预算表	
7		×××综合预算表	
		…	
9		×××单项工程预算表	
10		×××单位工程预算表	
		…	
12		补充单位估价表	
13		主要设备、材料数量及价格表	
14		…	

表 4-27　　　　　　　　　编制说明式样

编 制 说 明

1. 工程概况
2. 主要技术经济指标
3. 编制依据
4. 工程费用计算表
   建筑、设备、安装工程费用计算方法和其他费用计取的说明
5. 其他有关说明的问题

(2)建设项目施工图预算文件的预算表格包括以下类别：

1)总预算表(表 4-28 和表 4-29)。

2)其他费用表(表 4-30)。

3)其他费用计算表(表 4-31)。

4)综合预算表(表 4-32)。

5)建筑工程取费表(表 4-33)。

6)建筑工程预算表(表 4-34)。

7) 设备及安装工程取费表(表 4-35)。
8) 设备及安装工程预算表(表 4-36)。
9) 补充单位估价表(表 4-37)。
10) 主要设备材料数量及价格表(表 4-38)。
11) 分部工程工料分析表(表 4-39)。
12) 分部工程工种数量分析汇总表(表 4-40)。
13) 单位工程材料分析汇总表(表 4-41)。
14) 进口设备材料货价及从属费用计算表(表 4-42)。

表 4-28　　　　　　　　　　总预算表

总预算编号:_____　　工程名称:_____　　　(单位:万元)　共　页　第　页

序号	预算编号	工程项目或费用名称	建筑工程费	设备购置费	安装工程费	其他费用	合计	其中:引进部分		占总投资比例(%)
								美元	折合人民币	
一		工程费用								
1		主要工程								
		××××××								
		××××××								
2		辅助工程								
		××××××								
3		配套工程								
		××××××								
二		其他费用								
1		××××××								
2		××××××								
三		预备费								
四		专项费用								
1		××××××								
2		××××××								
		建设项目预算总投资								

编制人:　　　　　　　　　审核人:　　　　　　　　　项目负责人:

第四章 电气工程定额计价

表 4-29 总预算表

总预算编号：_____ 工程名称：_____ （单位：万元） 共 页 第 页

序号	预算编号	工程项目或费用名称	设计规格或主要工程量	建筑工程费	设备购置费	安装工程费	其他费用	合计	其中:引进部分		占总投资比例(%)
									美元	折合人民币	
一		工程费用									
1		主要工程									
(1)	×××	×××××									
(2)	×××	×××××									
2		辅助工程									
(1)	×××	×××××									
3		配套工程									
(1)	×××	×××××									
二		其他费用									
1		×××××									
2		×××××									
三		预备费									
四		专项费用									
1		×××××									
2		×××××									
		建设项目预算总投资									

编制人：　　　　　　　　审核人：　　　　　　　　项目负责人：

表 4-30　　　　　　　　　其他费用表

工程名称：_____　　　　　（单位：万元）　共　页第　页

序号	费用项目编号	费用项目名称	费用计算基数	费率(%)	金额	计算公式	备注
1							
2							
		合　计					

编制人：　　　　　　　　　　　　　　　审核人：

表 4-31　　　　　　　　　其他费用计算表

其他费用编号：_____　费用名称：_____　　（单位：万元）　共　页第　页

序号	费用项目名称	费用计算基数	费率(%)	金额	计算公式	备注
	合　计					

编制人：　　　　　　　　　　　　　　　审核人：

第四章 电气工程定额计价

表 4-32　　　　　　　　　　综合预算表

综合预算编号:＿＿＿　工程名称(单项工程):＿＿＿　(单位:万元)　共　页　第　页

序号	预算编号	工程项目或费用名称	设计规模或主要工程量	建筑工程费	设备购置费	安装工程费	合计	其中:引进部分	
								美元	折合人民币
一		主要工程							
1	×××	××××××							
2	×××	××××××							
二		辅助工程							
1	×××	××××××							
2	×××	××××××							
三		配套工程							
1	×××	××××××							
2	×××	××××××							
		单项工程预算费用合计							

编制人:　　　　　审核人:　　　　　项目负责人:

表 4-33　　　　　　　　　建筑工程取费表

单项工程预算编号：_____　工程名称(单位工程)：_____　　共　页第　页

序号	工程项目或费用名称	表达式	费率(%)	合价(元)
1	分部分项工程费			
2	措施项目费			
2.1	其中:安全文明施工费			
3	其他项目费			
3.1	其中:暂列金额			
3.2	其中:专业工程暂估价			
3.3	其中:计日工			
3.4	其中:总承包服务费			
4	规费			
5	税金(扣除不列入计税范围的工程设备金额)			
6	单位建筑工程费用			

编制人：　　　　　　　　　审核人：

表 4-34　　　　　　　　　建筑工程预算表

单项工程预算编号：_____　工程名称(单位工程)：_____　　共　页第　页

序号	定额号	工程项目或定额名称	单位	数量	单价(元)	其中人工费(元)	合价(元)	其中人工费(元)
一		土石方工程						
1	×××	×××××						
2	×××	×××××						
二		砌筑工程						
1	×××	×××××						
2	×××	×××××						
三		楼地面工程						
1	×××	×××××						
2	×××	×××××						
		分部分项工程费						

编制人：　　　　　　　　　审核人：

第四章 电气工程定额计价

表 4-35 设备及安装工程取费表

单项工程预算编号:_____ 工程名称(单位工程):_____ 共 页 第 页

序号	工程项目或费用名称	表达式	费率(%)	合价(元)
1	分部分项工程费			
2	措施项目费			
2.1	其中:安全文明施工费			
3	其他项目费			
3.1	其中:暂列金额			
3.2	其中:专业工程暂估价			
3.3	其中:计日工			
3.4	其中:总承包服务费			
4	规费			
5	税金(扣除不列入计税范围的工程设备金额)			
6	单位设备及安装工程费用			

编制人: 审核人:

表 4-36 设备及安装工程预算表

单项工程预算编号:_____ 工程名称(单位工程):_____ 共 页 第 页

序号	定额号	工程项目或定额名称	单位	数量	单价(元)	其中人工费(元)	合价(元)	其中人工费(元)	其中设备费(元)	其中主材费(元)
一		设备安装								
1	×××	×××××								
2	×××	×××××								
二		管道安装								
1	×××	×××××								
2	×××	×××××								
三		防腐保温								
1	×××	×××××								
2	×××	×××××								
		分部分项工程费								

编制人: 审核人:

表 4-37　　　　　　　　　　　　补充单位估价表

子目名称：_____

工作内容：_____　　　　　　　　　　　　　　　　　共　页　第　页

补充单位估价表编号				
基价				
人工费				
材料费				
机械费				
名　称	单位	单价	数　量	
综合工日				
材料				
其他材料费				
机械				

编制人：　　　　　　　　　审核人：

表 4-38　　　　　　　主要设备材料数量及价格表

序号	设备材料名称	规格型号	单位	数量	单价(元)	价格来源	备注

编制人：　　　　　　　　　审核人：

第四章 电气工程定额计价

表 4-39 分部工程工料分析表

项目名称：_____　　　　　　　　　编号：_____

序号	定额编号	分部(项)工程名称	单位	工程量	人工(工日)	主要材料				其他材料费(元)
						材料1	材料2	材料3	材料4	⋯

编制人：　　　　　　　　　审核人：

表 4-40 分部工程工种数量分析汇总表

项目名称：_____　　　　　　　　　编号：_____

序　号	工种名称	工　日　数	备　注
1	木工		
2	瓦工		
3	钢筋工		
⋯	⋯		

编制人：　　　　　　　　　审核人：

表 4-41　　　　　　　　单位工程材料分析汇总表

项目名称：_____　　　　　　　　　编号：_____

序 号	材料名称	规 格	单 位	数 量	备 注
1	红砖				
2	中砂				
3	河流石				
…	…				.

编制人：　　　　　　　　　　　　　审核人：

表 4-42　　　　　　　进口设备材料货价及从属费用计算表

序号	设备、材料规格、名称及费用名称	单位	数量	单价(美元)	外币金额(美元)					折合人民币(元)	人民币金额(元)						合计(元)
					货价	运输费	保险费	其他费用	合计		关税	增值税	银行财务费	外贸手续费	国内运杂费	合计	

编制人：　　　　　　　　　　　　　审核人：

第四章 电气工程定额计价

三、工程施工图预算编制

(一)施工图预算编制依据

(1)国家、行业、地方政府发布的计价依据、有关法律法规或规定。

(2)建设项目有关文件、合同、协议等。

(3)批准的设计概算。

(4)批准的施工图设计图纸及相关标准图集和规范。

(5)相应预算定额和地区单位估价表。

(6)合理的施工组织设计和施工方案等文件。

(7)项目有关的设备、材料供应合同、价格及相关说明书。

(8)项目所在地区有关的气候、水文、地质地貌等的自然条件。

(9)项目的技术复杂程度,以及新技术、专利使用情况等。

(10)项目所在地区有关的经济、人文等社会条件。

(二)施工图预算编制方法

(1)单位工程预算编制

单位工程预算的编制应根据施工图设计文件、预算定额(或综合单价)以及人工、材料及施工机械台班等价格资料进行编制。其主要编制方法有单价法和实物量法,其中单价法分为定额单价法和工程量清单单价法。

1)定额单价法

定额单价法是用事先编制好的分项工程的单位估价表来编制施工图预算的方法。定额单价法编制施工图预算的基本步骤如下:

①编制前的准备工作。编制施工图预算的过程是具体确定建筑安装工程预算造价的过程。编制施工图预算,不仅应严格遵守国家计价法规、政策,严格按图纸计量,还应考虑施工现场条件因素,是一项复杂而细致的工作,也是一项政策性和技术性都很强的工作,因此,必须事前做好充分准备。准备工作主要包括两个方面:一是组织准备;二是资料的收集和现场情况的调查。

②熟悉图纸和预算定额以及单位估价表。图纸是编制施工图预算的基本依据。熟悉图纸不但要弄清图纸的内容,还应对图纸审核以下内容:图纸间相关尺寸是否有误,设备与材料表上的规格、数量是否与图示相符,详图、说明、尺寸和其他符号是否正确等,若发现错误应及时纠正。另外,还要熟悉标准图以及设计更改通知(或类似文件),这些都是图纸的组

成部分,不可遗漏。通过对图纸的熟悉,要了解工程的性质、系统的组成、设备和材料的规格型号和品种,以及有无新材料、新工艺的采用。预算定额和单位估价表是编制施工图预算的计价标准,对其适用范围及定额系数等都要充分了解,做到心中有数,这样才能使预算编制准确、迅速。

③了解施工组织设计和施工现场情况。编制施工图预算前,应了解施工组织设计中影响工程造价的有关内容。例如,各分部分项工程的施工方法,土方工程中余土外运使用的工具、运距,施工平面图对建筑材料、构件等堆放点到施工操作地点的距离等,以便能正确计算工程量和正确套用或确定某些分项工程的基价。这对于正确计算工程造价、提高施工图预算质量,具有重要意义。

④划分工程项目和计算工程量。

a. 划分工程项目。划分的工程项目必须和定额规定的项目一致,这样才能正确地套用定额。不能重复列项计算,也不能漏项少算。

b. 计算并整理工程量。必须按现行国家计量规范规定的工程量计算规则进行计算,该扣除部分要扣除,不该扣除的部分不能扣除。当按照工程项目装饰工程量全部计算完以后,要对工程项目和工程量进行整理,即合并同类项和按序排列,为套用定额、计算分部分项和进行工料分析打下基础。

⑤套单价(计算定额基价),即将定额子项中的基价填于预算表单价栏内,并将单价乘以工程量得出合价,将结果填入合价栏。

⑥工料分析,即按分项工程项目,依据定额或单位估价表,计算人工和各种材料的实物耗量,并将主要材料汇总成表。工料分析的方法是首先从定额项目表中分别将各分项工程消耗的每项材料和人工的定额消耗量查出;再分别乘以该工程项目的工程量,得到分项工程工料消耗量,最后将各分项工程工料消耗量加以汇总,得出单位工程人工、材料的消耗数量。

⑦计算主材费(未计价材料费)。因为许多定额项目基价为不完全价格,即未包括主材费用在内。计算所在地定额基价(基价合计)之后,还应计算出主材费,以便计算工程造价。

⑧按费用定额取费,即按有关规定计取措施项目费和其他项目费,以及按相关取费规定计取规费和税金等。

⑨计算汇总工程造价。将分部分项工程费、措施项目费、其他项目

第四章 电气工程定额计价

费、规费和税金相加即为工程预算造价。

2) 工程量清单单价法

工程量清单单价法是指招标人按照设计图纸和国家统一的工程量计算规则提供工程数量,采用综合单价的形式计算工程造价的方法。该综合单价是指完成一个规定计量单位的分部分项工程清单项目或措施清单项目所需的人工费、材料费、施工机具使用费和企业管理费与利润,以及一定范围内的风险费用。

3) 实物量法

实物量法是依据施工图纸和预算定额的项目划分及工程量计算规则,先计算出分部分项工程量,然后套用预算定额(实物量定额)来编制施工图预算的方法。实物量法的优点是能比较及时地反映各种材料、人工、机械的当时当地市场单价计入预算价格,不需调价,反映当时当地的工程价格水平。

(三)综合预算和总预算编制

(1)综合预算造价由组成该单项工程的各个单位工程预算造价汇总而成。

(2)总预算造价由组成该建设项目的各个单项工程综合预算以及经计算的工程建设其他费、预备费、建设期贷款利息、固定资产投资方向调节税汇总而成。

(四)建筑工程预算编制

(1)建筑工程预算费用内容及组成,应符合《建筑安装工程费用项目组成》(建标[2013]44号)的有关规定。

(2)建筑工程预算采用"建筑工程预算表"(表4-34),按构成单位工程的分部分项工程编制,根据设计施工图纸计算各分部分项工程量,按工程所在省(自治区、直辖市)或行业颁发的预算定额或单位估价表,以及建筑安装工程费用定额进行编制。

(五)安装工程预算编制

(1)安装工程预算费用组成应符合《建筑安装工程费用项目组成》(建标[2013]44号)的有关规定。

(2)安装工程预算采用"设备及安装工程预算表"(表4-36),按构成单位工程的分部分项工程编制,根据设计施工图计算各分部分项工程工程量,按工程所在省(省治区、直辖市)或行业颁发的预算定额或单位估价表,以及建筑安装工程费用定额进行编制计算。

(六) 调整预算编制

(1) 工程预算批准后,一般情况下不得调整。由于重大设计变更、政策性调整及不可抗力等原因造成的可以调整。

(2) 调整预算编制深度与要求、文件组成及表格形式同原施工图预算。调整预算还应对工程预算调整的原因做详尽分析说明,所调整的内容在调整预算总说明中要逐项与原批准预算对比,并编制调整前后预算对比表,分析主要变更原因。在上报调整预算时,应同时提供有关文件和调整依据。

四、工程施工图预算的审查

(一) 施工图预算审查的作用

(1) 对降低工程造价具有现实意义。

(2) 有利于节约工程建设资金。

(3) 有利于发挥领导层、银行的监督作用。

(4) 有利于积累和分析各项技术经济指标。

(5) 有利于加强固定资产投资管理,节约建设资金。

(6) 有利于施工承包合同价的合理确定和控制。施工图预算对于招标的工程,它是编制标底的依据;对于不宜招标工程,它是合同价款结算的基础。

(二) 施工图预算审查的内容

审查施工图预算的重点:工程量计算是否准确;分部、分项单价套用是否正确;各项取费标准是否符合现行规定等方面。

(1) 审查定额或单价的套用。具体审查内容包括:

1) 预算中所列各分项工程单价是否与预算定额的预算单价相符;其名称、规格、计量单位和所包括的工程内容是否与预算定额一致。

2) 有单价换算时应审查换算的分项工程是否符合定额规定及换算是否正确。

3) 使用补充定额和单位计价表时应审查补充定额是否符合编制原则、单位计价表计算是否正确。

(2) 审查其他有关费用。其他有关费用包括的内容各地不同,具体审查时应注意是否符合当地规定和定额的要求。

1) 是否按本项目的工程性质计取费用、有无高套取费标准。

2)间接费的计取基础是否符合规定。

3)预算外调增的材料差价是否计取分部分项工程费、措施费,有关费用是否做了相应调整。

4)有无将不需安装的设备计取在安装工程的间接费中。

5)有无巧立名目、乱摊费用的情况。利润和税金的审查,重点应放在计取基础和费率是否符合当地有关部门的现行规定、有无多算或重算方面。

(三)施工图预算审查的步骤

(1)做好审查前的准备工作。

1)熟悉施工图纸。施工图纸是编制预算分项工程数量的重要依据,必须全面熟悉了解。一是核对所有的图纸,清点无误后,依次识读;二是参加技术交底,解决图纸中的疑难问题,直至完全掌握图纸。

2)了解预算包括的范围。根据预算编制说明,了解预算包括的工程内容。例如,配套设施、室外管线、道路以及会审图纸后的设计变更等。

3)弄清编制预算采用的单位工程估价表。任何单位估价表或预算定额都有一定的适用范围。根据工程性质,搜集熟悉相应的单价、定额资料,特别是市场材料单价和取费标准等。

(2)选择合适的审查方法,按相应内容审查。由于工程规模、繁简程度不同,施工企业情况也不同,所编工程预算繁简和质量也不同,因此需针对情况选择相应的审查方法进行审核。

(3)综合整理审查资料,编制调整预算。经过审查,如发现有差错,需要进行增加或核减的,经与编制单位逐项核实,统一意见后,修正原施工图预算,汇总核增减量。

(四)施工图预算审查的方法

(1)逐项审查法。逐项审查法又称全面审查法,即按定额顺序或施工顺序,对各分项工程中的工程细目逐项全面详细审查的一种方法。其优点是全面、细致,审查质量高、效果好。缺点是工作量大,时间较长。这种方法适合于一些工程量较小、工艺比较简单的工程。

(2)标准预算审查法。标准预算审查法就是对利用标准图纸或通用图纸施工的工程,集中力量编制标准预算,以此为准来审查工程预算的一种方法。按标准设计图纸或通用图纸施工的工程,一般上部结构和做法相同,只是根据现场施工条件或地质情况不同,仅对**基础部分做局部改**

变。凡这样的工程,以标准预算为准,对局部修改部分单独审查即可,不需逐一详细审查。该方法的优点是时间短、效果好、易定案。其缺点是适用范围小,仅适用于采用标准图纸的工程。

(3)分组计算审查法。分组计算审查法就是把预算中有关项目按类别划分若干组,利用同组中的一组数据审查分项工程量的一种方法。这种方法首先将若干分部分项工程按相邻且有一定内在联系的项目进行编组,利用同组分项工程间具有相同或相近计算基数的关系,审查一个分项工程数量,由此判断同组中其他几个分项工程的准确程度。该方法特点是审查速度快、工作量小。

(4)对比审查法。对比审查法是当工程条件相同时,用已完工程的预算或未完但已经过审查修正的工程预算对比审查拟建工程的同类工程预算的一种方法。

(5)"筛选"审查法。"筛选法"是能较快发现问题的一种方法。建筑工程虽面积和高度不同,但其各分部分项工程的单位建筑面积指标变化却不大。将这样的分部分项工程加以汇集、优选,找出其单位建筑面积工程量、单价、用工的基本数值,归纳为工程量、价格、用工三个单方基本指标,并注明基本指标的适用范围。这些基本指标用来筛分各分部分项工程,对不符合条件的应进行详细审查,若审查对象的预算标准与基本指标的标准不符,就应对其进行调整。"筛选法"的优点是简单易懂,便于掌握,审查速度快,便于发现问题。但问题出现的原因尚需继续审查。该方法适用于审查住宅工程或不具备全面审查条件的工程。

(6)重点审查法。重点审查法就是抓住工程预算中的重点进行审核的方法。审查的重点一般是工程量大或者造价较高的各种工程、补充定额、计取的各项费用(计取基础、取费标准)等。重点审查法的优点是突出重点、审查时间短、效果好。

第五节 工程竣工结算与竣工决算编制与审查

一、工程价款主要结算方式

1. 按月结算

实行旬末或月中预支,月终结算,竣工后清算的方法。跨年度竣工的工程,在年终进行工程盘点,办理年度结算。我国现行建筑安装工程价款结算中,相当一部分是实行这种按月结算。

2. 竣工后一次结算

建设项目或单项工程全部建筑安装工程建设期在12个月以内,或者工程承包合同价值在100万元以下的,可以实行工程价款每月月中预支,竣工后一次结算。

3. 分段结算

即当年开工,当年不能竣工的单项工程或单位工程按照工程形象进度,划分不同阶段进行结算。分段结算可以按月预支工程款。分段的划分标准,由各部门、自治区、直辖市、计划单列市规定。

4. 目标结款方式

即在工程合同中,将承包工程的内容分解成不同的控制界面,以业主验收控制界面作为支付工程价款的前提条件。也就是说,将合同中的工程内容分解成不同的验收单元,当承包商完成单元工程内容并经业主(或其委托人)验收后,业主支付构成单元工程内容的工程价款。目标结款方式下,承包商要想获得工程价款,必须按照合同约定的质量标准完成界面内的工程内容;要想尽早获得工程价款,承包商必须充分发挥自己组织实施能力,在保证质量前提下,加快施工进度。这意味着承包商拖延工期时,则业主推迟付款,增加承包商的财务费用、运营成本,降低承包商的收益,客观上使承包商因延迟工期而遭受损失。同样,当承包商积极组织施工,提前完成控制界面内的工程内容,则承包商可提前获得工程价款,增加承包收益,客观上承包商因提前工期而增加了有效利润。同时,因承包商在界面内质量达不到合同约定的标准而业主不予验收,承包商也会因此而遭受损失。可见,目标结款方式实质上是运用合同手段、财务手段对工程的完成进行主动控制。目标结款方式中,对控制界面的设定应明确描述,便于量化和质量控制,同时要适应项目资金的供应周期和支付频率。

5. 结算双方约定的其他结算方式

施工企业在采用按月结算工程价款方式时,要先取得各月实际完成的工程数量,并计算出已完工程造价。实际完成的工程数量,由施工单位根据有关资料计算,并编制"已完工程月报表",然后按照发包单位编制"已完工程月报表",将各个发包单位的本月已完工程造价汇总反映。再根据"已完工程月报表"编制"工程价款结算账单",与"已完工程月报表"一起,分送发包单位和经办银行,据以办理结算。施工企业在采用分段结算工程价款方式时,要在合同中规定工程部位完工的月份,根据已完工程部位的工程数量计算已完工程造价,按发包单位编制"已完工程月报表"和"工程价款结算账单"。对于工期较短、能在年度内竣工的单项工程或小型建设项目,可在工程竣工后编制"工程价款结算账单",按合同中工程造价一次结算。"工程价款结算账单"是办理工程价款结算的依据。工程价款结算账单中所列应收工程款应与随同附送的"已完工程月报表"中的工程造价相符,"工程价款结算账单"除了列明应收工程款外,还应列明应扣预收工程款、预收备料款、发包单位供给材料价款等应扣款项,算出本月实收工程款。为了保证工程按期收尾竣工,工程在施工期间,不论工程长短,其结算工程款,一般不得超过承包工程价值的95%,结算双方可以在5%的幅度内协商确定尾款比例,并在工程承包合同中订明。施工企业如已向发包单位出具履约保函或有其他保证的,可以不留工程尾款。

二、竣工结算编制

(一)竣工结算编制依据

(1)国家有关法律、法规、规章制度和相关的司法解释。

(2)国务院建设行政主管部门以及各省、自治区、直辖市和有关部门发布的工程造价计价标准、计价办法、有关规定及相关解释。

(3)施工发承包合同、专业分包合同及补充合同,有关材料、设备采购合同。

(4)招投标文件,包括招标答疑文件、投标承诺、中标报价书及其组成内容。

(5)工程竣工图或施工图、施工图会审记录,经批准的施工组织设计,以及设计变更、工程洽商和相关会议纪要。

(6)经批准的开、竣工报告或停、复工报告。

(7)建设工程工程量清单计价规范或工程预算定额、费用定额及价格信息、调价规定等。

(8)工程预算书。

(9)影响工程造价的相关资料。

(10)结算编制委托合同。

(二)竣工结算编制要求

(1)竣工结算一般经过发包人或有关单位验收合格且点交后方可进行。

(2)竣工结算应以施工发承包合同为基础,按合同约定的工程价款调整方式对原合同价款进行调整。

(3)竣工结算应核查设计变更、工程洽商等工程资料的合法性、有效性、真实性和完整性。对有疑义的工程实体项目,应视现场条件和实际需要核查隐蔽工程。

(4)建设项目由多个单项工程或单位工程构成的,应按建设项目划分标准的规定,将各单项工程或单位工程竣工结算汇总,编制相应的工程结算书,并撰写编制说明。

(5)实行分阶段结算的工程,应将各阶段工程结算汇总,编制工程结算书,并撰写编制说明。

(6)实行专业分包结算的工程,应将各专业分包结算汇总在相应的单位工程或单项工程结算内,并撰写编制说明。

(7)竣工结算编制应采用书面形式,有电子文本要求的应一并报送与书面形式内容一致的电子版本。

(8)竣工结算应严格按工程结算编制程序进行编制,做到程序化、规范化,结算资料必须完整。

(三)竣工结算编制程序

(1)竣工结算应按准备、编制和定稿三个工作阶段进行,并实行编制人、校对人和审核人分别署名盖章确认的内部审核制度。

(2)结算编制准备阶段。

1)收集与工程结算编制相关的原始资料。

2)熟悉工程结算资料内容,进行分类、归纳、整理。

3)召集相关单位或部门的有关人员参加工程结算预备会议,对结算内容和结算资料进行核对与充实完善。

4)收集建设期内影响合同价格的法律和政策性文件。

(3)结算编制阶段。

1)根据竣工图及施工图以及施工组织设计进行现场踏勘,对需要调整的工程项目进行观察、对照、必要的现场实测和计算，做好书面或影像记录。

2)按既定的工程量计算规则计算需调整的分部分项、施工措施或其他项目工程量。

3)按招投标文件、施工发承包合同规定的计价原则和计价办法对分部分项、施工措施或其他项目进行计价。

4)对于工程量清单或定额缺项以及采用新材料、新设备、新工艺的，应根据施工过程中的合理消耗和市场价格，编制综合单价或单位估价分析表。

5)工程索赔应按合同约定的索赔处理原则、程序和计算方法，提出索赔费用，经发包人确认后作为结算依据。

6)汇总计算工程费用，包括编制分部分项工程费、施工措施项目费、其他项目费、零星工作项目费等表格，初步确定工程结算价格。

7)编写编制说明。

8)计算主要技术经济指标。

9)提交结算编制的初步成果文件待校对、审核。

(4)结算编制定稿阶段。

1)由结算编制受托人单位的部门负责人对初步成果文件进行检查、校对。

2)由结算编制受托人单位的主管负责人审核批准。

3)在合同约定的期限内，向委托人提交经编制人、校对人、审核人和受托人单位盖章确认的正式的结算编制文件。

(四)竣工结算编制方法

(1)竣工结算的编制应区分施工发承包合同类型，采用相应的编制方法。

1)采用总价合同的，应在合同价基础上对设计变更、工程洽商以及工程索赔等合同约定可以调整的内容进行调整。

2)采用单价合同的，应计算或核定竣工图或施工图以内的各个分部分项工程量，依据合同约定的方式确定分部分项工程项目价格，并对设计变更、工程洽商、施工措施以及工程索赔等内容进行调整。

3)采用成本加酬金合同的,应依据合同约定的方法计算各个分部分项工程以及设计变更、工程洽商、施工措施等内容的工程成本,计算酬金及有关税费。

(2)竣工结算中涉及工程单价调整时,应当遵循以下原则:

1)合同中已有适用于变更工程、新增工程单价的,按已有的单价结算。

2)合同中有类似变更工程、新增工程单价的,可以参照类似单价作为结算依据。

3)合同中没有适用或类似变更工程、新增工程单价的,结算编制受托人可商洽承包人或发包人提出适当的价格,经对方确认后作为结算依据。

(3)竣工结算编制中涉及的工程单价应按合同要求分别采用综合单价或工料单价。工程量清单计价的工程项目应采用综合单价;定额计价的工程项目可采用工料单价。

三、竣工结算的审查

1. 竣工结算审查依据

(1)工程结算审查委托合同和完整、有效的工程结算文件。

(2)工程结算审查依据主要有以下几个方面:

1)建设期内影响合同价格的法律、法规和规范性文件。

2)工程结算审查委托合同。

3)完整、有效的工程结算书。

4)施工发承包合同、专业分包合同及补充合同,有关材料、设备采购合同。

5)与工程结算编制相关的国务院建设行政主管部门以及各省、自治区、直辖市和有关部门发布的建设工程造价计价标准、计价方法、计价定额、价格信息、相关规定等计价依据。

6)招标文件、投标文件。

7)工程竣工图或施工图、经批准的施工组织设计、设计变更、工程洽商、索赔与现场签证,以及相关的会议纪要。

8)工程材料及设备中标价、认价单。

9)双方确认追加(减)的工程价款。

10)经批准的开、竣工报告或停、复工报告。

11) 工程结算审查的其他专项规定。

12) 影响工程造价的其他相关资料。

2. 竣工结算审查要求

(1) 严禁采取抽样审查、重点审查、分析对比审查和经验审查的方法，避免审查疏漏现象发生。

(2) 应审查结算文件和与结算有关的资料的完整性和符合性。

(3) 按施工发承包合同约定的计价标准或计价方法进行审查。

(4) 对合同未作约定或约定不明的，可参照签订合同时当地建设行政主管部门发布的计价标准进行审查。

(5) 对工程结算内多计、重列的项目应予以扣减；对少计、漏项的项目应予以调增。

(6) 对工程结算与设计图纸或事实不符的内容，应在掌握工程事实和真实情况的基础上进行调整。工程造价咨询单位在工程结算审查时发现的工程结算与设计图纸或与事实不符的内容应约请各方履行完善的确认手续。

(7) 对由总承包人分包的工程结算，其内容与总承包合同主要条款不相符的，应按总承包合同约定的原则进行审查。

(8) 竣工结算审查文件应采用书面形式，有电子文本要求的应采用与书面形式内容一致的电子版本。

(9) 竣工审查的编制人、校对人和审核人不得由同一人担任。

(10) 竣工结算审查受托人与被审查项目的发承包双方有利害关系，可能影响公正的，应予以回避。

3. 竣工结算审查程序

(1) 工程结算审查应按准备、审查和审定三个工作阶段进行，并实行编制人、校对人和审核人分别署名盖章确认的内部审核制度。

(2) 结算审查准备阶段。

1) 审查工程结算手续的完备性、资料内容的完整性，对不符合要求的应退回限时补正。

2) 审查计价依据及资料与工程结算的相关性、有效性。

3) 熟悉招投标文件、工程发承包合同、主要材料设备采购合同及相关文件。

4)熟悉竣工图纸或施工图纸、施工组织设计、工程状况,以及设计变更、工程洽商和工程索赔情况等。

(3)结算审查阶段。

1)审查结算项目范围、内容与合同约定的项目范围、内容的一致性。

2)审查工程量计算准确性、工程量计算规则与计价规范或定额保持一致性。

3)审查结算单价时应严格执行合同约定或现行的计价原则、方法。对于清单或定额缺项以及采用新材料、新工艺的,应根据施工过程中的合理消耗和市场价格审核结算单价。

4)审查变更身份证凭据的真实性、合法性、有效性,核准变更工程费用。

5)审查索赔是否依据合同约定的索赔处理原则、程序和计算方法以及索赔费用的真实性、合法性、准确性。

6)审查取费标准时,应严格执行合同约定的费用定额标准及有关规定,并审查取费依据的时效性、相符性。

7)编制与结算相对应的结算审查对比表。

(4)结算审定阶段。

1)工程结算审查初稿编制完成后,应召开由结算编制人、结算审查委托人及结算审查受托人共同参加的会议,听取意见,并进行合理的调整。

2)由结算审查受托人单位的部门负责人对结算审查的初步成果文件进行检查、校对。

3)由结算审查受托人单位的主管负责人审核批准。

4)发承包双方代表人和审查人应分别在"结算审定签署表"上签认并加盖公章。

5)对结算审查结论有分歧的,应在出具结算审查报告前,至少组织两次协调会;凡不能共同签认的,审查受托人可适时结束审查工作,并做出必要说明。

6)在合同约定的期限内,向委托人提交经结算审查编制人、校对人、审核人和受托人单位盖章确认的正式的结算审查报告。

4. 竣工结算的审查方法

(1)竣工结算的审查应依据施工发承包合同约定的结算方法进行,根据施工发承包合同类型,采用不同的审查方法。本节审查方法主要适用于采用单价合同的工程量清单单价法编制竣工结算的审查。

(2)审查工程结算,除合同约定的方法外,对分部分项工程费用的审查应按照规定。

(3)竣工结算审查时,对原招标工程量清单描述不清或项目特征发生变化,以及变更工程、新新增工程中的综合单价应按下列方法确定:

1)合同中已有使用的综合单价,应按已有的综合单价确定。

2)合同中有类似的综合单价,可参照类似的综合单价确定。

3)合同中没有适用或类似的综合单价,由承包人提出综合单价,经发包人确认后执行。

(4)竣工结算审查中设计措施项目费用的调整时,措施项目费应依据合同约定的项目和金额计算,发生变更、新增的措施项目,以发承包双方合同约定的计价方式计算,其中措施项目清单中的安全文明措施费用应审查是否按国家或省级、行业建设主管部门的规定计算。施工合同中未约定措施项目费结算方法时,审查措施项目费按以下方法审查:

1)审查与分部分项实体消耗相关的措施项目,应随该分部分项工程的实体工程量的变化是否依据双方确定的工程量、合同约定的综合单价进行结算。

2)审查独立性的措施项目是否按合同价中相应的措施项目费用进行结算。

3)审查与整个建设项目相关的综合取定的措施项目费用是否参照投标报价的取费基数及费率进行结算。

(5)竣工结算审查中涉及其他项目费用的调整时,按下列方法确定:

1)审查即日工是否按发包人实际签证的数量、投标时的计日工单价,以及确认的事项进行结算。

2)审查暂估价中的材料单价是否按发承包双方最终确认价在分部分项工程费中对相应综合单件进行调整,计入相应分部分项工程费用。

3)对专业工程结算价的审查应按中标价或发包人、承包人与分包人最终确定的分包工程价进行结算。

4)审查总承包服务费是否依据合同约定的结算方式进行结算,以总价形式的固定地总承包服务费不予调整,以费率形式确定的总包服务费,应按专业分包工程中标价或发包人、承包人与分包人最终确定的分包工程价为基数和总承包单位的投标费率计算总承包服务费。

5)审查计算金额是否按合同约定计算实际发生的费用,并分别列入相应的分部分项工程费、措施项目费中。

(6)投标工程量清单的漏项、设计变更、工程洽商等费用应依据施工图以及发承包双方签证资料确认的数量和合同约定的计价方式进行结算,其费用列入相应的分部分项工程费或措施项目费中。

(7)竣工结算审查中设计索赔费用的计算时,应依据发承包双发确认的索赔事项和合同约定的计价方式进行结算,其费用列入相应的分部分项工程费或措施项目费中。

(8)竣工结算审查中设计规费和税金时的计算时,应按国家、省级或行业建设主管部门的规定计算并调整。

四、工程竣工决算编制

(一)工程竣工决算的概念

工程竣工决算是建设工程经济效益的全面反映,是项目法人核定各类新增资产价值、办理其交付使用的依据。一方面,竣工决算能够正确反映建设工程的实际造价和投资结果;另一方面,可以通过竣工决算与概算、预算的对比分析,考核投资控制的工作成效,总结经验教训,积累技术经济方面的基础资料,提高未来建设工程的投资效益。

(二)工程竣工决算的作用

(1)工程竣工决算是综合、全面地反映竣工项目建设成果及财务情况的总结性文件,它采用货币指标、实物数量、建设工期和种种技术经济指标综合,全面地反映建设项目自开始建设到竣工为止的全部建设成果和财物状况。

(2)工程竣工决算是办理交付使用资产的依据,也是竣工验收报告的重要组成部分。建设单位与使用单位在办理交付资产的验收交接手续时,通过竣工决算反映了交付使用资产的全部价值,包括固定资产、流动资产、无形资产和递延资产的价值。同时,它还详细提供了交付使用资产的名称、规格、数量、型号和价值等明细资料,是使用单位确定各项新增资产价值并登记入账的依据。

(3)工程竣工决算是分析和检查设计概算的执行情况、考核投资效果的依据。竣工决算反映了竣工项目计划、实际的建设规模、建设工期以及设计和实际的生产能力，反映了概算总投资和实际的建设成本，同时还反映了所达到的主要技术经济指标。通过对这些指标计划数、概算数与实际数进行对比分析，不仅可以全面掌握建设项目计划和概算执行情况，而且可以考核建设项目投资效果，为今后制订基建计划，降低建设成本，提高投资效果提供必要的资料。

(三) 工程竣工决算的编制内容

工程竣工决算是建设工程从筹建到竣工投产全过程中发生的所有实际支出，包括设备工器具购置费、建筑安装工程费和其他费用等。竣工决算由竣工财务决算报表、竣工财务决算说明书、竣工工程平面示意图、工程造价比较分析四部分组成。其中，竣工财务决算报表和竣工财务决算说明书属于竣工财务决算的内容。竣工财务决算是竣工决算的组成部分，是正确核定新增资产价值、反映竣工项目建设成果的文件，是办理固定资产交付使用手续的依据。

(1) 竣工财务决算说明书。竣工财务决算说明书主要反映竣工工程建设成果和经验，是对竣工决算报表进行分析和补充说明的文件，是全面考核分析工程投资与造价的书面总结。其内容主要包括：

1) 建设项目概况。一般从进度、质量、安全和造价、施工方面进行分析说明。进度方面主要说明开工和竣工时间，对照合理工期和要求工期分析是提前还是延期；质量方面主要根据竣工验收委员会或相当一级质量监督部门的验收评定等级、合格率和优良品率；安全方面主要根据劳动工资和施工部门的记录，对有无设备和人身事故进行说明；造价方面主要对照概算造价，说明节约还是超支，用金额和百分率进行分析说明。

2) 资金来源及运用等财务分析。主要包括工程价款结算、会计账务的处理、财产物资情况及债权债务的清偿情况。

3) 基本建设收入、投资包干结余、竣工结余资金的上交分配情况。通过对基本建设投资包干情况的分析，说明投资包干数、实际支用数和节约额、投资包干节余的有机构成和包干节余的分配情况。

4) 各项经济技术指标的分析。概算执行情况分析，根据实际投资完成额与概算进行对比分析；新增生产能力的效益分析，说明支付使用财产占总投资额的比例、占支付使用财产的比例，不增加固定资产的造价占投

第四章 电气工程定额计价

资总额的比例,分析有机构成和成果。

5)工程建设的经验及项目管理和财务管理工作以及竣工财务决算中有待解决的问题。

6)需要说明的其他事项。

(2)竣工财务决算报表。建设项目竣工财务决算报表要根据大、中型建设项目和小型建设项目分别制定。大、中型建设项目竣工决算报表包括:建设项目竣工财务决算审批表,大、中型建设项目概况表,大、中型建设项目竣工财务决算表,大、中型建设项目交付使用资产总表;小型建设项目竣工财务决算报表包括:建设项目竣工财务决算审批表,竣工财务决算总表,建设项目交付使用资产明细表。

(四)工程竣工决算编制依据

(1)经批准的可行性研究报告及其投资估算。

(2)经批准的初步设计或扩大初步设计及其概算或修正概算。

(3)经批准的施工图设计及其施工图预算。

(4)设计交底或图纸会审纪要。

(5)招标投标的标底、承包合同、工程结算资料。

(6)施工记录或施工签证单,以及其他施工中发生的费用记录,如索赔报告与记录、停(交)工报告等。

(7)竣工图及各种竣工验收资料。

(8)历年基建资料、历年财务决算及批复文件。

(9)设备、材料调价文件和调价记录。

(10)有关财务核算制度、办法和其他有关资料、文件等。

(五)工程竣工决算编制步骤

(1)收集、整理、分析原始资料。从建设工程开始就按编制依据的要求,收集、清点、整理有关资料,主要包括建设工程档案资料,如设计文件、施工记录、上级批文、概(预)算文件、工程结算的归集整理,财务处理、财产物资的盘点核实及债权债务的清偿,做到账账、账证、账实、账表相符。对各种设备、材料、工具、器具等要逐项盘点核实并填列清单,妥善保管,或按照国家有关规定处理,不准任意侵占和挪用。

(2)对照、核实工程变动情况,重新核实各单位工程、单项工程造价。将竣工资料与原设计图纸进行查对、核实,必要时可实地测量,确认实际变更情况;根据经审定的施工单位竣工结算等原始资料,按照有关规定对原概(预)算进行增减调整,重新核定工程造价。

(3)将审定后的待摊投资、设备工器具投资、建筑安装工程投资、工程建设其他投资严格划分和核定后,分别计入相应的建设成本栏目内。

(4)编制竣工财务决算说明书,力求内容全面、简明扼要、文字流畅、说明问题。

(5)填报竣工财务决算报表。

(6)做好工程造价对比分析。

(7)清理、装订好竣工图。

(8)按国家规定上报、审批、存档。

五、工程竣工决算的审计

(一)竣工决算编制依据

审查决算编制工作有无专门组织,各项清理工作是否全面、彻底,编制依据是否符合国家有关规定,资料是否齐全,手续是否完备,对遗留问题处理是否合规。

项目建设及概算执行情况。审查项目建设是否按批准的初步设计进行,各单位工程建设是否严格按批准的概算内容执行,有无概算外项目和提高建设标准、扩大建设规模的问题,有无重大质量事故和经济损失。

交付使用财产和在建工程。审查交付使用财产是否真实、完整,是否符合交付条件,移交手续是否齐全、合规;成本核算是否正确,有无挤占成本,提高造价,转移投资的问题;核实在建工程投资完成额,查明未能全部建成、及时交付使用的原因。

转出投资、应核销投资及应核销其他支出。审查其列支依据是否充分,手续是否完备,内容是否真实,核算是否合规,有无虚列投资的问题。

尾工工程。根据修正总概算和工程形象进度,核实尾工工程的未完工程量,留足投资。防止将新增项目列作尾工项目、增加新的工程内容和自行消化投资包干结余。

结余资金。核实结余资金,重点是库存物资,防止隐瞒、转移、挪用或压低库存物资单价,虚列往来欠款,隐匿结余资金的现象。查明器材积压,债权债务未能及时清理的原因,揭示建设管理中存在的问题。

基建收入。审查基建收入的核算是否真实、完整,有无隐瞒、转移收入的问题;是否按国家规定计算分成,足额上交或归还贷款;留成是否按规定交纳"两金"及分配和使用。

投资包干结余。根据项目总承包合同核实包干指标,落实包干结余,防止将未完工程的投资作为包干结余参与分配;审查包干结余分配是否合规。

竣工决算报表。审查报表的真实性、完整性、合规性。

投资效益评价。从物资使用、工期、工程质量、新增生产能力、预测投资回收期等方面全面评价投资效益。

其他专项审计,可视项目特点确定。

(二)审计的基本步骤

建设单位在工程竣工后,先会同施工单位编制工程竣工决算书。

审计部门(可以是建设单位的内部审计部门,也可以申请政府审计机关,或者由建设单位委托会计师事务所进行社会审计)进行工程竣工决算审计,一般包括两部分内容:工程竣工财务决算审计和工程造价审计。

依据审计部门提交的审计报告认定的工程造价与施工单位进行竣工决算。

第六节 定额计价工程量计算

一、变压器安装工程工程量计算

1. 工程量计算规则

(1)变压器安装。

1)变压器安装,按不同容量以"台"为计量单位。变压器的种类丰富,其中,电力变压器的类别和表示符号见表 4-43。

表 4-43　　　　电力变压器的类别和表示符号

序号	项目	类别	表示符号	
			新型号	旧型号
1	相数	单相	D	D
		三相	S	S
2	绕组外绝缘介质	变压器油		
		空气	G	K
		成型固体	C	C

续表

序号	项目	类别	表示符号	
			新型号	旧型号
3	冷却方式	油浸自冷式	不表示	J
		空气自冷式	不表示	不表示
		风冷式	F	F
		水冷式	W	S
4	油循环方式	自然循环	不表示	不表示
		强迫油导向循环	D	不表示
		强迫油循环	P	P
5	绕组数	双绕组	不表示	不表示
		三绕组	S	S
6	调压方式	无励磁调压	不表示	不表示
		有载调压	Z	Z
7	绕组导线材料	铜	不表示	不表示
		铝	不表示	L
8	绕组耦合方式	自耦	O	O
		分裂	不表示	不表示

注:1. 型号后还可加注防护类型代号,例如:湿热带 TH、干热带 TA 等。
    2. 自耦变压器,升压时"O"列型号之后;降压时"O"列型号之前。

2) 干式变压器如果带有保护罩时,其定额人工和机械乘以系数 2.0。

(2) 变压器干燥。

变压器通过试验,判定绝缘受潮时才需进行干燥,所以只有需要干燥的变压器才能计取此项费用(编制施工图预算时可列此项,工程结算时根据实际情况再作处理),以"台"为计量单位。

1) 带油运输的变压器,其干燥条件如下:

①绝缘油电气强度及微量水试验合格;

②绝缘电阻及吸收比符合现行国家标准《电气装置安装工程 电气设备交接试验标准》(GB 50150—2006)的相关规定。

③介质损耗角正切值 $\tan\delta$ 符合规定,但对于电压等级在 35kV 以下及容量在 4000kV·A 以下的变压器,可不作要求。

2) 充气运输的变压器,其干燥条件如下:

①器身内压力在出厂至安装前均保持正压;

②残油中微量水不应大于 30×10^{-6}；

③变压器及电抗器注入合格绝缘油后，绝缘油电气强度微量水及绝缘电阻应符合现行《电气装置安装工程 电气设备交接试验标准》(GB 50150—2006)的相关规定。

3)当器身未能保持正压，而密封无明显破坏时，则应根据安装及试验记录进行全面分析并做出综合判断，决定其是否需要干燥。

(3)消弧线圈的干燥。消弧线圈的干燥按同容量电力变压器干燥定额执行，以"台"为计量单位。

(4)变压器油过滤。变压器油过滤不论过滤多少次，直到过滤合格为止，以"t"为计量单位，其计算方法如下：

1)变压器安装定额未包括绝缘油的过滤，需要过滤时，可按制造厂家提供的油量计算；

2)油断路器及其他充油设备的绝缘油过滤，可按制造厂规定的充油量计算。

2. 相关说明

(1)油浸电力变压器安装定额同样适用于自耦式变压器、带负荷调压变压器及并联电抗器的安装。电炉变压器按同容量电力变压器定额乘以系数 2.0，整流变压器执行同容量电力变压器定额乘以系数 1.60。

(2)变压器的器身检查：4000kV·A 以下按吊芯检查考虑，4000kV·A 以上按吊钟罩考虑；如果 4000kV·A 以上的变压器需吊芯检查时，定额机械乘以系数 2.0。

(3)干式变压器如果带有保护外罩时，人工和机械乘以系数 1.2。

(4)整流变压器、消弧线圈、并联电抗器的干燥，执行同容量变压器干燥定额。电力变压器执行同容量变压器干燥定额乘以系数 2.0。

(5)变压器油是按设备带来考虑的，但施工中变压器油的过滤损耗及操作损耗已包括在有关定额中。

(6)变压器安装过程中放注油、油过滤所使用的油罐，已摊入油过滤定额中。

(7)变压器定额不包括的工作内容：

1)变压器干燥棚的搭拆工作，若发生时可按实计算；

2)变压器铁梯及母线铁构件的制作、安装，另执行铁构件制作、安装定额；

3) 瓦斯继电器的检查及试验已列入变压器系统调整试验定额内;
4) 端子箱、控制箱的制作、安装,执行相应定额;
5) 二次喷漆发生时按相应定额执行。

二、变配电装置安装工程工程量计算

1. 工程量计算规则

(1) 断路器安装。断路器安装以"台(个)"为计量单位。

断路器主要用于交流、直流线路的过载、短路式欠压保护,也可用于不频繁操作的电器。断路器的种类丰富,包括万能式空气断路器、塑料外壳式断路器、限流式断路器、直流快速断路器及漏电保护断路器等。

(2) 互感器安装。互感器包括电流互感器和电压互感器,其安装以"台(个)"为计量单位。

(3) 电抗器安装。电抗器也叫电感器,在电路中起阻抗作用,电抗器按用途可分为7类,见表4-44。

表4-44   电抗器分类

序号	类别	用途
1	限流电抗器	串联于电力电路中,以限制短路电流的数值
2	通信电抗器	串联在兼做通信线路用的输电线路中,用以阻挡载波信号,使之进入接收设备,又称阻波器
3	消弧电抗器	接于三相变压器的中性点与地之间,用以在三相电网相接地时供给电感性电流,以补偿流过接地点的电容性电流,使电弧不易起燃,从而消除由于电弧多次重燃引起的过电压
4	滤波电抗器	用于整流电路中减少直流电流上纹波的幅值,也可与电容器构成对某种频率发生共振的电路,以消除电力
5	电炉电抗器	与电炉变压器串联,限制其短路电流
6	启动电抗器	与电动机串联,限制其启动电流

(4) 电力电容器及电容器柜的安装以"台(个)"为计量单位。电容器的分类如下:

1) 按结构分类:可分为固定电容器、可变电容器和微调电容器三类。

2)按电解质分类:可分为有机介质电容器、无机介质电容器、电解电容器和空气介质电容器等。

3)按用途分类:可分为高频旁路、低频旁路、滤波、调谐、高频耦合、低频耦合和小型电容器。

4)按制造材料分类:可分为瓷介电容、涤纶电容、电解电容、钽电容及聚丙烯电容等。

(5)隔离开关、负荷开关安装。隔离开关与负荷开关安装以"组"为计量单位,每组按三相计算。隔离开关与负荷开关在电路中的特点与用途见表 4-45。

表 4-45　　隔离开关与负荷开关在电路中的特点与用途

项目	特点与用途
隔离开关	隔离开关并没有特殊的灭弧装置,其灭弧能力微弱,故一般用来隔离电压,将已由短路器切断、没有负荷电流流过的电路接通或切断,而不能用来接通或切断电流。隔离开关的主要用途是当电气设备需停电检修时,用它来隔离电源电压,并造成一个明显的断开点,以保证检修人员的安全
负荷开关	负荷开关具有简单的灭弧装置,其灭弧能力有限,在电路正常工作时,用来接通或切断负荷电流,但在电路断路时,不能用来切断巨大的短路电流,负荷开关断开后,有可见的断开点

(6)熔断器安装。熔断器是一种保护电器,使用时串联在被保护的电路中,当电路发生短路故障,通过熔断器的电流达到或超过某一规定值时,其自身产生的热量可使熔体熔断,从而自动分断电路,起到保护作用。

熔断器的安装以"组"为计量单位,每组按三相计算。

(7)避雷器安装。避雷器是能释放雷电或兼能释放电力系统操作过电压能量、保护电工设备免受瞬时过电压危害,又能截断续流,不致引起系统接地短路的电器装置。避雷器通常接于带电导线与地之间,且与被保护设备并联。当过电压值达到规定的动作电压时,避雷器立即动作,流过电荷,限制过电压幅值,保护设备绝缘;电压值正常后,避雷器又迅速恢复原状,以保证系统正常供电。

避雷器安装以"组"为计量单位,每组按三相计算。

(8)交流滤波装置安装。交流滤波装置的安装以"台"为计量单位。每套滤波装置包括三台组架安装,不包括设备本身及铜母线的安装,其工程量应按相应定额另行计算。

(9)配电设备安装。

1)高压设备安装定额内均不包括绝缘台的安装,其工程量应按施工图设计执行相应定额。

2)高压成套配电柜和箱式变电站的安装以"台"为计量单位,均未包括基础槽钢、母线及引下线的配置安装。

3)配电设备安装的支架、抱箍及延长轴、轴套、间隔板等,按施工图设计的需要量计算,执行铁构件制作安装定额或成品价。

4)绝缘油、六氟化硫气体、液压油等均按设备带有考虑。电气设备以外的加压设备和附属管道的安装应按相应定额另行计算。

5)配电设备的端子板外部接线,应按相应定额另行计算。

6)设备安装用的地脚螺栓按土建预埋考虑,不包括二次灌浆。

2. 相关说明

(1)配电设备安装定额不包括下列工作内容,需另执行相应定额:

1)端子箱安装;

2)设备支架制作及安装;

3)绝缘油过滤;

4)基础槽(角)钢安装。

(2)设备安装所需的地脚螺栓按土建预埋考虑,不包括二次灌浆。

(3)互感器安装定额是按单相考虑,不包括抽芯及绝缘油过滤。特殊情况另作处理。

(4)电抗器安装定额是按三相叠放、三相平放和二叠一平的安装方式综合考虑,不论何种安装方式,均不作换算,一律执行配电装置安装相关定额。干式电抗器安装定额适用于混凝土电抗器、铁芯干式电抗器和空心电抗器等干式电抗器的安装。

(5)高压成套配电柜安装定额是综合考虑的,不分容量大小,也不包括母线配制及设备干燥。

(6)低压无功补偿电容器屏(柜)安装列入定额的控制设备及低压电器中。

(7)组合型成套箱式变电站主要是指10kV以下的箱式变电站,一般

第四章 电气工程定额计价

布置形式为变压器在箱的中间，箱的一端为高压开关位置，另一端为低压开关位置。组合型低压成套配电装置，外形像一个大型集装箱，内装 6～24 台低压配电箱(屏)，箱的两端开门，中间为通道，称为集装箱式低压配电室。该内容列入定额的控制设备及低压电器中。

三、母线安装工程工程量计算

1. 工程量计算规则

（1）绝缘子安装。绝缘子是指高压电线连接塔的一端，为了增加爬电距离而挂的盘状绝缘体，通常由玻璃或陶瓷制成。绝缘子按结构可分为支持绝缘子、悬式绝缘子、防污型绝缘子和套管绝缘子。

绝缘子安装的工程量计算应符合下列规则：

1）悬式绝缘子串安装，指垂直或 V 形安装的提挂导线、跳线、引下线、设备连接线或设备等所用的绝缘子串安装，按单、双串分别以"串"为计量单位。耐张绝缘子串的安装，已包括在软母线安装定额内。

2）支持绝缘子安装分别按安装在户内、户外，可用单孔、双孔、四孔固定，以"个"为计量单位。

（2）穿墙套管安装。穿墙套管安装不分水平、垂直安装，均以"个"为计量单位。

（3）软母线安装。软母线是指在发电厂和变电所的各级电压配电装置中，将发动机、变压器与各种电器连接的导线。软母线一般用于室外，因空间大，导线有所摆动也不至于造成线间距离不够。常用的软母线采用的是铝绞线（由很多铝丝缠绕而成），有的为了加大强度，采用钢芯铝绞线。按软母线的截面积分类，有 $50mm^2$、$70mm^2$、$95mm^2$、$120mm^2$、$150mm^2$、$240mm^2$ 等。

软母线安装的工程量计算应遵循下列规则：

1）软母线安装，按软母线截面大小分别以"跨/三相"为计量单位。设计跨距不同时，不得调整。导线、绝缘子、线夹、弛度调节金具等均按施工图设计用量加定额规定的损耗率计算。

2）软母线引下线，指由 T 形线夹或并沟线夹从软母线引向设备的连接线，以"组"为计量单位，每三相为一组；软母线经终端耐张线夹引下（不经 T 形线夹或并沟线夹引下）与设备连接的部分均执行引下线定额，不得换算。

3)两跨软母线间的跳引线安装,以"组"为计量单位,每三相为一组。不论两端的耐张线夹是螺栓式还是压接式,均执行软母线跳线定额,不得换算。

4)设备连接线,指两设备间的连接部分。引下线、跳线、设备连接线,均应分别按导线截面、三相为一组计算工程量。

(4)组合软母线安装。

1)组合软母线安装,按三相为一组计算,跨距(包括水平悬挂部分和两端引下部分之和)以 45m 以内考虑,跨度的长与短不得调整。导线、绝缘子、线夹、金具均按施工图设计用量加定额规定的损耗率计算。

2)软母线安装预留长度按表 4-46 计算。

表 4-46　　　　　　　软母线安装预留长度　　　　　　(单位:m/根)

项　目	耐　张	跳　线	引下线、设备连接线
预留长度	2.5	0.8	0.6

(5)带形母线安装。常用的带形母线具有散热条件好、集肤效应小、在容许发热温度下通过的允许工作电流大的特点。

带形母线安装的工程量计算应按如下规则进行:

1)带形母线安装及带形母线引下线安装包括铜排、铝排,分别以不同截面和片数以"m/单相"为计量单位。母线和固定母线的金具均按设计量加损耗率计算。

2)带形钢母线安装,按同规格的铜母线定额执行,不得换算。

3)母线伸缩接头及铜过渡板安装,均以"个"为计量单位。

(6)槽形母线安装。常用的槽形母线具有机械强度好、载流量大,集肤效应系数小的特点,槽形母线一般用于 4000~8000A 的配电装置中。

槽形母线安装的工程量计算应按如下规定进行:

1)槽形母线安装以"m/单相"为计量单位。槽形母线与设备连接,分别按连接不同的设备以"台"为计量单位。槽形母线及固定槽形母线的金具按设计用量加损耗率计算。壳的大小尺寸以"m"为计量单位,长度按设计共箱母线的轴线长度计算。

2)低压(指 380V 以下)封闭式插接母线槽安装,分别按导体的额定电流大小以"m"为计量单位,长度按设计母线的轴线长度计算,分线箱以"台"为计量单位,分别以电流大小按设计数量计算。

(7)重型母线安装。

1)重型母线安装包括铜母线、铝母线,分别按截面大小按母线的成品质量以"t"为计量单位。

2)重型铝母线接触面加工可以按其接触面大小,分别以"片/单相"为计量单位。

(8)硬母线配置安装。硬母线配置安装预留长度按表4-47的规定计算。

表4-47　　　　硬母线配置安装预留长度　　　（单位：m/根）

序号	项目	预留长度	说明
1	带形、槽形母线终端	0.3	从最后一个支持点算起
2	带形、槽形母线与分支线连接	0.5	分支线预留
3	带形母线与设备连接	0.5	从设备端子接口算起
4	多片重型母线与设备连接	1.0	从设备端子接口算起
5	槽形母线与设备连接	0.5	从设备端子接口算起

2. 相关说明

(1)母线安装定额不包括支架、铁构件的制作、安装,发生时执行相应定额。

(2)软母线、带形母线、槽形母线的安装定额内不包括母线、金具、绝缘子等主材,具体可按设计数量加损耗计算。

(3)组合软导线安装定额不包括两端铁构件制作、安装和支持瓷瓶、带形母线的安装,发生时应执行相应定额。其跨距是按标准跨距综合考虑的,如实际跨距与定额不符时不作换算。

(4)软母线安装定额是按单串绝缘子考虑的,如设计为双串绝缘子,其定额人工乘以系数1.08。

(5)软母线的引下线、跳线、设备连线均按导线截面分别执行定额。不区分引下线、跳线和设备连线。

(6)带形钢母线安装执行铜母线安装定额。

(7)带形母线伸缩节头和铜过渡板均按成品考虑,定额只考虑安装。

(8)带形母线、槽形母线安装均不包括支持瓷瓶安装和钢构件配置安装,其工程量应分别按设计成品数量执行相应定额。

(9)高压共箱母线和低压封闭式插接母线槽均按制造厂供应的成品

考虑,定额只包含现场安装。封闭式插接母线槽在竖井内安装时,人工和机械乘以系数 2.0。

四、控制设备及低压电器安装工程工程量计算

1. 工程量计算规则

(1)通用规则。控制设备及低压电器安装均以"台"为计量单位。以上设备安装均未包括基础槽钢、角钢的制作安装,其工程量应按相应定额另行计算。

(2)构件制作安装。

1)铁构件制作安装均按施工图设计尺寸,以成品质量"kg"为计量单位。

2)网门、保护网制作安装,按网门或保护网设计图示的框外围尺寸,以"m^2"为计量单位。

3)配电板制作安装及包铁皮,按配电板图示外形尺寸,以"m^2"为计量单位。

(3)配线。

1)盘柜配线分不同规格,以"m"为计量单位。

2)盘、箱、柜的外部进出线预留长度按表 4-48 计算。

表 4-48　　　　盘、箱、柜的外部进出线预留长度　　　　(单位:m/根)

序号	项　目	预留长度	说　明
1	各种箱、柜、盘、板、盒	高+宽	盘面尺寸
2	单独安装的铁壳开关、自动开关、刀开关、启动器、箱式电阻器、变阻器	0.5	从安装对象中心算起
3	继电器、控制开关、信号灯、按钮、熔断器等小电器	0.3	从安装对象中心算起
4	分支接头	0.2	分支线预留

3)焊(压)接线端子定额只适用于导线。电缆终端头制作安装定额中已包括压接线端子,不得重复计算。

4)端子板外部接线按设备盘、箱、柜、台的外部接线图计算,以"个/头"

为计量单位。

5)盘、柜配线定额只适用于盘上小设备元件的少量现场配线，不适用于工厂的设备修、配、改工程。

2. 相关说明

（1）控制设备及低压电器安装定额包括电气控制设备、低压电器的安装，盘、柜配线，焊（压）接线端子，穿通板的制作、安装，基础槽、角钢及各种铁构件、支架的制作、安装。

（2）控制设备安装，除限位开关及水位电气信号装置外，其他均未包括，在支架制作、安装发生时可执行相应定额。

（3）控制设备安装未包括的工作内容。

1) 二次喷漆及喷字；

2) 电器及设备干燥；

3) 焊、压接线端子；

4) 端子板外部（二次）接线。

（4）屏上辅助设备安装，包括标签框、光字牌、信号灯、附加电阻、连接片等，但不包括屏上开孔工作。

（5）设备的补充油按设备考虑。

（6）各种铁构件制作，均不包括镀锌、镀锡、镀铬、喷塑等其他金属防护费用，发生时应另行计算。

（7）轻型铁构件是指结构厚度在 3mm 以内的构件。

（8）铁构件制作、安装定额适用于定额范围内的各种支架、构件的制作、安装。

五、蓄电池安装工程工程量计算

1. 工程量计算规则

（1）铅酸蓄电池安装。铅酸蓄电池是指电极由铅及氧化锡制成，电解液是硫酸溶液的一种蓄电池。根据铅酸电池的结构与用途可将其分为启动用铅酸蓄电池、动力用铅酸蓄电池、固定型阀控密封式铅酸蓄电池和其他用途的铅酸蓄电池（包括小型阀控密封式铅酸蓄电池、矿灯用铅酸蓄电池）等。

铅酸蓄电池安装，按容量大小以单体蓄电池"个"为计量单位，按施工图设计的数量计算工程量。定额内已包括了电解液的材料消耗，执行时不得调整。

(2) 碱性蓄电池安装。碱性蓄电池是指电解液是碱性溶液的一种蓄电池。碱性蓄电池具有体积小、机械强度高、工作电压平稳、能大电流放电、使用寿命长和宜于携带等特点。根据其极板活性物质材料的不同，可分为锌银蓄电池、铁镍蓄电池、镉镍蓄电池等系列。

碱性蓄电池的安装按容量大小以单体蓄电池"个"为计量单位，按施工图设计的数量计算工程量。定额内包括了电解液的材料消耗，执行时不得调整。

(3) 免维护蓄电池安装。免维护蓄电池由于自身结构上的优势，电解液的消耗量非常小，在使用寿命内基本不需要补充蒸馏水。另外，免维护蓄电池还具有耐震、耐高温、体积小、自放电小的特点。

免维护蓄电池安装以"组件"为计量单位。其具体计算方式如下例：
某项工程设计一组蓄电池为 220V/500A·h，由 18 个 12V 的组件组成，则工程量为 18 组件。

(4) 蓄电池充放电。蓄电池充放电按不同容量以"组"为计量单位。

2. 相关说明

(1) 蓄电池安装定额适用于 220V 以下各种容量的碱性和酸性固定型蓄电池及其防震支架安装、蓄电池充放电。

(2) 蓄电池防震支架按随设备供货考虑，安装按地坪打眼装膨胀螺栓固定。

(3) 蓄电池电极连接条、紧固螺栓、绝缘垫，均按设备自带考虑。

(4) 定额中不包括蓄电池抽头连接用电缆及电缆保护管的安装，发生时应执行相应项目。

(5) 碱性蓄电池补充电解液由厂家随设备供货。铅酸蓄电池的电解液已包括在定额内，不另行计算。

(6) 蓄电池充放电电量已计入定额，不论酸性、碱性电池均按其电压和容量执行相应项目。

六、电机工程工程量计算

1. 工程量计算规则

(1) 相关概念。

1) 电机。电机是发电机和电动机的统称。

2) 发电机。发电机是指将机械能转变成电能的电机。通常由汽轮机、水轮机或内燃机驱动。小型发电机也有用风车或其他机械经齿轮或皮带驱动的。发电机分为直流发电机和交流发电机两大类。交流发电机又可分为同步发电机和异步发电机两种。

3) 直流电动机。直流电动机就是将直流电能转换成机械能的电机。

4) 普通交流同步电动机。普通交流同步电动机一般包括永磁同步电动机、磁阻同步电动机和磁滞同步电动机三种。

① 永磁同步电动机。永磁同步电动机能够在石油、煤矿等比较恶劣的工作环境下运行。

② 磁阻同步电动机。磁阻同步电动机也称反应式同步电动机,是利用转子交轴和直轴磁阻不等而产生磁阻转矩的同步电动机。

③ 磁滞同步电动机。磁滞同步电动机是利用磁滞材料产生磁滞转矩而工作的同步电动机。主要分为内转子式磁滞同步电动机、外转子式磁滞同步电动机和单相罩极式磁滞同步电动机。

5) 交流变频调速电动机。交流变频调速电动机是通过改变电源的频率来改变交流电动机转速的电机。

6) 微型电机。微型电机指的是体积、容量较小,输出功率一般在数百瓦以下的电机和用途、性能及环境条件要求特殊的电机。

7) 电动机组。电动机组是指承担不同工艺任务且具有连锁关系的多台电动机的组合。

(2) 电机工程工程量计算应按如下规则进行:

1) 发电机、调相机、电动机的电气检查接线,均以"台"为计量单位。直流发电机组和多台一串的机组,按单台电机分别执行定额。

2) 电机检查接线定额,除发电机和调相机外,均不包括电机干燥,发生时其工程量应按电机干燥定额另行计算。电机干燥定额是按一次干燥所需的工、料、机消耗量考虑,在特别潮湿的地方,电机需要进行多次干燥,应按实际干燥次数计算。在气候干燥、电机绝缘性能良好、符合技术标准而不需要干燥时,则不计算干燥费用。实行包干的工程,可参照以下比例,由有关各方协商而定:

① 低压小型电机 3kW 以下,按 25% 的比例考虑干燥;

② 低压小型电机 3~220kW,按 30%~50% 的比例考虑干燥;

③ 大中型电机按 100% 的比例考虑一次干燥。

3) 电机解体检查定额,应根据需要选用。如不需要解体时,可只执行电机检查接线定额。

4) 电机定额的界线划分：单台电机质量在 3t 以下的为小型电机；单台电机质量在 3～30t 的为中型电机；单台电机质量在 30t 以上的为大型电机。

5) 小型电机按电机类别和功率大小执行相应定额，大、中型电机不分类别一律按电机质量执行相应定额。

6) 与机械同底座的电机和装在机械设备上的电机安装，执行全统定额《机械设备安装工程》的电机安装定额；独立安装的电机，执行电机安装定额。

2. 相关说明

(1) 小型电机检查接线定额，适用于同功率的小型发电机和小型电动机的检查接线，定额中的电机功率指电机的额定功率。

(2) 直流发电机组和多台一串的机组，可按单台电机分别执行相应定额。

(3) 微型电机分为三类：驱动微型电机（分马力电机）是指微型异步电动机、微型同步电动机、微型交流换向器电动机、微型直流电动机等；控制微型电机指自整角机、旋转变压器、交直流测速发电机、交直流伺服电动机、步进电动机、力矩电动机等；电源微型电机指微型电动发电机组和单枢变流机等。其他小型电机（凡功率在 0.75kW 以下的电机）均执行微型电机定额，但一般民用小型交流电风扇安装另执行风扇安装定额。

(4) 各类电机的检查接线定额均不包括控制装置的安装和接线。

(5) 电机的接地线材质至今在技术规范中尚无新规定，定额中仍是沿用镀锌扁钢（—25×4）来编制的，如采用铜接地线时，主材（导线和接头）应更换，但安装人工和机械不变。

(6) 电机安装执行全统定额《机械设备安装工程》的电机安装定额，其电机的检查接线和干燥执行上述相关要求。

(7) 各种电机的检查接线，规范要求均需配有相应的金属软管，如设计有规定的，按设计规格和数量计算。比如设计要求用包塑金属软管、阻燃金属软管或采用铝合金软管接头等，均按设计计算。设计没有规定时，平均每台电机配金属软管 1～1.5m（平均按 1.25m）。电机的电源线为导线时，应执行压（焊）接线端子定额。

七、滑触线装置安装工程工程量计算

1. 工程量计算规则

(1) 起重机上的电气设备、照明装置和电缆管线等的安装，均执行相应定额。

(2) 滑触线安装以"m/单相"为计量单位，其附加和预留长度按

第四章 电气工程定额计价

表4-49的规定计算。

表4-49　　　　滑触线安装的附加和预留长度　　　（单位：m/根）

序号	项目	预留长度	说明
1	圆钢、铜母线与设备连接	0.2	从设备接线端子接口起算
2	圆钢、铜滑触线终端	0.5	从最后一个固定点起算
3	角钢滑触线终端	1.0	从最后一个支持点起算
4	扁钢滑触线终端	1.3	从最后一个固定点起算
5	扁钢母线分支	0.5	分支线预留
6	扁钢母线与设备连接	0.5	从设备接线端子接口起算
7	轻轨滑触线终端	0.8	从最后一个支持点起算
8	安全节能及其他滑触线终端	0.5	从最后一个固定点起算

2. 相关说明

(1)起重机的电气装置是按未经生产厂家成套安装和试运行考虑，因此起重机的电机和各种开关、控制设备、管线及灯具等，均按分部分项定额编制预算。

(2)滑触线支架的基础铁件及螺栓，按土建预埋考虑。

(3)滑触线及支架的油漆，均按涂一遍考虑。

(4)移动软电缆敷设未包括轨道安装及滑轮制作。

(5)滑触线的辅助母线安装，执行"车间带形母线"安装定额。

(6)滑触线伸缩器和坐式电车绝缘子支持器的安装，已分别包括在"滑触线安装"和"滑触线支架安装"定额内，不另行计算。

(7)滑触线及支架安装是按10m以下标高考虑的，如超过10m时，按定额说明的超高系数计算。

(8)铁构件制作，执行相应项目。

八、电缆安装工程工程量计算

1. 工程量计算规则

(1)基础工程。

1)直埋电缆的挖、填土(石)方，除特殊要求外，可按表4-50计算土方量。

表 4-50　　　　　　　直埋电缆的挖、填土(石)方量

项　目	电 缆 根 数	
	1~2	每增一根
每米沟长挖方量(m³)	0.45	0.153

注：1. 两根以内的电缆沟,是按上口宽度 600mm、下口宽度 400mm、深度 900mm 计算的常规土方量(深度按规范的最低标准)。

2. 每增加一根电缆,其宽度增加 170mm。

3. 以上土方量是按埋深从自然地坪起算,如设计埋深超过 900mm 时,多挖的土方量应另行计算。

2)电缆沟盖板揭、盖定额,按每揭或每盖一次以延长米计算,如又揭又盖,则按两次计算。

(2)电缆保护管敷设。在建筑电气工程中,电缆保护管的使用范围包括:电缆进入建筑物、隧道,穿过楼板或墙壁的地方及电缆埋设在室内地下时需穿保护管;电缆从沟道引至电杆、设备,或者室内行人容易接近的地方,距地面高度 2m 以下的一段电缆需装设保护管;电缆敷设于道路下面或横穿道路时需穿管敷设;从桥架上引出的电缆,或者装设桥架有困难及电缆比较分散的地方,均采用在保护管内敷设电缆。

目前,常使用的电缆保护管种类有:钢管、铸铁管、硬质聚氯乙烯管、陶土管、混凝土管、石棉水泥管等。

电缆保护管敷设工程量计算按下列规则进行：

1)电缆保护管长度,除按设计规定长度计算外,遇有下列情况,应按以下规定增加保护管长度：

①横穿道路,按路基宽度两端各增加 2m;

②垂直敷设时,管口距地面增加 2m;

③穿过建筑物外墙时,按基础外缘以外增加 1m;

④穿过排水沟时,按沟壁外缘以外增加 1m。

2)电缆保护管埋地敷设,其土方量凡有施工图注明的,按施工图计算;无施工图的,一般按沟深 0.9m,沟宽按最外边的保护管两侧边缘外各增加 0.3m 工作面计算。

(3)电缆敷设。电缆包括电力电缆和控制电缆。电力电缆一般包括油浸纸绝缘电力电缆、聚氯乙烯绝缘及保护电力电缆、橡胶绝缘电力电缆和交联聚乙烯绝缘聚氯乙烯护套电力电缆;控制电缆用于连接电气仪表、

第四章 电气工程定额计价

继电保护和自动控制等回路,属低压电缆,运行电压一般为交流500V或直流1000V以下,电流不大,而且是间断性负荷,均为多芯电缆。

电缆敷设工程量计算应按下列规则进行:

1)电缆敷设按单根以延长米计算,一个沟内(或架上)敷设3根各长100m的电缆,应按300m计算,以此类推。

2)电缆敷设长度应根据敷设路径的水平和垂直敷设长度,按表4-51的规定增加附加长度。

表4-51　　　　　　　电缆敷设的附加长度

序号	项　目	预留长度（附加）	说　明
1	电缆敷设松弛度、波形弯度、交叉	2.5%	按电缆全长计算
2	电缆进入建筑物	2.0m	规范规定最小值
3	电缆进入沟内或吊架时引上(下)预留	1.5m	规范规定最小值
4	变电所进线、出线	1.5m	规范规定最小值
5	电力电缆终端头	1.5m	检修余量最小值
6	电缆中间接头盒	两端各留2.0m	检修余量最小值
7	电缆进控制屏、保护屏及模拟盘等	高+宽	按盘面尺寸
8	高压开关柜及低压配电盘、箱	2.0m	盘下进出线
9	电缆至电动机	0.5m	从电机接线盒起算
10	厂用变压器	3.0m	从地坪起算
11	电缆绕过梁柱等增加长度	按实计算	按被绕物的断面情况计算增加长度
12	电梯电缆与电缆架固定点	每处0.5m	规范最小值

注:电缆附加及预留的长度是电缆敷设长度的组成部分,应计入电缆长度工程量之内。

3)电缆终端头及中间头均以"个"为计量单位。电力电缆和控制电缆均按一根电缆有两个终端头考虑。中间电缆头设计有图示的,按设计确定;设计没有规定的,按实际情况计算(或按平均250m一个中间头考虑)。

4)电缆敷设应按定额说明的综合内容范围计算。

(4)电缆桥架安装。电缆桥架一般是由直线段、弯通、桥架附件和支、吊架四部分组成。根据电缆桥架的结构形式可将其划分梯架式、托盘式和线槽式三种。电缆桥架安装的工程量计算规则如下:

1)电缆桥架安装以"10m"为计量单位。
2)电缆桥架安装应按定额说明的综合内容范围计算。
2. 相关说明
(1)电缆敷设定额适用于10kV以下的电力电缆和控制电缆敷设。定额是按平原地区和厂内电缆工程的施工条件编制的,未考虑在积水区、水底、井下等特殊条件下的电缆敷设。

(2)电缆在一般山地、丘陵地区敷设时,其定额人工乘以系数1.3。该地段所需的施工材料如固定桩、夹具等按实另计。

(3)电缆敷设定额未考虑因波形敷设增加长度、弛度增加长度、电缆绕梁(柱)增加长度以及电缆与设备连接、电缆接头等必要的预留长度,该增加长度应计入工程量之内。

(4)这里的电力电缆头定额均按铝芯电缆考虑,铜芯电力电缆头按同截面电缆头定额乘以系数1.2,双屏蔽电缆头制作、安装,人工乘以系数1.05。

(5)电力电缆敷设定额均按三芯(包括三芯连地)考虑,五芯电力电缆敷设定额乘以系数1.3,六芯电力电缆敷设定额乘以系数1.6,每增加一芯定额增加30%,以此类推。单芯电力电缆敷设按同截面电缆定额乘以系数0.67。截面400~800mm^{2}的单芯电力电缆敷设,按400mm^{2}电力电缆定额执行。240mm^{2}以上的电缆头的接线端子为异型端子,需要单独加工,应按实际加工价计算(或调整定额价格)。

(6)电缆沟挖填方定额亦适用于电气管道沟等的挖填方工作。

(7)桥架安装。

1)桥架安装包括运输、组合、螺栓或焊接固定、弯头制作、附件安装、切割口防腐、桥式或托板式开孔、上管件隔板安装、盖板及钢制梯式桥架盖板安装。

2)桥架支撑架定额适用于立柱、托臂及其他各种支撑架的安装。定额已综合考虑了采用螺栓、焊接和膨胀螺栓三种固定方式。实际施工中,不论采用何种固定方式,定额均不做调整。

3)玻璃钢梯式桥架和铝合金梯式桥架定额均按不带盖考虑。如这两种桥架带盖,则分别执行玻璃钢槽式桥架定额和铝合金槽式桥架定额。

4)钢制桥架主结构设计厚度大于3mm时,定额人工、机械乘以系数1.2。

5)不锈钢桥架按钢制桥架定额乘以系数1.1。

(8)全统定额中电缆敷设是综合定额,已将裸包电缆、铠装电缆、屏蔽电缆等因素考虑在内。因此,凡10kV以下的电力电缆和控制电缆均不分结构形式和型号,一律按相应的电缆截面和芯数执行相应定额。

(9)电缆敷设定额及其相配套的定额中均未包括主材(又称装置性材料),另按设计和工程量计算规则加上定额规定的损耗率计算主材费用。

(10)ϕ100以下的电缆保护管敷设执行配管配线有关定额。

(11)电缆安装定额未包括的工作内容:

1)隔热层、保护层的制作、安装;

2)电缆冬期施工的加温工作和在其他特殊施工条件下的施工措施费和施工降效增加费。

九、防雷与接地装置制作安装工程量计算

1. 工程量计算规则

(1)接地装置。接地装置宜用钢材制作,在腐蚀性较强的场所,应采用热镀锌的钢接地体或适当加大截面,接地装置的导体截面按符合热稳定性和机械强度的要求应不小于表4-52中所列数值。

表4-52　　　　　　　钢接地体和接地线的最小规格

种类规格及单位		地　上		地　下
		室　内	室　外	
圆钢直径/mm		5	6	8 (10)
扁钢	截面/mm²	24	48	48
	厚度/mm	3	4	4 (6)
角钢厚度/mm		2	2.5	4 (6)
钢管管壁厚度/mm		2.5	2.5	3.5 (4.5)

注:1. 表中括号内的数值指直流电力网中经常流过电流的接地线和接地体的最小规格。

2. 电力线路杆塔的接地体引出线的截面不应小于50mm²,引出线应热镀锌。

接地装置工程量计算应符合下列规则:

1)接地极制作安装以"根"为计量单位,其长度按设计长度计算。设计无

规定时,每根长度按 2.5m 计算。设计有管帽时,管帽另按加工件计算。

2)接地母线敷设,按设计长度以"m"为计量单位计算工程量。接地母线、避雷线敷设,均按延长米计算,其长度按施工图设计水平和垂直规定长度另加 3.9% 的附加长度(包括转弯、上下波动、避绕障碍物、搭接头所占长度)计算。计算主材费时应另增加规定的损耗率。

3)接地跨接线以"处"为计量单位。按规程规定,凡需接地跨接线的工程内容,每跨接一次按一处计算。户外配电装置构架均需接地,每副构架按"一处"计算。

4)利用建筑物内主筋作接地引下线安装,以"10m"为计量单位,每根柱子内按焊接两根主筋考虑。如果焊接主筋数超过两根时,可按比例调整。

5)断接卡子制作安装以"套"为计量单位,按设计规定装设的断接卡子数量计算。接地检查井内的断接卡子安装按每井一套计算。

6)高层建筑物屋顶的防雷接地装置应执行"避雷网安装"定额,电缆支架的接地线安装应执行"户内接地母线敷设"定额。

7)均压环敷设以"m"为单位计算,主要考虑利用圈梁内主筋作均压环接地连线,焊接按两根主筋考虑。超过两根时,可按比例调整。长度按设计需要做均压接地的圈梁中心线长度,以延长米计算。

8)钢、铝窗接地以"处"为计量单位(高层建筑六层以上的金属窗设计一般要求接地),按设计规定接地的金属窗数进行计算。

9)柱子主筋与圈梁连接以"处"为计量单位,每处按两根主筋与两根圈梁钢筋分别焊接连接考虑。如果焊接主筋和圈梁钢筋超过两根时,可按比例调整;需要连接的柱子主筋和圈梁钢筋"处"数按设计规定计算。

(2)避雷装置。避雷装置通常分为接闪器(避雷针、避雷带、避雷网等)、电源避雷器、信号型避雷器(多用于计算机网络系统)和天馈线避雷器(多用于有发射机天线系统和接收无线电信号设备系统)。

避雷针的加工制作、安装,以"根"为计量单位,独立避雷针安装以"基"为计量单位。长度、高度、数量均按设计规定。独立避雷针的加工制作应执行"一般铁件"制作定额或按成品计算。

(3)半导体少长针消雷设置。半导体少长针消雷装置是半导体少长针消雷针组、引下线及接地装置的总和。

半导体少长针消雷装置适用于可能有直雷直接侵入的电子设备(例如广播电视塔、微波通信塔以及信号接收塔等,受雷直击时,直击雷会沿

第四章 电气工程定额计价

天馈线直接侵入电子设备);内部有重要的电气设备的建(构)筑物;易燃、易爆场所;多雷区或易击区的露天施工工地或作业区;避雷针的保护范围难以覆盖的设施;多雷区或易击区的35~500kV架空输电线路以及发电厂、变电所(站)等场所。

半导体少长针消雷装置安装以"套"为计量单位,按设计安装高度分别执行相应定额。装置本身由设备制造厂成套供货。

2. 相关说明

(1)防雷与接地装置制作安装定额适用于建筑物、构筑物的防雷接地,变配电系统接地、设备接地以及避雷针的接地装置。

(2)户外接地母线敷设定额是按自然地坪和一般土质综合考虑的,包括地沟的挖填土和夯实工作,执行定额时不应再计算土方量。如遇有石方、矿渣、积水、障碍物等情况时可另行计算。

(3)防雷与接地装置安装定额不适于采用爆破法施工敷设接地线、安装接地极,也不包括高土壤电阻率地区采用换土或化学处理的接地装置及接地电阻的测定工作。

(4)防雷与接地装置安装定额中,避雷针的安装、半导体少长针消雷装置安装,均已考虑了高空作业的因素。

(5)独立避雷针的加工制作执行"一般铁构件"制作定额。

(6)防雷均压环安装定额是按利用建筑物圈梁内主筋作为防雷接地连接线考虑的。如果采用单独扁钢或圆钢明敷作均压环时,可执行"户内接地母线敷设"定额。

(7)利用铜绞线作接地引下线时,配管、穿铜绞线执行定额中同规格的相应项目。

十、10kV以下架空配电线路工程工程量计算

1. 工程量计算规则

(1)电杆组立。电杆组立是电力线路架设中的关键环节,电杆组立的形式有两种,一种是整体起立,另一种是分解起立。其中整体起立大部分组装工作可在地面进行,高空作业量相对较少;而分解起立一般先立杆,再登杆进行铁件等的组装。

电杆组立的工程量计算应符合下列规则:

1)工地运输是指定额内未计价材料从集中材料堆放点或工地仓库运至杆位上的工程运输,分人力运输和汽车运输,以"吨·千米(t·km)"为

计量单位。

工程运输量计算公式如下：

$$工程运输量 = 施工图用量 \times (1 + 损耗率)$$

$$预算运输质量 = 工程运输量 + 包装物质量（不需要包装的可不计算包装物质量）$$

2）无底盘、卡盘的电杆坑，其挖方体积为

$$V = 0.8 \times 0.8 \times h$$

式中　h——坑深(m)。

3）电杆坑的马道土、石方量按每坑 $0.2m^3$ 计算。

4）施工操作裕度按底拉盘底宽每边增加 0.1m。

5）各类土质的放坡系数按表 4-53 计算。

表 4-53　　　　　　各类土质的放坡系数

土　　质	普通土、水坑	坚　　土	松砂石	泥水、流砂、岩石
放坡系数	1∶0.3	1∶0.25	1∶0.2	不放坡

6）冻土厚度大于 300mm 时，冻土层的挖方量按挖坚土定额乘以系数 2.5。其他土层仍按土质性质执行定额。

7）土方量计算公式为：

$$V = \frac{h}{6[ab + (a+a_1)(b+b_1) + a_1 b_1]}$$

式中　V——土(石)方体积(m^3)；

h——坑深(m)；

$a(b)$——坑底宽(m)，$a(b)$ = 底拉盘底宽 + 2 × 每边操作裕度；

$a_1(b_1)$——坑口宽(m)，$a_1(b_1)$ = $a(b)$ + 2h × 边坡系数。

8）杆坑土质按一个坑的主要土质而定。如一个坑大部分为普通土，少量为坚土，则该坑应全部按普通土计算。

9）带卡盘的电杆坑，如原计算的尺寸不能满足卡盘安装时，因卡盘超长而增加的土(石)方量另计。

10）底盘、卡盘、拉线盘按设计用量以"块"为计量单位。

11）杆塔组立，分别杆塔形式和高度，按设计数量以"根"为计量单位。

12）拉线制作安装按施工图设计规定，分别不同形式，以"组"为计量单位。

13）横担安装按施工图设计规定，分不同形式和截面，以"根"为计量单位,定额按单根拉线考虑。若安装 V 形、Y 形或双拼形拉线时,按 2 根计算。拉线长度按设计全根长度计算,设计无规定时可按表 4-54 计算。

表 4-54 拉线长度 (单位:m/根)

项目		普通拉线	V(Y)形拉线	双拼形拉线
杆高(m)	8	11.47	22.94	9.33
	9	12.61	25.22	10.10
	10	13.74	27.48	10.92
	11	15.10	30.20	11.82
	12	16.14	32.28	12.62
	13	18.69	37.38	13.42
	14	19.68	39.36	15.12
水平拉线		26.47	—	—

(2)导线架设。导线架设是将金属导线按设计要求,敷设在已组立好的线路杆塔上。主要有放线前的准备工作、放线、连接、紧线等工序。

导线架设的工程量计算按如下规则进行:

1)导线架设,分别导线类型和不同截面以"km/单线"为计量单位计算。导线预留长度按表 4-55 的规定计算。

表 4-55 导线预留长度 (单位:m/根)

项目名称		长度
高压	转角	2.5
	分支、终端	2.0
低压	分支、终端	0.5
	交叉跳线转角	1.5
与设备连线		0.5
进户线		2.5

导线长度按线路总长度和预留长度之和计算。计算主材费时应另增加规定的损耗率。

2)导线跨越架设,包括越线架的搭拆和运输,以及因跨越(障碍)施工难度增加而增加的工作量,以"处"为计量单位。每个跨越间距按 50m 以内考虑,大于 50m 而小于 100m 时按 2 处计算,以此类推。在计算架线工程量时,不扣除跨越档的长度。

3)杆上变配电设备安装以"台"或"组"为计量单位,定额内包括杆和钢支架及设备的安装工作。但钢支架主材、连引线、线夹、金具等应按设计规定另行计算,设备的接地安装和调试应按相应定额另行计算。

2. 相关说明

(1)定额按平地施工条件考虑,如在其他地形条件下施工时,其人工和机械按表 4-56 的地形系数予以调整。

表 4-56　　　　　　　　　　地形系数

地形类别	丘陵(市区)	一般山地、泥沼地带
调整系数	1.20	1.60

(2)地形划分的特征。

1)平地:地形比较平坦、地面比较干燥的地带。

2)丘陵:地形有起伏的矮岗、土丘等地带。

3)一般山地:一般山岭或沟谷地带、高原台地等。

4)泥沼地带:经常积水的田地或泥水淤积的地带。

(3)预算编制中,全线地形分几种类型时,可按各种类型长度所占百分比求出综合系数进行计算。

(4)土质分类。

1)普通土:种植土、黏(砂)土、黄土和盐碱土等,主要指利用锹、铲即可挖掘的土质。

2)坚土:土质坚硬难挖的红土、板状黏土、重块土、高岭土,必须用铁镐、条锄挖松,再用锹、铲挖掘的土质。

3)松砂石:碎石、卵石和土的混合体,各种不坚实砾岩、页岩、风化岩,节理和裂缝较多的岩石等(不需用爆破方法开采),需要镐、撬棍、大锤、楔子等工具配合才能挖掘者。

4)岩石:一般为坚实的粗花岗岩、白云岩、片麻岩、玢岩、石英岩、大理岩、石灰岩、石灰质胶结的密实砂岩的石质,不能用一般挖掘工具进行开挖,必须采用打眼、爆破或打凿才能开挖者。

5)泥水:坑的周围经常积水,坑的土质松散,如淤泥和沼泽地等挖掘时因水渗入和浸润而成泥浆,容易坍塌,需用挡土板和适量排水才能施工者。

6)流砂:坑的土质为砂质或分层砂质,挖掘过程中砂层有上涌现象,容易坍塌,挖掘时需排水和采用挡土板才能施工者。

(5)主要材料运输质量的计算按表4-57规定执行。

表4-57　　　　　主要材料运输质量的计算　　　　　(单位:kg)

材　料　名　称		运输质量	备　注
混凝土制品	人工浇制	2600	包括钢筋
	离心浇制	2860	包括钢筋
线　　材	导　线	$m \times 1.15$	有线盘
	钢绞线	$m \times 1.07$	无线盘
木杆材料		450	包括木横担
金具、绝缘子		$m \times 1.07$	—
螺　栓		$m \times 1.01$	—

注:1. m 为理论质量。

2. 未列人者均按净重计算。

(6)线路一次施工工程量按5根以上电杆考虑;5根以内者,其全部人工、机械乘以系数1.3。

(7)如果出现钢管杆的组立,按同高度混凝土杆组立的人工、机械乘以系数1.4,材料不调整。

(8)导线跨越架设。

1)每个跨越间距均按50m以内考虑,大于50m而小于100m时,按2处计算,以此类推。

2)在同跨越档内,有多种(或多次)跨越物时,应根据跨越物种类分别执行相应定额。

3)跨越定额仅考虑因跨越而多耗的人工、机械台班和材料,在计算架线工程量时,不扣除跨越档的长度。

(9)杆上变压器安装不包括变压器调试、抽芯、干燥工作。

十一、电气调整试验工程工程量计算

1. 工程量计算规则

(1)电气调试系统。

1)电气调试系统的划分以电气原理系统图为依据。电气设备元件的本体试验均包括在相应定额的系统调试之内,不得重复计算。绝缘子和电缆等单体试验,只在单独试验时使用。在系统调试定额中,各工序的调试费用如需单独计算时,可按 4-58 所列比率计算。

表 4-58　　　　电气调试系统各工序的调试费用比率

比率(%) 项目 工序	发电机、调相机系统	变压器系统	送配电设备系统	电动机系统
一次设备本体试验	30	30	40	30
附属高压二次设备试验	20	30	20	30
一次电流及二次回路检查	20	20	20	20
继电器及仪表试验	30	20	20	20

2)电气调试所需的电力消耗已包括在定额内,一般不另计算。但10kW 以上电机及发电机的启动调试用的蒸汽、电力和其他动力能源消耗及变压器空载试运转的电力消耗,另行计算。

(2)送配电装置系统。送配电装置系统调试一般包括自动开关或断路器、隔离开关、常规保护装置、电测量仪表、电力电缆等一、二次回路系统等的调试。

送配电装置系统调试工程量计算应符合下列规则:

1)供电桥回路的断路器、母线分段断路器,均按独立的送配电装置系统计算调试费。

2)送配电装置系统调试是按一侧有一台断路器考虑的,若两侧均有断路器时,则应按两个系统计算。

3)送配电装置系统调试,适用于各种供电回路(包括照明供电回路)的系统调试。凡供电回路中带有仪表、继电器、电磁开关等调试元件的(不包括闸刀开关、保险器),均按调试系统计算。移动式电器和以插座连接的家电设备,经厂家调试合格、不需要用户自调的设备,均不应计算调试费用。

(3)电力变压器系统。电力变压系统调试一般包括变压器、断路器、互感器、隔离开关、风冷及油循环冷却系统电气装置、常规保护装置等一、二次回路的调试及空投试验等。

电力变压器系统调试工程量计算规则如下:

1)变压器系统调试,以每个电压侧有 1 台断路器为准。多于 1 个断路器的,按相应电压等级送配电装置系统调试的相应定额另行计算。

2)干式变压器、油浸电抗器调试,执行相应容量变压器调试定额,乘以系数0.8。

(4)特殊保护装置系统。特殊保护装置系统调试一般包括保护装置本体及二次回路的调整试验。

特殊保护装置,均以构成1个保护回路为1套,其工程量计算规定如下(特殊保护装置未包括在各系统调试定额之内,应另行计算):

1)发电机转子接地保护,按全厂发电机共用1套考虑。

2)距离保护,按设计规定所保护的送电线路断路器台数计算。

3)高频保护,按设计规定所保护的送电线路断路器台数计算。

4)零序保护,按发电机、变压器、电动机的台数或送电线路断路器的台数计算。

5)故障录波器的调试,以1块屏为1套系统计算。

6)失灵保护,按设置该保护的断路器台数计算。

7)失磁保护,按所保护的电机台数计算。

8)变流器的断线保护,按变流器台数计算。

9)小电流接地保护,按装设该保护的供电回路断路器台数计算。

10)保护检查及打印机调试,按构成该系统的完整回路为1套计算。

(5)自动装置及信号系统调试。自动装置及信号系统调试,均包括继电器、仪表等元件本身和二次回路的调整试验。具体规定如下:

1)备用电源自动投入装置,按连锁机构的个数确定备用电源自投装置系统数。1个备用厂用变压器,作为三段厂用工作母线备用的厂用电源,计算备用电源自动投入装置调试时,应为3个系统。装设自动投入装置的两条互为备用的线路或两台变压器,计算备用电源自动投入装置调试时,应为2个系统。备用电动机自动投入装置亦按此计算;

2)线路自动重合闸调试系统,按采用自动重合闸装置的线路自动断路器的台数计算系统数;

3)自动调频装置的调试,以1台发电机为1个系统;

4)同期装置调试,按设计构成1套能完成同期并车行为的装置为1个系统计算;

5)蓄电池及直流监视系统调试,1组蓄电池按1个系统计算;

6)事故照明切换装置调试,按设计能完成交直流切换的1套装置为

1个调试系统计算；

7) 周波减负荷装置调试,凡有一个周率继电器,不论带几个回路,均按一个调试系统计算；

8) 变送器屏以屏的个数计算；

9) 中央信号装置调试,按每一个变电所或配电室为1个调试系统计算工程量。

(6) 接地网的调试。

1) 接地网接地电阻的测定。一般的发电厂或变电站连为一体的母网,按1个系统计算；自成母网不与厂区母网相连的独立接地网,另按一个系统计算。大型建筑群各有自己的接地网(接地电阻值设计有要求),虽然在最后也将各接地网联在一起,但应按各自的接地网计算,不能作为1个网,具体应按接地网的试验情况而定。

2) 避雷针接地电阻的测定。每一避雷针均有单独接地网(包括独立的避雷针、烟囱避雷针等)时,均按一组计算。

3) 独立的接地装置按组计算。如一台柱上变压器有1个独立的接地装置,即按1组计算。

(7) 避雷器、电容器的调试。避雷器、电容器的调试,按每三相为1组计算,单个装设的亦按1组计算。上述设备如设置在发电机、变压器、输、配电线路的系统或回路内,仍应按相应定额另外计算调试费用。

(8) 高压电气除尘系统调试。高压电气除尘系统调试,按1台升压变压器、1台机械整流器及附属设备为1个系统计算,分别按除尘器范围(m^2) 执行定额。

(9) 硅整流装置调试。硅整流装置调试,按1套硅整流装置为1个系统计算。

(10) 普通电动机调试。普通电动机的调试,分别按电机的控制方式、功率、电压等级,以"台"为计量单位。

(11) 可控硅调速直流电动机调试。可控硅调速直流电动机调试以"系统"为计量单位,其调试内容包括可控硅整流装置系统和直流电动机控制回路系统两个部分的调试。

(12) 交流变频调速电动机调试。交流变频调速电动机调试以"系统"为计量单位。其调试内容包括变频装置系统和交流电动机控制回路系统两个部分的调试。

(13) 微型电机调试。微型电机指功率在 0.75kW 以下的电机调试，不分类别，一律执行微型电机综合调试定额，以"台"为计量单位。电机功率在 0.75kW 以上的电机调试，应按电机类别和功率分别执行相应的调试定额。

(14) 民用建筑电气系统调试。

1) 一般住宅、学校、办公楼、旅馆、商店等民用建筑电气工程的供电调试规定。

①配电室内带有调试元件的盘、箱、柜和带有调试元件的照明主配电箱，应按供电方式执行相应的"配电设备系统调试"定额。

②每个用户房间的配电箱(板)上虽装有电磁开关等调试元件，但如果生产厂家已按固定的常规参数调整好，不需要安装单位进行调试就可直接投入使用的，不得计取调试费用。

③民用电度表的调整校验属于供电部门的专业管理，一般皆由用户向供电局订购调试完毕的电度表，不得另外计算调试费用。

2) 高标准的高层建筑、高级宾馆、大会堂、体育馆等具有较高控制技术的电气工程(包括照明工程)，应按控制方式执行相应的电气调试定额。

2. 相关说明

(1) 定额内容包括电气设备的本体试验和主要设备的分系统调试。成套设备的整套启动调试按专业定额另行计算。主要设备的分系统内所含的电气设备元件的本体试验已包括在该分系统调试定额之内。如变压器的系统调试中已包括该系统中的变压器、互感器、开关、仪表和继电器等一、二次设备的本体调试和回路试验。绝缘子和电缆等单体试验，只在单独试验时使用，不得重复计算。

(2) 定额的调试仪表使用费是按"台班"形式表示的，与《全国统一安装工程施工仪器仪表台班费用定额》配套使用。

(3) 送配电设备调试中的 1kV 以下定额适用于所有低压供电回路，如从低压配电装置至分配电箱的供电回路，但从配电箱直接至电动机的供电回路已包括在电动机的系统调试定额内。送配电设备系统调试包括系统内的电缆试验、瓷瓶耐压等全套调试工作。供电桥回路中的断路器、母线分段断路器皆作为独立的供电系统计算，定额皆按一个系统一侧配一台断路器考虑的。若两侧皆有断路器时，则按两个系统计算。如果分配电箱内只有刀开关、熔断器等不含调试元件的供电回路，则不再作为调试系统计算。

(4) 由于电气控制技术的发展,原定额的成套电气装置(如桥式起重机电气装置等)的控制系统已发生了根本的变化,至今尚无统一的标准,故定额取消了原定额中的成套电气设备的安装与调试。起重机电气装置、空调电气装置、各种机械设备的电气装置,如堆取料机、装料车、推煤车等成套设备的电气调试,应分别按相应的分项调试定额执行。

(5) 定额不包括设备的烘干处理和设备本身缺陷造成的元件更换修理和修改,亦未考虑因设备元件质量低劣对调试工作造成的影响。定额是按新的合格设备考虑的,如遇以上情况时,应另行计算。经修配改或拆迁的旧设备调试,定额乘以系数 1.1。

(6) 定额只限电气设备自身系统的调整试验,未包括电气设备带动机械设备的试运工作,发生时应按专业定额另行计算。

(7) 调试定额不包括试验设备、仪器仪表的场外转移费用。

(8) 调试定额是按现行施工技术验收规范编制的,凡现行规范(指定额编制时的规范)未包括的新调试项目和调试内容均应另行计算。

(9) 调试定额已包括熟悉资料、核对设备、填写试验记录、保护整定值的整定和调试报告的整理工作。

(10) 电力变压器如有带负荷调压装置,调试定额乘以系数 1.12。三卷变压器、整流变压器、电炉变压器调试按同容量的电力变压器调试定额乘以系数 1.2。3~10kV 母线系统调试含 1 组电压互感器,1kV 以下母线系统调试定额不含电压互感器,适用于低压配电装置的各种母线(包括软母线)的调试。

十二、配管、配线工程工程量计算

1. 工程量计算规则

(1) 电气配管。电气配管主要指硬塑管、半硬塑管、薄壁管及厚壁管的敷设。其中,硬塑管适用于室内或有酸、碱等腐蚀介质的场所;半硬塑管适用于六层及六层以下的一般民用建筑照明工程;薄壁管通常用于干燥场所;厚壁管用于防爆场所。

电气配管工程量计算应符合下列规则:

1) 各种配管应区别不同敷设方式、敷设位置、管材材质、规格,以"延长米"为计量单位,不扣除管路中间的接线箱(盒)、灯头盒、开关盒所占长度。

第四章 电气工程定额计价

2)定额中未包括钢索架设及拉紧装置、接线箱(盒)、支架的制作安装,其工程量应另行计算。

(2)电气配线。电气配线时,电气线路与管道间最小距离见表4-59。

表 4-59　　　　　　　电气线路与管道间最小距离　　　　　(单位:mm)

管道名称	配线方式		穿管配线	绝缘导线明配线	裸导线配线
蒸汽管	平行	管道上	1000	1000	1500
		管道下	500	500	1500
	交叉		300	300	1500
暖气管、热水管	平行	管道上	300	300	1500
		管道下	200	200	1500
	交叉		100	100	1500
通风、给排水及压缩空气管	平行		100	200	1500
	交叉		50	100	1500

注:1. 对蒸汽管道,当在管外包隔热层后,上下平行距离可减至200mm。
　　2. 暖气管、热水管应设隔热层。
　　3. 对裸导线,应在裸导线处加装保护网。

电气配线工程量计算规则如下:

1)管内穿线的工程量,应区别线路性质、导线材质、导线截面,以单线"延长米"为计量单位计算。线路分支接头线的长度已综合考虑在定额中,不另行计算。

照明线路中的导线截面大于或等于 $6mm^2$ 时,应执行动力线路穿线相应项目。

2)线夹配线工程量,应区别线夹材质(塑料、瓷质)、线式(两线、三线)、敷设位置(在木、砖、混凝土结构)以及导线规格,以线路"延长米"为计量单位计算。

3)绝缘子配线工程量,应区别绝缘子形式(针式、鼓形、蝶式)、绝缘子配线位置(沿屋架、梁、柱、墙、跨屋架、梁、柱、木结构、顶棚内、砖、混凝土结构、沿钢支架及钢索)、导线截面积,以线路"延长米"为计量单位计算。

绝缘子暗配,引下线按线路支持点至天棚下缘距离的长度计算。

4)槽板配线工程量,应区别槽板材质(木质、塑料)、配线位置(在木、砖、混凝土结构)、导线截面、线式(二线、三线),以线路"延长米"为计量单位计算。

5)塑料护套线明敷工程量,应区别导线截面、导线芯数(二芯、三芯)、敷设位置(在木、砖、混凝土结构,沿钢索),以单根线路"延长米"为计量单位计算。

6)线槽配线工程量,应区别导线截面,以单根线路"延长米"为计量单位计算。

7)钢索架设工程量,应区别圆钢、钢索直径($\phi 6$,$\phi 9$),按图示墙(柱)内缘距离,以"延长米"为计量单位计算,不扣除拉紧装置所占长度。

8)母线拉紧装置及钢索拉紧装置制作安装工程量,应区别母线截面、花篮螺栓直径(12mm,16mm,18mm),以"套"为计量单位计算。

9)车间带形母线安装工程量,应区别母线材质(铝、铜)、母线截面、安装位置(沿屋架、梁、柱、墙,跨屋架、梁、柱),以"延长米"为计量单位计算。

10)动力配管混凝土地面刨沟工程量,应区别管子直径,以"延长米"为计量单位计算。

11)接线箱安装工程量,应区别安装形式(明装、暗装)、接线箱半周长,以"个"为计量单位计算。

12)接线盒安装工程量,应区别安装形式(明装、暗装、钢索上)以及接线盒类型,以"个"为计量单位计算。

13)灯具,明、暗开关,插座,按钮等的预留线,已分别综合在相应定额内,不另行计算。配线进入开关箱、柜、板的预留线,按表4-60规定的长度,分别计入相应的工程量。

表4-60　　　　　　　　连接设备导线预留长度　　　　　　　(单位:m/根)

序号	项目	预留长度	说明
1	各种开关箱、柜、板	高+宽	盘面尺寸
2	单独安装(无箱、盘)的铁壳开关、闸刀开关、启动器、母线槽进出线盒等	0.3	以安装对象中心算
3	由地坪管子出口引至动力接线箱	1	以管口计算
4	电源与管内导线连接(管内穿线与软、硬母线接头)	1.5	以管口计算
5	出户线	1.5	以管口计算

十三、照明器具安装工程工程量计算

1. 工程量计算规则

(1)普通灯具安装。普通灯具安装的工程量,应区别灯具的种类、型号、规格,以"套"为计量单位计算。普通灯具安装定额适用范围见表4-61。

表4-61　　　　　　　　普通灯具安装定额适用范围

定额名称	灯 具 种 类
圆球吸顶灯	材质为玻璃的螺口、卡口圆球独立吸顶灯
半圆球吸顶灯	材质为玻璃的独立的半圆球吸顶灯、扁圆罩吸顶灯、平圆形吸顶灯
方形吸顶灯	材质为玻璃的独立的矩形罩吸顶灯、方形罩吸顶灯、大口方罩顶灯
软线吊灯	利用软线作为垂吊材料,独立的,材质为玻璃、塑料、搪瓷,形状如碗、伞、平盘灯罩组成的各式软线吊灯
吊链灯	利用吊链作辅助悬吊材料,独立的,材质为玻璃、塑料罩的各式吊链灯
防水吊灯	一般防水吊灯
一般弯脖灯	圆球弯脖灯、风雨壁灯
一般墙壁灯	各种材质的一般壁灯、镜前灯
软线吊灯头	一般吊灯头
声光控座灯头	一般声控、光控座灯头
座灯头	一般塑胶、瓷质座灯头

(2)艺术装饰灯安装。装饰灯用于室内外的美化、装饰、点缀等,室内装饰灯一般包括壁灯、组合式吸顶花灯、吊式花灯等;室外装饰灯一般包括霓虹灯、彩灯、庭院灯等。

艺术装饰灯安装工程量计算应符合下列规则:

1)吊式艺术装饰灯具安装的工程量,应根据装饰灯具示意图集所示,区别不同装饰物以及灯体直径和灯体垂吊长度,以"套"为计量单位计算。灯体直径为装饰物的最大外缘直径,灯体垂吊长度为灯座底部到灯梢之间的总长度。

2) 吸顶式艺术装饰灯具安装的工程量，应根据装饰灯具示意图集所示，区别不同装饰物、吸盘的几何形状、灯体直径、灯体周长和灯体垂吊长度，以"套"为计量单位计算。灯体直径为吸盘最大外缘直径，灯体半周长为矩形吸盘的半周长，吸顶式艺术装饰灯具的灯体垂吊长度为吸盘到灯梢之间的总长度。

3) 荧光艺术装饰灯具安装的工程量，应根据装饰灯具示意图集所示，区别不同安装形式和计量单位计算。

①组合荧光灯光带安装的工程量，应根据装饰灯具示意图集所示，区别安装形式、灯管数量，以"延长米"为计量单位计算。灯具的设计数量与定额不符时，可以按设计量加损耗量调整主材。

②内藏组合式灯安装的工程量，应根据装饰灯具示意图集所示，区别灯具组合形式，以"延长米"为计量单位计算。灯具的设计数量与定额不符时，可根据设计数量加损耗量调整主材。

③发光棚安装的工程量，应根据装饰灯具示意图集所示，以"m^2"为计量单位计算。发光棚灯具按设计用量加损耗量计算。

④立体广告灯箱、荧光灯光沿的工程量，应根据装饰灯具示意图集所示，以"延长米"为计量单位。灯具设计用量与定额不符时，可根据设计数量加损耗量调整主材。

4) 几何形状组合艺术灯具安装的工程量，应根据装饰灯具示意图集所示，区别不同安装形式及灯具的不同形式，以"套"为计量单位计算。

5) 标志、诱导装饰灯具安装的工程量，应根据装饰灯具示意图集所示，区别不同安装形式，以"套"为计量单位计算。

6) 水下艺术装饰灯具安装的工程量，应根据装饰灯具示意图集所示，区别不同安装形式，以"套"为计量单位计算。

7) 点光源艺术装饰灯具安装的工程量，应根据装饰灯具示意图集所示，区别不同安装形式、不同灯具直径，以"套"为计量单位计算。

8) 草坪灯具安装的工程量，应根据装饰灯具示意图集所示，区别不同安装形式，以"套"为计量单位计算。

9) 歌舞厅灯具安装的工程量，应根据装饰灯具示意图集所示，区别不同灯具形式，分别以"套"、"延长米"、"台"为计量单位计算。装饰灯具安装定额适用范围见表4-62。

表 4-62　　　　　　　装饰灯具安装定额适用范围

定额名称	灯具种类(形式)
吊式艺术装饰灯具	不同材质、不同灯体垂吊长度、不同灯体直径的蜡烛灯、挂片灯、串珠(穗)灯、串棒灯、吊杆式组合灯、玻璃罩(带装饰)灯
吸顶式艺术装饰灯具	不同材质、不同灯体垂吊长度、不同灯体几何形状的串珠(穗)灯、串棒灯、挂片、挂碗、挂吊蝶灯、玻璃罩(带装饰)灯
荧光艺术装饰灯具	不同安装形式、不同灯管数量的组合荧光灯光带，不同几何组合形式的内藏组合式灯，不同几何尺寸、不同灯具形式的发光棚，不同形式的立体广告灯箱、荧光灯光沿
几何形状组合艺术灯具	不同固定形式、不同灯具形式的繁星灯、钻石星灯、礼花灯、玻璃罩钢架组合灯、凸片灯、反射挂灯、筒形钢架灯、U形组合灯、弧形管组合灯
标志、诱导装饰灯具	不同安装形式的标志灯、诱导灯
水下艺术装饰灯具	简易型彩灯、密封型彩灯、喷水池灯、幻光型灯
点光源艺术装饰灯具	不同安装形式、不同灯体直径的筒灯、牛眼灯、射灯、轨道射灯
草坪灯具	各种立柱式、墙壁式的草坪灯
歌舞厅灯具	各种安装形式的变色转盘灯、雷达射灯、幻影转彩灯、维纳斯旋转彩灯、卫星旋转效果灯、飞碟旋转效果灯、多头转灯、滚筒灯、频闪灯、太阳灯、雨灯、歌星灯、边界灯、射灯、泡泡发生器、迷你灯(盘彩灯)、迷你满天星彩灯、多头宇宙灯、镜面球灯、蛇光管

(3)荧光灯安装。荧光灯具安装的工程量，应区别灯具的安装形式、灯具种类、灯管数量，以"套"为计量单位计算。荧光灯具安装定额适用范围见表 4-63。

表 4-63　荧光灯具安装定额适用范围

定额名称	灯具种类
组装型荧光灯	单管、双管、三管吊链式、吸顶式,现场组装独立荧光灯
成套型荧光灯	单管、双管、三管、吊链式、吊管式、吸顶式、成套独立荧光灯

(4)工厂灯安装。通常工厂灯包括日光灯、太阳灯(碘钨灯)、高压水银灯、高压钠灯等。其中日光灯作为办公照明,其效率比较高,光线比较柔和;太阳灯价格便宜,亮度高,但效率低,一般作为临时照明;高压水银灯、高压钠灯亮度高,效率高,但价格较贵,电压要求比较高,常作为车间照明和场地照明。工厂灯还包括工地上用的镝灯(3.5kW,380V)及机场停机坪用的氙灯。

工厂灯安装工程量计算应符合下列规则:

1)工厂灯及防水防尘灯安装的工程量,应区别不同安装形式,以"套"为计量单位计算。工厂灯及防水防尘灯安装定额适用范围见表4-64。

表 4-64　工厂灯及防水防尘灯安装定额适用范围

定额名称	灯具种类
直杆工厂吊灯	配照(GC_1-A)、广照(GC_3-A)、深照(GC_5-A)、斜照(GC_7-A)、圆球($GC_{17}-A$)、双照($GC_{19}-A$)
吊链式工厂灯	配照(GC_1-B)、深照(GC_3-B)、斜照(GC_5-C)、圆球(GC_7-B)、双照($GC_{19}-A$)、广照($GC_{19}-B$)
吸顶式工厂灯	配照(GC_1-C)、广照(GC_3-C)、深照(GC_5-C)、斜照(GC_7-C)、双照($GC_{19}-C$)
弯杆式工厂灯	配照(GC_1-D/E)、广照(GC_3-D/E)、深照(GC_5-D/E)、斜照(GC_7-D/E)、双照($GC_{19}-C$)、局部深照($GC_{26}-F/H$)
悬挂式工厂灯	配照($GC_{21}-2$)、深照($GC_{23}-2$)
防水防尘灯	广照(GC_9-A,B,C)、广照保护网($GC_{11}-A,B,C$)、散照($GC_{15}-A,B,C,D,E,F,G$)

第四章 电气工程定额计价

2)工厂其他灯具安装的工程量,应区别不同灯具类型、安装形式、安装高度,以"套"、"个"、"延长米"为计量单位计算。工厂其他灯具安装定额适用范围见表 4-65。

表 4-65　　　　　　　工厂其他灯具安装定额适用范围

定额名称	灯具种类
防潮灯	扁形防潮灯(GC−31),防潮灯(GC−33)
腰形舱顶灯	腰形舱顶灯(CCD−1)
碘钨灯	DW 型,220V,300～1000W
管形氙气灯	自然冷却式,200V/380V,20kW 内
投光灯	TG 型室外投光灯
高压水银灯镇流器	外附式镇流器具 125～450W
安全灯	AOB−1,2,3 型和 AOC−1,2 型安全灯
防爆灯	CBC−200 型防爆灯
高压水银防爆灯	CBC−125/250 型高压水银防爆灯
防爆荧光灯	CBC−1/2 单/双管防爆型荧光灯

(5)医院灯具安装。医院灯具包括病房指示灯、暗脚灯、紫外线杀菌灯、无影灯等。

医院灯具安装的工程量,应区别灯具种类,以"套"为计量单位计算。医院灯具安装定额适用范围见表 4-66。

表 4-66　　　　　　　医院灯具安装定额适用范围

定额名称	灯具种类
病房指示灯	病房指示灯
病房暗脚灯	病房暗脚灯
无影灯	3～12 孔管式无影灯

(6)路灯安装。路灯是城市环境中反映道路特征的照明装置,排列于城市广场、街道、高速公路、住宅区以及园林绿地中的主干园路旁,为夜晚

交通提供照明之便。路灯一般分为低位置灯柱、步行街路灯、停车场和干路灯,以及专用灯和高柱灯。

路灯安装工程,应区别不同臂长、不同灯数,以"套"为计量单位计算。工厂厂区内、住宅小区内路灯安装执行市政工程有关定额项目。城市道路的路灯安装执行《全国统一市政工程预算定额》。路灯安装定额范围见表4-67。

表4-67　　　　　　　　路灯安装定额范围

定额名称	灯具种类
大马路弯灯	臂长1200mm以下,臂长1200mm以上
庭院路灯	三火以下,七火以下

(7)灯具配件安装。

1)开关、按钮安装的工程量,应区别开关、按钮安装形式,开关、按钮种类,开关极数以及单控与双控,以"套"为计量单位计算。

2)插座安装的工程量,应区别电源相数、额定电流、插座安装形式、插座插孔个数,以"套"为计量单位计算。

3)安全变压器安装的工程量,应区别安全变压器容量,以"台"为计量单位计算。

4)电铃、电铃号码牌箱安装的工程量,应区别电铃直径、电铃号牌箱规格(号),以"套"为计量单位计算。

5)门铃安装工程量计算,应区别门铃安装形式,以"个"为计量单位计算。

6)风扇安装的工程量,应区别风扇种类,以"台"为计量单位计算。

7)盘管风机三速开关、请勿打扰灯,须扣除插座安装的工程量,以"套"为计量单位计算。

2. 相关说明

(1)各型灯具的引导线,除注明者外,均已综合考虑在定额内,执行时不得换算。

(2)路灯、投光灯、碘钨灯、氙气灯、烟囱或水塔指示灯,均已考虑了一般工程的高空作业因素,其他器具安装高度如超过5m,则应按定额说明中规定的超高系数另行计算。

第四章 电气工程定额计价

(3)定额中装饰灯具项目均已考虑了一般工程的超高作业因素,并包括脚手架搭拆费用。

(4)装饰灯具定额项目与示意图号配套使用。

(5)定额内已包括利用摇表测量绝缘及一般灯具的试亮工作,但不包括调试工作。

第五章 电气工程工程量清单编制

第一节 工程量清单编制概述

工程量清单是载明建设工程分部分项工程项目、措施项目、其他项目的名称和相应数量以及规费、税金项目等内容的明细清单。其中由招标人依据国家标准、招标文件、设计文件以及施工现场实际情况编制的，随招标文件发布供投标报价的工程量清单（包括其说明和表格）称为招标工程量清单。构成合同文件组成部分的投标文件中已标明价格，经算术性错误修正（如有）且承包人已确认的工程量清单（包括其说明和表格）称为已标价工程量清单。

一、一般规定

(1) 招标工程量清单应由招标人负责编制，若招标人不具有编制工程量清单的能力，则可根据《工程造价咨询企业管理办法》（建设部第149号令）的规定，委托具有工程造价咨询性质的工程造价咨询人编制。

(2) 招标工程量清单必须作为招标文件的组成部分，其准确性（数量不算错）和完整性（不缺项漏项）应由招标人负责。招标人应将工程量清单连同招标文件一起发（售）给投标人。投标人依据工程量清单进行投标报价时，对工程量清单不负有核实的义务，更不具有修改和调整的权力。如招标人委托工程造价咨询人编制工程量清单，其责任仍由招标人负责。

(3) 招标工程量清单是工程量清单计价的基础，应作为编制招标控制价、投标报价、计算或调整工程量以及工程索赔等的依据之一。

(4) 招标工程量清单应以单位（项）工程为单位编制，应由分部分项工程项目清单、措施项目清单、其他项目清单、规费和税金项目清单组成。

二、工程量清单编制依据

(1)《建设工程工程量清单计价规范》（GB 50500—2013）和相关专业工程的国家计量规范。

(2) 国家或省级、行业建设主管部门颁发的计价定额和办法。

(3)建设工程设计文件及相关资料。
(4)与建设工程有关的标准、规范、技术资料。
(5)拟定的招标文件。
(6)施工现场情况、地勘水文资料、工程特点及常规施工方案。
(7)其他相关资料。

三、工程量清单编制原则

1. 四个统一

工程量清单编制必须满足项目编码统一、项目名称统一、计量单位统一、工程量计算规则统一。

项目编码是《建设工程工程量清单计价规范》(GB 50500—2013)(简称"13计价规范")和相关专业工程国家计量规范规定的内容之一,编制工程量清单时必须严格按照执行;项目名称按照形成工程实体命名,工程量清单项目特征是按不同的工程部位、施工工艺或材料品种、规格等分别列项,必须对项目进行的描述,是各项清单计算的依据,描述得详细、准确与否是直接影响项目价格的一个主要因素;计量单位是按照能够准确地反映该项目工程内容的原则确定的;工程量数量的计算是按照相关专业工程量计算规范中工程量计算规则计算的,比以往采用预算定额增加了多项组合步骤,所以在计算前一定要注意计算规则的变化,还要注意新组合后项目名称的计量单位。

2. 三个自主

三个自主是指投标人在投标报价时自主确定工料机消耗量,自主确定工料机单价,自主确定措施项目费及其他项目的内容和费率。

3. 两个分离

即量与价的分离、清单工程量与计价工程量分离。

量与价分离是从定额计价方式的角度来表达的。定额计价的方式采用定额基价计算分部分项工程费,工程机消耗量是固定的,量价没有分离;而工程量清单计价由于自主确定工料机消耗量、自主确定工料机单价,量价是分离的。

清单工程量与定额计价工程量分离是从工程量清单报价方式来描述的。清单工程量是根据"13计价规范"和相关专业工程国家计量规范编制的,定额计价工程量是根据所选定的消耗量定额计算的,一项清单工程量可能要对应几项消耗量定额,两者的计算规则也不一定相同。因此,一项清单量可能要对应几项定额计价工程量,其清单工程量与定额计价工程量要分离。

四、工程量清单编制内容

(一)分部分项工程项目清单

(1)分部分项工程项目清单必须载明项目编码、项目名称、项目特征、计量单位和工程量。这是构成一个分部分项工程项目清单的五个要件,在分部分项工程项目清单的组成中缺一不可。

(2)分部分项工程项目清单应根据"13 计价规范"和相关专业工程国家计量规范附录中规定的项目编码、项目名称、项目特征、计量单位和工程量计算规则进行编制。

分部分项工程项目清单项目编码栏应根据相关专业工程国家计量规范项目编码栏内规定的 9 位数字另加 3 位顺序码共 12 位阿拉伯数字填写。各位数字的含义为:一、二位为专业工程代码,房屋建筑与装饰工程为 01,仿古建筑为 02,通用安装工程为 03,市政工程为 04,园林绿化工程为 05,矿山工程为 06,构筑物工程为 07,城市轨道交通工程为 08,爆破工程为 09;三、四位为专业工程附录分类顺序码;五、六位为分部工程顺序码;七、八、九位为分项工程项目名称顺序码;十至十二位为清单项目名称顺序码。

在编制工程量清单时应注意对项目编码的设置不得有重码,特别是当同一标段(或合同段)的一份工程量清单中含有多个单项或单位工程且工程量清单是以单项或单位工程为编制对象时,应注意项目编码中的十至十二位的设置不得重码。例如一个标段(或合同段)的工程量清单中含有三个单项或单位工程,每一单项或单位工程中都有项目特征相同的管道支架,在工程量清单中又需反映三个不同单项或单位工程的管道支架工程量时,此时工程量清单应以单项或单位工程为编制对象,第一个单项或单位工程的避雷器的项目编码为 030402010001,第二个单项或单位工程的避雷器的项目编码为 03040201002,第三个单项或单位工程的避雷器的项目编码为 03040201003,并分别列出各单项或单位工程避雷器的工程量。

分部分项工程量清单项目名称栏应按相关专业国家工程量计算规范的规定,根据拟建工程实际填写。在实际填写过程中,"项目名称"有两种填写方法:一是完全保持相关专业国家工程量计算规范的项目名称不变;

第五章　电气工程工程量清单编制

二是根据工程实际在工程量计算规范项目名称下另行确定详细名称。

分部分项工程量清单项目特征栏应按相关专业工程国家计量规范的规定，根据拟建工程实际进行描述。

分部分项工程量清单的计量单位应按相关专业工程国家计量规范规定的计量单位填写。有些项目工程量计算规范中有两个或两个以上计量单位，应根据拟建工程项目的实际，选择最适宜表现该项目特征并方便计量的单位。如蓄电池项目，工程量计算规范以个和组件两个计量单位表示，此时就应根据工程项目的特点，选择其中一个即可。

"工程量"应按相关工程国家工程量计算规范规定的工程量计算规则计算填写。

工程量的有效位数应遵守下列规定：

1) 以"t"为单位，应保留小数点后三位小数，第四位小数四舍五入。

2) 以"m"、"m^2"、"m^3"、"kg"为单位，应保留小数点后两位小数，第三位小数四舍五入。

3) 以"台"、"个"、"件"、"套"、"根"、"组"、"系统"等为单位，应取整数。

分部分项工程量清单编制应注意以下问题：

1) 不能随意设置项目名称，清单项目名称一定要按相关专业工程国家计量规范附录的规定设置。

2) 正确对项目进行描述，一定要将完成该项目的全部内容完整地体现在清单上，不能有遗漏，以便投标人报价。

(二) 措施项目清单

措施项目清单是指为完成工程项目施工，发生于该工程施工准备和施工过程中的技术、生活、安全、环境保护等方面的项目。相关专业工程国家计量规范中有关措施项目的规定和具体条文比较少。投标人可根据施工组织设计中采取的措施增加项目。

措施项目清单的设置，首先要参考拟建工程的施工组织设计，以确定安全文明施工、材料的二次搬运等项目。其次参阅施工技术方案，以确定夜间施工增加费、大型机械进出场及安拆费、脚手架工程费等项目。参阅相关专业工程施工规范及工程质量验收规范，可以确定施工技术方案没有表达的，但是为了实现施工规范及工程验收规范要求而必须发生的技术措施。

(1)措施项目清单应根据拟建工程的实际情况列项。

(2)措施项目中可以计算工程量的项目清单宜采用分部分项工程量清单的方式编制,列出项目编码、项目名称、项目特征、计量单位和工程量计算规则;不能计算工程量的项目清单,以"项"为计量单位。

(3)相关专业工程国家计量规范将实体性项目划分为分部分项工程量清单,非实体性项目划分为措施项目。所谓非实体性项目,一般来说,其费用的发生和金额的大小与使用时间、施工方法或者两个以上工序相关,与实际完成的实体工程量的多少关系不大,典型的是大中型施工机械、文明施工和安全防护、临时设施等。但有的非实体性项目,则是可以计算工程量的项目,典型的是建筑工程混凝土浇筑的模板工程,用分部分项工程量清单的方式采用综合单价,更有利于措施费的确定和调整,更有利于合同管理。

(三)其他项目清单

其他项目清单是指分部分项工程量清单、措施项目清单所包含的内容以外,因招标人的特殊要求而发生的与拟建工程有关的其他费用项目和相应数量的清单。工程建设标准的高低、工程的复杂程度、工程的工期长短、工程的组成内容、发包人对工程管理要求等都直接影响其他项目清单的具体内容。其他项目清单包括暂列金额、暂估价(包括材料暂估单价、工程设备暂估单价、专业工程暂估价)、计日工;总承包服务费。

1. 暂列金额

暂列金额是招标人在工程量清单中暂定并包括在合同价款中的一笔款项。清单计价规范中明确规定暂列金额用于施工合同签订时尚未确定或者不可预见的所需材料、设备、服务的采购,施工中可能发生的工程变更、合同约定调整因素出现时的工程价款调整以及发生的索赔、现场签证确认等的费用。

不管采用何种合同形式,工程造价理想的标准是一份合同的价格就是其最终的竣工结算价格,或者至少两者应尽可能接近。我国规定对政府投资工程实行概算管理,经项目审批部门批复的设计概算是工程投资控制的刚性指标,即使商业性开发项目也有成本的预先控制问题,否则,无法相对准确预测投资的收益和科学合理地进行投资控制。但工程建设自身的特性决定了工程的设计需要根据工程进展不断地进行优化和调整,业主需求可能会随工程建设进展出现变化,工程建设过程还会存在一些不能预见、不能确定的因素。消化这些因素必然会影响合同价格的调整，暂列金额正是为这类不可避免的价格调整而设立，以便达到合理确定和有效控制工程造价的目标。

另外，暂列金额列入合同价格不等于就属于承包人所有了，即使是总价包干合同，也不等于列入合同价格的所有金额就属于承包人，是否属于承包人应得金额取决于具体的合同约定，只有按照合同约定程序实际发生后，才能成为承包人的应得金额，纳入合同结算价款中。扣除实际发生金额后的暂列金额余额仍属于发包人所有。设立暂列金额并不能保证合同结算价格就不会再出现超过合同价格的情况，是否超出合同价格完全取决于工程量清单编制人暂列金额预测的准确性，以及工程建设过程是否出现了其他事先未预测到的事件。

2. 暂估价

暂估价是指招标阶段直至签订合同协议时，招标人在招标文件中提供的用于支付必然发生但暂时不能确定价格的材料以及专业工程的金额。暂估价包括材料暂估单价、工程设备暂估单价和专业工程暂估价。暂估价类似于 FIDIC 合同条款中的 Prime Cost Items，在招标阶段预见肯定要发生，只是因为标准不明确或者需要由专业承包人完成，暂时无法确定价格。暂估价数量和拟用项目应当结合工程量清单中的"暂估价表"予以补充说明。

为方便合同管理，需要纳入分部分项工程项目清单综合单价中的暂估价应只是材料费、工程设备费，以方便投标人组价。

专业工程的暂估价一般应是综合暂估价，应当包括除规费和税金以外的管理费、利润等取费。总承包招标时，专业工程设计深度往往是不够的，一般需要交由专业设计人设计，国际上，出于提高可建造性考虑，一般由专业承包人负责设计，以发挥其专业技能和专业施工经验的优势。这类专业工程交由专业分包人完成是国际工程的良好实践，目前在我国工程建设领域也已经比较普遍。公开透明地合理确定这类暂估价的实际开支金额的最佳途径，就是通过施工总承包人与工程建设项目招标人共同组织的招标。

3. 计日工

计日工是为解决现场发生的零星工作的计价而设立的，其为额外工作和变更的计价提供了一个方便快捷的途径。计日工适用的零星工作一般是指合同约定之外的或者因变更而产生的、工程量清单中没有相应项目的额外工作,尤其是那些时间不允许事先商定价格的额外工作。计日工以完成零星工作所消耗的人工工时、材料数量、机械台班进行计量,并按照计日工表中填报的适用项目的单价进行计价支付。

国际上常见的标准合同条款中,大多数都设立了计日工(Daywork)计价机制。但在我国以往的工程量清单计价实践中,由于计日工项目的单价水平一般要高于工程量清单项目的单价水平,因而经常被忽略。从理论上讲,由于计日工往往是用于一些突发性的额外工作,缺少计划性,承包人在调动施工生产资源方面难免不影响已经计划好的工作,生产资源的使用效率也有一定的降低,客观上造成超出常规的额外投入。另外,其他项目清单中计日工往往是一个暂定的数量,其无法纳入有效的竞争。所以合理的计日工单价水平一定是要高于工程量清单的价格水平的。为获得合理的计日工单价,发包人在其他项目清单中对计日工一定要给出暂定数量,并需要根据经验尽可能估算一个较接近实际的数量。

4. 总承包服务费

总承包服务费是为了解决招标人在法律、法规允许的条件下进行专业工程发包,以及自行供应材料、设备,并需要总承包人对发包的专业工程提供协调和配合服务,对供应的材料、设备提供收、发和保管服务以及进行施工现场管理时发生,并向总承包人支付的费用。招标人应预计该项费用并按投标人的投标报价向投标人支付该项费用。

为保证工程施工建设的顺利实施,投标人在编制招标工程量清单时应对施工过程中可能出现的各种不确定因素对工程造价的影响进行估算,列出一笔暂列金额。暂列金额可根据工程的复杂程度、设计深度、工程环境条件(包括地质、水文、气候条件等)进行估算,一般可按分部分项工程费的 10%～15% 作为参考。

暂估价中的材料、工程设备暂估单价应根据工程造价信息或参照市场价格估算,列出明细表;专业工程暂估价应分不同专业,按有关计价规定估算,列出明细表。

计日工应列出项目名称、计量单位和暂估数量。

总承包服务费应列出服务项目及其内容等。

出现未列的项目,应根据工程实际情况补充。如办理竣工结算时就需将索赔及现场鉴证列入其他项目中。

(四)规费项目清单

规费是根据省级政府或省级有关权力部门规定必须缴纳的,应计入建筑安装工程造价的费用。根据住房和城乡建设部、财政部"关于印发《建筑安装工程费用项目组成》的通知"(建标[2013]44号)的规定,规费主要包括社会保险费、住房公积金、工程排污费。其中社会保险费包括养老保险费、医疗保险费、失业保险费、工伤保险费和生育保险费;税金主要包括营业税、城市维护建设税、教育费附加和地方教育附加。规费作为政府和有关权力部门规定必须缴纳的费用,政府和有关权力部门可根据形势发展的需要,对规费项目进行调整。因此,清单编制人对《建筑安装工程费用项目组成》中未包括的规费项目,在编制规费项目清单时应根据省政府或省级有关权力部门的规定列项。

规费项目清单应按照下列内容列项:

(1)社会保险费:包括养老保险费、失业保险费、医疗保险费、工伤保险费、生育保险费。

(2)住房公积金。

(3)工程排污费。

相对于《建设工程工程量清单计价规范》(GB 50500—2008)(简称"08计价规范"),"13计价规范"对规费项目清单进行了以下调整:

(1)根据《中华人民共和国社会保险法》的规定,将"08计价规范"使用的"社会保障费"更名为"社会保险费",将"工伤保险费、生育保险费"列入社会保险费。

(2)根据十一届全国人大常委会第20次会议将《中华人民共和国建筑法》第四十八条由"建筑施工企业必须为从事危险作业的职工办理意外伤害保险,支付保险费"修改为"建筑施工企业应当依法为职工参加工伤保险缴纳工伤保险费。鼓励企业为从事危险作业的职工办理意外伤害保险,支付保险费"。由于建筑法将意外伤害保险由强制改为鼓励,因此,"13计价规范"中规费项目增加了工伤保险费,删除了意外伤害保险,将其列入企业管理费中列支。

(3)根据《财政部、国家发展改革委关于公布取消和停止征收100项行政事业性收费项目的通知》(财综[2008]78号)的规定,工程定额测定费从2009年1月1日起取消,停止征收。因此,"13计价规范"中规费项目取消了工程定额测定费。

(五)税金

根据住房和城乡建设部、财政部"关于印发《建筑安装工程费用项目组成》的通知"(建标[2013]44号)的规定,目前我国税法规定应计入建筑安装工程造价的税种包括营业税、城市建设维护税、教育费附加和地方教育附加。如国家税法发生变化,税务部门依据职权增加了税种,应对税金项目清单进行补充。

税金项目清单应按下列内容列项:
(1)营业税。
(2)城市维护建设税。
(3)教育费附加。
(4)地方教育附加。

根据《财政部关于统一地方教育政策有关内容的通知》(财综[2011]98号)的有关规定,"13计价规范"相对于"08计价规范",在税金项目增列了地方教育附加项目。

五、工程量清单编制标准格式

工程量清单编制使用的表格包括:招标工程量清单封面(封-1),招标工程量清单扉页(扉-1),工程计价总说明表(表-01),分部分项工程和单价措施项目清单与计价表(表-08),总价措施项目清单与计价表(表-11),其他项目清单与计价汇总表(表-12)[暂列金额明细表(表-12-1),材料(工程设备)暂估单价及调整表(表-12-2),专业工程暂估价及结算价表(表-12-3),计日工表(表-12-4),总承包服务费计价表(表-12-5)],规费、税金项目计价表(表-13),发包人提供材料和工程设备一览表(表-20),承包人提供主要材料和工程设备一览表(适用于造价信息差额调整法)(表-21),承包人提供主要材料和工程设备一览表(适用于价格指数差额调整法)(表-22)。

1. 招标工程量清单封面

招标工程量清单封面(封-1)上应填写招标工程项目的具体名称,招标人应盖单位公章,如委托工程造价咨询人编制,还应加盖工程造价咨询人所在单位公章。

招标工程量清单封面的样式见表5-1。

第五章 电气工程工程量清单编制

表 5-1　　　　　　　招标工程量清单封面

_____工程

招标工程量清单

招　标　人：_____
　　　　　（单位盖章）

造价咨询人：_____
　　　　　（单位盖章）

年　　月　　日

封-1

---

2. 招标工程量清单扉页

招标工程量清单扉页(扉-1)由招标人或招标人委托的工程造价咨询人编制招标工程量清单时填写。

招标人自行编制工程量清单的,编制人员必须是在招标人单位注册的造价人员,由招标人盖单位公章,法定代表人或其授权人签字或盖章;当编制人是注册造价工程师时,由其签字盖执业专用章;当编制人是造价员时，由其在编制人栏签字盖专用章，并应由注册造价工程师复核，在复核人栏签字盖执业专用章。

招标人委托工程造价咨询人编制工程量清单的，编制人必须是在工程造价咨询人单位注册的造价人员，由工程造价咨询人该单位资质专用章，法定代表人或其授权人签字或盖章；当编制人是注册造价工程师时，由其签字盖执业专用章；当编制人是造价员时，由其在编制人栏签字该专用章，并应由注册造价师复核，在复核人栏签字盖执业专用章。

招标工程量清单扉页的样式见表5-2。

表 5-2　　　　　　　　招标工程量清单扉页

_____工程

招标工程量清单

招 标 人：_____　　造价咨询人：_____
　　　　　　（单位盖章）　　　　　　　　　　（单位资质专用章）

法定代表人　　　　　　　　　法定代表人
或其授权人：_____　或其授权人：_____
　　　　　　（签字或盖章）　　　　　　　　　　（签字或盖章）

编 制 人：_____　　复 核 人：_____
　　　（造价人员签字盖专用章）　　　　　（造价工程师签字盖专用章）

编制时间：　　年　　月　　日　　复核时间：　　年　　月　　日

扉-1

3. 总说明

工程计价总说明表(表-01)适用于工程计价的各个阶段。对工程计价的不同阶段，总说明表中说明的内容是有差别的，要求也有所不同。

(1)工程量清单编制阶段。工程量清单中总说明应包括：①工程概况：如建设地址、建设规模、工程特征、交通状况、环保要求等；②工程招标和专业工程发包范围；③工程量清单编制依据；④工程质量、材料、施工等的特殊要求；⑤其他需要说明的问题。

(2)招标控制价编制阶段。招标控制价中总说明应包括：①采用的计价依据；②采用的施工组织设计；③采用的材料价格来源；④综合单价中风险因素、风险范围(幅度)；⑤其他等。

(3)投标报价编制阶段。投标报价总说明应包括：①采用的计价依据；②采用的施工组织设计；③综合单价中包含的风险因素，风险范围(幅度)；④措施项目的依据；⑤其他有关内容的说明等。

(4)竣工结算编制阶段。竣工结算中总说明应包括：①工程概况；②编制依据；③工程变更；④工程价款调整；⑤索赔；⑥其他等。

(5)工程造价鉴定阶段。工程造价鉴定书总说明应包括：①鉴定项目委托人名称、委托鉴定的内容；②委托鉴定的证据材料；③鉴定的依据及使用的专业技术手段；④对鉴定过程的说明；⑤明确的鉴定结论；⑥其他需说明的事宜等。

工程计价总说明的样式见表 5-3。

表 5-3　　　　　　　　　　　　　**总说明**

工程名称：　　　　　　　　　　　　　　　　　　　　　第　页共　页

表-01

4. 分部分项工程和单价措施项目清单与计价表

分部分项工程和单价措施项目清单与计价表(表-08)是依据"08 计价规范"中《分部分项工程量清单与计价表》和《措施项目清单与计价表(二)》合并而来。单价措施项目和分部分项工程项目清单编制与计价均使用本表。

分部分项工程和单价措施项目清单与计价表不只是编制招标工程量清单的表式,也是编制招标控制价、投标报价和竣工结算的最基本用表。在编制工程量清单时,在"工程名称"栏应填写详细具体的工程称谓,对于房屋建筑而言,习惯上并无标段划分,可不填写"标段"栏,但相对于管道敷设、道路施工,则往往以标段划分,此时,应填写"标段"栏,其他各表涉及此类设置,道理相同。

由于各省、自治区、直辖市以及行业建设主管部门对规费计取基础的不同设置,为了计取规费等的使用,使用分部分项工程和单价措施项目清单与计价表可在表中增设"其中:定额人工费"。编制招标控制价时,使用"综合单价"、"合计"以及"其中:暂估价"按"13计价规范"的规定填写。编写投标报价时,投标人对表中的"项目编码"、"项目名称"、"项目特征"、"计量单位"、"工程量"均不应进行改动。"综合单价"、"合价"自主决定填写,对其中的"暂估价"栏,投标人应将招标文件中提供了暂估材料单价的暂估价计入综合单价,并应计算出暂估单价的材料在"综合单价"及其"合价"中的具体数额,因此,为更详细反应暂估价情况,也可在表中增设一栏"综合单价"其中的"暂估价"。

编制竣工结算时,使用分部分项工程和单价措施项目清单与计价表可取消"暂估价"。

分部分项工程和单价措施项目清单与计价表的样式见表5-4。

表5-4　　　　分部分项工程和单价措施项目清单与计价表

工程名称:　　　　　　　　标段:　　　　　　　　　　第　页共　页

序号	项目编码	项目名称	项目特征描述	计量单位	工程量	金额(元)		
						综合单价	合价	其中 暂估价
			本页小计					
			合　计					

注:为计取规费等使用,可在表中增设"其中:定额人工费"。

表-08

第五章 电气工程工程量清单编制

5. 总价措施项目清单与计价表

在编制招标工程量清单时，总价措施项目清单与计价表（表-11）中的项目可根据工程实际情况进行增减。在编制招标控制价时，计费基础、费率应按省级或行业建设主管部门的规定计取。编制投标报价时，除"安全文明施工费"必须按"13 计价规范"的强制性规定，按省级、行业建设主管部门的规定计取外，其他措施项目均可根据投标施工组织设计自主报价。

总价措施项目清单与计价表见表 5-5。

表 5-5　　　　　　　　　总价措施项目清单与计价表

工程名称：　　　　　　　标段：　　　　　　　第　页共　页

序号	项目编码	项目名称	计算基础	费率（%）	金额（元）	调整费率（%）	调整后金额（元）	备注
		安全文明施工费						
		夜间施工增加费						
		二次搬运费						
		冬雨季施工增加费						
		已完工程及设备保护费						
		合　计						

编制人（造价人员）：　　　　　　　　复核人（造价工程师）：

注：1. "计算基础"中安全文明施工费可为"定额基价"、"定额人工费"或"定额人工费＋定额机械费"，其他项目可为"定额人工费"或"定额人工费＋定额机械费"

　　2. 按施工方案计算的措施费，若无"计算基础"和"费率"的数值，也可只填"金额"数值，但应在备注栏说明施工方案出处或计算方法。

表-11

6. 其他项目清单与计价汇总表

编制招标工程量清单时，应汇总"暂列金额"和"专业工程暂估价"，以提供给投标人报价。

编制招标控制价时，应按有关计价规定估算"计日工"和"总承包服务费"。如招标工程量清单中未列"暂列金额"，应按有关规定编列。编制投标报价时，应按招标文件工程量提供的"暂列金额"和"专业工程暂估价"填写金额，不得变动。"计日工"、"总承包服务费"自主确定报价。编制或核对竣工结算时，"专业工程暂估价"按实际分包结算价填写，"计日工"、"总承包服务费"按双方认可的费用填写，如发生"索赔"或"现场签证"费用，按双方认可的金额计入其他项目清单与计价汇总表(表-12)。

其他项目清单与计价汇总表的样式见表 5-6。

表 5-6　　　　其他项目清单与计价汇总表

工程名称：　　　　　标段：　　　　　第　页共　页

序号	项目名称	金额(元)	结算金额(元)	备注
1	暂列金额			明细详见表-12-1
2	暂估价			
2.1	材料(工程设备)暂估价/结算价	—		明细详见表-12-2
2.2	专业工程暂估价/结算价			明细详见表-12-3
3	计日工			明细详见表-12-4
4	总承包服务费			明细详见表-12-5
5	索赔与现场签证	—		明细详见表-12-6
	合　计			

注：材料(工程设备)暂估单价计入清单项目综合单价，此处不汇总。

表-12

7. 暂列金额明细表

暂列金额在实际履约过程中可能发生，也可能不发生。暂列金额明细表(表-12-1)要求招标人能将暂列金额与拟用项目列出明细，但如确实不能详列也可只列暂定金额总额，投标人应将上述暂列金额计入投标总价中。

暂列金额明细表的样式见表 5-7。

表 5-7　　　　　　　　　　　暂列金额明细表

工程名称：　　　　　　　　标段：　　　　　　　　第　页共　页

序号	项目名称	计量单位	暂定金额(元)	备注
1				
2				
3				
4				
合计				—

注：此表由招标人填写，如不能详列，也可只列暂定金额总额，投标人应将上述暂列金额计入投标总价中。

表-12-1

8. 材料(工程设备)暂估单价及调整表

暂估价是在招标阶段预见肯定要发生，只是因为标准不明确或者需要由专业承包人完成，暂时无法确定材料、工程设备的具体价格而采用的一种临时性计价方式。暂估价的材料、工程设备数量应在材料(工程设备)暂估单价及调整表(表-12-2)内填写，拟用项目应在备注栏给予补充说明。

"13 计价规范"要求招标人针对每一类暂估价给出相应的拟用项目，即按照材料、工程设备的名称分别给出，这样的材料、工程设备暂估价能够纳入到清单项目的综合单价中。

材料(工程设备)暂估单价及调整表的样式见表 5-8。

表 5-8　　　　　　　材料(工程设备)暂估单价及调整表

工程名称：　　　　　　　　　标段：　　　　　　　　第　页共　页

序号	材料(工程设备)名称、规格、型号	计量单位	数量		暂估(元)		确认(元)		差额±(元)		备注
			暂估	确认	单价	合价	单价	合价	单价	合价	
	合计										

注：此表由招标人填写"暂估单价"，并在备注栏说明暂估单价的材料、工程设备拟用在哪些清单项目上，投标人应将上述材料、工程设备暂估单价计入工程量清单综合单价报价中。

表-12-2

9. 专业工程暂估价及结算价表

专业工程暂估价及估算价表(表-12-3)内应填写工程名称、工程内容、暂估金额，投标人应将上述金额计入投标总价中。专业工程暂估价项目及其表中列明的专业工程暂估价，是指分包人实施专业工程的含税金后的完整价，除了合同约定的发包人应承担的总包管理、协调、配合和服务责任所对应的总承包服务费以外，承包人为履行其总包管理、配合、协调和服务所需产生的费用应该包括在投标报价中。

专业工程暂估价及估算价表的样式见表 5-9。

表 5-9　　　　　　　专业工程暂估价及结算价表

工程名称：　　　　　　　　　标段：　　　　　　　　第　页共　页

序号	工程名称	工程内容	暂估金额(元)	结算金额(元)	差额±(元)	备注
	合　计					

注：此表"暂估金额"由招标人填写，招标人应将"暂估金额"计入投标总价中。结算时按合同约定结算金额填写。

表-12-3

10. 计日工表

编制工程量清单时，计日工表(表-12-4)中"项目名称"、"单位"、"暂定数量"由招标人填写。编制招标控制价时,人工、材料、施工机械台班单价由招标人按有关计价规定填写并计算合价。编制投标报价时,人工、材料、施工机械台班单价由投标人自主确定,按已给暂估数量计算合计计入投标总价中。

计日工表的样式见表5-10。

表5-10　　　　　　　　　　　计日工表

工程名称:　　　　　　　　标段:　　　　　　　　第　页共　页

编号	项目名称	单位	暂定数量	实际数量	综合单价（元）	合价(元)	
						暂定	实际
一	人工						
1							
2							
3							
4							
	人工小计						
二	材料						
1							
2							
3							
4							
5							
	材料小计						
三	施工机械						
1							
2							
3							
4							
	施工机械小计						
四、企业管理费和利润							
总计							

注:此表项目名称、暂定数量由招标人填写,编制招标控制价时,单价由招标人按有关规定确定;投标时,单价由投标人自主确定,按暂定数量计算合价计入投标总价中;结算时,按发承包双方确定的实际数量计算合价。

表-12-4

11. 总承包服务费计价表

编制招标工程量清单时,招标人应将拟定进行专业分包的专业工程、自行采购的材料设备等决定清楚,填写项目名称、服务内容,以便投标人决定报价。编制招标控制价时,招标人按有关计价规定计价。编制投标报价时,由投标人根据工程量清单中的总承包服务内容,自主决定报价。办理竣工结算时,发承包双方应按承包人已标价工程量清单中的报价计算,如发承包双方确定调整的,按调整后的金额计算。

总承包服务费计价表的样式见表 5-11。

表 5-11　　　　　　　　总承包服务费计价表

工程名称:　　　　　　　标段:　　　　　　　第　页共　页

序号	项目名称	项目价值(元)	服务内容	计算基础	费率(%)	金额(元)
1	发包人发包专业工程					
2	发包人提供材料					
	合　计	—		—		

注:此表项目名称、服务内容由招标人填写,编制招标控制价时,费率及金额由招标人按有关计价规定确定;投标时,费率及金额由投标人自主报价,计入投标总价中。

表-12-5

12. 规费、税金项目计价表

规费、税金项目计价表(表-13)应按住房和城乡建设部、财政部印发的《建筑安装工程费用项目组成》(建标[2013]44 号)列举的规费项目列项,在施工实践中,有的规费项目,如工程排污费,并非每个工程所在地都要征收,时间中可作为按实计算的费用处理。

规费、税金项目计价表的样式见表 5-12。

表 5-12 规费、税金项目计价表

工程名称：　　　　　　　　　标段：　　　　　　　　　第 页共 页

序号	项目名称	计算基础	计算基数	计算费率(%)	金额(元)
1	规费	定额人工费			
1.1	社会保险费	定额人工费			
(1)	养老保险费	定额人工费			
(2)	失业保险费	定额人工费			
(3)	医疗保险费	定额人工费			
(4)	工伤保险费	定额人工费			
(5)	生育保险费	定额人工费			
1.2	住房公积金	定额人工费			
1.3	工程排污费	按工程所在地环境保护部门收取标准，按实计入			
2	税金	分部分项工程费＋措施项目费＋其他项目费＋规费－按规定不计税的工程设备金额			
	合　计				

编制人(造价人员)：　　　　　　　复核人(造价工程师)：

表-13

13. 发包人提供主要材料和工程设备一览表

发包人提供主要材料和工程设备一览表的样式见表 5-13。

表 5-13　　　　发包人提供材料和工程设备一览表

工程名称：　　　　　　　　标段：　　　　　　　　第 页共 页

序号	材料(工程设备)名称、规格、型号	单位	数量	单价(元)	交货方式	送达地点	备注

注：此表由招标人填写，供投标人在投标报价，确定总承包服务费时参考。

表-20

14. 承包人提供主要材料和工程设备一览表(适用于造价信息差额调整法)

承包人提供主要材料和工程设备一览表(适用于造价信息差额调整法)的样式见表5-14。

表5-14　　　　承包人提供主要材料和工程设备一览表
（适用于造价信息差额调整法）

工程名称：　　　　　　　　标段：　　　　　　　　第　页共　页

序号	名称、规格、型号	单位	数量	风险系数（%）	基准单价（元）	投标单价（元）	发承包人确认单价(元)	备注

注：1. 此表由招标人填写除"投标单价"栏的内容，投标人在投标时自主确定投标单价。
　　2. 招标人应优先采用工程造价管理机构发布的单价作为基准单价，未发布的，通过市场调查确定其准单价。

表-20

15. 承包人提供主要材料和工程设备一览表(适用于价格指数差额调整法)

承包人提供主要材料和工程设备一览表(适用于价格指数差额调整法)的样式见表5-15。

表5-15　　　　承包人提供主要材料和工程设备一览表
（适用于价格指数调整法）

序号	名称、规格、型号	变值权重 B	基本价格指数 F_0	现行价格指数 F_1	备注
	定值权重 A		—	—	
	合　计	1	—	—	

注：1. "名称、规格、型号"、"基本价格指数"栏由招标人填写，基本价格指数应首先采用工程造价管理机构发布的价格指数，没有时，可采用发布的价格代替。如人工、机械费也可采用本法调整，由招标人在"名称"栏填写。
　　2. "变值权重"栏由投标人根据该项人工、机械费和材料、工程设备价值在投标总价中所占的比例填写，1减去其比例为定值权重。
　　3. "现行价格指数"按约定的付款证书相关周期最后一天的前42天的各项价格指数填写，该指数应首先采用工程造价管理机构发布的价格指数，没有时，可采用发布的价格代替。

表-22

第二节　电气工程工程量清单编制

一、变压器安装

1. 变压器安装清单项目适用范围

变压器安装清单项目适用于油浸电力变压器、干式变压器、整流变压器、自耦式变压器、有载调压变压器、电炉变压器、消弧线圈安装。

2. 变压器安装清单项目工程量计算规则

变压器安装工程量清单项目设置、项目特征描述的内容、计量单位及工程量计算规则见表 5-16。

表 5-16　　变压器安装（编码：030401）

项目编码	项目名称	项目特征	计量单位	工程量计算规则	工作内容
030401001	油浸电力变压器	1. 名称 2. 型号 3. 容量(kV·A) 4. 电压(kV) 5. 油过滤要求 6. 干燥要求 7. 基础型钢形式、规格 8. 网门、保护门材质、规格	台	按设计图示数量计算	1. 本体安装 2. 基础型钢制作、安装 3. 油过滤 4. 干燥 5. 接地 6. 网门、保护门制作、安装 7. 补刷(喷)油漆
030401002	干式变压器	1. 名称 2. 型号 3. 容量(kV·A) 4. 电压(kV) 5. 油过滤要求 6. 干燥要求 7. 基础型钢形式、规格 8. 网门、保护门材质、规格 9. 温控箱型号、规格	台	按设计图示数量计算	1. 本体安装 2. 基础型钢制作、安装 3. 温控箱安装 4. 接地 5. 网门、保护门制作、安装 6. 补刷(喷)油漆
030401003	整流变压器	1. 名称 2. 型号 3. 容量(kV·A) 4. 电压(kV) 5. 油过滤要求 6. 干燥要求 7. 基础型钢形式、规格 8. 网门、保护门材质、规格			1. 本体安装 2. 基础型钢制作、安装 3. 油过滤 4. 干燥 5. 网门、保护门制作、安装 6. 补刷(喷)油漆
030401004	自耦式变压器				
030401005	有载调压变压器				

续表

项目编码	项目名称	项目特征	计量单位	工程量计算规则	工作内容
030401006	电炉变压器	1. 名称 2. 型号 3. 容量(kV·A) 4. 电压(kV) 5. 基础型钢形式、规格 6. 网门、保护门材质、规格	台	按设计图示数量计算	1. 本体安装 2. 基础型钢制作、安装 3. 网门、保护门制作、安装 4. 补刷(喷)油漆
030401007	消弧线圈	1. 名称 2. 型号 3. 容量(kV·A) 4. 电压(kV) 5. 油过滤要求 6. 干燥要求 7. 基础型钢形式、规格			1. 本体安装 2. 基础型钢制作、安装 3. 油过滤 4. 干燥 5. 补刷(喷)油漆

3. 变压器安装清单项目设置相关资料

设置清单项目时,首先要区别所要安装的变压器的种类,即名称、型号,再按其容量来设置项目。名称、型号、容量完全一样的,数量相加后,设置一个项目即可。型号、容量不一样的,应分别设置项目,分别编码。

举例说明:某工程的设计图示,需要安装四台变压器,其中:

一台油浸式电力变压器　SL1-1000kV·A/10kV

一台油浸式电力变压器　SL1-500kV·A/10kV

两台干式变压器　SG-100kV·A/10-0.4kV

SL1-1000kV·A/10kV 需做干燥处理,其绝缘油要过滤。

该清单项目名称表述内容,见表5-17。

第五章　电气工程工程量清单编制

表 5-17　　　　　　　　工程量清单项目特征

第一组特征(名称)	第二组特征(型号)	第三组特征(容量)
油浸电力变压器	SL₁—	1000kV·A/10kV
油浸电力变压器	SL₁—	500kV·A/10kV
干式变压器	SG—	100kV·A/10—0.4kV

依据《通用安装工程工程量计算规范》(GB 50856—2013)的规定,后三位数字由编制人设置,依次按顺序排列在清单项目表中,并按设计要求和附录中项目特征,对该项目进行描述。

二、配电装置安装

1. 配电装置安装清单项目适用范围

配电装置安装清单项目设置适用于各种断路器、真空接触器、隔离开关、负荷开关、互感器、高压熔断器、避雷器、电抗器、电容器、并联补偿电容器组架、滤波装置、高压成套配电柜、组合型成套箱式变电站等配电装置的安装。

2. 配电装置安装清单项目工程量计算规则

配电装置安装工程量清单项目设置、项目特征描述的内容、计量单位及工程量计算规则见表 5-18。

表 5-18　　　　　　　　配电装置安装(编码:030402)

项目编码	项目名称	项目特征	计量单位	工程量计算规则	工作内容
030402001	油断路器	1. 名称 2. 型号 3. 容量(A) 4. 电压等级(kV) 5. 安装条件	台	按设计图示数量计算	1. 本体安装、调试 2. 基础型钢制作、安装 3. 油过滤 4. 补刷(喷)油漆 5. 接地
030402002	真空断路器	6. 操作机构名称及型号 7. 基础型钢规格 8. 接线材质、规格 9. 安装部位 10. 油过滤要求			1. 本体安装、调试 2. 基础型钢制作、安装 3. 补刷(喷)油漆 4. 接地
030402003	SF₆断路器				

续表一

项目编码	项目名称	项目特征	计量单位	工程量计算规则	工作内容
030402004	空气断路器	1. 名称 2. 型号 3. 容量(A) 4. 电压等级(kV) 5. 安装条件 6. 操作机构名称及型号 7. 接线材质、规格 8. 安装部位	台	按设计图示数量计算	1. 本体安装、调试 2. 基础型钢制作、安装 3. 补刷(喷)油漆。 4. 接地
030402005	真空接触器		台		1. 本体安装、调试 2. 补刷(喷)油漆 3. 接地
030402006	隔离开关		组		
030402007	负荷开关				
030402008	互感器	1. 名称 2. 型号 3. 规格 4. 类型 5. 油过滤要求	台		1. 本体安装、调试 2. 干燥 3. 油过滤 4. 接地
030402009	高压熔断器	1. 名称 2. 型号 3. 规格 4. 安装部位			1. 本体安装、调试 2. 接地
030402010	避雷器	1. 名称 2. 型号 3. 规格 4. 电压等级 5. 安装部位	组		1. 本体安装 2. 接地
030402011	干式电抗器	1. 名称 2. 型号 3. 规格 4. 质量 5. 安装部位 6. 干燥要求			1. 本体安装 2. 干燥
030402012	油浸电抗器	1. 名称 2. 型号 3. 规格 4. 容量(kV·A) 5. 油过滤要求 6. 干燥要求	台		1. 本体安装 2. 油过滤 3. 干燥
030402013	移相及串联电容器	1. 名称 2. 型号 3. 规格 4. 质量 5. 安装部位	个		1. 本体安装 2. 接地
030402014	集合式并联电容器				

续表二

项目编码	项目名称	项目特征	计量单位	工程量计算规则	工作内容
030402015	并联补偿电容器组架	1. 名称 2. 型号 3. 规格 4. 结构形式			1. 本体安装 2. 接地
030402016	交流滤波装置组架	1. 名称 2. 型号 3. 规格			
030402017	高压成套配电柜	1. 名称 2. 型号 3. 规格 4. 母线配置方式 5. 种类 6. 基础型钢形式、规格	台	按设计图示数量计算	1. 本体安装 2. 基础型钢制作、安装 3. 补刷(喷)油漆 4. 接地
030402018	组合型成套箱式变电站	1. 名称 2. 型号 3. 容量(kV·A) 4. 电压(kV) 5. 组合形式 6. 基础规格、浇筑材质			1. 本体安装 2. 基础浇筑 3. 进箱母线安装 4. 补刷(喷)油漆 5. 接地

3. 配电装置安装清单项目设置相关资料

(1) 油断路器型号表示方法

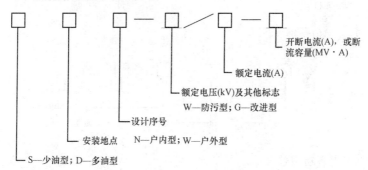

开断电流(A),或断流容量(MV·A)
额定电流(A)
额定电压(kV)及其他标志
W—防污型；G—改进型
设计序号
安装地点　N—户内型；W—户外型
S—少油型；D—多油型

(2) 隔离、负荷开关型号表示方法

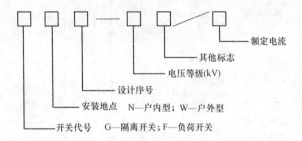

(3) 电压互感器型号表示方法

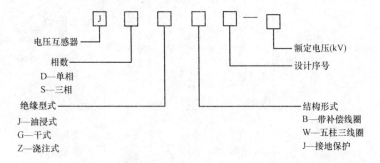

(4) 电抗器型号表示方法

1) 串联电抗器

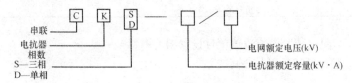

2) 水泥电抗器

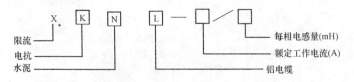

(5) 电容器型号表示方法

第五章　电气工程工程量清单编制

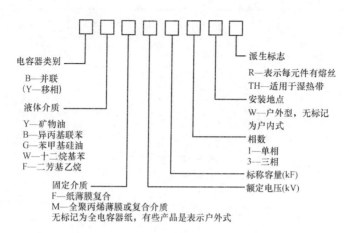

三、母线安装

1. 母线安装清单项目适用范围

母线安装清单适用于软母线、带形母线、槽形母线、共箱母线、低压封闭式插接母线槽、始端箱、分线箱、重型母线等母线安装工程。

2. 母线安装清单项目工程量计算规则

母线安装清单项目设置、项目特征描述的内容、计量单位及工程量计算规则见表 5-19。

表 5-19　　　　　　　　母线安装（编码：030403）

项目编码	项目名称	项目特征	计量单位	工程量计算规则	工作内容
030403001	软母线	1. 名称 2. 材质 3. 型号 4. 规格 5. 绝缘子类型、规格	m	按设计图示尺寸以单相长度计算（含预留长度）	1. 母线安装 2. 绝缘子耐压试验 3. 跳线安装 4. 绝缘子安装
030403002	组合软母线				

续表一

项目编码	项目名称	项目特征	计量单位	工程量计算规则	工作内容
030403003	带形母线	1. 名称 2. 型号 3. 规格 4. 材质 5. 绝缘子类型、规格 6. 穿墙套管材质、规格 7. 穿通板材质、规格 8. 母线桥材质、规格 9. 引下线材质、规格 10. 伸缩节、过滤板材质、规格 11. 分相漆品种	m	按设计图示尺寸以单相长度计算（含预留长度）	1. 母线安装 2. 穿通板制作、安装 3. 支持绝缘子、穿墙套管的耐压试验、安装 4. 引下线安装 5. 伸缩节安装 6. 过渡板安装 7. 刷分相漆
030403004	槽形母线	1. 名称 2. 型号 3. 规格 4. 材质 5. 连接设备名称、规格 6. 分相漆品种	m		1. 母线制作、安装 2. 与发电机、变压器连接 3. 与断路器、隔离开关连接 4. 刷分相漆
030403005	共箱母线	1. 名称 2. 型号 3. 规格 4. 材质		按设计图示尺寸以中心线长度计算	1. 母线安装 2. 补刷（喷）油漆
030403006	低压封闭式插接母线槽	1. 名称 2. 型号 3. 规格 4. 容量(A) 5. 线制 6. 安装部位			

第五章　电气工程工程量清单编制

续表二

项目编码	项目名称	项目特征	计量单位	工程量计算规则	工作内容
030403007	始端箱、分线箱	1. 名称 2. 型号 3. 规格 4. 容量(A)	台	按设计图示数量计算	1. 本体安装 2. 补刷(喷)油漆
030403008	重型母线	1. 名称 2. 型号 3. 规格 4. 容量(A) 5. 材质 6. 绝缘子类型、规格 7. 伸缩器及导板规格	t	按设计图示尺寸以质量计算	1. 母线制作、安装 2. 伸缩器及导板制作、安装 3. 支持绝缘子安装 4. 补刷(喷)油漆

3. 母线安装清单项目设置相关资料

清单项目的设置与计量：依据施工图所示的工程内容(指各项工程实体)，按母线安装清单项目需描述的项目特征：名称、型号、规格等设置具体项目名称，并按对应的项目编码编好后三位码。

(1)软母线安装预留长度见表 4-46。

(2)硬母线配置安装预留长度见表 4-47。

四、控制设备及低压电器安装

1. 控制设备及低压电器安装清单项目适用范围

控制设备及低压电器安装清单项目适用于控制设备[包括各种控制屏、继电信号屏、模拟屏、低压开关柜(屏)、弱电控制返回屏、整流柜、可控硅柜、电气屏(柜)、成套配电箱、控制箱等]和低压设备(包括各种控制开关、熔断器、控制器、接触器、启动器、电阻器、变阻器、分流器、小电器、端子箱、风扇、插座及箱式配电室等)的安装工程。

2. 控制设备及低压电器安装清单项目工程量计算规则

控制设备及低压电器安装工程量清单项目设置、项目特征描述的内容、计量单位与工程量计算规则见表 5-20。

表 5-20　　控制设备及低压电器安装(编码:030404)

项目编码	项目名称	项目特征	计量单位	工程量计算规则	工作内容
030404001	控制屏	1. 名称 2. 型号 3. 规格 4. 种类 5. 基础型钢形式、规格 6. 接线端子材质、规格 7. 端子板外部接线材质、规格 8. 小母线材质、规格 9. 屏边规格	台	按设计图示数量计算	1. 本体安装 2. 基础型钢制作、安装 3. 端子板安装 4. 焊、压接线端子 5. 盘柜配线、端子接线 6. 小母线安装 7. 屏边安装 8. 补刷(喷)油漆 9. 接地
030404002	继电、信号屏	:::	:::	:::	:::
030404003	模拟屏	:::	:::	:::	:::
030404004	低压开关柜(屏)	:::	:::	:::	1. 本体安装 2. 基础型钢制作、安装 3. 端子板安装 4. 焊、压接线端子 5. 盘柜配线、端子接线 6. 屏边安装 7. 补刷(喷)油漆 8. 接地
030404005	弱电控制返回屏	:::	:::	:::	1. 本体安装 2. 基础型钢制作、安装 3. 端子板安装 4. 焊、压接线端子 5. 盘柜配线、端子接线 6. 小母线安装 7. 屏边安装 8. 补刷(喷)油漆 9. 接地
030404006	箱式配电室	1. 名称 2. 型号 3. 规格 4. 质量 5. 基础规格、浇筑材质 6. 基础型钢形式、规格	套	:::	1. 本体安装 2. 基础型钢制作、安装 3. 基础浇筑 4. 补刷(喷)油漆 5. 接地

第五章 电气工程工程量清单编制

续表一

项目编码	项目名称	项目特征	计量单位	工程量计算规则	工作内容
030404007	硅整流柜	1. 名称 2. 型号 3. 规格 4. 容量(A) 5. 基础型钢形式、规格	台	按设计图示数量计算	1. 本体安装 2. 基础型钢制作、安装 3. 补刷(喷)油漆 4. 接地
030404008	可控硅柜	1. 名称 2. 型号 3. 规格 4. 容量(kW) 5. 基础型钢形式、规格	台	按设计图示数量计算	1. 本体安装 2. 基础型钢制作、安装 3. 补刷(喷)油漆 4. 接地
030404009	低压电容器柜	1. 名称 2. 型号 3. 规格 4. 基础型钢形式、规格 5. 接线端子材质、规格 6. 端子板外部接线材质、规格 7. 小母线材质、规格 8. 屏边规格	台	按设计图示数量计算	1. 本体安装 2. 基础型钢制作、安装 3. 端子板安装 4. 焊、压接线端子 5. 盘柜配线、端子接线 6. 小母线安装 7. 屏边安装 8. 补刷(喷)油漆 9. 接地
030404010	自动调节励磁屏				
030404011	励磁灭磁屏				
030404012	蓄电池屏(柜)				
030404013	直流馈电屏				
030404014	事故照明切换屏				
030404015	控制台	1. 名称 2. 型号 3. 规格 4. 基础型钢形式、规格 5. 接线端子材质、规格 6. 端子板外部接线材质、规格 7. 小母线材质、规格	台	按设计图示数量计算	1. 本体安装 2. 基础型钢制作、安装 3. 端子板安装 4. 焊、压接线端子 5. 盘柜配线、端子接线 6. 小母线安装 7. 补刷(喷)油漆 8. 接地

续表二

项目编码	项目名称	项目特征	计量单位	工程量计算规则	工作内容
030404016	控制箱	1. 名称 2. 型号 3. 规格 4. 基础形式、规格 5. 接线端子材质、规格 6. 端子板外部接线材质、规格 7. 安装方式	台	按设计图示数量计算	1. 本体安装 2. 基础型钢制作、安装 3. 焊、压接线端子 4. 补刷(喷)油漆 5. 接地
030404017	配电箱				
030404018	插座箱	1. 名称 2. 型号 3. 规格 4. 安装方式			1. 本体安装 2. 接地
030404019	控制开关	1. 名称 2. 型号 3. 规格 4. 接线端子材质、规格 5. 额定电流(A)	个	按设计图示数量计算	1. 本体安装 2. 焊、压接线端子 3. 接线
030404020	低压熔断器	1. 名称 2. 型号 3. 规格 4. 接线端子材质、规格	台		
030404021	限位开关				
030404022	控制器				
030404023	接触器				
030404024	励磁启动器				
030404025	Y—△自耦减压启动器				
030404026	电磁铁(电磁制动器)				
030404027	快速自动开关				
03040428	电阻器		箱		
030404029	油浸频敏变阻器		台		

第五章 电气工程工程量清单编制

续表三

项目编码	项目名称	项目特征	计量单位	工程量计算规则	工作内容
030404030	分流器	1. 名称 2. 型号 3. 规格 4. 容量(A) 5. 接线端子材质、规格	个	按设计图示数量计算	1. 本体安装 2. 焊、压接线端子 3. 接线
030404031	小电器	1. 名称 2. 型号 3. 规格 4. 接线端子材质、规格	个 (套、台)	按设计图示数量计算	1. 本体安装 2. 焊、压接线端子 3. 接线
030404032	端子箱	1. 名称 2. 型号 3. 规格 4. 安装部位	台	按设计图示数量计算	1. 本体安装 2. 接线
030404033	风扇	1. 名称 2. 型号 3. 规格 4. 安装方式	台	按设计图示数量计算	1. 本体安装 2. 调速开关安装
030404034	照明开关	1. 名称 2. 型号 3. 规格 4. 安装方式	个	按设计图示数量计算	1. 本体安装 2. 接线
030404035	插座				
030404036	其他电器	1. 名称 2. 规格 3. 安装方式	个 (套、台)	按设计图示数量计算	1. 安装 2. 接线

3. 控制设备及低压电器安装清单项目设置相关资料

(1)动力配电箱型号表示方法。

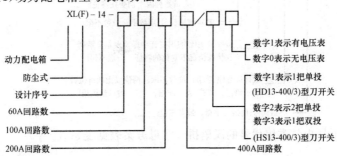

(2) 照明配电箱型号表示方法。

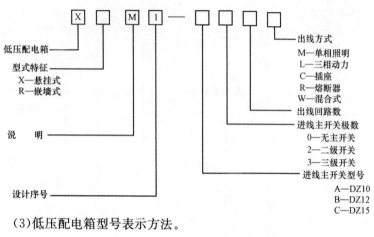

(3) 低压配电箱型号表示方法。

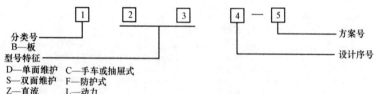

(4) 低压电器型号表示方法。

类组代号与设计代号的组合,就表示产品的系列,如 CJ10 表示交流接触器第 1.0 个系列。

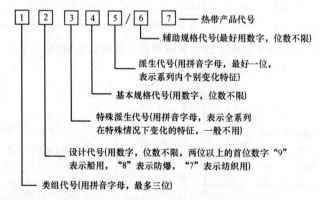

低压电气类组代号的汉语拼音字母方案表见表 5-21。

表 5-21　低压电气类组代号汉语拼音字母方案表

代号	名称	A	B	C	D	G	H	J	K	L	M	P	Q	R	S	T	U	W	X	Y	Z
H	刀开关和转换开关				刀开关		封闭式负荷开关		开启式负荷开关					熔断器式刀开关	刀形转换开关						组合开关
R	熔断器			插入式			汇流排式								快速	有填料管式			限流	其他	
D	自动开关									照明	灭磁				快速			框架式	限流	其他	塑料外壳式
K	控制器					鼓形										凸轮				其他	
C	接触器					高压		交流							时间					其他	直流
Q	启动器		按钮式	磁力				减压						热	手动				星三角	其他	
J	控制继电器									电流		中频			时间	通用	油浸	温度		其他	综合
L	主令电器	按钮		旋臂式				接近开关	主令控制器			平面			主令开关	足踏开关	旋转	万能转换开关	行程开关	其他	中间
Z	电阻器		板形元件	冲片元件	管形元件										烧结元件	铸铁元件			电阻器	其他	
B	变阻器				电压					助磁		频敏	启动				油浸启动	液体启动		其他	
T	调整器												牵引					起重			
M	电磁铁																				制动
A	其他			插销			接线盒												滑线式		

五、蓄电池安装

1. 蓄电池安装清单项目适用范围

蓄电池安装清单项目适用于包括蓄电池、太阳能电池等各种蓄电池安装工程。

2. 蓄电池安装清单项目工程量计算规则

蓄电池安装工程量清单项目设置、项目特征描述的内容、计量单位及工程量计算规则见表 5-22。

表 5-22　　　　　蓄电池安装（编码：030405）

项目编码	项目名称	项目特征	计量单位	工程量计算规则	工作内容
030405001	蓄电池	1. 名称 2. 型号 3. 容量（A·h） 4. 防震支架形式、材质 5. 充放电要求	个 (组件)	按设计图示数量计算	1. 本体安装 2. 防震支架安装 3. 充放电
030405002	太阳能电池	1. 名称 2. 型号 3. 规格 4. 容量 5. 安装方式	组		1. 安装 2. 电池方阵铁架安装 3. 联调

3. 蓄电池安装清单项目设置相关资料

（1）铅酸蓄电池型号。铅酸蓄电池的型号用汉语拼音的大写字母和阿拉伯数字表示，通常由如下三段组成：

$$\boxed{1}\ \boxed{2}\ \boxed{3}$$

第一段表示的是串联的单体电池数，当数目为"1"时省略。

第二段代表蓄电池类型和特征代号。

1）蓄电池类型。蓄电池类型根据其用途划分为：固定型蓄电池的代号为 G，启动用蓄电池代号为 Q，电力牵引用为 D，内燃机车用为 N，铁路客车用为 T，摩托车用为 M，航标用为 B，船舶用为 C，阀控型为 F，储能型为 U 等。

2)蓄电池特征代号。蓄电池特征代号为附加部分,用来区别同类型蓄电池所具有的特征。密封式蓄电池标注 M,免维护标注 W,干式荷电标注 A,湿式荷电标 H,防酸式标注 F,带液式标注 Y(具有几种特征时按上述顺序标注;如某一主要特征已能表达清楚,则以该特征代号标注)。

第三段是以阿拉伯数字表示的额定容量,单位为安培小时(A·h),型号中省略。

需要时,额定容量之后可标注其他代号,如:蓄电池所能适应的特殊使用环境或其他临时代号。

(2)碱性蓄电池型号表示。碱性蓄电池的型号用汉语拼音的大写字母和阿拉伯数字表示。

1)单体蓄电池型号。单体蓄电池型号由如下四段组成:

$$\boxed{1}\quad\boxed{2}\quad\boxed{3}\quad\boxed{4}$$

第一段为系列型号。以两极主要材料汉语拼音的第一个大写字母表示。负极代号在左,正极代号在右。镉镍系列代号为 GN,铁镍系列代号为 TN,锌银系列为 XY,锌镍系列为 XN,镉银系列为 GY,氢镍系列为 QN,氢银系列为 QY,锌锰系列为 XM 等。

第二段为形状代号。开口蓄电池不标注;在密封蓄电池中,圆柱形代号为 Y,扁形为 B(扣式),方形为 F,全密封则在形状代号右下角加注,如 Y_1 等。

第三段为放电倍率代号。中(0.5~3.5)倍率放电的代号为 Z,高(3.5~7)倍率为 G,超高(>7)倍率为 C,低倍率代号为 D(不标注)。

第四段为以阿拉伯数字表示的额定容量。单位为安培小时(A·h)时省略;单位为毫安小时(mA·h)时在容量数字后面加"m"。

第一段和第四段在产品型号中必须标注,第二、三段在必要时标注。例如:

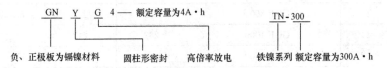

2)整体蓄电池型号。整体蓄电池型号由两段组成。
第一段为整体壳内组合极板组个数。
第二段为一个槽内的蓄电池型号。

例如:

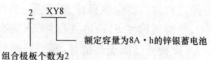

3)蓄电池组型号。蓄电池组的型号由串联单体蓄电池的只数及单体蓄电池型号组成;或者由串联整体蓄电池个数、短横"—"和整体蓄电池型号组成。型号后若加"A"或"B"等,表示系列、容量、串联只数都相同而结构、连接形式不同的蓄电池组。例如:

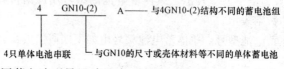

(3)常用蓄电池型号尺寸见表5-23。

表5-23 常用蓄电池型号尺寸表

序号	蓄电池型号	尺寸(mm)		
		a	b	c
1	GGF-30	121	97	212
2	GGF-50	121	137	212
3	GGF-100	157	118	362
4	GGF-150	157	155	362
5	GGF-200	157	192	540
6	GGF-300	205	160	540
7	GGF-400	205	197	540
8	GGF-500	205	234	715
9	GGF-600	282	108	715
10	GGF-800	282	205	715
11	GGF-1000	282	242	715
12	GGF-1200	282	279	715
13	GGF-1400	282	316	715
14	GGF-1600	282	353	715

六、电机检查接线及调试

1. 电机检查接线及调试清单项目适用范围

电机检查接线及调试清单项目适用于发电机、调相机、普通小型直流电动机、可控硅调速直流电动机、普通交流同步电动机、低压交流异步电动机、高压交流异步电动机、交流变频调速电动机、微型电机、电加热器、电动机组的备用励磁机组、检查接线及调试工程、励磁电阻器安装。

2. 电机检查接线及调试清单项目工程量计算规则

电机检查接线及调试工程量清单项目设置、项目特征描述的内容、计量单位与工程量计算规则见表5-24。

表5-24　　　　电机检查接线及调试（编码：030406）

项目编码	项目名称	项目特征	计量单位	工程量计算规则	工作内容
030406001	发电机	1. 名称 2. 型号 3. 容量（kW） 4. 接线端子材质、规格 5. 干燥要求	台	按设计图示数量计算	1. 检查接线 2. 接地 3. 干燥 4. 调试
030406002	调相机	^			
030406003	普通小型直流电动机	^			
030406004	可控硅调速直流电动机	1. 名称 2. 型号 3. 容量（kW） 4. 类型 5. 接线端子材质、规格 6. 干燥要求			
030406005	普通交流同步电动机	1. 名称 2. 型号 3. 容量（kW） 4. 启动方式 5. 电压等级（kV） 6. 接线端子材质、规格 7. 干燥要求			

续表

项目编码	项目名称	项目特征	计量单位	工程量计算规则	工作内容
030406006	低压交流异步电动机	1. 名称 2. 型号 3. 容量(kW) 4. 控制保护方式 5. 接线端子材质、规格 6. 干燥要求	台	按设计图示数量计算	1. 检查接线 2. 接地 3. 干燥 4. 调试
030406007	高压交流异步电动机	1. 名称 2. 型号 3. 容量(kW) 4. 保护类别 5. 接线端子材质、规格 6. 干燥要求			
030406008	交流变频调速电动机	1. 名称 2. 型号 3. 容量(kW) 4. 类别 5. 接线端子材质、规格 6. 干燥要求			
030406009	微型电机、电加热器	1. 名称 2. 型号 3. 规格 4. 接线端子材质、规格 5. 干燥要求			

项目编码	项目名称	项目特征	计量单位	工程量计算规则	工作内容
030406010	电动机组	1. 名称 2. 型号 3. 电动机台数 4. 联锁台数 5. 接线端子材质、规格 6. 干燥要求	组	按设计图示数量计算	1. 检查接线 2. 接地 3. 干燥 4. 调试
030406011	备用励磁机组	1. 名称 2. 型号 3. 接线端子材质、规格 4. 干燥要求			
0304060012	励磁电阻器	1. 名称 2. 型号 3. 规格 4. 接线端子材质、规格 5. 干燥要求	台		1. 本体安装 2. 检查接线 3. 干燥

3. 电机检查接线及调试清单项目设置相关资料

清单项目的设置与计量：本节的清单项目特征除共同的基本特征（如名称、型号、规格）外，还有表示其调试的特殊个性。这个特性直接影响到其接线调试费用，所以必须在项目名称中表述清楚。如：

1）普通交流同步电动机的检查接线及调试项目，要注明启动方式：直接启动还是降压启动。

2）低压交流异步电动机的检查接线及调试项目，要注明控制保护类型：刀开关控制、电磁控制、非电量联锁、过流保护、速断过流保护及时限过流保护……

3）电动机组检查接线调试项目，要表述机组的台数，如有联锁装置应注明联锁的台数。本节除电动机组清单项目以"组"为单位计量外，其他所有清单项目的计量单位均为"台"。工程量计算规则按设计图示数量计算。

（4）相关说明。

1）可控硅调速直流电动机类型是指一般可控硅调速直流电动机、全数字式控制可控硅调速直流电动机。

2）交流变频调速电动机类型是指交流同步变频电动机、交流异步变频电动机。

3) 电动机按其质量划分为大、中、小型；3t 以下为小型，3～30t 为中型，30t 以上为大型。

柴油发电机组型号含义如下：

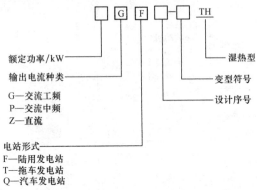

注：这里介绍的型号编排方式是较为通用的一种。

七、滑触线装置安装

1. 滑触线装置安装清单项目适用范围

滑触线装置安装清单项目适用于轻型、安全节能型滑触线，扁钢、角钢、工字钢滑触线及移动软电缆等各种滑触线安装工程。

2. 滑触线装置安装清单项目工程量计算规则

滑触线装置安装工程量清单项目设置、项目特征描述的内容、计量单位及工程量计算规则见表 5-25。

表 5-25　　　　滑触线装置安装（编码：030407）

项目编码	项目名称	项目特征	计量单位	工程量计算规则	工作内容
030407001	滑触线	1. 名称 2. 型号 3. 规格 4. 材质 5. 支架形式、材质 6. 移动软电缆材质、规格、安装部位 7. 拉紧装置类型 8. 伸缩接头材质、规格	m	按设计图示尺寸以单相长度计算（含预留长度）	1. 滑触线安装 2. 滑触线支架制作、安装 3. 拉紧装置及挂式支持器制作、安装 4. 移动软电缆安装 5. 伸缩接头制作、安装

3. 滑触线装置安装清单项目设置相关资料

常用滑触线型号及规格见表 5-26。

表 5-26　　　　　常用滑触线型号及规格

常用型号	标称截面(mm^2)	额定电流(A)	质量(kg/km)
JGH-85	85	300	24.3
JGH-110	110	400	25.9
JGH-170	170	500	29.4
JGH-240	240	700	46.1
JGH-320	320	900	50.4
JGH-170 II	2×170	1000	53.9
JGH-240 II	2×240	1300	62.2
JGH-320 II	2×320	1500	68.8
JGH I -500	500	1200	19.8
JGH I -750	750	1600	27.6
JGH I -900	900	1800	36.6
JGH II -100	100	495	29.34
JGH II -150	150	620	32.01
JGH II -200	200	728	34.68

清单项目的设置与计量:本节的清单项目特征均为名称、型号、规格、材质。而特征中的名称既为实体名称,亦为项目名称,直观、简单。但是规格却不同。

例如:节能型滑触线的规格是用电流(A)来表述。

(1)角钢滑触线的规格是角钢的边长×厚度。

(2)扁钢滑触线的规格是扁钢截面长×宽。

(3)圆钢滑触线的规格是圆钢的直径。

(4)工字钢、轻轨滑触线的规格是以每米重量(kg/m)表述。

本节各清单项目的计量单位均为"m"。工程量计算规则是按设计图示以单相长度计算(含预留长度)。

(4)其他相关说明。

1)支架基础铁件及螺栓是否浇注需要说明。

2)滑触线安装预留长度见表 4-50。

八、电缆安装

1. 电缆安装清单项目适用范围

电缆安装清单项目适用于电力电缆和控制电缆,电缆保护管的敷设、电缆槽盒安装、保护板安装、电缆头、防火堵洞、防火隔板、防火涂料、电缆分支箱等相关工程,但对于电缆保护管敷设项目只适用于埋地暗敷设和非埋地明敷设两种,不适用于过路或过基础的保护管敷设。

2. 电缆安装清单项目工程量计算规则

电缆安装工程量清单项目设置、项目特征描述的内容、计量单位及工程量计算规则见表 5-27。

表 5-27　　　　　　电缆安装(编码:030408)

项目编码	项目名称	项目特征	计量单位	工程量计算规则	工作内容
030408001	电力电缆	1. 名称 2. 型号 3. 规格 4. 材质 5. 敷设方式、部位 6. 电压等级(kV) 7. 地形	m	按设计图示尺寸以长度计算(含预留长度及附加长度)	1. 电缆敷设 2. 揭(盖)盖板
030408002	控制电缆				
030408003	电缆保护管	1. 名称 2. 材质 3. 规格 4. 敷设方式		按设计图示尺寸以长度计算	保护管敷设
030408004	电缆槽盒	1. 名称 2. 材质 3. 规格 4. 型号			槽盒安装
030408005	铺砂、盖保护板(砖)	1. 种类 2. 规格			1. 铺砂 2. 盖板(砖)
030408006	电力电缆头	1. 名称 2. 型号 3. 规格 4. 材质、类型 5. 安装部位 6. 电压等级(kV)	个	按设计图示数量计算	1. 电力电缆头制作 2. 电力电缆头安装 3. 接地

续表

项目编码	项目名称	项目特征	计量单位	工程量计算规则	工作内容
030408007	控制电缆头	1. 名称 2. 型号 3. 规格 4. 材质、类型 5. 安装方式	个	按设计图示数量计算	1. 电力电缆头制作 2. 电力电缆头安装 3. 接地
030408008	防火堵洞		处	按设计图示数量计算	安装
030408009	防火隔板	1. 名称 2. 材质 3. 方式 4. 部位	m²	按设计图示尺寸以面积计算	
030408010	防火涂料		kg	按设计图示尺寸以质量计算	
030408011	电缆分支箱	1. 名称 2. 型号 3. 规格 4. 基础形式、材质、规格	台	按设计图示数量计算	1. 本体安装 2. 基础制作、安装

3. 电缆安装清单项目设置相关资料

(1)电缆型号表示方法。电缆型号含义如下：

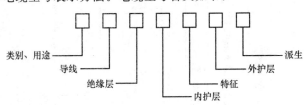

电缆型号各部分代号及其含义见表5-28。

表 5-28　电缆型号各部分的代号及其含义

类别 用途	绝缘	内护层	特征	铠装层外护层	派生
N—农用电缆	V—聚氯乙烯	H—橡皮	CY—充油	0—相应的裸外护层	1—第一种
V—塑料电缆	X—橡皮	HF—非燃橡套	D—不滴流	1—一级防腐	2—第二种
X—橡皮绝缘电缆	XD—丁基橡皮	L—铝包	F—分相护套	1—麻被护套	110—110kV
YJ—交联聚乙烯塑料电缆	YJ—交联聚乙烯塑料	Q—铅包	P—发油、干绝缘	2—二级防腐	120—120kV
Z—纸绝缘电缆	Y—聚乙烯塑料	Y—塑料护套	P—编织屏蔽	2—钢带铠装麻被	150—150kV
G—高压电缆		LW—皱纹铝套	Z—直流	3—单层细钢丝铠装麻被	03—拉断力 0.3t
K—控制电缆		V—聚氯乙烯	C—滤尘器用	4—双层细钢丝铠装	1—拉断力 1t
P—信号电缆		F—氯丁橡	C—重型	5—单层粗钢丝铠装	TH—湿热带
V—矿用电缆		A—综合护套	D—电子显微镜	6—双层粗钢丝铠装	外被层
VC—采掘机用电缆			G—高压	9—内铠装	C—无
VZ—电钻用电缆			H—电焊机用	29—内钢带铠装	1—纤维层
VN—泥炭工业用电缆			J—交流	20—裸钢带铠装	2—聚氯乙烯
W—地球物理工作用电缆			Z—直流	30—细钢丝铠装	3—聚乙烯
WB—油泵电缆			CQ—充气	22—铠装加固电缆	

续表

类别用途	绝缘	内护层	特征	铠装层外护层	派生
WC—海上探测电缆			YQ—压气	25—粗钢丝铠装	
WE—野外探测电缆			YY—压油	11——级防腐	
X-D—单焦点X光电缆			ZRC(A)—阻燃	12—钢带铠装一级防腐	
X-E—双焦点X光电缆				120—钢带铠装一级防腐	
H—电子轰击炉用电缆				13—细钢丝铠装一级防腐	
J—静电喷漆用电缆				15—细钢丝铠装一级防腐	
Y—移动电缆				130—裸细钢丝铠装一级防腐	
SY—同轴射频电缆				23—细钢丝铠装二级电缆	
DS—电子计算机用电缆				59—内粗钢丝铠装	

注：L—铝，T—铜（一般省略）。

(2)常用塑料绝缘控制电缆型号及名称见表 5-29。

表 5-29　　　　　塑料绝缘控制电缆型号及名称

型号	名　　　称	主要用途
KYV	铜芯聚乙烯绝缘聚乙烯护套控制电缆	固定敷设
KYYP	铜芯聚乙烯绝缘铜丝编织总屏蔽聚乙烯护套控制电缆	固定敷设
$KYYP_1$	铜芯聚乙烯绝缘铜丝缠绕总屏蔽聚乙烯护套控制电缆	固定敷设
$KYYP_2$	铜芯聚乙烯绝缘铜带绕包总屏蔽聚乙烯护套控制电缆	固定敷设
KY_{23}	铜芯聚乙烯绝缘钢带铠装聚乙烯护套控制电缆	固定敷设
KYY_{30}	铜芯聚乙烯绝缘聚乙烯护套裸细铜丝铠装控制电缆	固定敷设
KY_{33}	铜芯聚乙烯绝缘细钢丝铠装聚乙烯护套控制电缆	固定敷设
KYP_{233}	铜芯聚乙烯绝缘铜带绕包总屏蔽细钢丝铠装聚乙烯护套控制电缆	固定敷设
KYV	铜芯聚乙烯绝缘聚氯乙烯护套控制电缆	固定敷设
KYVP	铜芯聚乙烯绝缘铜丝编织总屏蔽聚氯乙烯护套控制电缆	固定敷设
$KYVP_1$	铜芯聚乙烯绝缘铜丝缠绕总屏蔽聚氯乙烯护套控制电缆	固定敷设
$KYVP_2$	铜芯聚乙烯绝缘铜带绕包总屏蔽聚氯乙烯护套控制电缆	固定敷设
KY_{22}	铜芯聚乙烯绝缘钢带铠装聚氯乙烯护套控制电缆	固定敷设
KY_{32}	铜芯聚乙烯绝缘细钢丝铠装聚氯乙烯护套控制电缆	固定敷设
KYP_{232}	铜芯聚乙烯绝缘铜带绕包总屏蔽细钢丝铠装聚乙烯护套控制电缆	固定敷设
KVY	铜芯聚氯乙烯绝缘聚乙烯护套控制电缆	固定敷设
KVYP	铜芯聚氯乙烯绝缘铜丝编织总屏蔽聚乙烯护套控制电缆	固定敷设
$KVYP_1$	铜芯聚氯乙烯绝缘铜丝缠绕总屏蔽聚乙烯护套控制电缆	固定敷设
$KVYP_2$	铜芯聚氯乙烯绝缘铜带绕包总屏蔽聚乙烯护套控制电缆	固定敷设

(3)常用橡胶绝缘控制电缆型号见表 5-30。

表 5-30　　　　　橡胶绝缘控制电缆型号

型号	名　　　称	主要用途
KXV	铜芯橡胶绝缘聚氯乙烯护套控制电缆	固定敷设
KX_{22}	铜芯橡胶绝缘钢带铠装聚氯乙烯护套控制电缆	固定敷设
KX_{23}	铜芯橡胶绝缘钢带铠装聚乙烯护套控制电缆	固定敷设
KXF	铜芯橡胶绝缘氯丁橡套控制电缆	固定敷设
KXQ	铜芯橡胶绝缘裸铅包控制电缆	固定敷设
KXQ_{02}	铜芯橡胶绝缘铅包聚氯乙烯护套控制电缆	固定敷设
KXQ_{03}	铜芯橡胶绝缘铅包聚乙烯护套控制电缆	固定敷设
KXQ_{20}	铜芯橡胶绝缘铅包裸钢带铠装控制电缆	固定敷设
KXQ_{22}	铜芯橡胶绝缘铅包钢带铠装聚氯乙烯护套控制电缆	固定敷设
KXQ_{23}	铜芯橡胶绝缘铅包铜带铠装聚乙烯护套控制电缆	固定敷设
KXQ_{30}	铜芯橡胶绝缘铅包裸细钢丝铠装控制电缆	固定敷设

(4) 聚氯乙烯绝缘聚氯乙烯护套控制电缆。

1) 常用聚氯乙烯绝缘聚氯乙烯护套控制电缆型号、名称和使用范围见表 5-31。

表 5-31 聚氯乙烯绝缘聚氯乙烯护套控制电缆型号、名称和使用范围

型号	名称	使用范围
KVV	铜芯聚氯乙烯绝缘聚氯乙烯护套控制电缆	敷设在室内、电缆沟、管道固定场合
KVVP	铜芯聚氯乙烯绝缘聚氯乙烯护套编织屏蔽控制电缆	敷设在室内、电缆沟、管道等要求屏蔽的固定场合
$KVVP_2$	铜芯聚氯乙烯绝缘聚氯乙烯护套铜带屏蔽控制电缆	敷设在室内、电缆沟、管道等要求屏蔽的固定场合
KVV_{22}	铜芯聚氯乙烯绝缘聚氯乙烯护套铜带铠装控制电缆	敷设在室内、电缆沟、管道、直埋等能承受较大机械外力的固定场合
KVV_{32}	铜芯聚氯乙烯绝缘聚氯乙烯护套细钢丝铠装控制电缆	敷设在室内、电缆沟、管道、竖井等能承受较大机械拉力的固定场合
KVVR	铜芯聚氯乙烯绝缘聚氯乙烯护套控制软电缆	敷设在室内、要求屏蔽等场合
KVVRP	铜芯聚氯乙烯绝缘聚氯乙烯护套控制软电缆	敷设在室内、要求柔软、屏蔽等场合

2) 聚氯乙烯绝缘氯乙烯护套控制电缆的常用规格见表 5-32。

表 5-32 聚氯乙烯绝缘聚氯乙烯护套控制电缆规格

型号	额定电压(V)	标称截面积(mm^2)							
		0.5	0.75	1.0	1.5	2.5	4	6	10
		芯 数							
KVV、KVVP	450/750	—		2~61			2~14		2~10
$KVVP_2$	450/750	—		4~61			4~14		4~10
KVV_{22}	450/750	—		7~61		4~61	4~14		4~10
KVV_{32}	450/750	—		19~61		7~61	4~14		4~10
KVVR	450/750	4~61					—		—
KVVRP	450/750	4~61				4~48			

注：推荐的芯数系列为 2、3、4、5、7、8、10、12、14、16、19、24、27、30、37、44、48、52 和 61 芯。

(5) 常用聚氯乙烯电力电缆型号及名称见表 5-33。

表 5-33 聚氯乙烯绝缘电力电缆型号及名称

型号		名 称
铜芯	铝芯	
VV	VLV	聚氯乙烯绝缘聚氯乙烯护套电力电缆
VY	VLY	聚氯乙烯绝缘聚乙烯护套电力电缆
VV_{22}	VLV_{22}	聚氯乙烯绝缘钢带铠装聚氯乙烯护套电力电缆
VV_{28}	VLV_{28}	聚氯乙烯绝缘钢带铠装聚乙烯护套电力电缆
VV_{32}	VLV_{32}	聚氯乙烯绝缘细钢丝铠装聚氯乙烯护套电力电缆
VV_{33}	VLV_{33}	聚氯乙烯绝缘细钢丝铠装聚乙烯护套电力电缆
VV_{42}	VLV_{42}	聚氯乙烯绝缘粗钢丝铠装聚氯乙烯护套电力电缆
VV_{48}	VLV_{48}	聚氯乙烯绝缘粗钢丝铠装聚乙烯护套电力电缆

(6) 橡胶绝缘电力电缆的型号、名称及主要用途见表 5-34。

表 5-34 橡胶绝缘电力电缆型号、名称及主要用途

型号		名 称	主要用途
铝	铜		
XLV	XV	橡胶绝缘聚氯乙烯护套电力电缆	敷设在室内、电缆沟内、管道中。电缆不能承受机械外力作用
XLF	XF	橡胶绝缘氯丁护套电力电缆	同 XLV 型
XLV_{29}	XV_{29}	橡胶绝缘聚氯乙烯护套内钢带铠装电力电缆	敷设在地下。电缆能承受一定机械外力作用,但不能承受大的拉力
XLQ	XQ	橡胶绝缘裸铅包电力电缆	敷设在室内、电缆沟内、管道中。电缆不能承受振动和机械外力作用,且对铅应有中性的环境
XLQ_2	XQ_2	橡胶绝缘铅包钢带铠装电力电缆	同 XLV_{29} 型
XLQ_{20}	XQ_{20}	橡胶绝缘铅包裸钢带铠装电力电缆	敷设在室内、电缆沟内、管道中。电缆不能承受大的拉力

九、防雷及接地装置

1. 防雷及接地装置清单项目适用范围

防雷及接地装置清单项目适用于接地装置和避雷装置安装工程。其中,接地装置包括接地极、接地母线、避雷引下线、均压环等。防雷装置,由避雷网、避雷针、消雷装置、等电位端子箱、测试版、绝缘垫、保护器、降阻剂组成一个系统;接地装置包括生产、生活用的安全接地、防静电接地、

第五章 电气工程工程量清单编制

保护接地等一切接地装置的安装。

2. 防雷及接地装置清单项目工程量计算规则

防雷及接地装置工程量清单项目设置、项目特征描述的内容、计量单位与工程量计算规则见表 5-35。

表 5-35　　　　　防雷及接地装置（编码：030409）

项目编码	项目名称	项目特征	计量单位	工程量计算规则	工作内容
030409001	接地极	1. 名称 2. 材质 3. 规格 4. 土质 5. 基础接地形式	根（块）	按设计图示数量计算	1. 接地极（板、桩）制作、安装 2. 基础接地网安装 3. 补（刷）油漆
030409002	接地母线	1. 名称 2. 材质 3. 规格 4. 安装部位 5. 安装形式	m	按设计图示尺寸以长度计算（含附加长度）	1. 接地母线制作、安装 2. 补刷（喷）油漆
030409003	避雷引下线	1. 名称 2. 材质 3. 规格 4. 安装部位 5. 安装形式 6. 断接卡子、箱材质、规格			1. 避雷引下线制作、安装 2. 断接卡子、箱制作、安装 3. 利用主钢筋焊接 4. 补刷（喷）油漆
030409004	均压环	1. 名称 2. 材质 3. 规格 4. 安装形式			1. 均压环敷设 2. 钢铝窗接地 3. 柱主筋与圈梁焊接 4. 利用圈梁钢筋焊接 5. 补刷（喷）油漆
030409005	避雷网	1. 名称 2. 材质 3. 规格 4. 安装形式 5. 混凝土块标号			1. 避雷网制作、安装 2. 跨接 3. 混凝土块制作 4. 补刷（喷）油漆

续表

项目编码	项目名称	项目特征	计量单位	工程量计算规则	工作内容
030409006	避雷针	1. 名称 2. 材质 3. 规格 4. 安装形式、高度	根	按设计图示数量计算	1. 避雷网制作、安装 2. 跨接 3. 补刷(喷)油漆
030409007	半导体少长针消雷装置	1. 型号 2. 高度	套		本体安装
030409008	等电位端子箱、测试板	1. 名称 2. 材质 3. 规格	台(块)		
030409009	绝缘垫		m²	按设计图示尺寸以展开面积计算	1. 制作 2. 安装
030409010	浪涌保护器	1. 名称 2. 规格 3. 安装形式 4. 防雷等级	个	按设计图示数量计算	1. 本体安装 2. 接线 3. 接地
030409011	降阻剂	1. 名称 2. 类型	kg	按设计图示以质量计算	1. 挖土 2. 施放降阻剂 3. 回填土 4. 运输

3. 防雷及接地装置清单项目设置相关资料

清单项目的设置与计量:依据设计图关于接地或防雷装置的内容,表述其项目名称,并有相对应的编码、计量单位和计算规则。

(1)避雷器型号表示方法如下:

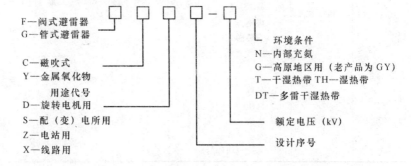

(2)钢接地体和接地线的最小规格见表4-53。

(3)根据"工作内容"一栏的提示,描述该项目的工作内容。

1)利用桩基础作接地极,应描述桩台下桩的根数,每桩台下需焊接柱筋根数,其工程量按柱引下线计算;利用基础钢筋作接地极按均压环项目编码列项。

2)利用柱筋作引下线的,需描述柱筋焊接根数。

3)利用圈梁筋作均压环的,需描述圈梁筋焊接根数。

5)接地母线、引下线、避雷网附加长度见表5-36。

表5-36　　　接地母线、引下线、避雷网附加长度　　　(单位:m)

项目	附加长度	说明
接地母线、引下线、避雷网附加长度	3.9%	按接地母线、引下线、避雷网全长计算

十、10kV以下架空配电线路

1. 10kV以下架空配电线路清单项目适用范围

10kV以下架空配电线路工程清单项目适用于电杆组立及导线架设工程。

2. 10kV以下架空配电线路清单项目工程量计算规则

10kV以下架空配电线路清单项目设置、项目特征描述的内容、计量单位及工程量计算规则见表5-37。

表5-37　　　10kV以下架空配电线路(编码:030410)

项目编码	项目名称	项目特征	计量单位	工程量计算规则	工作内容
030410001	电杆组立	1. 名称 2. 材质 3. 规格 4. 类型 5. 地形 6. 土质 7. 底盘、拉盘、卡盘规格 8. 拉线材质、规格、类型 9. 现浇基础类型、钢筋类型、规格,基础垫层要求 10. 电杆防腐要求	根(基)	按设计图示数量计算	1. 施工定位 2. 电杆组立 3. 土(石)方挖填 4. 底盘、拉盘、卡盘安装 5. 电杆防腐 6. 拉线制作、安装 7. 现浇基础、基础垫层 8. 工地运输

续表

项目编码	项目名称	项目特征	计量单位	工程量计算规则	工作内容
030410002	横担组装	1. 名称 2. 材质 3. 规格 4. 类型 5. 电压等级(kV) 6. 瓷瓶型号、规格 7. 金具品种规格	组	按设计图示数量计算	1. 横担安装 2. 瓷瓶、金具组装
030410003	导线架设	1. 名称 2. 材质 3. 规格 4. 地形 5. 跨越类型	km	按设计图示尺寸以单线长度计算(含预留长度)	1. 导线架设 2. 导线跨越及进户线架设 3. 工地运输
030410004	杆上设备	1. 名称 2. 材质 3. 规格 4. 电压等级(kV) 5. 支撑架种类、规格 6. 接线端子材质、规格 7. 接地要求	台(组)	按设计图示数量计算	1. 支撑架安装 2. 本体安装 3. 焊压接线端子、接线 4. 补刷(喷)油漆 5. 接地

3. 10kV以下架空配电线路清单项目设置相关资料

清单项目的设置与计量：依据设计图示的工程内容(指电杆组立或线路架设)，对应电杆组立的项目特征：材质、规格、种类、地形等。材质是指电杆的材质，是木电杆还是混凝土杆；规格是指杆长；种类是指单杆、接腿杆、撑杆。以上内容必须对项目表述清楚。

常用导线型号、规格及技术参数见表 5-38 和表 5-39。

表 5-38　　　　　　　　LGJK 型导线规格及技术参数

型号		LGJK-630	LGJK-800	LGJK-1000	LGJK-1250	LGJK-1400
导线外径(mm)		48	49	51	52	51
标称截面积(mm^2)		630	800	1000	1250	1400
计算截面积 (mm^2)	铝	635.43	813.42	1001.40	1259.14	1399.6
	钢	152.81	152.81	152.81	152.81	134.3
	总计	788.24	966.23	1154.21	1411.95	1533.9
结构根数/直径(mm)	中心钢丝	19/3.2	19/3.2	19/3.2	19/3.2	19/3.0
	内层铝(支撑层)	4/4.55	4/4.50	4/4.35	4/4.60	13/4.5
	次内层铝(支撑层)	4/4.55	4/4.60	4/4.55	18/4.47	19/4.5
	次外层铝	11/3.70	24/3.80	27/4.30	26/4.47	25/4.5
	最外层铝	36/3.70	36/3.80	33/4.30	32/4.47	31/4.5
计算总拉断力(kN)		228	253	278	313	329
弹性系数(kN/mm^2)		67.8	64.2	61.5	59.0	53.6
线胀系数($10^{-6}/℃$)		15.5	16.2	17.7	21.5	20.4
20℃时直流电阻(Ω/km)		0.046433	0.036179	0.029314	0.023161	0.02138
单位质量(kg/km)		2994	3491	4013	4713	4962

表 5-39　　　　　　　　LGKK 型导线规格及技术参数

型号		LGKK-587	LGKK-900	LGKK-1400
导线外径(mm)		51	49	57
计算截面积 (mm^2)	铝	586.7	906.4	1387.8
	钢	49.5	84.83	105.0
	总计	636.2	991.23	1493.8

续表

型号			LGKK-587	LGKK-900	LGKK-1400
导线结构根数/直径(mm)	中芯支撑层金属软管外径		39.0	27.0	27.0
	内层	铝	35/3.0	18/3.0	15/3.0
		钢	7/3.0	12/3.0	15/3.0
	次内层,铝		48/3.0	28/4.0	28/4.0
	次外层,铝		—	34/4.0	34/4.0
	最外层,铝		—	—	40/4.0
计算总拉断力(kN)			137	205	289
弹性系数(kN/mm^2)			71.54	58.7	58.02
线胀系数(10^{-6}/℃)			20.6	20.4	20.8
20℃时直流电阻(Ω/km)			0.0514	0.03317	0.02163
单位质量(kg/km)			2711	3650	5159

电杆组立的计量单位是"根(基)",按设计图示数量计算。在设置项目时,一定要按项目特征表述该清单项目名称。对其应综合的辅助项目(工作内容),也要描述到位,如电杆组立要发生的项目为:施工定位;电杆组立;土(石)方挖填;底盘、拉盘、卡盘安装;电杆防腐;拉线制作、安装;现浇基础、基础垫层;工地运输。

导线架设的项目特征为:名称;型号(即有材质);规格;地形;跨越类型。导线的型号表示了材质,是铝线还是铜导线。规格是指导线的截面。导线架设的工程内容描述为:导线架设;导线跨越及进户线架设;工地运输。导线架设的计量单位为"km",按设计图示尺寸以单线长度计算(含预留长度)。

在设置清单项目时,对同一型号、同一材质,但规格不同的架空线路要分别设置项目,分别编码(最后三位码)。

相关说明:

(1)杆上设备调试,应按表5-37相关项目编码列项。

(2)架空导线预留长度见表4-56。

十一、配管、配线

1. 配管、配线清单项目适用范围

配管、配线清单项目适用于电气工程的配管、配线工程,桥架安装。其中,配管工程包括电线管敷设、铜管及防爆钢管敷设,可挠金属管敷设、

塑料管(硬质聚氯乙烯管、刚性阻燃管、半硬质阻燃管)敷设;配线工程包括管内穿线、瓷夹板配线、塑料夹板配线、鼓型、针式、蝶式绝缘子配线、木槽板、塑料槽板配线、塑料护套线敷设和线槽配线、接线箱,接线盒安装。

2. 配管、配线清单项目工程量计算规则

配管、配线工程量清单项目设置,项目特征描述的内容,计量单位及工程量计算规则见表 5-40。

表 5-40　　　　　　　配管、配线(编码:030411)

项目编码	项目名称	项目特征	计量单位	工程量计算规则	工作内容
030411001	配管	1. 名称 2. 材质 3. 规格 4. 配置形式 5. 接地要求 6. 钢索材质、规格	m	按设计图示尺寸以长度计算	1. 电线管路敷设 2. 钢索架设(拉紧装置安装) 3. 预留沟槽 4. 接地
030411002	线槽	1. 名称 2. 材质 3. 规格			1. 本体安装 2. 补刷(喷)油漆
030411003	桥架	1. 名称 2. 型号 3. 规格 4. 材质 5. 类型 6. 接地方式			1. 本体安装 2. 接地
030411004	配线	1. 名称 2. 配线形式 3. 型号 4. 规格 5. 材质 6. 配线部位 7. 配线线制 8. 钢索材质、规格		按设计图示尺寸以单线长度计算(含预留长度)	1. 配线 2. 钢索架设(拉紧装置安装) 3. 支持体(夹板、绝缘子、槽板等)安装
030411005	接线箱	1. 名称 2. 材质 3. 规格 4. 安装形式	个	按设计图示数量计算	本体安装
030411006	接线盒				

3. 配管、配线清单项目设置相关资料

(1) 绝缘电线型号组成及含义。绝缘电线型号的组成如下：

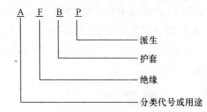

绝缘电线型号字母代号及其含义见表 5-41。

表 5-41　　　　　绝缘电线型号字母代号及其含义

分类代号或用途		绝 缘		护 套		派 生	
符号	意 义	符号	意 义	符号	意 义	符号	意 义
A	安装线缆	V	聚氯乙烯	V	聚氯乙烯	P	屏蔽
B	布电线	F	氟塑料	H	橡套	R	软
F	飞机用低压线	Y	聚乙烯	B	编织套	S	双绞
Y	一般工业移动电器用线	X	橡皮	L	蜡克	B	平行
T	天线	ST	天然丝	N	尼龙套	D	带形
HR	电话软线	SE	双丝包	SK	尼龙丝	T	特种
HP	配线	VZ	阻燃聚氯乙烯	VZ	阻燃聚氯乙烯	P_1	缠绕屏蔽
I	电影用电缆	R	辐照聚乙烯	ZR	具有阻燃性	W	耐气候 耐油
SB	无线电装置用电缆	B	聚丙烯	—	—	—	—

(2) 常用绝缘电线的型号及品种见表 5-42。

表 5-42　　　　　常用绝缘电线的型号及品种

类 别	型 号	名 称
聚氯乙烯塑料绝缘电线 (JB666—71)	BV	铜芯聚氯乙烯绝缘电线
	BLV	铝芯聚氯乙烯绝缘电线
	BVV	铜芯聚氯乙烯绝缘聚氯乙烯护套电线
	BLVV	铝芯聚氯乙烯绝缘聚氯乙烯护套电线
	BVVB	铜芯聚氯乙烯绝缘聚氯乙烯护套平型电线
	BVR	铜芯聚氯乙烯绝缘软线
	BLVR	铝芯聚氯乙烯绝缘软线
	BV—10S	铜芯聚氯乙烯绝缘耐高温电线
	RVB	铜芯聚氯乙烯绝缘平行软线
	RVS	铜芯聚氯乙烯绝缘绞形软线
	RVZ	铜芯聚氯乙烯绝缘聚氯乙烯护套软线

续表

类　　别	型　号	名　　　称
橡皮绝缘电线 (JB665—65)	BX	铜芯橡皮线
	BLX	铝芯橡皮线
	BBX	铜芯玻璃丝织橡皮线
	BBLX	铝芯玻璃丝织橡皮线
	BXR	铜芯橡皮软线
	BXS	棉纱织双绞软线
丁腈聚氯乙烯复 合物绝缘软线 (JB11710—71)	RFS	复合物绞形软线
	RFB	复合物平行软线

十二、照明器具安装

1. 照明器具安装清单项目适用范围

照明器具安装清单项目适用于工业与民用建筑(含公用设施)及市政设施的各种照明灯具、开关、插座、门铃等安装工程。包括普通灯具、工厂灯及高度标志灯、装饰灯具、荧光灯具、医疗专用灯具、一般路灯、中杆灯、高杆灯、桥栏杆灯、地道涵洞灯等安装。

2. 照明器具安装清单项目工程量计算规则

照明器具安装工程量清单项目设置、项目特征描述的内容、计量单位及工程量计算规则见表 5-43。

表 5-43　　　　　照明器具安装(编号:030412)

项目编码	项目名称	项目特征	计量单位	工程量计算规则	工作内容
030412001	普通灯具	1. 名称 2. 型号 3. 规格 4. 类型	套	按设计图示数量计算	本体安装
030412002	工厂灯	1. 名称 2. 型号 3. 规格 4. 安装形式			

续表一

项目编码	项目名称	项目特征	计量单位	工程量计算规则	工作内容
030412003	高度标志(障碍)灯	1. 名称 2. 型号 3. 规格 4. 安装部位 5. 安装高度	套	按设计图示数量计算	本体安装
030412004	装饰灯	1. 名称 2. 型号 3. 规格 4. 安装形式			本体安装
030412005	荧光灯				
030412006	医疗专用灯	1. 名称 2. 型号 3. 规格			
030412007	一般路灯	1. 名称 2. 型号 3. 规格 4. 灯杆材质、规格 5. 灯架形式及臂长 6. 附件配置要求 7. 灯杆形式(单、双) 8. 基础形式、砂浆配合比 9. 杆座材质、规格 10. 接线端子材质、规格 11. 编号 12. 接地要求			1. 基础制作、安装 2. 立灯杆 3. 杆座安装 4. 灯架及灯具附件安装 5. 焊、压接线端子 6. 补刷(喷)油漆 7. 灯杆编号 8. 接地

续表二

项目编码	项目名称	项目特征	计量单位	工程量计算规则	工作内容
030412008	中杆灯	1. 名称 2. 灯杆的材质及高度 3. 灯架的型号、规格 4. 附件配置 5. 光源数量 6. 基础形式、浇筑材质 7. 杆座材质、规格 8. 接线端子材质、规格 9. 铁构件规格 10. 编号 11. 灌浆配合比 12. 接地要求	套	按设计图示数量计算	1. 基础浇筑 2. 立灯杆 3. 杆座安装 4. 灯架及灯具附件安装 5. 焊、压接线端子 6. 铁构件制作、安装 7. 补刷(喷)油漆 8. 灯杆编号 9. 接地
030412009	高杆灯	1. 名称 2. 灯杆高度 3. 灯架形式(成套或组装、固定或升降) 4. 附件配置 5. 光源数量 6. 基础形式、浇筑材质 7. 杆座材质、规格 8. 接线端子材质、规格 9. 铁构件规格 10. 编号 11. 灌浆配合比 12. 接地要求			1. 基础浇筑 2. 立灯杆 3. 杆座安装 4. 灯架及灯具附件灯架安装 5. 焊、压接线端子 6. 铁构件安装 7. 补刷(喷)油漆 8. 灯杆编号 9. 升降机构接线调试 10. 接地
030412010	桥栏杆灯	1. 名称 2. 型号 3. 规格 4. 安装形式			1. 灯具安装 2. 补刷(喷)油漆
030412011	地道涵洞灯				

3. 照明器具安装清单项目设置相关资料

(1)常用灯具型号表示方法。

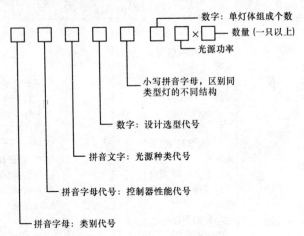

(2)常用灯具类型代号。

常用灯具类型代号见表 5-44,灯具控制或性能代号见表 5-45,光源代号见表 5-46。

表 5-44　　　　　　　灯具类型代号

普通吊灯	壁灯	花灯	吸顶灯	柱灯	卤钨控制灯	防水防尘灯	隔膜灯	投光灯	工厂一般灯具	剧场及摄影灯	信号标志灯
P	B	H	D	Z	L	F	按专用符号	T	G	W	X

表 5-45　　　　　　　灯具控制或性能代号

开启式	防护式	密闭式	安全型	隔膜型
K	B	M	A	专用型号

表 5-46　　　　　　　光源代号

白炽灯	荧光灯	卤钨灯	汞灯	钠灯	金属卤素灯
B	Y	L	G	N	J

十三、附属工程

1. 附属工程清单项目适用范围

附属工程适用于电气工程的各种支架、铁构件及孔洞的制作安装清

第五章 电气工程工程量清单编制

单项目的设置与计量。包括各种铁构件、凿(压)槽、打洞(孔)、管道包封、人(手)孔砌筑、人(手)孔防水等附属工程安装。

2. 附属工程清单项目工程量计算规则

附属工程工程量清单项目设置、项目特征描述的内容、计量单位及工程量计算规则见表 5-47。

表 5-47　　　　　附属工程(编码:030413)

项目编码	项目名称	项目特征	计量单位	工程量计算规则	工作内容
030413001	铁构件	1. 名称 2. 材质 3. 规格	kg	按设计图示尺寸以质量计算	1. 制作 2. 安装 3. 补刷(喷)油漆
030413002	凿(压)槽	1. 名称 2. 规格 3. 类型 4. 填充(恢复)方式 5. 混凝土标准	m	按设计图示尺寸以长度计算	1. 开槽 2. 恢复处理
030413003	打洞(孔)	1. 名称 2. 规格 3. 类型 4. 填充(恢复)方式 5. 混凝土标准	个	按设计图示数量计算	1. 开孔、洞 2. 恢复处理
030413004	管道包封	1. 名称 2. 规格 3. 混凝土强度等级	m	按设计图示长度计算	1. 灌注 2. 养护
030413005	人(手)孔砌筑	1. 名称 2. 规格 3. 类型	个	按设计图示数量计算	砌筑
030413006	人(手)孔防水	1. 名称 2. 类型 3. 规格 4. 防水材质及做法	m^2	按设计图示防水面积计算	防水

3. 附属工程清单项目设置相关资料

清单项目设置与计量依据设计图示工作内容,对应所属工程清单项目需描述的项目特征,如名称、规格、类型等,及对应的项目编码,编好后三位码。

(1)铁钩件的工程计算规则按设计图示尺寸以质量计算,单位为"kg"。

(2)凿(压)槽工程量计算规则按设计图示尺寸以长度计算,单位为"m"。

(3)打洞孔和人(手)孔砌筑工程量计算规则按设计图示数量计算,单位为"个"。

(4)管道包封工程量计算规则按设计图示长度计算,单位为"m"。

(5)人(手)孔防水工程量计算规则按设计图示防水面积计算,单位为"m^2"。

其他相关说明:铁构件适用于电气工程的各种支架、铁构件的制作安装。

十四、电气调整试验

1. 电气调整试验清单项目适用范围

电气调整适用于上述各系统的电气设备的本体试验和主要设备分系统调试的工程量清单项目设置与计量,电气调整试验清单项目包括电力变压器系统、送配电装置系统、特殊保护装置、自动投入装置、事故照明切换装置、接地装置、电除尘器等系统的调整试验。

2. 电气调整试验清单项目工程量计算规则

电气调整试验工程量清单项目设置、项目特征描述的内容、计量单位及工程量计算规则见表 5-48。

表 5-48　　　　　电气调整试验(编码:030414)

项目编码	项目名称	项目特征	计量单位	工程量计算规则	工作内容
030414001	电力变压器系统	1. 名称 2. 型号 3. 容量(kV·A)	系统	按设计图示系统计算	系统调试
030414002	送配电装置系统	1. 名称 2. 型号 3. 电压等级(kV) 4. 类型			

续表

项目编码	项目名称	项目特征	计量单位	工程量计算规则	工作内容
030414003	特殊保护装置	1. 名称 2. 类型	台(套)	按设计图示数量计算	调试
030414004	自动投入装置		系统(台、套)		
030414005	中央信号装置	1. 名称 2. 类型	系统(台)	按设计图示系统计算	
030414006	事故照明切换装置		系统		
030414007	不间断电源	1. 名称 2. 类型 3. 容量			
030414008	母线	1. 名称 2. 电压等级(kV)	段	按设计图示数量计算	
030414009	避雷器		组		
030414010	电容器				
030414011	接地装置	1. 名称 2. 类别	1. 系统 2. 组	1. 以系统计量,按设计图示系统计算 2. 以组计量,按设计图示数量计算	接地电阻测试
040414012	电抗器、消弧线圈	1. 名称 2. 类别	台	按设计图示数量计算	调试
040414013	电除尘器	1. 名称 2. 型号 3. 规格	组		
040414014	硅整流设备、可控硅整流装置	1. 名称 2. 类别 3. 电压(V) 4. 电流(A)	系统	按设计图示系统计算	
030414015	电缆试验	1. 名称 2. 电压等级(kV)	次(根、点)	按设计图示数量计算	试验

3. **电气调整试验清单项目设置相关资料**

清单项目的设置与计量：本节的项目特征是以系统名称或保护装置及设备本体名称来设置的。如变压器系统调试就以变压器的名称、型号、容量来设置。

工程量按设计图示数量或系统计算。计量单位多为"系统"，也有"台"、"套"、"组"。

其他相关说明：

(1) 功率大于 10kW 的电动机及发电机的启动调试试用的蒸汽、电力和其他动力能源消耗及变压器空载试运转的电力消耗及设备需烘干处理应说明。

(2) 配合机械设备及其他工艺的单体试车，应按《通用安装工程工程量计算规范》(GB 50856—2013) 附录 N 措施项目相关项目编码列项。

(3) 计算机系统调试应按《通用安装工程工程量计算规范》(GB 50856—2013) 附录 F 自动化控制仪表安装工程相关项目编码列项。

第三节　电气工程工程量清单编制实例

_____××电气设备安装_____ 工程

招标工程量清单

招　标　人：_____××_____
（单位盖章）

造价咨询人：_____××_____
（单位盖章）

年　　月　　日

封-1

第五章 电气工程工程量清单编制

<u>　　××电气设备安装　　</u>工程

招标工程量清单

招标人：<u>　××　</u>　　　　造价咨询人：<u>　××　</u>
　　（单位盖章）　　　　　　　　　（单位资质专用章）

法定代表人　　　　　　　　　法定代表人
或其授权人：<u>　××　</u>　　或其授权人：<u>　××　</u>
　　（签字或盖章）　　　　　　　　（签字或盖章）

编制人：<u>　××　</u>　　　　复核人：<u>　××　</u>
　（造价人员签字盖专用章）　　　（造价工程师签字盖专用章）

编制时间：××年×月×日　　　复核时间：××年×月×日

扉-1

总 说 明

工程名称：××电气设备安装工程　　　　　　第 页 共 页

1. 工程批准文号
2. 建设规模
3. 计划工期
4. 资金来源
5. 交通质量要求
6. 交通条件
7. 环境保护要求
8. 工程量清单编制依据

表-01

分部分项工程和单价措施项目清单与计价表

工程名称：××电气设备安装工程　　　标段：　　　　　　第 页 共 页

序号	项目编码	项目名称	项目特征描述	计量单位	工程量	金额(元) 综合单价	合价	其中 暂估价
			0304 电气设备安装工程					
1	030401001001	油浸电力变压器	油浸式电力变压器安装 SL_4-1000kV·A/10kV	台	1			
2	030401001002	油浸电力变压器	油浸式电力变压器安装 SL_4-500kV·A/10kV	台	1			
3	030401002001	干式变压器	干式电力变压器安装	台	2			
4	030404004001	低压开关柜	低压配电盘 基础槽钢10# 手工除锈 红丹防锈漆两遍	台	11			
5	030404017001	配电箱	总照明配电箱 OAP/XL-21	台	1			
6	030404017002	配电箱	总照明配电箱 1AL/Kv4224/3	台	2			
7	030404017003	配电箱	总照明配电箱 2AL/Kv4224/4	台	1			
8	030404019001	控制开关	单控双联	套	4			
9	030404019002	控制开关	单控双联	套	7			
10	030404019003	控制开关	单控双联	套	8			
11	030404019004	控制开关	声控节能开关单控单联	套	4			
12	030404035001	插座	15A 5孔	套	33			
13	030404035002	插座	15A 3孔	套	8			
14	030404035003	插座	15A 4孔	套	5			
15	030406003001	普通小型直流电动机	普通小型直流电动机检查接线 3kW	台	1			
16	030406003002	普通小型直流电动机	普通小型直流电动机检查接线 13kW	台	8			
17	030406003003	普通小型直流电动机	普通小型直流电动机检查接线 30kW	台	6			

第五章 电气工程工程量清单编制

续表一

序号	项目编码	项目名称	项目特征描述	计量单位	工程量	金额(元) 综合单价	合价	其中 暂估价
18	030406003004	普通小型直流电动机	普通小型直流电动机检查接线 55kW	台	3			
19	030408001001	电力电缆	敷设 35mm² 以内热缩铜芯电力电缆头	m	3280			
20	030408001002	电力电缆	敷设 120mm² 以内热缩铜芯电力电缆头	m	341			
21	030408001003	电力电缆	敷设 240mm² 以内热缩铜芯电力电缆头	m	370			
22	030411004001	配线	电气配线五芯电缆	m	7.3			
23	030408002001	控制电缆	控制电缆敷设 6 芯以内	m	2760			
24	030408002002	控制电缆	控制电缆敷设 14 芯以内	m	210			
25	030414002001	送配电装置系统	接地网	系统	1			
26	030411001001	配管	电气配管,钢管	m	7.3			
27	030411001002	配管	电气配管,硬质阻燃管 DN25	m	227.6			
28	030411001003	配管	电气配管,硬质阻燃管 DN15	m	211.7			
29	030411001004	配管	电气配管,硬质阻燃管 DN20	m	61.5			
30	030411001005	配管	钢架配管,DN15,支架制作安装	m	15			
31	030411001006	配管	钢架配管,DN25,支架制作安装	m	35			
32	030411001007	配管	钢架配管,DN32,支架制作安装	m	153			
33	030411001008	配管	钢架配管,DN40,支架制作安装	m	100			

续表二

序号	项目编码	项目名称	项目特征描述	计量单位	工程量	金额(元)		
						综合单价	合价	其中 暂估价
34	030411001009	配管	钢架配管,DN70,支架制作安装	m	15			
35	030411001010	配管	钢架配管,DN80,支架制作安装	m	55			
36	030411004001	配线	电气配线,铜芯线 6mm	m	111.6			
37	030411004002	配线	电气配线,铜芯线 7mm	m	746.5			
38	030411004003	配线	电气配线,铜芯线 8mm	m	116.4			
39	030411004004	配线	电气配线,铜芯线 9mm	m	476			
40	030409002001	接地母线	接地母线 40×4	m	700			
41	030409002002	接地母线	接地母线 25×4	m	220			
42	030412001001	普通灯具	单管吸顶灯	个	10			
43	030412001002	普通灯具	半圆球吸顶灯,直径 300mm	套	15			
44	030412001003	普通灯具	半圆球吸顶灯,直径 250mm	套	2			
45	030412001004	普通灯具	软线吊灯	套	2			
46	030412002001	工厂灯	圆球型工厂灯(吊管)	套	9			
47	030412004001	装饰灯	荧光灯	套	5			
48	030412004002	装饰灯	装饰灯	套	10			
49	030412005001	荧光灯	吊链式荧光灯 YG2-1	套	10			
50	030412005002	荧光灯	吊链式荧光灯 YG2-2	套	26			
51	030412005003	荧光灯	吊链式荧光灯 YG16-3	套	4			
52	030404035001	插座	暗装单项两孔插座	个	24			
53	030411006001	接线盒	暗配接线盒 50×50	个	40			
54	030411006002	接线盒	暗配接线盒 75×50	个	50			
			分部小计					
			合计					

注:为计取规费等使用,可在表中增设其中:"定额人工费"。

表-08

第五章 电气工程工程量清单编制

总价措施项目清单与计价表

工程名称：××电气设备安装工程　　标段：　　　　　　第 页 共 页

序号	项目编码	项目名称	计算基础	费率(%)	金额(元)	调整费率(%)	调整后金额(元)	备注
1	031302001001	安全文明施工费	定额人工费					
2	031301005001	大型设备专用机具	定额人工费					
3	031301017001	脚手架搭拆费	定额人工费					
4	031302002001	夜间施工增加费	定额人工费					
		合　计						

编制人(造价人员)：　　　　　　　　　复核人(造价工程师)：

注：1."计算基础"中安全文明施工费可为"定额基价"、"定额人工费"或"定额人工费＋定额机械费"，其他项目可为"定额人工费"或"定额人工费＋定额机械费"。
　　2. 按施工方案计算的措施费，若无"计算基础"和"费率"的数值，也可只填"金额"数值，但应在备注栏说明施工方案出处或计算方法。

表-11

其他项目清单与计价汇总表

工程名称：××电气设备安装工程　　标段：　　　　　　第 页 共 页

序号	项目名称	金额(元)	结算金额(元)	备注
1	暂列金额	10000.00		明细详见表-12-1
2	暂估价	20000.00		
2.1	材料暂估价	—		明细详见表-12-2
2.2	专业工程暂估价	20000.00		明细详见表-12-3
3	计日工			明细详见表-12-4
4	总承包服务费			明细详见表-12-5
	合　计	30000.00		—

注：材料(工程设备)暂估单价计入清单项目综合单价，此处不汇总。

表-12

暂列金额明细表

工程名称：××电气设备安装工程　　　　标段：　　　　　　　第　页　共　页

序号	项目名称	计量单位	暂列金额(元)	备注
1	政策性调整和材料价格风险	项	7500.00	
2	工程量清单中工程量变更和设计变更	项	1000.00	
3	其他	项	1500.00	
	合　计		10000.00	—

注：此表由招标人填写，如不能详列，也可只列暂定金额总额，投标人应将上述暂列金额计入投标总价中。

表-12-1

材料(工程设备)暂估单价及调整表

工程名称：××电气设备安装工程　　　　标段：　　　　　　　第　页　共　页

序号	材料(工程设备)名称、规格、型号	计量单位	数量		暂估(元)		确认(元)		差额±(元)		备注
			暂估	确认	单价	合价	单价	合价	单价	合价	
1	成套配电箱（落地式）	台	1		5000.00	5000.00					用在配电箱安装中
2	成套配电箱（落地式）	台	2		3000.00	3000.00					用在配电箱安装中
	合计					8000.00					

注：此表由招标人填写"暂估单价"，并在备注栏说明暂估单价的材料、工程设备拟用在哪些清单项目上，投标人应将上述材料、工程设备暂估单价计入工程量清单综合单价报价中。

表-12-2

第五章 电气工程工程量清单编制

专业工程暂估价及结算价表

工程名称：××电气设备安装工程　　标段：　　　　　　第 页 共 页

序号	工程名称	工程内容	暂估金额(元)	结算金额(元)	差额±(元)	备注
1	电缆	敷设	20000.00			
	合　　计		20000.00			

注：此表"暂估金额"由招标人填写，投标人应将"暂估金额"计入投标总价中。结算时按合同约定结算金额填写。

表-12-3

计 日 工 表

工程名称：××电气设备安装工程　　标段：　　　　　　第 页 共 页

编号	项目名称	单位	暂定数量	实际数量	综合单价(元)	合价(元)	
						暂定	实际
一	人工						
1	高级技术工人	工日	10				
2	技术工人	工日	12				
	人 工 小 计						
二	材料						
1	电焊条 结 422	kg	3				
2	型材	kg	10				
	材 料 小 计						
三	施工机械						
1	直流电焊机 20kW	台班	3				
2	汽车起重机 80t	台班	2				
	施工机械小计						
四、企业管理费和利润							
	总　　计						

注：此表项目名称、暂定数量由招标人填写，编制招标控制价时，单价由招标人按有关规定确定；投标时，单价由投标人自主报价，按暂定数量计算合价计入投标总价中；结算时，按发承包双方确定的实际数量计算合价。

表-12-4

总承包服务费计价表

工程名称：××电气设备安装工程　　标段：　　　　　　第　页　共　页

序号	项目名称	项目价值（元）	服务内容	计算基础	费率（%）	金额（元）
1	发包人发包专业工程	20000.00	(1)按专业工程承包人的要求提供施工并对施工现场统一管理，对竣工资料统一汇总整理。 (2)为专业工程承包人提供垂直运输机械和焊接电源拉入点，并承担运输费和电费。 (3)为防盗门安装后进行修补和找平并承担相应的费用			
2	发包人提供材料	8000.00	对发包人供应的材料进行验收及保管和使用发放			
	合计	—		—		

注：此表项目名称、服务内容由招标人填写，编制招标控制价时，费率及金额由招标人按有关计价规定确定；投标时，费率及金额由投标人自主报价，计入投标总价中。

表-12-5

第五章 电气工程工程量清单编制

规费、税金项目计价表

工程名称：××电气设备安装工程　　标段：　　　　　　第　页　共　页

序号	项目名称	计算基础	计算基数	计算费率（%）	金额（元）
1	规费	定额人工费			
1.1	社会保险费	定额人工费			
(1)	养老保险费	定额人工费			
(2)	失业保险费	定额人工费			
(3)	医疗保险费	定额人工费			
(4)	工伤保险费	定额人工费			
(5)	生育保险费	定额人工费			
1.2	住房公积金	定额人工费			
1.3	工程排污费	按工程所在地环保部门规定按实计算			
2	税金	分部分项工程费＋措施项目费＋其他项目费＋规费－按规定不计税的工程设备金额			
		合计			

编制人(造价人员)：　　　　　　复核人(造价工程师)：

表-13

第六章 电气工程工程量清单计价编制

第一节 工程量清单计价概述

一、实行工程量清单计价的目的和意义

1. 推行工程量清单计价是深化工程造价管理改革，推进建设市场化的重要途径

长期以来，工程预算定额是我国承发包计价、定价的主要依据。现预算定额中规定的消耗量和有关施工措施性费用是按社会平均水平编制的，以此为依据形成的工程造价基本上也属于社会平均价格。这种平均价格可作为市场竞争的参考价格，但不能反映参与竞争企业的实际消耗和技术管理水平，在一定程度上限制了企业的公平竞争。

20世纪90年代，我国提出了"控制量、指导价、竞争费"的改革措施，将工程预算定额中的人工、材料、机械消耗量和相应的量价分离，国家控制量以保证质量、价格逐步走向市场化，走出了向传统工程预算定额改革的第一步。但是，这种做法难以改变工程预算定额中国家指令性内容较多的状况，难以满足招标投标竞争定价和经评审的合理低价中标的要求。因为，国家定额的控制量是社会平均消耗量，不能反映企业的实际消耗量，不能全面体现企业的技术装备水平、管理水平和劳动生产率，不能体现公平竞争的原则，社会平均水平不能代表社会先进水平，改变以往的工程预算定额的计价模式，适应招标投标的需要，推行工程量清单计价办法是十分必要的。

工程量清单计价是建设工程招标投标中，按照国家统一的工程量清单计价规范，由招标人提供工程数量，投标人自主报价，经评审低价中标的工程造价计价模式。采用工程量清单计价能反映工程个别成本，有利于企业自主报价和公平竞争。

2. 在建设工程招标投标中实行工程量清单计价是规范建筑市场秩序的治本措施之一，适应社会主义市场经济的需要

工程造价是工程建设的核心，也是市场运行的核心内容，建筑市场存在着许多不规范的行为，大多数与工程造价有直接联系。建筑产品是商品，具有商品的共性，它受价值规律、货币流通规律和供求规律的支配。但是，建筑产品与一般的工业产品价格构成不一样，建筑产品具有以下特殊性：

(1)建筑产品竣工后一般不在空间发生物理运动，可以直接移交用户，立即进入生产消费或生活消费，因而价格中不含商品使用价值运动发生的流通费用，即因生产过程在流通领域内继续进行而支付的商品包装运输费、保管费。

(2)建筑产品是固定在某地方的。

(3)由于施工人员和施工机具围绕着建设工程流动，因而，有的建设工程构成还包括施工企业远离基地的费用，甚至包括成建制转移到新的工地所增加的费用等。

建筑产品价格随建设时间和地点而变化，相同结构的建筑物在同一地段建造，施工的时间不同造价就不一样；同一时间、不同地段造价也不一样；即使时间和地段相同，施工方法、施工手段、管理水平不同工程造价也有所差别。所以说，建筑产品的价格既有它的统一性，又有它的特殊性。

为了推动社会主义市场经济的发展，我国颁发了相应的法律，如《中华人民共和国价格法》第三条规定：我国实行并逐步完善宏观经济调控下主要由市场形成价格的机制。价格的制定应当符合价格规律，对多数商品和服务价格实行市场调节价，极少数商品和服务价格实行政府指导价或政府定价。市场调节价，是指由经营者自主定价，通过市场竞争形成的价格。原建设部第107号令《建设工程施工发包与承包计价管理办法》第七条规定：投标报价应依据企业定额和市场信息，并按国务院和省、自治区、直辖市人民政府建设行政主管部门发布的工程造价计价办法编制。建筑产品市场形成价格是社会主义市场经济的需要。过去工程预算定额在调节承发包双方利益和反映市场价格、需求方面存在着不相适应的地方，特别是公开、公正、公平竞争方面，还缺乏合理的机制，甚至出现了一些漏洞，高估冒算、相互串通、从中回扣。发挥市场规律"竞争"和"价格"

的作用是治本之策。尽快建立和完善市场形成工程造价的机制,是当前规范建筑市场的需要。推行工程量清单计价有利于发挥企业自主报价的能力,同时也有利于规范业主在工程招标中计价行为,有效改变招标单位在招标中盲目压价的行为,从而真正体现"公开、公平、公正"的原则,反映市场经济规律。

3. 实行工程量清单计价,是促进建设市场有序竞争和企业健康发展的需要

工程量清单是招标文件的重要组成部分,由招标单位或委托有资质的工程造价咨询单位编制,工程量清单编制得准确、详尽、完整,有利于提高招标单位的管理水平,减少索赔事件的发生。由于工程量清单是公开的,有利于防止招标工程中弄虚作假、暗箱操作等不规范行为。投标单位通过对单位工程成本、利润进行分析,统筹考虑,精心选择施工方案,根据企业的定额合理确定人工、材料、机械等要素投入量的合理配置,优化组合,合理控制现场经费和施工技术措施费,在满足招标文件需要的前提下,合理确定自己的报价,让企业有自主报价权。改变了过去依赖建设行政主管部门发布的定额和规定的取费标准进行计价的模式,有利于提高劳动生产率,促进企业技术进步,节约投资和规范建设市场。采用工程量清单计价后,将使招标活动的透明度增加,在充分竞争的基础上降低了造价,提高了投资效益,且便于操作和推行,业主和承包商都将会接受这种计价模式。

4. 实行工程量清单计价,有利于我国工程造价政府职能的转变

按照政府部门真正履行起"经济调节、市场监督、社会管理和公共服务"的职能要求,政府对工程造价管理的模式要进行相应的改变,将推行政府宏观调控、企业自主报价、市场形成价格、社会全面监督的工程造价管理思路。实行工程量清单计价,有利于我国工程造价政府职能的转变,由过去的政府控制的指令性定额转变为制定适应市场经济规律需要的工程量清单计价方法,由过去的行政干预转变为对工程造价进行依法监管,有效地强化政府对工程造价的宏观调控。

二、2013版清单计价规范简介

2012年12月25日,住房和城乡建设部发布了《建设工程工程量清单计价规范》(GB 50500—2013)(以下简称"13计价规范")和《房屋建筑与装饰工程工程量计算规范》(GB 50854—2013)、《仿古建筑工程工程量计

第六章　电气工程工程量清单计价编制

算规范》(GB 50855—2013)、《通用安装工程工程量计算规范》(GB 50856—2013)、《市政工程工程量计算规范》(GB 50857—2013)、《园林绿化工程工程量计算规范》(GB 50858—2013)、《矿山工程工程量计算规范》(GB 50859—2013)、《构筑物工程工程量计算规范》(GB 50860—2013)、《城市轨道交通工程工程量计算规范》(GB 50861—2013)、《爆破工程工程量计算规范》(GB 50862—2013)等9本计量规范(以下简称"13工程计量规范"),全部10本规范于2013年7月1日起实施。

"13计价规范"及"13工程计量规范"是在《建设工程工程量清单计价规范》(GB 50500—2008)(以下简称"08计价规范")的基础上,以原建设部发布的工程基础定额、消耗量定额、预算定额以及各省、自治区、直辖市或行业建设主管部门发布的工程计价定额为参考,以工程计价相关的国家或行业的技术标准、规范、规程为依据,收集近年来新的施工技术、工艺和新材料的项目资料,经过整理,在全国广泛征求意见后编制而成。

"13计价规范"共设置16章、54节、329条,各章名称为:总则、术语、一般规定、工程量清单编制、招标控制价、投标报价、合同价款约定、工程计量、合同价款调整、合同价款期中支付、竣工结算与支付、合同解除的价款结算与支付、合同价款争议的解决、工程造价鉴定、工程计价资料与档案和工程计价表格。相比"08计价规范"而言,分别增加了11章、37节、192条。

"13计价规范"适用于建设工程发承包及实施阶段的招标工程量清单、招标控制价、投标报价的编制,工程合同价款的约定,竣工结算的办理以及施工过程中的工程计量、合同价款支付、施工索赔与现场签证、合同价款调整和合同价款争议的解决等计价活动。相对于"08计价规范","13计价规范"将"建设工程工程量清单计价活动"修改为"建设工程发承包及实施阶段的计价活动",从而对清单计价规范的适用范围进一步进行了明确,表明了不分何种计价方式,建设工程发承包及实施阶段的计价活动必须执行"13计价规范"。之所以规定"建设工程发承包及实施阶段的计价活动",主要是因为工程建设具有周期长、金额大、不确定因素多的特点,从而决定了建设工程计价具有分阶段计价的特点,建设工程决策阶段、设计阶段的计价要求与发承包及实施阶段的计价要求是有区别的,这就避免了因理解上的歧义而发生纠纷。

"13计价规范"规定:"建设工程发承包及实施阶段的工程造价应由分部分项工程费、措施项目费、其他项目费、规费和税金组成。"这说明了不论采用什么计价方式,建设工程发承包及实施阶段的工程造价均由这五部分组成,这五部分也称之为建筑安装工程费。

根据原人事部、原建设部《关于印发〈造价工程师执业制度暂行规定〉的通知》(人发[1996]77号)、《注册造价工程师管理办法》(建设部第150号令)以及《全国建设工程造价员管理办法》(中价协[2011]021号)的有关规定,"13计价规范"规定:"招标工程量清单、招标控制价、投标报价、工程计量、合同价款调整、合同价款结算与支付以及工程造价鉴定等工程造价文件的编制与核对,应由具有专业资格的工程造价人员承担。""承担工程造价文件的编制与核对的工程造价人员及其所在单位,应对工程造价文件的质量负责"。

另外,由于建设工程造价计价活动不仅要客观反映工程建设的投资,更应体现工程建设交易活动公正、公平的原则,因此"13计价规范"规定:"工程建设双方,包括受其委托的工程造价咨询方,在建设工程发承包及实施阶段从事计价活动均应遵循客观、公正、公平的原则"。

第二节 工程量清单计价相关规定

一、计价方式

(1)使用国有资金投资的建设工程发承包,必须采用工程量清单计价。国有投资的资金包括国家融资资金、国有资金为主的投资资金。

1)国有资金投资的工程建设项目包括:
①使用各级财政预算资金的项目。
②使用纳入财政管理的各种政府性专项建设资金的项目。
③使用国有企事业单位自有资金,并且国有资产投资者实际拥有控制权的项目。

2)国家融资资金投资的工程建设项目包括:
①使用国家发行债券所筹资金的项目。
②使用国家对外借款或者担保所筹资金的项目。
③使用国家政策性贷款的项目。
④国家授权投资主体融资的项目。

⑤国家特许的融资项目。

3)国有资金为主的工程建设项目是指国有资金占投资总额50%以上,或虽不足50%但国有投资者实质上拥有控股权的工程建设项目。

(2)非国有资金投资的建设工程,"13计价规范"鼓励采用工程量清单计价方式,但是否采用,由项目业主自主确定。

(3)不采用工程量清单计价的建设工程,应执行"13计价规范"中除工程量清单等专门性规定外的其他规定。

(4)实行工程量清单计价应采用综合单价法,不论分部分项工程项目、措施项目、其他项目,还是以单价形式或以总价形式表现的项目,其综合单价的组成内容均包括完成该项目所需的、除规费和税金以外的所有费用。

(5)根据《中华人民共和国安全生产法》、《中华人民共和国建筑法》、《建设工程安全生产管理条例》、《安全生产许可证条例》等法律法规的规定,建设部办公厅印发了《建筑工程安全防护、文明施工措施费及使用管理规定》(建办[2005]89号),将安全文明施工费纳入国家强制性标准管理范围,其费用标准不予竞争,并规定"投标方安全防护、文明施工措施的报价,不得低于依据工程所在地工程造价管理机构测定费率计算所需费用总额的90%"。2012年2月14日,财政部、国家安全生产监督管理总局印发的《企业安全生产费用提取和使用管理办法》(财企[2012]16号)规定:"建设工程施工企业提取的安全费用列入工程造价,在竞标时,不得删减,列入标外管理"。

"13计价规范"规定措施项目清单中的安全文明施工费必须按国家或省级、行业建设主管部门的规定费用标准计算,招标人不得要求投标人对该项费用进行优惠,投标人也不得将该项费用参与市场竞争。此处的安全文明施工费包括《建筑安装工程费用项目组成》(建标[2013]44号)中措施费的文明施工费、环境保护费、临时设施费、安全施工费。

(6)根据原建设部、财政部印发的《建筑安装工程费用项目组成》(建标[2013]44号)的规定,规费是政府和有关权力部门规定必须缴纳的费用;税金是国家按照税法预先规定的标准,强制地、无偿地要求纳税人缴纳的费用。它们都是工程造价的组成部分,但是其费用内容和计取标准都不是发、承包人能自主确定的,更不是由市场竞争决定的。因而"13计价规范"规定:"规费和税金必须按国家或省级、行业建设主管部门的规定计算，不得作为竞争性费用"。

二、发包人提供材料和机械设备

《建设工程质量管理条例》第十四条规定："按照合同约定，由建设单位采购建筑材料、建筑构配件和设备的，建设单位应当保证建筑材料、建筑构配件和设备符合设计文件和合同要求"；《中华人民共和国合同法》第二百八十三条规定："发包人未按照约定的时间和要求提供原材料、设备、场地、资金、技术资料的，承包人可以顺延工程日期，并有权要求赔偿停工、窝工等损失"。"13 计价规范"根据上述法律条文对发包人提供材料和机械设备的情况进行了如下约定：

（1）发包人提供的材料和工程设备（以下简称甲供材料）应在招标文件中按照规定填写《发包人提供材料和工程设备一览表》，写明甲供材料的名称、规格、数量、单价、交货方式、交货地点等。承包人投标时，甲供材料价格应计入相应项目的综合单价中，签约后，发包人应按合同约定扣除甲供材料款，不予支付。

（2）承包人应根据合同工程进度计划的安排，向发包人提交甲供材料交货的日期计划。发包人应按计划提供。

（3）发包人提供的甲供材料如规格、数量或质量不符合合同要求，或由于发包人原因发生交货日期延误、交货地点及交货方式变更等情况的，发包人应承担由此增加的费用和（或）工期延误，并应向承包人支付合理利润。

（4）发承包双方对甲供材料的数量发生争议不能达成一致的，应按照相关工程的计价定额同类项目规定的材料消耗量计算。

（5）若发包人要求承包人采购已在招标文件中确定为甲供材料的，材料价格应由发承包双方根据市场调查确定，并应另行签订补充协议。

三、承包人提供材料和工程设备

《建设工程质量管理条例》第二十九条规定："施工单位必须按照工程设计要求、施工技术标准和合同约定，对建筑材料、建筑构配件、设备和商品混凝土进行检验，检验应当有书面记录和专人签字；未经检验或者检验不合格的，不得使用"。"13 计价规范"根据此法律条文对承包人提供材料和机械设备的情况进行了如下约定：

（1）除合同约定的发包人提供的甲供材料外，合同工程所需的材料和工程设备应由承包人提供，承包人提供的材料和工程设备均应由承包人负责采购、运输和保管。

(2)承包人应按合同约定将采购材料和工程设备的供货人及品种、规格、数量和供货时间等提交发包人确认,并负责提供材料和工程设备的质量证明文件,满足合同约定的质量标准。

(3)对承包人提供的材料和工程设备经检测不符合合同约定的质量标准,发包人应立即要求承包人更换,由此增加的费用和(或)工期延误应由承包人承担。对发包人要求检测承包人已具有合格证明的材料、工程设备,但经检测证明该项材料、工程设备符合合同约定的质量标准,发包人应承担由此增加的费用和(或)工期延误,并向承包人支付合理利润。

四、计价风险

(1)建设工程发承包,必须在招标文件、合同中明确计价中的风险内容及其范围,不得采用无限风险、所有风险或类似语句规定计价中的风险内容及范围。

风险是一种客观存在的、会带来损失的、不确定的状态。它具有客观性、损失性、不确定性的特点,并且风险始终是与损失相联系的。工程施工发包是一种期货交易行为,工程建设本身又具有单件性和建设周期长的特点。在工程施工过程中影响工程施工及工程造价的风险因素很多,但并非所有的风险都是承包人能预测、能控制和应承担其造成损失的。

工程施工招标发包是工程建设交易方式之一,成熟的建设市场应是体现交易公平性的市场。在工程建设施工发包中实行风险共担和合理分摊原则是实现建设市场交易公平性的具体体现,是维护建设市场正常秩序的措施之一。其具体体现则是应在招标文件或合同中对发、承包双方各自应承担的风险内容及其风险范围或幅度进行界定和明确,而不能要求承包人承担所有风险或无限度风险。

根据我国工程建设特点,投标人应完全承担的风险是技术风险和管理风险,如管理费和利润;应有限度承担的是市场风险,如材料价格、施工机械使用费等的风险;应完全不承担的是法律、法规、规章和政策变化的风险。

(2)由于下列因素出现,影响合同价款调整的,应由发包人承担:

1)由于国家法律、法规、规章或有关政策出台导致工程税金、规费等发生变化的。

2)根据我国目前工程建设的实际情况,各省、自治区、直辖市建设行政主管部门均根据当地人力资源和社会保障行政主管部门的有关规定发布人工成本信息或人工费调整,对此关系职工切身利益的人工费进行调整的,但承包人对人工费或人工单价的报价高于发布的除外。

3)《中华人民共和国合同法》第六十三条规定:"执行政府定价或者政府指导价的,在合同约定的交付期限内价格调整时,按照交付的价格计价。逾期交付标的物的,遇价格上涨时,按照原价格执行;价格下降时,按照新价格执行。逾期提取标的物或者逾期付款的,遇价格上涨时,按照新价格执行;价格下降时,按照原价格执行"。因此,对政府定价或政府指导价管理的原材料价格按照相关文件规定进行合同价款调整的,因承包人原因导致工期延误的,应按本书后叙"合同价款调整"中"法律法规变化"和"物价变化"中的有关规定进行处理。

(3)对于主要由市场价格波动导致的价格风险,如工程造价中的建筑材料、燃料等价格风险,应由发承包双方合理分摊,并按规定填写《承包人提供主要材料和工程设备一览表》作为合同附件;当合同中没有约定,发承包双方发生争议时,应按"13计价规范"的相关规定调整合同价款。

"13计价规范"中提出承包人所承担的材料价格的风险宜控制在5%以内,施工机械使用费的风险可控制在10%以内,超过者予以调整。

(4)由于承包人使用机械设备、施工技术以及组织管理水平等自身原因造成施工费用增加的,应由承包人全部承担。

(5)当不可抗力发生,影响合同价款时,应按本书后叙"合同价款调整"中"不可抗力"的相关规定处理。

第三节 电气工程招标控制价编制

一、电气工程招标概述

(一)工程招标的含义及范围

工程招标是指招标单位就拟建的工程发布公告或通知,以法定方式吸引施工单位参加竞争,招标单位从中选择条件优越者完成工程建设任务的法定行为。进行工程招标时,招标人必须根据工程项目的特点,结合自身的管理能力,确定工程的招标范围。

1. 招标投标法规定必须招标的范围

根据《中华人民共和国招标投标法》(简称《招标投标法》)的规定,在中华人民共和国境内进行的下列工程项目必须进行招标:

(1)大型基础设施、公用事业等关系社会公共利益、公众安全的项目。

(2)全部或部分使用国有资金或者国家融资的项目。

(3)使用国际组织或者外国政府贷款、援助资金的项目。

2. 可以不进行招标的范围

根据《招标投标法》和有关规定,属于下列情形之一的,经县级以上地方人民政府建设行政主管部门批准,可以不进行招标:

(1)涉及国家安全、国家秘密的工程。

(2)抢险救灾工程。

(3)利用扶贫资金实行以工代赈、需要使用农民工等特殊情况。

(4)建筑造型有特殊要求的设计。

(5)采用特定专利技术、专有技术进行设计或施工。

(6)停建或者缓建后恢复建设的单位工程,且承包人未发生变更的。

(7)施工企业自建自用的工程,且施工企业资质等级符合工程要求的。

(8)在建工程追加的附属小型工程或者主体加层工程,且承包人未发生变更的。

(9)法律、法规、规章规定的其他情形。

(二)工程招标方式

1. 公开招标

公开招标是指招标人以招标公告的方式邀请不特定的法人或者其他组织投标。公开招标是一种无限制的竞争方式,按竞争程度又可以分为国际竞争性招标和国内竞争性招标。这种招标方式可为所有的承包商提供一个平等竞争的机会,业主有较大的选择余地,有利于降低工程造价,提高工程质量和缩短工期,但由于参与竞争的承包商可能很多,会增加资格预审和评标的工作量。还有可能出现故意压低投标报价的投机承包商以低价挤掉对报价严肃认真而报价较高的承包商。

因此,采用公开招标方式时,业主要加强资格预审,认真评标。

2. 邀请招标

邀请招标是指招标人以投标邀请书的方式他邀请其他的法人或者其他组织投标。这种招标方式的优点是经过选择的投标单位在施工经验、技术力量、经济和信誉上都比较可靠，因而一般能保证工程进度和质量要求。此外，参加投标的承包商数量少，因而招标时间相对缩短，招标费用也较少。

由于邀请招标在价格、竞争的公平方面仍存在一些不足之处，因此《招标投标法》规定，国家重点项目和省、自治区、直辖市的地方重点项目不宜进行公开招标的，经过批准后可以进行邀请招标。

(三)工程招标程序

(1)招标单位自行办理招标事宜的，应当建立专门的招标机构。建设单位招标应当具备如下条件：

1)建设单位必须是法人或依法成立的其他组织。

2)有与招标工程相适应的经济、技术管理人员。

3)有组织编制招标文件的能力。

4)有审查投标单位资质的能力。

5)有组织开标、评标、定标的能力。

建设单位应据此组织招标工作机构，负责招标的技术性工作。若建设单位不具备上述相应的条件，则必须委托具有相应资质的咨询单位代理招标。

(2)提出招标申请书。招标申请书的内容包括招标单位的资质、招标工程具备的条件、拟采用的招标方式和对投标单位的要求等。

(3)编制招标文件。招标文件应包括如下内容：

1)工程综合说明。包括工程名称、地址、招标项目、占地范围及现场条件、建筑面积和技术要求、质量标准、招标方式、要求开工和竣工时间、对投标单位的资质等级要求等。

2)投标人须知。

3)合同的主要条款。

4)设计文件。包括工程设计图纸和技术资料及技术说明书。

5)工程量清单。以单位工程为对象，遵照"13计价规范"和相关专业工程国家计量规范，按分部分项工程列出工程数量。

6)主要材料与设备的供应方式、加工订货情况和材料、设备价差的处理方法。

7)特殊工程的施工要求以及采用的技术规范。

8)投标文件的编制要求及评标、定标原则。

9)投标、开标、评标、定标等活动的日程安排。

10)要求交纳的投标保证金额度。

招标单位在发布招标公告或发出投标邀请书的5日前，向工程所在地县级以上地方人民政府建设行政主管部门备案。

(4)编制招标控制价时，报招标投标管理部门备案。如果招标文件设定为有标底评标，则必须编制标底。如果是国有资金投资建设的工程则应编制招标控制价。

(5)发布招标公告或招标邀请书。若采用公开招标方式，应根据工程性质和规模在当地或全国性报纸、专业网站或公开发行的专业刊物上发布招标公告，其内容应包括招标单位和招标工程的名称、招标工程简介、工程承包方式、投标单位资格、领取招标文件的地点、时间和应缴费用等。若采用邀请招标方式，应由招标单位向预先选定的承包商发出招标邀请书。

(6)招标单位审查申请投标单位的资格，并将审查结果通知申请投标单位。招标单位对报名参加投标的单位进行资格预审，并将审查结果报当地建设行政主管部门备案后再通知各申请投标单位。

(7)向合格的投标单位分发招标文件。招标文件一经发出，招标单位不得擅自变更其内容或增加附加条件；确需变更和补充的，应在投标截止日期15天前书面通知所有投标单位，并报当地建设行政主管部门备案。

(8)组织投标单位勘查现场，召开答疑会，解答投标单位对招标文件提出的问题。通常投标单位提出的问题应由招标单位书面答复，并以书面形式发给所有投标单位作为招标文件的补充和组成。

(9)接受投标。自发出招标文件之日起到投标截止日，最短不得少于20天。招标人可以要求投标人提交投标担保。投标保证金一般不超过投标报价的2%，且最高不得超过80万元。

(10)召开招标会，当场开标。遵照中华人民共和国国家发展计划委员会等七个部门于2013年4月修订的《评标委员会和评标方法暂行规定》执行。

提交有效投标文件的投标人少于三个或所有投标被否决的，招标人必须重新组织招标。

评标的专家委员会应向招标人推荐不超过三名有排序的合格的中标候选人。

(11)招标单位与中标单位签订施工投标合同。招标人在评标委员会推荐的中标候选人中确定中标人,签发中标通知书,并在中标通知书签发后的30天内与中标人签订工程承包协议。

(四)实行工程量清单招标的优点

(1)淡化了预算定额的作用。招标方确定工程量,承担工程量误差的风险,投标方确定单价,承担价格风险,真正实现了量价分离,风险分担。

(2)节约工程投资。实行工程量清单招标时,合理适度的增加投票的竞争性,特别是经评审低价中标的方式,有利于控制工程建设项目总投资,降低工程造价,为建设单位节约资金,以最少的投资达到最大的经济效益。

(3)有利于工程管理信息化。统一的计算规则,有利于统一计算口径,也有利于统一划项口径;而统一的划项口径又有利于统一信息编码,进而实现统一的信息管理。

(4)提高了工作效率。由招标人向各投标人提供建设项目的实物工程量和技术性措施项目的数量清单,各投标人不必再花费大量的人力、物力和财力去重复做测算,既节约了时间,也降低了社会成本。

二、招标控制价编制

(一)一般规定

招标控制价是招标人根据国家或省级、行业建设主管部门颁发的有关计价依据和办法,按设计施工图纸计算的,对招标工程限定的最高工程造价。国有资金投资的工程建设项目必须实行工程量清单招标,并必须编制招标控制价。

1. 招标控制价的作用

(1)我国对国有资金投资项目实行的是投资控制实行的投资概算审批制度,国有资金投资的工程原则上不能超过批准的投资概算。因此,在工程招标发包时,当编制的招标控制价超过批准的概算,招标人应当将其报原概算审批部门重新审核。

(2)国有资金投资的工程进行招标时,根据《中华人民共和国招标投标法》的规定,招标人可以设标底。当招标人不设标底时,为有利于客观、合理地评审投标报价和避免哄抬标价,造成国有资产流失,招标人必须编制招标控制价。

(3)国有资金投资的工程,招标人编制并公布的招标控制价相当于招标人的采购预算,同时要求其不能超过批准的概算,因此,招标控制价是招标人在工程招标时能接受投标人报价的最高限价。

2. 招标控制价的编制人员

招标控制价应由具有编制能力的招标人编制,当招标人不具有编制招标控制价的能力时,可委托具有相应资质的工程造价咨询人编制。工程造价咨询人接受招标人委托编制招标控制价,不得再就同一工程接受投标人委托编制投标报价。

具有相应工程造价咨询资质的工程造价咨询人是指根据《工程造价咨询企业管理办法》(建设部令第149号)的规定,依法取得工程造价咨询企业资质,并在其资质许可的范围内接受招标人的委托,编制招标控制价的工程造价咨询企业。即取得甲级工程造价咨询资质的咨询人可承担各类建设项目的招标控制价编制,取得乙级(包括乙级暂定)工程造价咨询资质的咨询人,则只能承担5000万元以下的招标控制价的编制。

3. 其他规定

(1)招标控制价的作用决定了招标控制价不同于标底,无须保密。为体现招标的公平、公正,防止招标人有意抬高或压低工程造价,招标人应在招标文件中如实公布招标控制价,不得对所编制的招标控制价进行上浮或下调。招标人在招标文件中公布招标控制价时,应公布招标控制价各组成部分的详细内容,不得只公布招标控制价总价。

(2)招标人应将招标控制价及有关资料报送工程所在地或有该工程管辖权的行业管理部门工程造价管理机构备查。

(二)招标控制价编制与复核

1. 招标控制价编制依据

(1)"13计价规范"。

(2)国家或省级、行业建设主管部门颁发的计价定额和计价办法。

(3)建设工程设计文件及相关资料。

(4)拟定的招标文件及招标工程量清单。

(5)与建设项目相关的标准、规范、技术资料。

(6)施工现场情况、工程特点及常规施工方案。

(7)工程造价管理机构发布的工程造价信息,当工程造价信息没有发布时,参照市场价。

(8)其他的相关资料。

按上述依据进行招标控制价编制,应注意以下事项:

(1)使用的计价标准、计价政策应是国家或省、自治区、直辖市建设行政主管部门或行业建设主管部门颁布的计价定额和计价方法。

(2)采用的材料价格应是工程造价管理机构通过工程造价信息发布的材料单价,工程造价信息未发布材料单价的材料,其材料价格应通过市场调查确定。

(3)国家或省、自治区、直辖市建设行政主管部门或行业建设主管部门对工程造价计价中费用或费用标准有规定的,应按规定执行。

2. 招标控制价编制

(1)综合单价中应包括招标文件中划分的应由投标人承担的风险范围及其费用。招标文件中没有明确的,如是工程造价咨询人编制,应提请招标人明确;如是招标人编制,应予明确。

(2)分部分项工程和措施项目中的单价项目,应根据拟定的招标文件和招标工程量清单项目中的特征描述及有关要求确定综合单价计算。招标文件中提供了暂估单价的材料,按暂估的单价计入综合单价。

(3)措施项目中的总价项目应根据拟定的招标文件和常规施工方案采用综合单价计价。措施项目中的安全文明施工费必须按国家或省级、行业建设主管部门的规定计算,不得作为竞争性费用。

(4)其他项目费应按下列规定计价:

1)暂列金额。暂列金额应按招标工程量清单中列出的金额填写。

2)暂估价。暂估价包括材料暂估单价、工程设备暂估单价和专业工程暂估价。暂估价中的材料、工程设备单价应根据招标工程量清单列出的单价计入综合单价。

3)计日工。计日工包括计日工人工、材料和施工机械。在编制招标控制价时,对计日工中的人工单价和施工机械台班单价应按省级、行业建设主管部门或其授权的工程造价管理机构公布的单价计算;材料应按工程造价管理机构发布的工程造价信息中的材料单价计算,工程造价信息未发布材料单价的材料,其价格应按市场调查确定的单价计算。

4)总承包服务费。招标人编制招标控制价时,总承包服务费应根据招标文件中列出的内容和向总承包人提出的要求,按照省级或行业建设主管部门的规定或参照下列标准计算：

①招标人仅要求对分包的专业工程进行总承包管理和协调时,按分包的专业工程估算造价的1.5%计算。

②招标人要求对分包的专业工程进行总承包管理和协调,并同时要求提供配合服务时,根据招标文件中列出的配合服务内容和提出的要求,按分包的专业工程估算造价的3%~5%计算。

③招标人自行供应材料的,按招标人供应材料价值的1%计算。

(5)招标控制价的规费和税金必须按国家或省级、行业建设主管部门的规定计算。

(三)投诉与投诉处理

(1)投标人经复核认为招标人公布的招标控制价未按照"13 计价规范"的规定进行编制的,应在招标控制价公布后5天内向招投标监督机构和工程造价管理机构投诉。

(2)投诉人投诉时,应当提交由单位盖章和法定代表人或其委托人签名或盖章的书面投诉书。投诉书应包括下列内容：

1)投诉人与被投诉人的名称、地址及有效联系方式。

2)投诉的招标工程名称、具体事项及理由。

3)投诉依据及有关证明材料。

4)相关的请求及主张。

(3)投诉人不得进行虚假、恶意投诉,阻碍招投标活动的正常进行。

(4)工程造价管理机构在接到投诉书后应在2个工作日内进行审查,对有下列情况之一的,不予受理：

1)投诉人不是所投诉招标工程招标文件的收受人。

2)投诉书提交的时间不符合上述第(1)条规定的。

3)投诉书不符合上述第(2)条规定的。

4)投诉事项已进入行政复议或行政诉讼程序的。

(5)工程造价管理机构应在不迟于结束审查的次日将是否受理投诉的决定书面通知投诉人、被投诉人以及负责该工程招投标监督的招投标管理机构。

(6)工程造价管理机构受理投诉后,应立即对招标控制价进行复查,组织投诉人、被投诉人或其委托的招标控制价编制人等单位人员对投诉问题逐一核对。有关当事人应当予以配合,并应保证所提供资料的真实性。

(7)工程造价管理机构应当在受理投诉的 10 天内完成复查,特殊情况下可适当延长,并做出书面结论通知投诉人、被投诉人及负责该工程招投标监督的招投标管理机构。

(8)当招标控制价复查结论与原公布的招标控制价误差大于±3%时,应当责成招标人改正。

(9)招标人根据招标控制价复查结论需要重新公布招标控制价的,其最终公布的时间至招标文件要求提交投标文件截止时间不足 15 天的,应相应延长投标文件的截止时间。

三、招标控制价编制标准格式

招标控制价编制使用的表格包括:招标控制价封面(封-2),招标控制价扉页(扉-2),工程计价总说明表(表-01),建设项目招标控制价汇总表(表-02),单项工程招标控制价汇总表(表-03),单位工程招标控制价汇总表(表-04),分部分项工程和单价措施项目清单与计价表(表-08),综合单价分析表(表-09),总价措施项目清单与计价表(表-11),其他项目清单与计价汇总表(表-12)[暂列金额明细表(表-12-1),材料(工程设备)暂估单价及调整表(表-12-2),专业工程暂估价及结算价表(表-12-3),计日工表(表-12-4),总承包服务费计价表(表-12-5)],规费、税金项目计价表(表-13),发包人提供材料和工程设备一览表(表-20),承包人提供主要材料和工程设备一览表(适用于造价信息差额调整法)(表-21),承包人提供主要材料和工程设备一览表(适用于价格指数差额调整法)(表-22)。

1. 招标控制价封面

招标控制价封面(封-2)应填写招标工程项目的具体名称,招标人应盖单位公章,如委托工程造价咨询人编制,还应加盖工程造价咨询人所在单位公章。

招标控制价封面的样式见表 6-1。

第六章 电气工程工程量清单计价编制

表 6-1　　　　　　　　　招标控制价封面

_____工程

招标控制价

招 标 人：_____
（单位盖章）

造价咨询人：_____
（单位盖章）

年　月　日

封-2

2. 招标控制价扉页

招标控制价扉页(扉-2)由招标人或招标人委托的工程造价自选人编制招标控制价时填写。

招标人自行编制招标控制价的，编制人员必须是在招标人单位注册的造价人员，由招标人盖单位公章，法定代表人或其授权人签字或盖章；当编制人是注册造价工程师时，由其签字盖执业专用章；当编制人是造价员时，由其在编制人栏签字盖专用章，并应由注册造价工程师复核，在复核人栏签字盖执业专用章。

招标人委托工程造价咨询人编制招标控制价时，编制人员必须是在工程造价咨询人单位注册的造价人员。由工程造价咨询人盖单位资质专用章,法定代表人或其授权人签字或盖章;当编制人是注册造价工程师时,由其签字盖执业专用章;当编制人是造价员时,由其在编制人栏签字盖专用章,并应由注册造价工程师复核,在复核人栏签字盖执业专用章。

招标控制价扉页的样式见表 6-2。

表 6-2　　　　　　　招标控制价扉页

_____工程

招标控制价

招标控制价(小写)：_____
　　　　　(大写)：_____

招 标 人：_____　　造价咨询人：_____
　　　　　　(单位盖章)　　　　　　　　　　　　(单位资质专用章)

法定代表人　　　　　　　　　　　　法定代表人
或其授权人：_____　或其授权人：_____
　　　　　(签字或盖章)　　　　　　　　　　　(签字或盖章)

编制人：_____　　复核人：_____
　　　(造价人员签字盖专用章)　　　　　(造价工程师签字盖专用章)

编制时间： 年 月 日　　　复核时间： 年 月 日

3. 工程计价总说明表

工程计价总说明表(表-01)的样式及相关填写要求参见表 5-3。

4. 建设项目招标控制价汇总表

建设项目招标控制价汇总表(表-02)的样式见表 6-3。

表 6-3　　　　　　　　建设项目招标控制价汇总表

工程名称：　　　　　　　　　　　　　　　　　　　第　页 共　页

序号	单项工程名称	金额(元)	其中：(元)		
			暂估价	安全文明施工费	规费
	合　计				

注：本表适用于建设项目招标控制价或投标报价的汇总。

表-02

5. 单项工程招标控制价汇总表

单项工程招标控制价汇总表(表-03)的样式见表 6-4。

表 6-4　　　　　　　　单项工程招标控制价汇总表

工程名称：　　　　　　　　　　　　　　　　　　　第　页 共　页

序号	单位工程名称	金额(元)	其中：(元)		
			暂估价	安全文明施工费	规费
	合　计				

注：本表适用于单项工程招标控制价或投标报价的汇总。暂估价包括分部分项工程中的暂估价和专业工程暂估价。

表-03

6. 单位工程招标控制价汇总表

单位工程招标控制价汇总表(表-04)的样式见表 6-5。

表 6-5 　　　　　　　　单位工程招标控制价汇总表

工程名称：　　　　　　　　标段：　　　　　　　　第　页共　页

序号	汇总内容	金额(元)	其中:暂估价(元)
1	分部分项工程		
1.1			
1.2			
1.3			
2	措施项目		
2.1	其中:安全文明施工费		
3	其他项目		
3.1	其中:暂列金额		
3.2	其中:专业工程暂估价		
3.3	其中:计日工		
3.4	其中:总承包服务费		
4	规费		
5	税金		
	招标控制价合计=1+2+3+4+5		

注:本表适用于单位工程招标控制价或投标报价的汇总,如无单位工程划分,单项工程也使用本表汇总。

表-04

7. 分部分项工程和单价措施项目清单与计价表

分部分项工程和单价措施项目清单与计价表(表-08)的样式见表 5-4。

8. 综合单价分析表

综合单价分析表(表-09)是评标委员会评审和判别综合单价组成和价格完整性、合理性的主要基础,对因工程变更、工程量偏差等原因调整综合单价也是必不可少的基础价格数据来源。采用经评审的最低投标价法评标时,本表的重要性更为突出。

综合单价分析表集中反映了构成每一个清单项目综合单价的各个价格要素的价格及主要的"工、料、机"消耗量。投标人在投标报价时,需要对每一个清单项目进行组价,为了使组价工作具有可追溯性(回复评标质疑时尤其需要),需要表明每一个数据的来源。

综合单价分析表一般随投标文件一同提交,作为竞标价的工程量清单的组成部分。以便中标后,作为合同文件的附属文件。投标人须知中需要就分析表提交的方式做出规定,该规定需要考虑是否有必要对分析表的合同地位给予定义。

编制综合单价分析表时,对辅助性材料不必细列,可归并到其他材料费中以金额表示。编制招标控制价,使用综合单价分析表应填写使用的省级或行业建设主管部门发布的计价定额名称。编制投标报价,使用综合单价分析表可填写使用的企业定额名称,也可填写省级或行业建设主管部门发布的计价定额,如不使用则不填写。编制工程结算时,应在已标价工程量清单中的综合单价分析表中将确定的调整过后人工单价、材料单价等进行置换,形成调整后的综合单价。

综合单价分析表的样式见表6-6。

表6-6 综合单价分析表

工程名称: 标段: 第 页 共 页

项目编码		项目名称			计量单位			工程量	
清单综合单价组成明细									
定额编号	定额项目名称	定额单位	数量	单价				合价	
				人工费	材料费	机械费	管理费和利润	人工费	材料费	机械费	管理费和利润
人工单价			小 计						

续表

元/工日		未计价材料费						
		清单项目综合单价						
材料费明细		主要材料名称、规格、型号	单位	数量	单价(元)	合价(元)	暂估单价(元)	暂估合价(元)
		其他材料费			—		—	
		材料费小计			—		—	

注:1. 如不使用省级或行业建设主管部门发布的计价依据,可不填定额编号、名称等。

2. 招标文件提供了暂估单价的材料,按暂估的单价填入表内"暂估单价"栏及"暂估合价"栏。

表-09

9. 总价措施项目清单与计价表

总价措施项目清单与计价表(表-11)的样式及相关填写要求参见表 5-5。

10. 其他项目清单与计价汇总表

其他项目清单与计价汇总表(表-12)的样式及相关填写要求参见表 5-6。

11. 暂列金额明细表

暂列金额明细表(表-12-1)的样式及相关填写要求参见表 5-7。

12. 材料(工程设备)暂估单价及调整表

材料(工程设备)暂估单价及调整表(表-12-2)的样式及相关填写要求参见表 5-8。

13. 专业工程暂估价及结算价表

专业工程暂估价及结算价表(表-12-3)的样式及相关填写要求参见表 5-9。

14. 计日工表

计日工表(表-12-4)的样式及相关填写要求参见表 5-10。

15. 总承包服务费计价表

总承包服务费计价表(表-12-5)的样式及相关填写要求参见表 5-11。

16. 规费、税金项目计价表

规费、税金项目计价表(表-13)的样式及相关填写要求参见表 5-12。

17. 发包人提供材料和工程设备一览表

发包人提供材料和工程设备一览表(表-20)的样式及相关填写要求参见表 5-13。

18. 承包人提供主要材料和工程设备一览表(适用于造价信息差额调整法)

承包人提供主要材料和工程设备一览表(适用于造价信息差额调整法)(表-21)的样式及相关填写要求参见表 5-14。

19. 承包人提供主要材料和工程设备一览表(适用于价格指数差额调整法)

承包人提供主要材料和工程设备一览表(适用于价格指数差额调整法)(表-22)的样式及相关填写要求参见表 5-15。

第四节　电气工程投标报价编制

一、一般规定

(1)投标价应由投标人或受其委托具有相应资质的工程造价咨询人编制。

(2)投标价中除"13 清单计价规范"中规定的规费、税金及措施项目清单中的安全文明施工费应按国家或省级、行业建设主管部门的规定计价,不得作为竞争性费用外,其他项目的投标报价由投标人自主决定。

(3)投标人的投标报价不得低于工程成本。《中华人民共和国反不正当竞争法》第十一条规定:"经营者不得以排挤竞争对手为目的,以低于成本的价格销售商品。"《中华人民共和国招标投标法》第四十一规定:"中标人的投标应当符合下列条件……(二)能够满足招标文件的实质性要求,并且经评审的投标价格最低;但是投标价格低于成本的除外。"《评标委员会和评标方法暂行规定》(国家计委等七部委第 12 号令)第二十一条规定:"在评标过程中,评标委员会发现投标人的报价明显低于其他投标报价或者在设有标底时明显低于标底的,使得其投标报价可能低于其个别成本的,应当要求该投标人做出书面说明并提供相关证明材料。投标人不能合理说明或者不能提供相关证明材料的,由评标委员会认定该投标人以低于成本报价竞标,其投标应作废标处理。"

(4)实行工程量清单招标,招标人在招标文件中提供工程量清单,其目的是使各投标人在投标报价中具有共同的竞争平台。因此,要求投标人必须按招标工程量清单填报价格,工程量清单的项目编码、项目名称、项目特征、计量单位、工程数量必须与招标人招标文件中提供的招标工程量清单一致。

(5)根据《中华人民共和国政府采购法》第三十六条规定:"在招标采购中,出现下列情形之一的,应予废标……(三)投标人的报价均超过了采购预算,采购人不能支付的"。《中华人民共和国招标投标法实施条例》第五十一条规定:"有下列情形之一者,评标委员会应当否决其投标:……(五)投标报价低于成本或者高于招标文件设定的最高投标限价。"对于国有资金投资的工程,其招标控制价相当于政府采购中的采购预算,且其定义就是最高投标限价,因此,投标人的投标报价不能高于招标控制价,否则,应予废标。

二、投标报价编制与复核

(1)投标报价应根据下列依据编制和复核:

1)"13 计价规范"。

2)国家或省级、行业建设主管部门颁发的计价办法。

3)企业定额,国家或省级、行业建设主管部门颁发的计价定额和计价办法。

4)招标文件、招标工程量清单及其补充通知、答疑纪要。

5)建设工程设计文件及相关资料。

6)施工现场情况、工程特点及投标时拟定的施工组织设计或施工方案。

7)与建设项目相关的标准、规范等技术资料。

8)市场价格信息或工程造价管理机构发布的工程造价信息。

9)其他的相关资料。

(2)综合单价中应考虑招标文件中要求投标人承担的风险内容及其范围(幅度)产生的风险费用,招标文件中没有明确的,应提请招标人明确。在施工过程中,当出现的风险内容及其范围(幅度)在合同约定的范围内时,合同价款不作调整。

(3)分部分项工程和措施项目中的单价项目,应根据招标文件和招标工程量清单项目中的特征描述确定综合单价。招标工程量清单的项目特征描述是确定分部分项工程和措施项目中的单价的重要依据之一,投标人投标报价时应依据招标工程量清单项目的特征描述确定清单项目的综合单价。招投标过程中,当出现招标工程量清单项目特征描述与设计图纸不符时,投标人应以招标工程量清单的项目特征描述为准,确定投标报价的综合单价。当施工中施工图纸或设计变更与招标工程量清单的项目特征描述不一致时,发、承包双方应按实际施工的项目特征,依据合同约定重新确定综合单价。

招标文件中提供了暂估单价的材料,应按暂估的单价计入综合单价;综合单价中应考虑招标文件中要求投标人承担的风险内容及其范围(幅度)产生的风险费用。在施工过程中,当出现的风险内容及其范围(幅度)在合同约定的范围内时,工程价款不做调整。

(4)投标人可根据工程实际情况并结合施工组织设计,对招标人所列的措施项目进行增补。由于各投标人拥有的施工装备、技术水平和采用的施工方法有所差异,招标人提出的措施项目清单是根据一般情况确定的,没有考虑不同投标人的"个性",投标人投标时应根据自身编制的投标施工组织设计或施工方案确定措施项目,对招标人提供的措施项目进行调整。投标人根据投标施工组织设计或施工方案调整和确定的措施项目应通过评标委员会的评审。

措施项目中的总价项目应采用综合单价计价。其中安全文明施工费应按国家或省级、行业建设主管部门的规定确定,且不得作为竞争性费用。

(5)其他项目应按下列规定报价:
1)暂列金额应按招标工程量清单中列出的金额填写,不得变动。
2)材料、工程设备暂估价应按招标工程量清单中列出的单价计入综合单价,不得变动和更改。
3)专业工程暂估价应按招标工程量清单中列出的金额填写,不得变动和更改。
4)计日工应按招标工程量清单中列出的项目和数量,自主确定综合单价并计算计日工金额。
5)总承包服务费应依据招标工程量清单中列出的专业工程暂估价内

容和供应材料、设备情况,按照招标人提出协调、配合与服务要求和施工现场管理需要自主确定。

(6)规费和税金应按国家或省级、行业建设主管部门的规定计算,不得作为竞争性费用。规费和税金的计取标准是依据有关法律、法规和政策规定制定的,具有强制性。投标人是法律、法规和政策的执行者,不能改变,更不能制定,而必须按照法律、法规、政策的有关规定执行。

(7)招标工程量清单与计价表中列明的所有需要填写单价和合价的项目,投标人均应填写且只允许有一个报价。未填写单价和合价的项目,可视为此项费用已包含在已标价工程量清单中其他项目的单价和合价之中。当竣工结算时,此项目不得重新组价予以调整。

(8)实行工程量清单招标,投标人的投标总价应当与组成已标价工程量清单的分部分项工程费、措施项目费、其他项目费和规费、税金的合计金额相一致,即投标人在投标报价时,不能进行投标总价优惠(或降价、让利),投标人对招标人的任何优惠(或降价、让利)均应反映在相应清单项目的综合单价中。

二、投标报价编制标准格式

投标报价编制使用的表格包括:投标总价封面(封-3),投标总价扉页(扉-3),工程计价总说明表(表-01),建设项目投标报价汇总表(表-02),单项工程投标报价汇总表(表-03),单位工程投标报价汇总表(表-04),分部分项工程和单价措施项目清单与计价表(表-08),综合单价分析表(表-09),总价措施项目清单与计价表(表-11),其他项目清单与计价汇总表(表-12)[暂列金额明细表(表-12-1),材料(工程设备)暂估单价及调整表(表-12-2),专业工程暂估价及结算价表(表-12-3),计日工表(表-12-4),总承包服务费计价表(表-12-5)],规费、税金项目计价表(表-13),总价项目进度款支付分解表(表-16),发包人提供材料和工程设备一览表(表-20),承包人提供主要材料和工程设备一览表(适用于造价信息差额调整法)(表-21),承包人提供主要材料和工程设备一览表(适用于价格指数差额调整法)(表-22)。

1. 投标总价封面

投标总价封面(封-3)应填写投标工程项目的具体名称,投标人应盖单位公章。

投标总价封面的样式见表 6-7。

第六章 电气工程工程量清单计价编制

表 6-7　　　　　　　　　投标总价封面

_____工程

投 标 总 价

投 标 人：_____
　　　　　　（单位盖章）

年　　月　　日

封-3

2. 投标总价扉页

投标总价扉页(扉-3)由投标人编制投标报价时填写。投标人编制投标报价时，编制人员必须是在投标人单位注册的造价人员。由投标人盖单位公章，法定代表人或其授权签字或盖章；编制的造价人员(造价工程师或造价员)签字盖执业专用章。

投标总价扉页的样式见表 6-8。

表 6-8　　　　　　　　　投标总价扉页

投 标 总 价

招 标 人：_____

工程名称：_____

投标总价：(小写)：_____
　　　　　(大写)：_____

投 标 人：_____
　　　　　　　　　（单位盖章）

法定代表人
或其授权人：_____
　　　　　　　　　（单位盖章）

编 制 人：_____
　　　　　　（造价人员签字盖专用章）

时　　　间：　　　年　　月　　日

扉-3

3. 工程计价总说明表

工程计价总说明表（表-01）的样式及相关填写要求参见表 5-3。

4. 建设项目投标报价汇总表

建设项目投标报价汇总表（表-02）的样式见表 6-9。

表 6-9　　　　　　　建设项目投标报价汇总表

工程名称：　　　　　　　　　　　　　　　　　第　页　共　页

序号	单项工程名称	金额(元)	其中:(元)		
			暂估价	安全文明施工费	规费
	合　　计				

表-02

5. 单项工程投标报价汇总表

单项工程投标报价汇总表(表-03)的样式见表 6-10。

表 6-10　　　　　　单项工程投标报价汇总表见表

工程名称：　　　　　　　　　　　　　　　　　第　页　共　页

序号	单位工程名称	金额(元)	其中:(元)		
			暂估价(元)	安全文明施工费(元)	规费(元)
	合　　计				

注：本表适用于单项工程招标控制价或投标报价的汇总。暂估价包括分部分项工程中的暂估价和专业工程暂估价。

表-03

6. 单位工程投标报价汇总表

单位工程投标报价汇总表(表-04)的样式见表 6-11。

表 6-11　　　　单位工程招标控制价/投标报价汇总表

工程名称：　　　　　　　　标段：　　　　　　　　第　页共　页

序号	汇总内容	金额(元)	其中:暂估价(元)
1	分部分项工程		
1.1			
1.2			
1.3			
2	措施项目		
2.1	其中:安全文明施工费		
3	其他项目		
3.1	其中:暂列金额		
3.2	其中:专业工程暂估价		
3.3	其中:计日工		
3.4	其中:总承包服务费		
4	规费		
5	税金		
	招标控制价合计=1+2+3+4+5		

注:本表适用于单位工程招标控制价或投标报价的汇总,如无单位工程划分,单项工程也使用本表汇总。

表-04

7. 分部分项工程和单价措施项目清单与计价表

分部分项工程和单价措施项目清单与计价表(表-08)的样式及相关填写要求参见表 5-4。

8. 综合单价分析表

综合单价分析表(表-09)的样式及相关填写要求参见表 6-7。

9. 总价措施项目清单与计价表

总价措施项目清单与计价表(表-11)的样式及相关填写要求参见表 5-5。

10. 其他项目清单与计价汇总表

其他项目清单与计价汇总表(表-12)的样式及相关填写要求参见表 5-6。

11. 暂列金额明细表

暂列金额明细表(表-12-1)的样式及相关填写要求参见表 5-7。

12. 材料(工程设备)暂估单价及调整表

材料(工程设备)暂估单价及调整表(表-12-2)的样式及相关填写要求参见表 5-8。

13. 专业工程暂估价及结算价表

专业工程暂估价及结算价表(表-12-3)的样式及相关填写要求参见表 5-9。

14. 计日工表

计日工表(表-12-4)的样式及相关填写要求参见表 5-10。

15. 总承包服务费计价表

总承包服务费计价表(表-12-5)的样式及相关填写要求参见表 5-11。

16. 规费、税金项目计价表

规费、税金项目计价表(表-13)的样式及相关填写要求参见表 5-12。

17. 总价项目进度款支付分解表

总价项目进度款支付分解表(表-16)的样式见表 6-12。

表 6-12　　　　　　　总价项目进度款支付分解表

工程名称：　　　　　　　　　标段：　　　　　　　　　单位：元

序号	项目名称	总价金额	首次支付	二次支付	三次支付	四次支付	五次支付
	安全文明施工费						
	夜间施工增加费						
	二次搬运费						
	社会保险费						
	住房公积金						
	合　　计						

编制人（造价人员）：　　　　　　　　　　　复核人（造价工程师）：

注：1. 本表应由承包人在投标报价时根据发包人在招标文件明确的进度款支付周期与报价填写，签订合同时，发承包双方可就支付分解协商调整后作为合同附件。
　　2. 单价合同使用本表，"支付"栏时间应与单价项目进度款支付周期相同。
　　3. 总价合同使用本表，"支付"栏时间应与约定的工程计量周期相同。

表-16

18. 发包人提供材料和工程设备一览表

发包人提供材料和工程设备一览表（表-20）的样式及相关填写要求参见表 5-13。

19. 承包人提供主要材料和工程设备一览表（适用于造价信息差额调整法）

承包人提供主要材料和工程设备一览表（适用于造价信息差额调整法）（表-21）的样式及相关填写要求参见表 5-14。

20. 承包人提供主要材料和工程设备一览表（适用于价格指数差额调整法）

承包人提供主要材料和工程设备一览表（适用于价格指数差额调整法）（表-22）的样式及相关填写要求参见表 5-15。

第五节 电气工程竣工结算编制

竣工结算是施工企业在所承包的工程全部完工教工之后，与建设单位进行最终的价款结算。竣工结算反映该工程项目上施工企业的实际造价以及还有多少工程款要结清。通过竣工结算，施工企业可以考核实际的工程费用是降低还是超支。竣工结算是建设单位竣工决算的一个组成部分。建筑安装工程竣工结算造价加上设备购置费，勘察设计费，征地拆迁费和一切建设单位为建设这个项目中的其他全部费用，才能成为该工程完整的竣工决算。

一、一般规定

（1）工程完工后，发承包双方必须在合同约定时间内办理工程竣工结算。合同中没有约定或约定不清的，按"13 计价规范"中有关规定处理。

（2）工程竣工结算应由承包人或受其委托具有相应资质的工程造价咨询人编制，并应由发包人或受其委托具有相应资质的工程造价咨询人核对。实行总承包的工程，由总承包人对竣工结算的编制负总责。

（3）当发承包双方或一方对工程造价咨询人出具的竣工结算文件有异议时，可向工程造价管理机构投诉，申请对其进行执业质量鉴定。

（4）工程造价管理机构对投诉的竣工结算文件进行质量鉴定，宜按本章第五节的相关规定进行。

（5）根据《中华人民共和国建筑法》第六十一条规定："交付竣工验收的建筑工程，必须符合规定的建筑工程质量标准，有完整的工程技术经济资料和经签署的工程保修书，并具备国家规定的其他竣工条件"，由于竣工结算是反映工程造价计价规定执行情况的最终文件，竣工结算办理完毕,发包人应将竣工结算文件报送工程所在地或有该工程管辖权的行业管理部门的工程造价管理机构备案。竣工结算文件应作为工程竣工验收备案、交付使用的必备文件。

二、竣工结算编制与复核

(1)工程竣工结算应根据下列依据编制和复核:
1)"13 计价规范"。
2)工程合同。
3)发承包双方实施过程中已确认的工程量及其结算的合同价款。
4)发承包双方实施过程中已确认调整后追加(减)的合同价款。
5)建设工程设计文件及相关资料。
6)投标文件。
7)其他依据。

(2)分部分项工程和措施项目中的单价项目应依据发承包双方确认的工程量与已标价工程量清单的综合单价计算;发生调整的,应以发承包双方确认调整的综合单价计算。

(3)措施项目中的总价项目应依据已标价工程量清单的项目和金额计算;发生调整的,应以发承包双方确认调整的金额计算,其中安全文明施工费应按照国家或省级、行业建设主管部门的规定计算。施工过程中,国家或省级、行业建设主管部门对安全文明施工费进行了调整的,措施项目费中和安全文明施工费应作相应调整。

(4)办理竣工结算时,其他项目费的计算应按以下要求进行计价:
1)计日工的费用应按发包人实际签证确认的数量和合同约定的相应项目综合单价计算。
2)当暂估价中的材料、工程设备是招标采购的,其单价按中标价在综合单价中调整。当暂估价中的材料、设备为非招标采购的,其单价按发包双方最终确认的单价在综合单价中调整。当暂估价中的专业工程是招标发包的,其专业工程费按中标价计算。当暂估价中的专业工程为非招标发包的,其专业工程费按发承包双方与分包人最终确认的金额计算。
3)总承包服务费应依据已标价工程量清单金额计算,发承包双方依据合同约定对总承包服务进行了调整的,应按调整后的金额计算。
4)索赔事件产生的费用在办理竣工结算时应在其他项目费中反映。索赔费用的金额应依据发承包双方确认的索赔事项和金额计算。

5)现场签证发生的费用在办理竣工结算时应在其他项目费中反映。现场签证费用金额依据发承包双方签证资料确认的金额计算。

6)合同价款中的暂列金额在用于各项价款调整、索赔与现场签证后,若有余额,则余额归发包人,若出现差额,则由发包人补足并反映在相应的工程价款中。

(5)规费和税金应按国家或省级、行业建设主管部门对规费和税金的计取标准计算。规费中的工程排污费应按工程所在地环境保护部门规定的标准缴纳后按实列入。

(6)由于竣工结算与合同工程实施过程中的工程计量及其价款结算、进度款支付、合同价款调整等具有内在联系,因此,发承包双方在合同工程实施过程中已经确认的工程计量结果和合同价款,在竣工结算办理中应直接进入结算,从而简化结算流程。

三、竣工结算价编制标准格式

竣工结算价编制使用的表格包括:竣工结算书封面(封-4),竣工结算总价扉页(扉-4),工程计价总说明表(表-01),建设项目竣工结算汇总表(表-05),单项工程竣工结算汇总表(表-06),单位工程竣工结算汇总表(表-07),分部分项工程和单价措施项目清单与计价表(表-08),综合单价分析表(表-09),综合单价调整表(表-10),总价措施项目清单与计价表(表-11),其他项目清单与计价汇总表(表-12)[暂列金额明细表(表-12-1),材料(工程设备)暂估单价及调整表(表-12-2),专业工程暂估价及结算价表(表-12-3),计日工表(表-12-4),总承包服务费计价表(表-12-5),索赔与现场签证计价汇总表(表-12-6),费用索赔申请(核准)表(表-12-7),现场签证表(表-12-8)],规费、税金项目计价表(表-13),工程计量申请(核准)表(表-14),预付款支付申请(核准)表(表-15),总价项目进度款支付分解表(表-16),进度款支付申请(核准)表(表-17),竣工结算款支付申请(核准)表(表-18),最终结清支付申请(核准)表(表-19),发包人提供材料和工程设备一览表(表-20),承包人提供主要材料和工程设备一览表(适用于造价信息差额调整法)(表-21),承包人提供主要材料和工程设备一览表(适用于价格指数差额调整法)(表-22)。

1. 竣工结算书封面

竣工结算书封面(封-4)应填写竣工工程的具体名称,发承包双方应盖单位公章,如委托工程造价咨询人办理的,还应加盖工程造价咨询人所在单位公章。

竣工结算书封面的样式见表 6-13。

表 6-13　　　　　　　　竣工结算书封面

_____工程

竣工结算书

发 包 人：_____

（单位盖章）

承 包 人：_____

（单位盖章）

造价咨询人：_____

（单位盖章）

年　　月　　日

封-4

2. 竣工结算总价扉页

承包人自行编制竣工结算总价时，编制人员必须是承包人单位注册的造价人员。由承包人盖单位公章，法定代表人或其授权人签字或盖章；编制的造价人员（造价工程师或造价员）签字盖执业专用章。

发包人自行核对竣工结算时，核对人员必须是在发包人单位注册的

第六章　电气工程工程量清单计价编制

造价工程师。由发包人盖单位公章，法定代表人或其授权人签字或盖章，核对的造价工程师签字盖执业专用章。

发包人委托工程造价咨询人核对竣工结算时，核对人员必须是在工程造价咨询人单位注册的造价工程师。由发包人盖单位公章，法定代表人或其授权人签字盖章的；工程造价咨询人盖单位资质专用章，法定代表人或其授权人签字或盖章；核对的造价工程师签字盖执业专用章。

除非出现发包人拒绝或不答复承包人竣工结算书的特殊情况，竣工结算办理完毕后，竣工结算总价封面发承包双方的签字、盖章应当齐全。

竣工结算总价扉页(扉-4)的样式见表6-14。

表 6-14　　　　　　　竣工结算总价扉页

_____工程

竣 工 结 算 总 价

签约合同价(小写)：_____　　(大写)：_____
竣工结算价(小写)：_____　　(大写)：_____

发 包 人：_____　　承 包 人：_____　　工程咨询人：_____
（单位盖章）　　　　（单位盖章）　　　　（单位资质专用章）

法定代表人　　　　　法定代表人　　　　　法定代表人
或其授权人：_____　或其授权人：_____　或其授权人：_____
（签字或盖章）　　　（签字或盖章）　　　（签字或盖章）

编 制 人：_____　　　核 对 人：_____
　　（造价人员签字盖专用章）　　　　（造价工程师签字盖专用章）

编制时间：　年　月　日　　　　　核对时间：　年　月　日

扉-4

3. 工程计价总说明表

工程计价总说明表(表-01)的样式及相关填写要求参见表 5-3。

4. 建设项目竣工结算汇总表

建设项目竣工结算汇总表(表-05)的样式见表 6-15。

表 6-15　　　　　　　　　建设项目竣工结算汇总表

工程名称：　　　　　　　　　　　　　　　　　　　　第　页共　页

序号	单项工程名称	金额(元)	其中:(元)	
			安全文明施工费	规费
	合　计			

表-05

5. 单项工程竣工结算汇总表

单项工程竣工结算汇总表(表-06)的样式见表 6-16。

表 6-16　　　　　　　　　单项工程竣工结算汇总表

工程名称：　　　　　　　　　　　　　　　　　　　　第　页共　页

序号	单位工程名称	金额(元)	其中:(元)	
			安全文明施工费	规费
	合　计			

表-06

6. 单位工程竣工结算汇总表

单位工程竣工结算汇总表(表-07)的样式见表 6-17。

表 6-17　　　　　　　单位工程竣工结算汇总表

工程名称：　　　　　　　标段：　　　　　　　第　页共　页

序号	汇总内容	金额(元)
1	分部分项工程	
1.1		
1.2		
1.3		
2	措施项目	
2.1	其中：安全文明施工费	
3	其他项目	
3.1	其中：专业工程结算价	
3.2	其中：计日工	
3.3	其中：总承包服务费	
3.4	其中：索赔与现场鉴证	
4	规费	
5	税金	
竣工结算总价合计＝1＋2＋3＋4＋5		

注：如无单位工程划分，单项工程也使用本表汇总。

表-07

7. 分部分项工程和单价措施项目清单与计价表

分部分项工程和单价措施项目清单与计价表(表-08)的样式及相关填写要求参见表 5-4。

8. 综合单价分析表

综合单价分析表(表-09)的样式及相关填写要求参见表 6-7。

9. 综合单价调整表

综合单价调整表(表-10)适用于各种合同约定调整因素出现时调整综合单价，各种调整依据应附于表后。填写时应注意，项目编码和项目名称必须与已标价工程量清单保持一致，不得发生错漏，以免发生争议。

综合单价调整表的样式见表 6-18。

表 6-18 综合单价调整表

工程名称：　　　　　　　标段：　　　　　　第　页共　页

序号	项目编码	项目名称	已标价清单综合单价(元)					调整后综合单价(元)				
			综合单价	其中				综合单价	其中			
				人工费	材料费	机械费	管理费和利润		人工费	材料费	机械费	管理费和利润

造价工程师(签章)：　发包人代表(签章)：　造价人员(签章)：　承包人代表(签章)：

日期：　　　　　　　　　　　　　　　　日期：

注：综合单价调整应附调整依据。

表-10

10. 总价措施项目清单与计价表

总价措施项目清单与计价表(表-11)的样式及相关填写要求参见表 5-5。

11. 其他项目清单与计价汇总表

其他项目清单与计价汇总表(表-12)的样式及相关填写要求参见表 5-6。

12. 暂列金额明细表

暂列金额明细表(表-12-1)的样式及相关填写要求参见表 5-7。

13. 材料(工程设备)暂估单价及调整表

材料(工程设备)暂估单价及调整表(表-12-2)的样式及相关填写要求参见表 5-8。

14. 专业工程暂估价及结算价表

专业工程暂估价及结算价表(表-12-3)的样式及相关填写要求参见表 5-9。

15. 计日工表

计日工表(表-12-4)的样式及相关填写要求参见表 5-10。

16. 总承包服务费计价表

总承包服务费计价表(表-12-5)的样式及相关填写要求参见表 5-11。

17. 索赔与现场签证计价汇总表

索赔与现场签证计价汇总表(表-12-6)是对发承包双方签证认可的"费用索赔申请(核准)表"和"现场签证表"的汇总。

索赔与现场签证计价汇总表的样式见表 6-19。

表 6-19　　　　　索赔与现场签证计价汇总表

工程名称：　　　　　　标段：　　　　　　第　页共　页

序号	签证及索赔项目名称	计量单位	数量	单价(元)	合价(元)	索赔及签证依据
—	本页小计	—	—	—	—	
—	合　计					

注：签证及索赔依据是指经双方认可的签证单和索赔依据的编号。

表-12-6

18. 费用索赔申请(核准)表

填写费用索赔申请(核准)表(表-12-7)时，承包人代表应按合同条款的约定，阐述原因，附上索赔证据、费用计算报发包人，经监理工程师复核(按照发包人的授权不论是监理工程师或发包人现场代表均可)，经造价工程师(此处造价工程师可以是发包人现场管理人员，也可以是发包人委托的工程造价咨询企业的人员)复核具体费用，经发包人审核后生效，该表以在选择栏中"□"内做标识"√"表示。

费用索赔申请(核准)表的样式见表 6-20。

表 6-20　　　　　　　　　费用索赔申请(核准)表

工程名称：　　　　　　　标段：　　　　　　　编号：

致：_____(发包人全称)

　　根据施工合同条款_____条的约定，由于_____原因，我方要求索赔金额(大写)_____元，(小写_____元)，请予核准。

　　附：1. 费用索赔的详细理由和依据：
　　　　2. 索赔金额的计算：
　　　　3. 证明材料：

承包人(章)

造价人员_____　　承包人代表_____　　日　期_____

复核意见： 　　根据施工合同条款_____条的约定，你方提出的费用索赔申请经复核： □不同意此项索赔，具体意见见附件。 □同意此项索赔，索赔金额的计算，由造价工程师复核。 监理工程师_____ 日　期_____	复核意见： 　　根据施工合同条款_____条的约定，你方提出的费用索赔申请经复核，索赔金额为（大写）_____元，（小写_____）。 造价工程师_____ 日　期_____

审核意见：
□不同意此项索赔。
□同意此项索赔，与本期进度款同期支付。

发包人(章)
发包人代表_____
日　期_____

注：1. 在选择栏中的"□"内做标识"√"。
　　2. 本表一式四份，由承包人填报，发包人、监理人、造价咨询人、承包人各存一份。

表-12-7

19. 现场签证表

现场签证表(表-12-8)是对"计日工"的具体化，考虑到招标时，招标人对计日工项目的预估难免会有遗漏，带来实际施工发生后，无相应的计日工单价时，现场签证只能包括单价一并处理，因此，在汇总时，有计日工单价的，可归并于计日工，如无计日工单价，归并于现场签证，以示区别。

第六章 电气工程工程量清单计价编制

现场签证表的样式见表 6-21。

表 6-21　　　　　　　　　现场签证表

工程名称：　　　　　　　　标段：　　　　　　　　编号：

施工部位		日　期	
致：_____（发包人全称） 　　根据_____（指令人姓名）____年____月____日的口头指令或你方_____（或监理人）____年____月____日的书面通知，我方要求完成此项工作应支付价款金额为（大写）_____元，(小写_____)，请予核准。 　附：1. 签证事由及原因： 　　　2. 附图及计算式： 　　　　　　　　　　　　　　　　　　　　　　　　　承包人（章） 　　　造价人员_____　承包人代表_____　　日　期_____			
复核意见： 你方提出的此项签证申请经复核： □不同意此项签证，具体意见见附件。 □同意此项签证，签证金额的计算，由造价工程师复核。 　　　　　监理工程师_____ 　　　　　日　　期_____		复核意见： □此项签证按承包人中标的计日工单价计算，金额为(大写)_____元,(小写_____)。 □此项签证因无计日工单价，金额为(大写)_____元,(小写_____)。 　　　　　造价工程师_____ 　　　　　日　　期_____	
审核意见： □不同意此项签证。 □同意此项签证，价款与本期进度款同期支付。 　　　　　　　　　　　　　　　　　　　发包人（章） 　　　　　　　　　　　　　　　　　　　发包人代表_____ 　　　　　　　　　　　　　　　　　　　日　　期_____			

注：1. 在选择栏中的"□"内做标识"√"。
　　2. 本表一式四份，由承包人在收到发包人（监理人）的口头或书面通知后填写，发包人、监理人、造价咨询人、承包人各存一份。

20. 规费、税金项目计价表

规费、税金项目计价表(表-13)的样式及相关填写要求参见表 5-12。

21. 工程计量申请(核准)表

工程计量申请(核准)表(表-14)填写的"项目编码"、"项目名称"、"计量单位"应与已标价工程量清单中一致,承包人应在合同约定的计量周期结束时,将申报数量填写在申报数量栏,发包人核对后如与承包人填写的数量不一致,则在核实数量栏填上核实数量,经发承包双方共同核对确认的计量结果填在确认数量栏。

工程计量申请(核准)表的样式见表 6-22。

表 6-22　　　　　　　　工程计量申请(核准)表

工程名称:　　　　　　　　标段:　　　　　　　　第　页共　页

序号	项目编码	项目名称	计量单位	承包人申请数量	发包人核实数量	发承包人确认数量	备注

承包人代表:　　　　监理工程师:　　　　造价工程师:　　　　发包人代表:

日期:　　　　　　　日期:　　　　　　　日期:　　　　　　　日期:

表-14

22. 预付款支付申请(核准)表

预付款支付申请(核准)表(表-15)的样式见表 6-23。

表 6-23　　　　　　　预付款支付申请(核准)表

工程名称：　　　　　　　标段：　　　　　　　编号：

致：_____(发包人全称)

我方根据施工合同的约定，现申请支付工程预付款额为(大写)_____(小写_____)，请予核准。

序号	名　称	申请金额(元)	复核金额(元)	备注
1	已签约合同价款金额			
2	其中:安全文明施工费			
3	应支付的预付款			
4	应支付的安全文明施工费			
5	合计应支付的预付款			

　　　　　　　　　　　　　　　　　　　　　　　　承包人(章)

造价人员_____　　承包人代表_____　　日　期_____

复核意见：
□与合同约定不相符，修改意见见附件。
□与合同约定相符，具体金额由造价工程师复核。

　　　　监理工程师_____
　　　　　　日　　期_____

复核意见：
你方提出的支付申请经复核，应支付预付款金额为(大写)_____(小写_____)。

　　　　造价工程师_____
　　　　　　日　　期_____

审核意见：
□不同意。
□同意，支付时间为本表签发后的 15 天内。

　　　　　　　　　　　　　　　　　　　　　发包人(章)
　　　　　　　　　　　　　　　　　　　　　发包人代表_____
　　　　　　　　　　　　　　　　　　　　　　　日　　期_____

注：1. 在选择栏中的"□"内做标识"√"。
　　2. 本表一式四份，由承包人填报，发包人、监理人、造价咨询人、承包人各存一份。

表-15

23. 总价项目进度款支付分解表
总价项目进度款支付分解表(表-16)的样式见表 6-12。

24. 进度款支付申请(核准)表
进度款支付申请(核准)表(表-17)的样式见表 6-24。

表 6-25　　　　　　　　进度款支付申请(核准)表

工程名称：　　　　　　　标段：　　　　　　　　　编号：

致：＿＿＿＿＿＿＿＿＿＿＿＿＿＿＿＿＿＿＿＿＿＿＿＿＿(发包人全称)

我方于＿＿至＿＿期间已完成了＿＿＿＿＿＿工作，根据施工合同的约定，现申请支付本周期的合同款额为(大写)＿＿＿＿＿＿(小写＿＿＿＿)，请予核准。

序号	名称	实际金额(元)	申请金额(元)	复核金额(元)	备注
1	累计已完成的合同价款		—		
2	累计已实际支付的合同价款		—		
3	本周期合计完成的合同价款				
3.1	本周期已完成单价项目的金额				
3.2	本周期应支付的总价项目的金额				
3.3	本周期已完成的计日工价款				
3.4	本周期应支付的安全文明施工费				
3.5	本周期应增加的合同价款				
4	本周期合计应扣减的金额				
4.1	本周期应抵扣的预付款				
4.2	本周期应扣减的金额				
5	本周期应支付的合同价款				

附：上述3、4详见附件清单。

　　　　　　　　　　　　　　　　　　　　　　　　　　承包人(章)

造价人员＿＿＿＿＿　承包人代表＿＿＿＿＿　　　日　期＿＿＿＿

复核意见： □与实际施工情况不相符，修改意见见附件。 □与实际施工情况相符，具体金额由造价工程师复核。 　　　　监理工程师＿＿＿＿＿ 　　　　　　日　期＿＿＿＿	复核意见： 你方提出的支付申请经复核，本周期已完成合同款额为(大写)＿＿＿＿＿(小写＿＿＿＿)，本周期应支付金额为(大写)＿＿＿＿＿(小写＿＿＿＿)。 　　　　造价工程师＿＿＿＿＿ 　　　　　　日　期＿＿＿＿

审核意见：
□不同意。
□同意，支付时间为本表签发后的15天内。

　　　　　　　　　　　　　　　　　　　　　　　　　　发包人(章)
　　　　　　　　　　　　　　　　　　　　　　　　发包人代表＿＿＿＿＿
　　　　　　　　　　　　　　　　　　　　　　　　　日　期＿＿＿＿

注：1. 在选择栏中的"□"内做标识"√"。
　　2. 本表一式四份，由承包人填报，发包人、监理人、造价咨询人、承包人各存一份。

25. 竣工结算款支付申请(核准)表

竣工结算款支付申请(核准)表(表-18)的样式见表 6-25。

表 6-25　　　　　　　竣工结算款支付申请(核准)表

工程名称：　　　　　　　　标段：　　　　　　　　编号：

致：_____(发包人全称)

我方于____至____期间已完成合同约定的工作，工程已经完工，根据施工合同的约定，现申请支付竣工结算合同款额为(大写)_____(小写_____)，请予核准。

序号	名　称	申请金额(元)	复核金额(元)	备注
1	竣工结算合同价款总额			
2	累计已实际支付的合同价款			
3	应预留的质量保证金			
4	应支付的竣工结算款金额			

承包人(章)

造价人员_____　　承包人代表_____　　日　期_____

复核意见：
　　□与实际施工情况不相符，修改意见见附件。
　　□与实际施工情况相符，具体金额由造价工程师复核。

复核意见：
　　你方提出的竣工结算款支付申请经复核，竣工结算款总额为(大写)_____(小写_____)，扣除前期支付以及质量保证金后应支付金额为(大写)_____(小写_____)。

监理工程师_____
日　期_____

造价工程师_____
日　期_____

审核意见：
　　□不同意。
　　□同意，支付时间为本表签发后的 15 天内。

发包人(章)
发包人代表_____
日　期_____

注：1. 在选择栏中的"□"内做标识"√"。
　　2. 本表一式四份，由承包人填报，发包人、监理人、造价咨询人、承包人各存一份。

表-18

26. 最终结清支付申请(核准)表

最终结清支付申请(核准)表(表-19)的样式见表6-26。

表6-26　　　　　　　最终结清支付申请(核准)表

工程名称：　　　　　　　　标段：　　　　　　　　编号：

致：_____（发包人全称）

我方于___至___期间已完成了缺陷修复工作,根据施工合同的约定,现申请支付最终结清合同款额为(大写)_____(小写_____),请予核准。

序号	名　　称	申请金额(元)	复核金额(元)	备注
1	已预留的质量保证金			
2	应增加因发包人原因造成缺陷的修复金额			
3	应扣减承包人不修复缺陷、发包人组织修复的金额			
4	最终应支付的合同价款			

附：上述3、4详见附件清单。

　　　　　　　　　　　　　　　　　　　　　承包人(章)
　造价人员_____　　承包人代表_____　　日　　期_____

复核意见： □与实际施工情况不相符,修改意见见附件。 □与实际施工情况相符,具体金额由造价工程师复核。 　　　　　监理工程师_____ 　　　　　日　　期_____	复核意见： 　　你方提出的支付申请经复核,最终支付金额为(大写)_____(小写_____)。 　　　　　造价工程师_____ 　　　　　日　　期_____

审核意见：
□不同意。
□同意,支付时间为本表签发后的15天内。

　　　　　　　　　　　　　　　　　　　　　发包人(章)
　　　　　　　　　　　　　　　　　　　　　发包人代表_____
　　　　　　　　　　　　　　　　　　　　　日　　期_____

注：1. 在选择栏中的"□"内做标识"√"。如监理人已退场,监理工程师栏可空缺。
　　2. 本表一式四份,由承包人填报,发包人、监理人、造价咨询人、承包人各存一份。

表-19

27. 发包人提供材料和工程设备一览表

发包人提供材料和工程设备一览表(表-20)的样式及相关填写要求参见表5-13。

28. 承包人提供主要材料和工程设备一览表(适用于造价信息差额调整法)

承包人提供主要材料和工程设备一览表(适用于造价信息差额调整法)(表-21)的样式及相关填写要求参见表5-14。

29. 承包人提供主要材料和工程设备一览表(适用于价格指数差额调整法)

承包人提供主要材料和工程设备一览表(适用于价格指数差额调整法)(表-22)的样式及相关填写要求参见表5-15。

第六节 电气工程造价鉴定

发承包双方在履行施工合同过程中,由于不同的利益诉求,有一些施工合同纠纷需要采用仲裁、诉讼的方式解决,工程造价鉴定在一些施工合同纠纷案件处理中就成了裁决、判决的主要依据。

一、一般规定

(1)在工程合同价款纠纷案件处理中,需做工程造价司法鉴定的,应根据《工程造价咨询企业管理办法》(原建设部令第149号)第二十条的规定,委托具有相应资质的工程造价咨询人进行。

(2)工程造价咨询人接受委托时提供工程造价司法鉴定服务,不仅应符合建设工程造价方面的规定,还应按仲裁、诉讼程序和要求进行,并应符合国家关于司法鉴定的规定。

(3)按照《注册造价工程师管理办法》(原建设部令第150号)的规定,工程计价活动应由造价工程师担任。《建设部关于对工程造价司法鉴定有关问题的复函》(建办标函[2005]155号)第二条规定:"从事工程造价司法鉴定的人员,必须具备注册造价工程师执业资格,并只得在其注册的机构从事工程造价司法鉴定工作,否则不具有在该机构的工程造价成果文件上签字的权力"。鉴于进入司法程序的工程造价鉴定的难度一般较大,因此,工程造价咨询人进行工程造价司法鉴定时,应指派专业对口、经验丰富的注册造价工程师承担鉴定工作。

(4)工程造价咨询人应在收到工程造价司法鉴定资料后 10 天内,根据自身专业能力和证据资料判断能否胜任该项委托,如不能,应辞去该项委托。工程造价咨询人不得在鉴定期满后以上述理由不做出鉴定结论,影响案件处理。

(5)为保证工程造价司法鉴定的公正进行,接受工程造价司法鉴定委托的工程造价咨询人或造价工程师如是鉴定项目一方当事人的近亲属或代理人、咨询人以及其他关系可能影响鉴定公正的,应当自行回避;未自行回避,鉴定项目委托人以该理由要求其回避的,必须回避。

(6)《最高人民法院关于民事诉讼证据的若干规定》(法释[2001]33 号)第五十九条规定:"鉴定人应当出庭接受当事人质询"。因此,工程造价咨询人应当依法出庭接受鉴定项目当事人对工程造价司法鉴定意见书的质询。如确因特殊原因无法出庭的,经审理该鉴定项目的仲裁机关或人民法院准许,可以书面形式答复当事人的质询。

二、取证

(1)工程造价的确定与当时的法律法规、标准定额以及各种要素价格具有密切关系,为做好一些基础资料不完备的工程鉴定,工程造价咨询人进行工程造价鉴定工作时,应自行收集以下(但不限于)鉴定资料:

1)适用于鉴定项目的法律、法规、规章、规范性文件以及规范、标准、定额。

2)鉴定项目同时期同类型工程的技术经济指标及其各类要素价格等。

(2)真实、完整、合法的鉴定依据是做好鉴定项目工程造价司法工作鉴定的前提。工程造价咨询人收集鉴定项目的鉴定依据时,应向鉴定项目委托人提出具体书面要求,其内容包括:

1)与鉴定项目相关的合同、协议及其附件。

2)相应的施工图纸等技术经济文件。

3)施工过程中的施工组织、质量、工期和造价等工程资料。

4)存在争议的事实及各方当事人的理由。

5)其他有关资料。

(3)根据最高人民法院规定:"证据应当在法庭上出示,由当事人质证。未经质证的证据,不能作为认定案件事实的依据(法释[2001] 33 号)",工程造价咨询人在鉴定过程中要求鉴定项目当事人对缺陷资料进行补充的,应征得鉴定项目委托人同意,或者协调鉴定项目各方当事人共同签认。

(4)根据鉴定工作需要现场勘验的,工程造价咨询人应提请鉴定项目委托人组织各方当事人对被鉴定项目所涉及的实物标的进行现场勘验。

(5)勘验现场应制作勘验记录、笔录或勘验图表,记录勘验的时间、地点、勘验人、在场人、勘验经过、结果,由勘验人、在场人签名或者盖章确认。绘制的现场图应注明绘制的时间、测绘人姓名、身份等内容。必要时应采取拍照或摄像取证,留下影像资料。

(6)鉴定项目当事人未对现场勘验图表或勘验笔录等签字确认的,工程造价咨询人应提请鉴定项目委托人决定处理意见,并在鉴定意见书中做出表述。

三、鉴定

(1)《最高人民法院关于审理建设工程施工合同纠纷案件适用法律问题的解释》(法释[2004]14号)第十六条一款规定:"当事人对建设工程的计价标准或者计价方法有约定的,按照约定结算工程价款",因此,如鉴定项目委托人明确告之合同有效,工程造价咨询人就必须依据合同约定进行鉴定,不得随意改变发承包双方合法的合意,不能以专业技术方面的惯例来否定合同的约定。

(2)工程造价咨询人在鉴定项目合同无效或合同条款约定不明确的情况下应根据法律法规、相关国家标准和"13计价规范"的规定,选择相应专业工程的计价依据和方法进行鉴定。

(3)为保证工程造价鉴定的质量,尽可能将当事人之间的分歧缩小直至化解,为司法调解、裁决或判决提供科学合理的依据,工程造价咨询人出具正式鉴定意见书之前,可报请鉴定项目委托人向鉴定项目各方当事人发出鉴定意见书征求意见稿,并指明应书面答复的期限及其不答复的相应法律责任。

(4)工程造价咨询人收到鉴定项目各方当事人对鉴定意见书征求意见稿的书面复函后,应对不同意见认真复核,修改完善后再出具正式鉴定意见书。

(5)工程造价咨询人出具的工程造价鉴定书应包括下列内容:

1)鉴定项目委托人名称、委托鉴定的内容。
2)委托鉴定的证据材料。

3) 鉴定的依据及使用的专业技术手段。
4) 对鉴定过程的说明。
5) 明确的鉴定结论。
6) 其他需说明的事宜。
7) 工程造价咨询人盖章及注册造价工程师签名盖执业专用章。

(6) 进入仲裁或诉讼的施工合同纠纷案件,一般都有明确的结案时限,为避免影响案件的处理,工程造价咨询人应在委托鉴定项目的鉴定期限内完成鉴定工作,如确因特殊原因不能在原定期限内完成鉴定工作时,应按照相应法规提前向鉴定项目委托人申请延长鉴定期限,并应在此期限内完成鉴定工作。

经鉴定项目委托人同意等待鉴定项目当事人提交、补充证据的,质证所用的时间不应计入鉴定期限。

(7) 对于已经出具的正式鉴定意见书中有部分缺陷的鉴定结论,工程造价咨询人应通过补充鉴定做出补充结论。

四、造价鉴定标准格式

造价鉴定编制使用的表格包括:工程造价鉴定意见书封面(封-5),工程造价鉴定意见书扉页(扉-5),工程计价总说明表(表-01),建设项目竣工结算汇总表(表-05),单项工程竣工结算汇总表(表-06),单位工程竣工结算汇总表(表-07),分部分项工程和单价措施项目清单与计价表(表-08),综合单价分析表(表-09),综合单价调整表(表-10),总价措施项目清单与计价表(表-11),其他项目清单与计价汇总表(表-12)[暂列金额明细表(表-12-1),材料(工程设备)暂估单价及调整表(表-12-2),专业工程暂估价及结算价表(表-12-3),计日工表(表-12-4),总承包服务费计价表(表-12-5),索赔与现场签证计价汇总表(表-12-6),费用索赔申请(核准)表(表-12-7),现场签证表(表-12-8)],规费、税金项目计价表(表-13),工程计量申请(核准)表(表-14),预付款支付申请(核准)表(表-15),总价项目进度款支付分解表(表-16),进度款支付申请(核准)表(表-17),竣工结算款支付申请(核准)表(表-18),最终结清支付申请(核准)表(表-19),发包人提供材料和工程设备一览表(表-20),承包人提供主要材料和工程设备一览表(适用于造价信息差额调整法)(表-21),承包人提供主要材料和工程设备一览表(适用于价格指数差额调整法)(表-22)。

工程造价鉴定所用的表格样式除工程造价鉴定意见书封面(封-5)和

第六章 电气工程工程量清单计价编制

工程造价鉴定意见书扉页(扉-5)分别见表 6-27 和表 6-28 外,其他表格样式均参见本章前述各节所述。

工程造价鉴定意见书封面(封-5)应填写鉴定工程项目的具体名称,填写意见书文号,工程造价咨询人盖所在单位公章。工程造价鉴定意见书扉页(扉-5)应填写工程造价鉴定项目的具体名称,工程造价咨询人应盖单位资质专用章,法定代表人或其授权人签字或盖章,造价工程师签字盖执业专用章。

表 6-27　　　　　　工程造价鉴定意见书封面

_____工程
编号:××[2×××]××号
工程造价鉴定意见书
造价咨询人:_____
(单位盖章)
年　月　日

封-5

表 6-28 工程造价鉴定意见书扉页

_____工程

工程造价鉴定意见书

鉴 定 结 论：

造价咨询人：_____
　　　　　　　　（盖单位章及资质专用章）

法定代表人：_____
　　　　　　　　　（签字或盖章）

造价工程师：_____
　　　　　　　　　（签字盖专用章）

年　　　月　　　日

第七节　电气工程工程量清单计价编制实例

<u>　　　××电气设备安装　　　</u>工程

投标总价

投　标　人：<u>　　　　××　　　　　</u>
　　　　　　　　（单位盖章）

××年×月×日

封-3

投 标 总 价

招 标 人：　　　　××　　　　

工 程 名 称：　　××电气设备安装工程　　

投标总价(小写)：　　204073.01　　

　　　　(大写)：　　贰拾万肆仟零柒拾叁元零壹分　　

投 标 人：　　　　××　　　　
　　　　　　　　(单位盖章)

法定代表人
或其授权人：　　　　××　　　　
　　　　　　　　(签字或盖章)

编 制 人：　　　　××　　　　
　　　　　(造价人员签字盖专用章)

编制时间：××年×月×日

第六章 电气工程工程量清单计价编制

总 说 明

工程名称：××电气设备安装工程　　　　　　　　　　第 页 共 页

1. 编制依据：
1.1 建设方提供的工程施工图、《××电气设备安装工程投标邀请书》、《投标须知》、《××电气设备安装工程招标答疑》等一系列招标文件。
1.2 ××市建设工程造价管理站××××年第×期发布的材料价格，并参照市场价格。
2. 报价需要说明的问题：
2.1 该工程因无特殊要求，故采用一般施工方法。
2.2 因考虑到市场材料价格近期波动不大，故主要材料价格在××市建设工程造价管理站××××年第×期发布的材料价格基础上下浮 3%。
2.3 综合公司经济现状及竞争力，公司所报费率如下：(略)
2.4 税金按 3.413% 计取。

表-01

建设项目投标报价汇总表

工程名称：××电气设备安装工程　　　　　　　　　　第 页 共 页

序号	单项工程名称	金额(元)	其中		
			暂估价(元)	安全文明施工费(元)	规费(元)
1	××电气设备安装工程	204073.01	8000.00	12155.25	13856.98
	合　计	204073.01	8000.00	12155.25	13856.98

表-02

单项工程投标报价汇总表

工程名称：××电气设备安装工程　　　　　　　　第　页　共　页

序号	单项工程名称	金额(元)	其中		
			暂估价(元)	安全文明施工费(元)	规费(元)
1	××电气设备安装工程	204073.01	8000.00	12155.25	13856.98
	合计	204073.01	8000.00	12155.25	13856.98

表-03

单位工程投标报价汇总表

工程名称：××电气设备安装工程　　　标段：　　　　　第　页　共　页

序号	单项工程名称	金额(元)	其中:暂估价(元)
1	分部分项工程	138917.18	
0304	电气设备安装工程	138917.18	8000.00
2	措施项目	15072.51	
0313	其中:安全文明施工费	12155.25	—
3	其他项目	34566.90	—
3.1	其中:暂列金额	10000.00	—
3.2	其中:专业工程暂估价	20000.00	—
3.3	其中:计日工	4037.70	—
3.4	其中:总承包服务费	529.20	—
4	规费	13856.98	—
5	税金	1659.44	—
	招标控制价合计＝1＋2＋3＋4＋5	204073.01	8000.00

表-04

第六章 电气工程工程量清单计价编制

分部分项工程和单价措施项目清单与计价表

工程名称：××电气设备安装工程　　　　标段：　　　　　　　第 页 共 页

序号	项目编码	项目名称	项目特征描述	计量单位	工程量	金额（元）		其中 暂估价
						综合单价	合价	
			0304 电气设备安装工程					
1	030401001001	油浸电力变压器	油浸式电力变压器安装 SL_7-1000kV·A/10kV	台	1	8340.35	8340.35	
2	030401001002	油浸电力变压器	油浸式电力变压器安装 SL_7-500kV·A/10kV	台	1	2956.04	2956.04	
3	030401002001	干式变压器	干式电力变压器安装	台	2	2262.10	4524.20	
4	030404004001	低压开关柜	低压配电盘 基础槽钢 10# 手工除锈 红丹防锈漆两遍	台	11	503.17	5534.83	
5	030404017001	配电箱	总照明配电箱 OAP/XL-21	台	1	3244.92	3244.92	5000.00
6	030404017002	配电箱	总照明配电箱 1AL/Kv4224/3	台	2	710.39	1420.78	3000.00
7	030404017003	配电箱	总照明配电箱 2AL/Kv4224/4	台	1	710.39	710.39	
8	030404019001	控制开关	单控双联	套	4	9.07	36.28	
9	030404019002	控制开关	单控双联	套	7	17.54	52.78	
10	030404019003	控制开关	单控双联	套	8	12.38	99.04	
11	030404019004	控制开关	声控节能开关单控单联	套	4	7.54	30.16	
12	030404035001	插座	15A 5孔	套	33	15.39	507.87	
13	030404035002	插座	15A 3孔	套	8	19.60	156.80	
14	030404035003	插座	15A 4孔	套	5	36.40	182.00	
15	030406003001	普通小型直流电动机	普通小型直流电动机检查接线 3kW	台	1	556.98	556.98	
16	030406003002	普通小型直流电动机	普通小型直流电动机检查接线 13kW	台	6	856.32	5137.92	

续表一

序号	项目编码	项目名称	项目特征描述	计量单位	工程量	金额(元)		
						综合单价	合价	其中 暂估价
17	030406003003	普通小型直流电动机	普通小型直流电动机检查接线 30kW	台	6	1185.83	7114.98	
18	030406003004	普通小型直流电动机	普通小型直流电动机检查接线 55kW	台	3	1710.21	5130.63	
19	030408001001	电力电缆	敷设 35mm² 以内热缩铜芯电力电缆头	m	3280	7.93	26010.40	
20	030408001002	电力电缆	敷设 120mm² 以内热缩铜芯电力电缆头	m	341	18.03	6148.23	
21	030408001003	电力电缆	敷设 240mm² 以内热缩铜芯电力电缆头	m	370	24.94	9227.80	
22	030411004001	配线	电气配线五芯电缆	m	7.3	165.75	1209.98	
23	030408002001	控制电缆	控制电缆敷设 6 芯以内	m	2760	4.19	11564.40	
24	030408002002	控制电缆	控制电缆敷设 14 芯以内	m	210	9.06	1902.60	
25	030414002001	送配电装置系统	接地网	系统	1	714.24	714.24	
26	030411001001	配管	电气配管,钢管	m	7.3	30.00	219.00	
27	030411001002	配管	电气配管,硬质阻燃管 DN25	m	227.6	7.89	1796.12	
28	030411001003	配管	电气配管,硬质阻燃管 DN15	m	211.7	5.28	1117.78	
29	030411001004	配管	电气配管,硬质阻燃管 DN20	m	61.5	6.54	402.21	
30	030411001005	配管	钢架配管,DN15 支架制作安装	m	15	11.13	166.95	
31	030411001006	配管	钢架配管,DN25 支架制作安装	m	35	12.49	437.26	
32	030411001007	配管	钢架配管,DN32 支架制作安装	m	153	13.89	2124.73	

第六章 电气工程工程量清单计价编制

续表二

序号	项目编码	项目名称	项目特征描述	计量单位	工程量	金额(元)		其中
						综合单价	合价	暂估价
33	030411001008	配管	钢架配管,DN40 支架制作安装	m	100	17.27	1727.00	
34	030411001009	配管	钢架配管,DN70 支架制作安装	m	15	25.70	385.54	
35	030411001010	配管	钢架配管,DN80 支架制作安装	m	55	33.43	1838.70	
36	030411004001	配线	电气配线,铜芯线 6mm	m	111.6	2.56	285.70	
37	030411004002	配线	电气配线,铜芯线 7mm	m	746.5	2.56	285.70	
38	030411004003	配线	电气配线,铜芯线 8mm	m	116.4	2.56	285.70	
39	030411004004	配线	电气配线,铜芯线 9mm	m	476	1.51	175.76	
40	030409002001	接地母线	接地母线 40×4	m	700	19.43	13601.00	
41	030409002002	接地母线	接地母线 25×4	m	220	19.43	4274.60	
42	030412001001	普通灯具	单管吸顶灯	个	10	58.57	585.70	
43	030412001002	普通灯具	半圆球吸顶灯,直径 300mm	套	15	64.09	961.35	
44	030412001003	普通灯具	半圆球吸顶灯,直径 250mm	套	2	64.09	128.18	
45	030412001004	普通灯具	软线吊灯	套	2	9.18	18.36	
46	030412002001	工厂灯	圆球型工厂灯(吊管)	套	9	18.08	162.71	
47	030412004001	装饰灯	荧光灯	套	5	102.44	512.18	
48	030412004002	装饰灯	装饰灯	套	10	53.57	535.70	
49	030412005001	荧光灯	吊链式荧光灯 YG2-1	套	10	47.10	471.00	
50	030412005002	荧光灯	吊链式荧光灯 YG2-2	套	26	58.45	1519.75	
51	030412005003	荧光灯	吊链式荧光灯 YG16-3	套	4	66.26	265.03	
52	030404035001	插座	暗装单项两孔插座	个	24	7.07	169.75	
53	030411006001	接线盒	暗配接线盒 50×50	个	40	9.19	367.65	
54	030411006002	接线盒	暗配接线盒 75×50	个	50	10.02	501.70	
			分部小计				138917.18	8000.00
			合 计				138917.18	8000.00

注:为计取规费等使用,可在表中增设"其中:定额人工费"。

表-08

工程量清单综合单价分析表

工程名称：××电气设备安装工程　　　标段：　　　　　第 页 共 页

项目编码	030401001001	项目名称	油浸电力变压器	计量单位	台	工程量	1

综合单价组成明细

定额编号	定额名称	定额单位	数量	单价			合价			
				人工费	材料费	机械费	管理费和利润	人工费	材料费	机械费	管理费和利润
2—3	油浸电力变压器安装	台	1	470.67	245.43	348.44	191.62	470.67	245.43	348.44	191.62
人工单价			小计				470.67	245.43	348.44	191.62
23.22元/工日			未计价材料费							
			清单项目综合单价				1256.16			

材料明细	主要材料名称、规格、型号	单位	数量	单价（元）	合价（元）	暂估单价（元）	暂估合价（元）
	变压器油	kg	13.00	5.49	71.37		
	乙炔气	kg	0.34	13.33	4.532		
	氧气	m³	0.80	2.06	1.648		
	棉纱头	kg	0.60	5.83	3.498		
	铁砂布 0#～2#	张	0.50	1.06	0.53		
	塑料布 聚乙烯 0.05	m²	3.00	0.50	1.50		
	电焊条结 422φ3.2	kg	0.30	5.41	1.623		
	汽油 70#	kg	0.60	2.90	1.74		
	镀锌铁丝 8#～12#	kg	1.00	6.14	6.14		
	白布	m	0.54	9.26	5.00		
	滤油纸 300×300	张	50.00	0.46	23		
	黄干油	kg	—	8.70			
	调和漆	kg	1.80	16.72	30.096		
	防锈漆 C53-1	kg	1.30	14.98	19.474		
	钢板垫板	kg	6.00	4.12	24.72		
	钢锯条	根	—	0.62	—		
	酚醛磁漆	kg	0.20	17.44	3.488		
	电力复合酯 一级	kg	0.05	20.00	1.00		

第六章 电气工程工程量清单计价编制

续表

	主要材料名称、规格、型号	单位	数量	单价（元）	合价（元）	暂估单价（元）	暂估合价（元）
材料明细	枕木 2500×200×160	根	—	76.00	—		
	白纱带 20mm×20m	卷	1.50	2.69	4.035		
	橡胶垫 δ0.8	m²	—	13.00			
	镀锌扁钢—40×4	kg	4.50	4.30	19.35		
	青壳纸 δ0.1×1	kg	0.20	40.89	8.178		
	木材（方材、板材）	m³	—	1764.00			
	镀锌精制带帽螺栓 M188×100 以内 2 平 1 弹垫	10套	0.41	35.39	14.51		
	扒钉	kg	—	3.25			
	其他材料费			—		—	
	材料费小计				245.43	—	

注：1. 如不使用省或行业建设主管部门发布的计价依据，可不填定额编号、名称等。
    2. 招标文件提供了暂估单价的材料，按暂估的单价填入表内"暂估单价"栏及"暂估合价"栏。

表-09

总价措施项目清单与计价表

工程名称：××电气设备安装工程　　　标段：　　　　　　　　　第　页　共　页

序号	项目编码	项目名称	计算基础	费率（%）	金额（元）	调整费率（%）	调整后金额（元）	备注
1	031302001001	安全文明施工费	定额人工费	25	12155.25			
2	031301005001	大型设备专用机具	定额人工费	2	972.42			
3	031301017001	脚手架搭拆费	定额人工费	1	486.21			
4	031302002001	夜间施工增加费	定额人工费	3	1458.63			
		合　计			15072.51			

编制人（造价人员）：　　　　　　　　　　　　复核人（造价工程师）：

注：1. "计算基础"中的"安全文明施工费"可为"定额基价"、"定额人工费"或"定额人工费+定额机械费"，"其他项目"可为"定额人工费"或"定额人工费+定额机械费"。
    2. 按施工方案计算的措施费，若无"计算基础"和"费率"的数值，也可只填"金额"数值，但应在备注栏说明施工方案出处或计算方法。

表-11

其他项目清单与计价汇总表

工程名称：××电气设备安装工程　　标段：　　　　　第 页 共 页

序号	项目名称	金额(元)	结算金额(元)	备注
1	暂列金额	10000.00		明细详见表-12-1
2	暂估价	20000.00		
2.1	材料暂估价	—		明细详见表-12-2
2.2	专业工程暂估价	20000.00		明细详见表-12-3
3	计日工	4037.70		明细详见表-12-4
4	总承包服务费	529.20		明细详见表-12-5
	合　计	34566.90	—	

注：材料(工程设备)暂估单价计入清单项目综合单价，此处不汇总。

表-12

暂列金额明细表

工程名称：××电气设备安装工程　　标段：　　　　　第 页 共 页

序号	项目名称	计量单位	暂定金额(元)	备注
1	政策性调整和材料价格风险	项	7500.00	
2	工程清单中工程量变更和设计变更	项	1000.00	
3	其他	项	1500.00	
	合　计		10000.00	—

注：此表由招标人填写，如不能详列，也可只列暂定金额总额，投标人应将上述暂列金额计入投标总价中。

表-12-1

第六章 电气工程工程量清单计价编制

材料(工程设备)暂估单价及调整表

工程名称:××电气设备安装工程　　标段:　　　　　第　页　共　页

序号	材料(工程设备)名称、规格、型号	计量单位	数量 暂估	数量 确认	暂估(元) 单价	暂估(元) 合价	确认(元) 单价	确认(元) 合价	差额±(元) 单价	差额±(元) 合价	备注
1	成套配电箱(落地式)	台	1		5000.00	5000.00					用在配电箱安装中
2	成套配电箱(落地式)	台	2		3000.00	3000.00					用在配电箱安装中
	合计					8000.00					

注:此表由招标人填写"暂估单价",并在备注栏说明暂估单价的材料、工程设备拟用在哪些清单项目上,投标人应将上述材料、工程设备暂估单价计入工程量清单综合单价报价中。

表-12-2

专业工程暂估价及结算价表

工程名称:××电气设备安装工程　　标段:　　　　　第　页　共　页

序号	工程名称	工程内容	暂估金额(元)	结算金额(元)	差额±(元)	备注
1	电缆	敷设	20000.00			
	合计		20000.00			

注:此表"暂估金额"由招标人填写,投标人应将"暂估金额"计入投标总价中。结算时按合同约定结算金额填写。

表-12-3

计 日 工 表

工程名称：××电气设备安装工程　　标段：　　　　第　页　共　页

编号	项目名称	单位	暂定数量	实际数量	综合单价（元）	合价(元) 暂定	合价(元) 实际
一	人工						
1	高级技术工人	工日	10		150.00	1500.00	
2	技术工人	工日	12		120.00	1440.00	
		人 工 小 计				2940.00	
二	材料						
1	电焊条 结422	kg	3		5.50	16.50	
2	型材	kg	10		4.70	47.00	
		材 料 小 计				63.50	
三	施工机械						
1	直流电焊机 20kW	台班	3		35	105.00	
2	汽车起重机 80t	台班	2		200	400.00	
		施工机械小计				505.00	
四、企业管理费和利润						529.20	
		总　　计				4037.70	

注：此表"项目名称"、"暂定数量"由招标人填写，编制招标控制价时，单价由招标人按有关规定确定；投标时，单价由投标人自主报价，按暂定数量计算合价计入投标总价中；结算时，按发承包双方确定的实际数量计算合价。

表-12-4

第六章 电气工程工程量清单计价编制

总承包服务费计价表

工程名称：××电气设备安装工程　　　　标段：　　　　　　第 页 共 页

序号	项目名称	项目价值（元）	服务内容	计算基础	费率(%)	金额(元)
1	发包人发包专业工程	20000.00	(1)按专业工程承包人的要求提供施工并对施工现场统一管理,对竣工资料统一汇总整理。 (2)为专业工程承包人提供垂直运输机械和焊接电源拉入点,并承担运输费和电费。 (3)为防盗门安装后进行修补和找平并承担相应的费用		7	1400.00
2	发包人提供材料	8000.00	对发包人供应的材料进行验收及保管和使用发放		0.8	64.00
	合计	—			—	1464.00

注：此表"项目名称"、"服务内容"由招标人填写,编制招标控制价时,费率及金额由招标人按有关计价规定确定；投标时,费率及金额由投标人自主报价,计入投标总价中。

表-12-5

规费、税金项目计价表

工程名称：××电气设备安装工程　　标段：　　　　第　页　共　页

序号	项目名称	计算基础	计算基数	计算费率（%）	金额（元）
1	规费	定额人工费			13856.98
1.1	社会保险费	定额人工费	(1)+…+(5)		10939.72
(1)	养老保险费	定额人工费		14	6806.94
(2)	失业保险费	定额人工费		2	972.42
(3)	医疗保险费	定额人工费		6	2917.26
(4)	工伤保险费	定额人工费		0.25	121.55
(5)	生育保险费	定额人工费		0.25	121.55
1.2	住房公积金	定额人工费			
1.3	工程排污费	按工程所在地环保部门规定按实计算			
2	税金	分部分项工程费+措施项目费+其他项目费+规费-按规定不计税的工程设备金额		3.413	1659.44
	合　　计				15516.42

编制人(造价人员)：　　　　　　　复核人(造价工程师)：

表-13

第七章 工程价款约定与支付管理

第一节 合同价款约定

一、一般规定

(1)工程合同价款的约定是建设工程合同的主要内容。根据有关法律条款的规定,实行招标的工程合同价款应在中标通知书发出之日起30天内,由发承包双方依据招标文件和中标人的投标文件在书面合同中约定。

工程合同价款的约定应满足以下几个方面的要求:

1)约定的依据要求:招标人向中标的投标人发出的中标通知书。

2)约定的时间要求:自招标人发出中标通知书之日起 30 天内。

3)约定的内容要求:招标文件和中标人的投标文件。

4)合同的形式要求:书面合同。

在工程招投标及建设工程合同签订过程中,招标文件应被视为要约邀请,投标文件为要约,中标通知书为承诺。因此,在签订建设工程合同时,若招标文件与中标人的投标文件有不一致的地方,应以投标文件为准。

(2)实行招标的工程,合同约定不得违背招标文件中关于工期、造价、资质等方面的实质性内容。合同实质性内容,按照《中华人民共和国合同法》第三十条规定:"有关合同标的、数量、质量、价款或者报酬、履行期限、履行地点和方式、违约责任和解决争议方法等的变更,是对要约内容的实质性变更"。

(3)不实行招标的工程合同价款,应在发承包双方认可的工程价款基础上,由发承包双方在合同中约定。

(4)工程建设合同的形式对工程量清单计价的适用性不构成影响,无论是单价合同、总价合同,还是成本加酬金合同均可以采用工程量清单计价。采用单价合同形式时,经标价的工程量清单是合同文件必不可少的组成内容,其中的工程量一般具备合同约束力(量可调),工程款结算时按照合同中约定应予计量并实际完成的工程量计算进行调整,由招标人提供统一的工程量清单则彰显了工程量清单计价的主要优点。总价合同是指总价包干或总价不变合同,采用总价合同形式时,工程量清单中的工程量不具备合同的约束力(量不可调),工程量以合同图纸的标示内容为准,工程量以外的其他内容一般均赋予合同约束力,以方便合同变更的计量和计价。成本加酬金合同是承包人不承担任何价格变化风险的合同。

"13计价规范"中规定:"实行工程量清单计价的工程,应采用单价合同;建设规模较小,技术难度较低,工期较短,且施工图设计已审查批准的建设工程可采用总价合同;紧急抢险、救灾以及施工技术特别复杂的建设工程可采用成本加酬金合同"。单价合同约定的工程价款中所包含的工程量清单项目综合单价在约定条件内是固定的,不予调整,工程量允许调整。工程量清单项目综合单价在约定的条件外,允许调整。但调整方式、方法应在合同中约定。

二、合同价款约定的内容

(1)发承包双方应在合同条款中对下列事项进行约定:

1)预付工程款的数额、支付时间及抵扣方式。预付款是发包人为解决承包人在施工准备阶段资金周转问题提供的协助。如使用大宗材料,可根据工程具体情况设置工程材料预付款。

2)安全文明施工措施的支付计划,使用要求等。

3)工程计量与支付工程进度款的方式、数额及时间。

4)工程价款的调整因素、方法、程序、支付及时间。

5)施工索赔与现场签证的程序、金额确认与支付时间。

6)承担计价风险的内容、范围以及超出约定内容、范围的调整办法。

7)工程竣工价款结算编制与核对、支付及时间。

8)工程质量保证金的数额、预留方式及时间。

9)违约责任以及发生合同价款争议的解决方法及时间。

10)与履行合同、支付价款有关的其他事项等。

由于合同中涉及工程价款的事项较多,能够详细约定的事项应尽可能具体的约定,约定的用词应尽可能唯一,如有几种解释,最好对用词进行定义,尽量避免因理解上的歧义造成合同纠纷。

(2)合同中没有按照上述第(1)条的要求约定或约定不明的,若发承包双方在合同履行中发生争议由双方协商确定;当协商不能达成一致时,应按"13计价规范"的规定执行。

第二节 合同价款调整

一、一般规定

(1)下列事项(但不限于)发生,发承包双方应当按照合同约定调整合同价款:

1)法律法规变化。

2)工程变更。

3)项目特征不符。

4)工程量清单缺项。

5)工程量偏差。

6)计日工。

7)物价变化。

8)暂估价。

9)不可抗力。

10)提前竣工(赶工补偿)。

11)误期赔偿。

12)索赔。

13)现场签证。

14)暂列金额。

15)发承包双方约定的其他调整事项。

(2)出现合同价款调增事项(不含工程量偏差、计日工、现场签证、索赔)后的14天内,承包人应向发包人提交合同价款调增报告并附上相关资料;承包人在14天内未提交合同价款调增报告的,应视为承包人对该事项不存在调整价款请求。

此处所指合同价款调增事项不包括工程量偏差,是因为工程量偏差的调整在竣工结算完成之前均可提出;不包括计日工、现场签证和索赔,是因为这三项的合同价款调增时限在"13计价规范"中另有规定。

(3)出现合同价款调减事项(不含工程量偏差、索赔)后的14天内,发包人应向承包人提交合同价款调减报告并附相关资料;发包人在14天内未提交合同价款调减报告的,应视为发包人对该事项不存在调整价款请求。

基于上述第(2)条同样的原因,此处合同价款调减事项中不包括工程量偏差和索赔两项。

(3)发(承)包人应在收到承(发)包人合同价款调增(减)报告及相关资料之日起14天内对其核实,予以确认的应书面通知承(发)包人。当有疑问时,应向承(发)包人提出协商意见。发(承)包人在收到合同价款调增(减)报告之日起14天内未确认也未提出协商意见的,应视为承(发)包人提交的合同价款调增(减)报告已被发(承)包人认可。发(承)包人提出协商意见的,承(发)包人应在收到协商意见后的14天内对其核实,予以确认的应书面通知发(承)包人。承(发)包人在收到发(承)包人的协商意见后14天内既不确认也未提出不同意见的,应视为发(承)包人提出的意见已被承(发)包人认可。

(4)发包人与承包人对合同价款调整的不同意见不能达成一致的,只要对发承包双方履约不产生实质影响,双方应继续履行合同义务,直到其按照合同约定的争议解决方式得到处理。

(5)财政部、原建设部印发的《建设工程价款结算暂行办法》(财建[2004]369号)的第十五条规定:"发包人和承包人要加强施工现场的造价控制,及时对工程合同外的事项如实纪录并履行书面手续。凡由发、承包双方授权的现场代表签字的现场签证以及发、承包双方协商确定的索赔等费用,应在工程竣工结算中如实办理,不得因发、承包双方现场代表的中途变更改变其有效性"。"13计价规范"对发承包双方确定调整的合同价款的支付方法进行了约定,即:"经发承包双方确认调整的合同价款,作为追加(减)合同价款,应与工程进度款或结算款同期支付"。

二、合同价款调整方法

(一)法律法规变化

(1)工程建设过程中,发、承包双方都是国家法律、法规、规章及政策的执行者。因此,在发、承包双方履行合同的过程中,当国家的法律、法规、规章及政策发生变化,国家或省级、行业建设主管部门或其授权的工程造价管理机构据此发布工程造价调整文件,工程价款应当进行调整。"13计价规范"中规定:"招标工程以投标截止日前28天、非招标工程以合同签订前28天为基准日,其后因国家的法律、法规、规章和政策发生变化引起工程造价增减变化的,发承包双方应按照省级或行业建设主管部门或其授权的工程造价管理机构据此发布的规定调整合同价款"。

(2)因承包人原因导致工期延误的,按上述第(1)条规定的调整时间,在合同工程原定竣工时间之后,合同价款调增的不予调整,合同价款调减的予以调整。这就说明由于承包人原因导致工期延误,将按不利于承包人的原则调整合同价款。

(二)工程变更

建设工程施工合同实施过程中,如果合同签订时所依赖的承包范围、设计标准、施工条件等发生变化,则必须在新的承包范围、新的设计标准或新的施工条件等前提下对发承包双方的权利和义务进行重新分配,从而建立新的平衡,追求新的公平和合理。由于施工条件变化和发包人要求变化等原因,往往会发生合同约定的工程材料性质和品种、建筑物结构形式、施工工艺和方法等的变动,此时必须变更才能维护合同的公平。因此,"13计价规范"中因分部分项工程量清单的漏项或非承包人原因引起的工程变更,造成增加新的工程量清单项目时,对新增项目综合单价的确定原则进行了约定,具体如下:

(1)因工程变更引起已标价工程量清单项目或其工程数量发生变化时,应按照下列规定调整:

1)已标价工程量清单中有适用于变更工程项目的,应采用该项目的单价;但当工程变更导致该清单项目的工程数量发生变化,且工程量偏差超过15%时,该项目单价应按照规定进行调整,即当工程量增加15%以上时,增加部分的工程量的综合单价应予调低;当工程量减少15%以上时,减少后剩余部分的工程量的综合单价应予调高。采用此条进行调整的前提条件是其采用的材料、施工工艺和方法相同,亦不因此增加关键线路上工程的施工时间。

2)已标价工程量清单中没有适用但有类似于变更工程项目的,可在合理范围内参照类似项目的单价。采用此条进行调整的前提条件是其采用的材料、施工工艺和方法基本相似,不增加关键线路上工程的施工时间,则可仅就其变更后的差异部分,参考类似的项目单价由发、承包双方协商新的项目单价。

3)已标价工程量清单中没有适用也没有类似于变更工程项目的,应由承包人根据变更工程资料、计量规则和计价办法、工程造价管理机构发布的信息价格和承包人报价浮动率提出变更工程项目的单价,并应报发包人确认后调整。承包人报价浮动率可按下列公式计算:

招标工程:

承包人报价浮动率 $L=(1-中标价/招标控制价)\times100\%$

非招标工程:

承包人报价浮动率 $L=(1-报价/施工图预算)\times100\%$

4)已标价工程量清单中没有适用也没有类似于变更工程项目,且工程造价管理机构发布的信息价格缺项的,应由承包人根据变更工程资料、计量规则、计价办法和通过市场调查等取得有合法依据的市场价格提出变更工程项目的单价,并应报发包人确认后调整。

(2)工程变更引起施工方案改变并使措施项目发生变化时,承包人提出调整措施项目费的,应事先将拟实施的方案提交发包人确认,并应详细说明与原方案措施项目相比的变化情况。拟实施的方案经发承包双方确认后执行,并应按照下列规定调整措施项目费:

1)安全文明施工费应按照实际发生变化的措施项目依据国家或省级、行业建设主管部门的规定计算。

2)采用单价计算的措施项目费,应按照实际发生变化的措施项目,按上述第(1)条的规定确定单价。

3)按总价(或系数)计算的措施项目费,按照实际发生变化的措施项目调整,但应考虑承包人报价浮动因素,即调整金额按照实际调整金额乘以上述第(1)条规定的承包人报价浮动率计算。

如果承包人未事先将拟实施的方案提交给发包人确认,则应视为工程变更不引起措施项目费的调整或承包人放弃调整措施项目费的权利。

(3)当发包人提出的工程变更因非承包人原因删减了合同中的某项原定工作或工程,致使承包人发生的费用或(和)得到的收益不能被包括在其他已支付或应支付的项目中,也未被包含在任何替代的工作或工程中时,承包人有权提出并应得到合理的费用及利润补偿。这主要是为了维护合同的公平,防止发包人在签约后擅自取消合同中的工作,转而由发包人自己或其他承包人实施而使本合同工程承包人蒙受损失。

(三)项目特征不符

工程量清单的项目特征是确定一个清单项目综合单价不可缺少的主要依据。对工程量清单项目的特征描述具有十分重要的意义,其主要体现在三个方面:①项目特征是区分清单项目的依据。工程量清单项目特征是用来表述分部分项清单项目的实质内容,用于区分计价规范中同

第七章　工程价款约定与支付管理

一清单条目下各个具体的清单项目。没有项目特征的准确描述，对于相同或相似的清单项目名称，就无从区分。②项目特征是确定综合单价的前提。由于工程量清单项目的特征决定了工程实体的实质内容，必然直接决定了工程实体的自身价值。因此，工程量清单项目特征描述得准确与否，直接关系到工程量清单项目综合单价的准确确定。③项目特征是履行合同义务的基础。实行工程量清单计价，工程量清单及其综合单价是施工合同的组成部分，因此，如果工程量清单项目特征的描述不清甚至漏项、错误，从而引起在施工过程中的更改，都会引起分歧，导致纠纷。

在按"13 工程计量规范"对工程量清单项目的特征进行描述时，应注意"项目特征"与"工作内容"的区别。"项目特征"是工程项目的实质，决定着工程量清单项目的价值大小，而"工作内容"是操作程序，是承包人完成能通过验收的工程项目所必须要操作的工序。在"13 工程计量规范"中，工程量清单项目与工程量计算规则、工作内容具有一一对应的关系，当采用"13 计价规范"进行计价时，工作内容即有规定，无须再对其进行描述。而"项目特征"栏中的任何一项都影响着清单项目的综合单价的确定，招标人应高度重视分部分项工程项目清单项目特征的描述，任何不描述或描述不清，均会在施工合同履约过程中产生分歧，导致纠纷、索赔。

正因为此，在编制工程量清单时，必须对项目特征进行准确而且全面的描述，准确的描述工程量清单的项目特征对于准确的确定工程量清单项目的综合单价具有决定性的作用。

"13 计价规范"中对清单项目特征描述及项目特征发生变化后重新确定综合单价的有关要求进行了如下约定：

（1）发包人在招标工程量清单中对项目特征的描述，应被认为是准确的和全面的，并且与实际施工要求相符合。承包人应按照发包人提供的招标工程量清单，根据项目特征描述的内容及有关要求实施合同工程，直到项目被改变为止。

（2）承包人应按照发包人提供的设计图纸实施合同工程，若在合同履行期间出现设计图纸（含设计变更）与招标工程量清单任一项目的特征描述不符，且该变化引起该项目工程造价增减变化的，应按照实际施工的项目特征，按前述"工程计量"中的有关规定重新确定相应工程量清单项目的综合单价，并调整合同价款。

(四) 工程量清单缺项

导致工程量清单缺项的原因主要包括：设计变更；施工条件改变；工程量清单编制错误。由于工程量清单的增减变化必然使合同价款发生增减变化。

(1) 合同履行期间，由于招标工程量清单中缺项，新增分部分项工程清单项目的，应按照前述"工程变更"中的第(1)条的有关规定确定单价，并调整合同价款。

(2) 新增分部分项工程清单项目后，引起措施项目发生变化的，应按照前述"工程变更"中的第(2)条的有关规定，在承包人提交的实施方案被发包人批准后调整合同价款。

(3) 由于招标工程量清单中措施项目缺项，承包人应将新增措施项目实施方案提交发包人批准后，按照前述"工程变更"中的第(1)、(2)条的有关规定调整合同价款。

(五) 工程量偏差

施工过程中，由于施工条件、地质水文、工程变更等变化以及招标工程量清单编制人专业水平的差异，往往会造成实际工程量与招标工程量清单出现偏差，工程量偏差过大，对综合成本的分摊带来影响。如突然增加太多，仍按原综合单价计价，对发包人不公平；如突然减少太多，仍按原综合单价计价，对承包人不公平。并且，这给有经验的承包人的不平衡报价打开了大门。为维护合同的公平，"13计价规范"中进行了如下规定：

(1) 合同履行期间，当应予计算的实际工程量与招标工程量清单出现偏差，且符合下述第(2)、(3)条规定时，发承包双方应调整合同价款。

(2) 对于任一招标工程量清单项目，当因工程量偏差和前述"工程变更"中规定的工程变更等原因导致工程量偏差超过15%时，可进行调整。当工程量增加15%以上时，增加部分的工程量的综合单价应予调低；当工程量减少15%以上时，减少后剩余部分的工程量的综合单价应予调高。调整后的某一分部分项工程费结算价可参照以下公式计算：

1) 当 $Q_1 > 1.15 Q_0$ 时：
$$S = 1.15 Q_0 \times P_0 + (Q_1 - 1.15 Q_0) \times P_1$$

2) 当 $Q_1 < 0.85 Q_0$ 时：
$$S = Q_1 \times P_1$$

式中 S——调整后的某一分部分项工程费结算价;

Q_1——最终完成的工程量;

Q_0——招标工程量清单中列出的工程量;

P_1——按照最终完成工程量重新调整后的综合单价;

P_0——承包人在工程量清单中填报的综合单价。

由上述两式可以看出,计算调整后的某一分部分项工程费结算价的关键是确定新的综合单价 P_1。其确定的方法,一是发承包双方协商确定;二是与招标控制价相联系。当工程量偏差项目出现承包人在工程量清单中填报的综合单价与发包人招标控制价相应清单项目的综合单价偏差超过15%时,工程量偏差项目综合单价的调整可参考以下公式确定:

(1)当 $P_0 < P_2 \times (1-L) \times (1-15\%)$ 时,该类项目的综合单价 P_1 按 $P_2 \times (1-L) \times (1-15\%)$ 进行调整。

(2)当 $P_0 > P_2 \times (1+15\%)$ 时,该类项目的综合单价 P_1 按 $P_2 \times (1+15\%)$ 进行调整。

(3)当 $P_0 > P_2 \times (1-L) \times (1-15\%)$ 或 $P_0 < P_2 \times (1+15\%)$ 时,可不进行调整。

式中 P_0——承包人在工程量清单中填报的综合单价;

P_2——发包人招标控制价相应项目的综合单价;

L——承包人报价浮动率。

(3)当工程量出现变化引起相关措施项目相应发生变化时,按系数或单一总价方式计价的,工程量增加的措施项目费调增,工程量减少的措施项目费调减。反之,如未引起相关措施项目发生变化,则不予调整。

(六)计日工

(1)发包人通知承包人以计日工方式实施的零星工作,承包人应予执行。

(2)采用计日工计价的任何一项变更工作,在该项变更的实施过程中,承包人应按合同约定提交下列报表和有关凭证送发包人复核:

1)工作名称、内容和数量。

2)投入该工作所有人员的姓名、工种、级别和耗用工时。

3)投入该工作的材料名称、类别和数量。

4)投入该工作的施工设备型号、台数和耗用台时。

5)发包人要求提交的其他资料和凭证。

(3) 任一计日工项目持续进行时，承包人应在该项工作实施结束后的 24 小时内向发包人提交有计日工记录汇总的现场签证报告一式三份。发包人应在收到承包人提交现场签证报告后的 2 天内予以确认并将其中一份返还给承包人，作为计日工计价和支付的依据。发包人逾期未确认也未提出修改意见的，应视为承包人提交的现场签证报告已被发包人认可。

(4) 任一计日工项目实施结束后，承包人应按照确认的计日工现场签证报告核实该类项目的工程数量，并应根据核实的工程数量和承包人已标价工程量清单中的计日工单价计算，提出应付价款；已标价工程量清单中没有该类计日工单价的，由发承包双方按前述"工程变更"中的相关规定商定计日工单价计算。

(5) 每个支付期末，承包人应按规定向发包人提交本期间所有计日工记录的签证汇总表，并应说明本期间自己认为有权得到的计日工金额，调整合同价款，列入进度款支付。

(七) 物价变化

1. 物价变化合同价款调整方法

(1) 价格指数调整价格差额。

1) 价格调整公式。因人工、材料和设备等价格波动影响合同价格时，根据投标函附录中的价格指数和权重表约定的数据，按以下公式计算差额并调整合同价格：

$$P = P_0 \left[A + \left(B_1 \times \frac{F_{t1}}{F_{01}} + B_2 \times \frac{F_{t2}}{F_{02}} + B_3 \times \frac{F_{t3}}{F_{03}} + \cdots + B_n \times \frac{F_{tn}}{F_{0n}} \right) - 1 \right]$$

式中　　ΔP ——需调整的价格差额；

P_0 ——约定的付款证书中承包人应得到的已完成工程量的金额。此项金额应不包括价格调整、不计质量保证金的扣留和支付、预付款的支付和扣回；约定的变更及其他金额已按现行价格计价的，也不计在内；

A ——定值权重（即不调部分的权重）；

$B_1, B_2, B_3, \cdots, B_n$ ——各可调因子的变值权重（即可调部分的权重），为各可调因子在投标函投标总报价中所占的比例；

$F_{t1}, F_{t2}, F_{t3}, \cdots, F_{tn}$ ——各可调因子的现行价格指数，指约定的付款证书相关周期最后一天的前 42 天的各可调因子的价格指数；

$F_{01}, F_{02}, F_{03}, \cdots, F_{0n}$——各可调因子的基本价格指数，指基准日期的各可调因子的价格指数。

以上价格调整公式中的各可调因子、定值和变值权重，以及基本价格指数及其来源在投标函附录价格指数和权重表中约定。价格指数应首先采用有关部门提供的价格指数，缺乏上述价格指数时，可采用有关部门提供的价格代替。

2) 暂时确定调整差额。在计算调整差额时得不到现行价格指数的，可暂用上一次价格指数计算，并在以后的付款中再按实际价格指数进行调整。

3) 权重的调整。约定的变更导致原定合同中的权重不合理时，由监理人与承包人和发包人协商后进行调整。

4) 承包人工期延误后的价格调整。由于承包人原因未在约定的工期内竣工的，则对原约定竣工日期后继续施工的工程，在使用上述第1)条的价格调整公式时，应采用原约定竣工日期与实际竣工日期的两个价格指数中较低的一个作为现行价格指数。

5) 若人工因素已作为可调因子包括在变值权重内，则不再对其进行单项调整。

(2) 造价信息调整价格差额。

1) 施工期内，因人工、材料和工程设备、施工机械台班价格波动影响合同价格时，人工、机械使用费按照国家或省、自治区、直辖市建设行政管理部门、行业建设管理部门或其授权的工程造价管理机构发布的人工成本信息、机械台班单价或机械使用费系数进行调整；需要进行价格调整的材料，其单价和采购数应由发包人复核，发包人确认需调整的材料单价及数量，作为调整合同价款差额的依据。

2) 人工单价发生变化且该变化因省级或行业建设主管部门发布的人工费调整文件所致时，承包双方应按省级或行业建设主管部门或其授权的工程造价管理机构发布的人工成本文件调整合同价款。人工费调整时应以调整文件的时间为界限进行。

3) 材料、工程设备价格变化按照发包人提供的《承包人提供主要材料和工程设备一览表（适用于造价信息差额调整法）》，由发承包双方约定的风险范围按下列规定调整合同价款：

①承包人投标报价中材料单价低于基准单价：施工期间材料单价涨幅以基准单价为基础超过合同约定的风险幅度值，或材料单价跌幅以投标报价为基础超过合同约定的风险幅度值时，其超过部分按实调整。

②承包人投标报价中材料单价高于基准单价：施工期间材料单价跌幅以基准单价为基础超过合同约定的风险幅度值，或材料单价涨幅以投标报价为基础超过合同约定的风险幅度值时，其超过部分按实调整。

③承包人投标报价中材料单价等于基准单价：施工期间材料单价涨、跌幅以基准单价为基础超过合同约定的风险幅度值时，其超过部分按实调整。

④承包人应在采购材料前将采购数量和新的材料单价报送发包人核对，确认用于本合同工程时，发包人应确认采购材料的数量和单价。发包人在收到承包人报送的确认资料后3个工作日不予答复的视为已经认可，作为调整合同价款的依据。如果承包人未报经发包人核对自行采购材料，再报发包人确认调整合同价款的，如发包人不同意，则不作调整。

4)施工机械台班单价或施工机械使用费发生变化超过省级或行业建设主管部门或其授权的工程造价管理机构规定的范围时，按其规定调整合同价款。

2. 物价变化合同价款调整要求

(1)合同履行期间，因人工、材料、工程设备、机械台班价格波动影响合同价款时，应根据合同约定，按上述"1."中介绍的方法之一调整合同价款。

(2)承包人采购材料和工程设备的，应在合同中约定主要材料、工程设备价格变化的范围或幅度；当没有约定，且材料、工程设备单价变化超过5%时，超过部分的价格应按照上述"1."中介绍的方法计算调整材料、工程设备费。

(3)发生合同工程工期延误的，应按照下列规定确定合同履行期的价格调整：

1)因非承包人原因导致工期延误的，计划进度日期后续工程的价格，应采用计划进度日期与实际进度日期两者的较高者。

2)因承包人原因导致工期延误的，计划进度日期后续工程的价格，应采用计划进度日期与实际进度日期两者的较低者。

(4)发包人供应材料和工程设备的,不适用上述第(1)和第(2)条规定,应由发包人按照实际变化调整,列入合同工程的工程造价内。

(八)暂估价

(1)《工程建设项目货物招标投标办法》(国家发改委、建设部等七部委27号令)第五条规定:"以暂估价形式包括在总承包范围内的货物达到国家规定规模标准的,应当由总承包中标人和工程建设项目招标人共同依法组织招标"。若发包人在招标工程量清单中给定暂估价的材料、工程设备属于依法必须招标的,应由发承包双方以招标的方式选择供应商,确定价格,并应以此为依据取代暂估价,调整合同价款。

共同招标,不能简单理解为发承包双方共同作为招标人,最后共同与招标人签订合同。恰当的做法应当是仍由总承包中标人作为招标人,采购合同应当由总承包人签订。建设项目招标人参与的共同招标可以通过恰当的途径体现建设项目招标人对这类招标组织的参与、决策和控制。建设项目招标人约束总承包人的最佳途径就是通过合同约定相关的程序。建设项目招标人的参与主要体现在对相关项目招标文件、评标标准和方法等能够体现招标目的和招标要求的文件进行审批,未经审批不得发出招标文件;评标时建设项目招标人也可以派代表进入评标委员会参与评标,否则,中标结果对建设项目招标人没有约束力,并且,建设项目招标人有权拒绝对相应项目拨付工程款,对相关工程拒绝验收。

(2)发包人在招标工程量清单中给定暂估价的材料、工程设备不属于依法必须招标的,应由承包人按照合同约定采购,经发包人确认单价后取代暂估价,调整合同价款。暂估材料或工程设备的单价确定后,在综合单价中只应取代暂估单价,不应再在综合单价中涉及企业管理费或利润等其他费用的变动。

(3)发包人在工程量清单中给定暂估价的专业工程不属于依法必须招标的,应按照前述"工程变更"中的相关规定确定专业工程价款,并应以此为依据取代专业工程暂估价,调整合同价款。

(4)发包人在招标工程量清单中给定暂估价的专业工程,依法必须招标的,应当由发承包双方依法组织招标选择专业分包人,并接受有管辖权的建设工程招标投标管理机构的监督,还应符合下列要求:

1)除合同另有约定外,承包人不参加投标的专业工程发包招标,应由承包人作为招标人,但拟定的招标文件、评标工作、评标结果应报送发包人批准。与组织招标工作有关的费用应当被认为已经包括在承包人的签约合同价(投标总报价)中。

2)承包人参加投标的专业工程发包招标,应由发包人作为招标人,与组织招标工作有关的费用由发包人承担。同等条件下,应优先选择承包人中标。

3)应以专业工程发包中标价为依据取代专业工程暂估价,调整合同价款。

(九)不可抗力

(1)因不可抗力事件导致的人员伤亡、财产损失及其费用增加,发承包双方应按下列原则分别承担并调整合同价款和工期:

1)合同工程本身的损害、因工程损害导致第三方人员伤亡和财产损失以及运至施工场地用于施工的材料和待安装的设备的损害,应由发包人承担。

2)发包人、承包人人员伤亡应由其所在单位负责,并应承担相应费用。

3)承包人的施工机械设备损坏及停工损失,应由承包人承担。

4)停工期间,承包人应发包人要求留在施工场地的必要的管理人员及保卫人员的费用应由发包人承担。

5)工程所需清理、修复费用,应由发包人承担。

(2)不可抗力解除后复工的,若不能按期竣工,应合理延长工期。发包人要求赶工的,赶工费用应由发包人承担。

(十)提前竣工(赶工补偿)

《建设工程质量管理条例》第十条规定:"建设工程发包单位不得迫使承包方以低于成本的价格竞标,不得任意压缩合理工期"。因此为了保证工程质量,承包人除了根据标准规范、施工图纸进行施工外,还应当按照科学合理的施工组织设计,按部就班地进行施工作业。

(1)招标人应依据相关工程的工期定额合理计算工期,压缩的工期天数不得超过定额工期的20%,超过者,应在招标文件中明示增加赶工费用。赶工费用主要包括:①人工费的增加,如新增加投入人工的报酬,不经济使用人工的补贴等;②材料费的增加,如可能造成不经济使用材料而损耗过大,材料运输费的增加等;③机械费的增加,例如可能增加机械设备投入,不经济的使用机械等。

第七章 工程价款约定与支付管理

(2) 发包人要求合同工程提前竣工的，应征得承包人同意后与承包人商定采取加快工程进度的措施，并应修订合同工程进度计划。发包人应承担承包人由此增加的提前竣工（赶工补偿）费用，除合同另有约定外，提前竣工补偿的金额可为合同价款的 5%。

(3) 发承包双方应在合同中约定提前竣工每日历天应补偿额度，此项费用应作为增加合同价款列入竣工结算文件中，应与结算款一并支付。

(十一) 误期赔偿

(1) 如果承包人未按照合同约定施工，导致实际进度迟于计划进度的，承包人应加快进度，实现合同工期。即使承包人采取了赶工措施，赶工费用仍应由承包人承担。如合同工程仍然误期，承包人应赔偿发包人由此造成的损失，并按照合同约定向发包人支付误期赔偿费，除合同另有约定外，误期赔偿可为合同价款的 5%。即使承包人支付误期赔偿费，也不能免除承包人按照合同约定应承担的任何责任和应履行的任何义务。

(2) 发承包双方应在合同中约定误期赔偿费，并应明确每日历天应赔额度。误期赔偿费应列入竣工结算文件中，并应在结算款中扣除。

(3) 在工程竣工之前，合同工程内的某单项（位）工程已通过了竣工验收，且该单项（位）工程接收证书中表明的竣工日期并未延误，而是合同工程的其他部分产生了工期延误时，误期赔偿费应按照已颁发工程接收证书的单项（位）工程造价占合同价款的比例幅度予以扣减。

(十二) 索赔

索赔内容将在本书第八章第二节中做详细解释。

(十三) 现场签证

由于施工生产的特殊性，施工过程中往往会出现一些与合同工程或合同约定不一致或未约定的事项，这时就需要发承包双方用书面形式记录下来，这就是现场签证。签证有多种情形，一是发包人的口头指令，需要承包人将其提出，由发包人转换成书面签证；二是发包人的书面通知如涉及工程实施，需要承包人就完成此通知需要的人工、材料、机械设备等内容向发包人提出，取得发包人的签证确认；三是合同工程招标工程量清单中已有，但施工中发现与其不符，比如土方类别，出现流砂等，需承包人及时向发包人提出签证确认，以便调整合同价款；四是由于发包人原因未按合同约定提供场地、材料、设备或停水、停电等造成承包人停工，需承包人及时向发包人提出签证确认,以便计算索赔费用;五是合同中约定材料、设备等价格,由于市场发生变化,需承包人向发包人提出采纳数量及其单价,以便发包人核对后取得发包人的签证确认;六是其他由于施工条件、合同条件变化需现场签证的事项等。

(1)承包人应发包人要求完成合同以外的零星项目、非承包人责任事件等工作的,发包人应及时以书面形式向承包人发出指令,并应提供所需的相关资料;承包人在收到指令后,应及时向发包人提出现场签证要求。

(2)承包人应在收到发包人指令后的7天内向发包人提交现场签证报告,发包人应在收到现场签证报告后的48小时内对报告内容进行核实,予以确认或提出修改意见。发包人在收到承包人现场签证报告后的48小时内未确认也未提出修改意见的,应视为承包人提交的现场签证报告已被发包人认可。

(3)现场签证的工作如已有相应的计日工单价,现场签证中应列明完成该类项目所需的人工、材料、工程设备和施工机械台班的数量。

如现场签证的工作没有相应的计日工单价,应在现场签证报告中列明完成该签证工作所需的人工、材料设备和施工机械台班的数量及单价。

(4)合同工程发生现场签证事项,未经发包人签证确认,承包人便擅自施工的,除非征得发包人书面同意,否则发生的费用应由承包人承担。

(5)按照财政部、原建设部印发的《建设工程价款结算办法》(财建[2004]369号)第十五条规定:"发包人和承包人要加强施工现场的造价控制,及时对工程合同外的事项如实纪录并履行书面手续。凡由发、承包双方授权的现场代表签字的现场签证以及发、承包双方协商确定的索赔等费用,应在工程竣工结算中如实办理,不得因发、承包双方现场代表的中途变更改变其有效性。""13计价规范"规定:"现场签证工作完成后的7天内,承包人应按照现场签证内容计算价款,报送发包人确认后,作为增加合同价款,与进度款同期支付"。此举可避免发包方变相拖延工程款以及发包人以现场代表变更而不承认某些索赔或签证的事件发生。

(6)在施工过程中,当发现合同工程内容因场地条件、地质水文、发包人要求等不一致时,承包人应提供所需的相关资料,并提交发包人签证认可，作为合同价款调整的依据。

(十四) 暂列金额

(1)已签约合同价中的暂列金额应由发包人掌握使用。

(2)暂列金额虽然列入合同价款，但并不属于承包人所有，也并不必然发生。只有按照合同约定实际发生后，才能成为承包人的应得金额，纳入工程合同结算价款中，发包人按照前述相关规定与要求进行支付后，暂列金额余额仍归发包人所有。

第三节 合同价款期中支付

一、预付款

(1)预付款是发包人为解决承包人在施工准备阶段资金周转问题提供的协助，用于承包人为合同工程施工购置材料、工程设备，购置或租赁施工设备以及组织施工人员进场。预付款应专用于合同工程。

(2)按照财政部、原建设部印发的《建设工程价款结算暂行办法》的相关规定，"13计价规范"中对预付款的支付比例进行了约定：包工包料工程的预付款的支付比例不得低于签约合同价（扣除暂列金额）的10%，不宜高于签约合同价（扣除暂列金额）的30%。预付款的总金额，分期拨付次数，每次付款金额、付款时间等应根据工程规模、工期长短等具体情况，在合同中约定。

(3)承包人应在签订合同或向发包人提供与预付款等额的预付款保函（如有）后向发包人提交预付款支付申请。

(4)发包人应在收到支付申请的7天内进行核实，向承包人发出预付款支付证书，并在签发支付证书后的7天内向承包人支付预付款。

(5)发包人没有按合同约定按时支付预付款的，承包人可催告发包人支付；发包人在预付款期满后的7天内仍未支付的，承包人可在付款期满后的第8天起暂停施工。发包人应承担由此增加的费用和延误的工期，并应向承包人支付合理利润。

(6)当承包人取得相应的合同价款时，预付款应从每一个支付期应支付给承包人的工程进度款中扣回，直到扣回的金额达到合同约定的预付款金额为止。通常约定承包人完成签约合同价款的比例在20%～30%时，开始从进度款中按一定比例扣还。

(7)承包人的预付款保函(如有)的担保金额根据预付款扣回的数额相应递减,但在预付款全部扣回之前一直保持有效。发包人应在预付款扣完后的 14 天内将预付款保函退还给承包人。

二、安全文明施工费

(1)财政部、国家安全生产监督管理总局印发的《企业安全生产费用提取和使用管理办法》(财企[2012]16 号)第十九条规定:"建设工程施工企业安全费用应当按照以下范围使用:

(一)完善、改造和维护安全防护设施设备支出(不含'三同时'要求初期投入的安全设施),包括施工现场临时用电系统、洞口、临边、机械设备、高处作业防护、交叉作业防护、防火、防爆、防尘、防毒、防雷、防台风、防地质灾害、地下工程有害气体监测、通风、临时安全防护等设施设备支出。

(二)配备、维护、保养应急救援器材、设备支出和应急演练支出。

(三)开展重大危险源和事故隐患评估、监控和整改支出。

(四)安全生产检查、评价(不包括新建、改建、扩建项目安全评价)、咨询和标准化建设支出。

(五)配备和更新现场作业人员安全防护用品支出。

(六)安全生产宣传、教育、培训支出。

(七)安全生产适用的新技术、新标准、新工艺、新装备的推广应用支出。

(八)安全设施及特种设备检测检验支出。

(九)其他与安全生产直接相关的支出"。

由于工程建设项目因专业及施工阶段的不同,对安全文明施工措施的要求也不一致,因此,"13 工程计量规范"针对不同的专业工程特点,规定了安全文明施工的内容和包含的范围。在实际执行过程中,安全文明施工费包括的内容及使用范围,既应符合国家现行有关文件的规定,也应符合"13 工程计量规范"中的规定。

(2)发包人应在工程开工后的 28 天内预付不低于当年施工进度计划的安全文明施工费总额的 60%,其余部分应按照提前安排的原则进行分解,并应与进度款同期支付。

(3)发包人没有按时支付安全文明施工费的,承包人可催告发包人支付;发包人在付款期满后的 7 天内仍未支付的,若发生安全事故,发包人

第七章　工程价款约定与支付管理

应承担相应责任。

（4）承包人对安全文明施工费应专款专用，在财务账目中应单独列项备查，不得挪作他用，否则发包人有权要求其限期改正；逾期未改正的，造成的损失和延误的工期应由承包人承担。

三、进度款

（1）发承包双方应按照合同约定的时间、程序和方法，根据工程计量结果，办理期中价款结算，支付进度款。

（2）发包人支付工程进度款，其支付周期应与合同约定的工程计量周期一致。工程量的正确计量是发包人向承包人支付工程进度款的前提和依据。计量和付款周期可采用分段或按月结算的方式。

1）按月结算与支付。即实行按月支付进度款，竣工后结算的办法。合同工期在两个年度以上的工程，在年终进行工程盘点，办理年度结算。

2）分段结算与支付。即当年开工、当年不能竣工的工程按照工程形象进度，划分不同阶段，支付工程进度款。

当采用分段结算方式时，应在合同中约定具体的工程分段划分，付款周期应与计量周期一致。

（3）已标价工程量清单中的单价项目，承包人应按工程计量确认的工程量与综合单价计算；综合单价发生调整的，以发承包双方确认调整的综合单价计算进度款。

（4）已标价工程量清单中的总价项目和采用经审定批准的施工图纸及其预算方式发包形成的总价合同应由承包人根据施工进度计划和总价构成、费用性质、计划发生时间和相应的工程量等因素按计量周期进行分解，分别列入进度款支付申请中的安全文明施工费和本周期应支付的总价项目的金额中，并形成进度款支付分解表在投标时提交，非招标工程在合同洽商时提交。在施工过程中，由于进度计划的调整，发承包双方应对支付分解进行调整。

1）已标价工程量清单中的总价项目进度款支付分解方法可选择以下之一（但不限于）：

①将各个总价项目的总金额按合同约定的计量周期平均支付。

②按照各个总价项目的总金额占签约合同价的百分比，以及各个计量支付周期内所完成的单价项目的总金额，以百分比方式均摊支付。

③按照各个总价项目组成的性质（如时间、与单价项目的关联性等）

分解到形象进度计划或计量周期中,与单价项目一起支付。

2)采用经审定批准的施工图纸及其预算方式发包形成的总价合同,除由于工程变更形成的工程量增减予以调整外,其工程量不予调整。因此,总价合同的进度款支付应按照计量周期进行支付分解,以便进度款有序支付。

(5)发包人提供的甲供材料金额,应按照发包人签约提供的单价和数量从进度款支付中扣除,列入本周期应扣减的金额中。

(6)承包人现场签证和得到发包人确认的索赔金额应列入本周期应增加的金额中。

(7)进度款的支付比例按照合同约定,按期中结算价款总额计,不低于60%,不高于90%。

(8)承包人应在每个计量周期到期后的7天内向发包人提交已完工程进度款支付申请一式四份,详细说明此周期认为有权得到的款额,包括分包人已完工程的价款。支付申请应包括下列内容:

1)累计已完成的合同价款。

2)累计已实际支付的合同价款。

3)本周期合计完成的合同价款:

①本周期已完成单价项目的金额。

②本周期应支付的总价项目的金额。

③本周期已完成的计日工价款。

④本周期应支付的安全文明施工费。

⑤本周期应增加的金额。

4)本周期合计应扣减的金额:

①本周期应扣回的预付款。

②本周期应扣减的金额。

5)本周期实际应支付的合同价款。

上述"本周期应增加的金额"中包括除单价项目、总价项目、计日工、安全文明施工费外的全部应增金额,如索赔、现场签证金额,"本周期应扣减的金额"包括除预付款外的全部应减金额。

由于进度款的支付比例最高不超过90%,而且根据原建设部、财政部印发的《建设工程质量保证金管理暂行办法》第七条规定:"全部或者部分使用政府投资的建设项目,按工程价款结算总额5%左右的比例预留保证金"。因此,"13计价规范"未在进度款支付中要求扣减质量保证金,而是在竣工结算价款中预留保证金。

(9)发包人应在收到承包人进度款支付申请后的14天内,根据计量结果和合同约定对申请内容予以核实,确认后向承包人出具进度款支付证书。若发承包双方对部分清单项目的计量结果出现争议,发包人应对无争议部分的工程计量结果向承包人出具进度款支付证书。

(10)发包人应在签发进度款支付证书后的14天内,按照支付证书列明的金额向承包人支付进度款。

(11)若发包人逾期未签发进度款支付证书,则视为承包人提交的进度款支付申请已被发包人认可,承包人可向发包人发出催告付款的通知。发包人应在收到通知后的14天内,按照承包人支付申请的金额向承包人支付进度款。

(12)发包人未按照规定支付进度款的,承包人可催告发包人支付,并有权获得延迟支付的利息;发包人在付款期满后的7天内仍未支付的,承包人可在付款期满后的第8天起暂停施工。发包人应承担由此增加的费用和延误的工期,向承包人支付合理利润,并应承担违约责任。

(13)发现已签发的任何支付证书有错、漏或重复的数额,发包人有权予以修正,承包人也有权提出修正申请。经发承包双方复核同意修正的,应在本次到期的进度款中支付或扣除。

第四节　竣工结算价款支付

一、结算款支付

(1)承包人应根据办理的竣工结算文件向发包人提交竣工结算款支付申请。申请应包括下列内容:

1)竣工结算合同价款总额。

2)累计已实际支付的合同价款。

3)应预留的质量保证金。

4)实际应支付的竣工结算款金额。

(2)发包人应在收到承包人提交竣工结算款支付申请后7天内予以核实,向承包人签发竣工结算支付证书。

(3)发包人签发竣工结算支付证书后的14天内,应按照竣工结算支付证书列明的金额向承包人支付结算款。

(4)发包人在收到承包人提交的竣工结算款支付申请后7天内不予核实,不向承包人签发竣工结算支付证书的,视为承包人的竣工结算款支付申请已被发包人认可;发包人应在收到承包人提交的竣工结算款支付申请7天后的14天内,按照承包人提交的竣工结算款支付申请列明的金额向承包人支付结算款。

(5)工程竣工结算办理完毕后,发包人应按合同约定向承包人支付工程价款。发包人按合同约定应向承包人支付而未支付的工程款视为拖欠工程款。根据《最高人民法院关于审理建设工程施工合同纠纷案件适用法律问题的解释》(法释[2004]14号)第十七条:"当事人对欠付工程价款利息计付标准有约定的,按照约定处理;没有约定的,按照中国人民银行发布的同期同类贷款利率信息。发包人应向承包人支付拖欠工程款的利息,并承担违约责任。"《中华人民共和国合同法》第二百八十六条:"发包人未按照合同约定支付价款的,承包人可以催告发包人在合理期限内支付价款。发包人逾期不支付的,除按照建设工程的性质不宜折价、拍卖的以外,承包人可以与发包人协议将该工程折价,也可以申请人民法院将该工程依法拍卖。建设工程的价款就该工程折价或者拍卖的价款优先受偿。"等规定。"13计价规范"中指出:"发包人未按照上述第(3)条和第(4)条规定支付竣工结算款的,承包人可催告发包人支付,并有权获得延迟支付的利息。发包人在竣工结算支付证书签发后或者在收到承包人提交的竣工结算款支付申请7天后的56天内仍未支付的,除法律另有规定外,承包人可与发包人协商将该工程折价,也可直接向人民法院申请将该工程依法拍卖。承包人应就该工程折价或拍卖的价款优先受偿"。

优先受偿,最高人民法院在《关于建设工程价款优先受偿权的批复》(法释[2002]16号)中规定如下:

1)人民法院在审理房地产纠纷案件和办理执行案件中,应当依照《中华人民共和国合同法》第二百八十六条的规定,认定建筑工程承包人的优先受偿权优于抵押权和其他债权。

2)消费者交付购买商品房的全部或者大部分款项后,承包人就该商品房享有的工程价款优先受偿权不得对抗买受人。

3)建筑工程价款包括承包人为建设工程应当支付的工作人员报酬、材料款等实际支出的费用,不包括承包人因发包人违约所造成的损失。

第七章 工程价款约定与支付管理

4）建设工程承包人行使优先权的期限为六个月，自建设工程竣工之日或者建设工程合同约定的竣工之日起计算。

二、质量保证金

（1）发包人应按照合同约定的质量保证金比例从结算款中预留质量保证金。质量保证金用于承包人按照合同约定履行属于自身责任的工程缺陷修复义务的，为发包人有效监督承包人完成缺陷修复提供资金保证。原建设部、财政部印发的《建设工程质量保证金管理暂行办法》（建质[2005]7号）第七条规定："全部或者部分使用政府投资的建设项目，按工程价款结算总额5%左右的比例预留保证金。社会投资项目采用预留保证金方式的，预留保证金的比例可参照执行"。

（2）承包人未按照合同约定履行属于自身责任的工程缺陷修复义务的，发包人有权从质量保证金中扣除用于缺陷修复的各项支出。经查验，工程缺陷属于发包人原因造成的，应由发包人承担查验和缺陷修复的费用。

（3）在合同约定的缺陷责任期终止后，发包人应按照规定，将剩余的质量保证金返还给承包人。原建设部、财政部印发的《建设工程质量保证金管理暂行办法》（建质[2005]7号）第九条规定："缺陷责任期内，承包人认真履行合同约定的责任，到期后，承包人向发包人申请返还保证金"。

三、最终结清

（1）缺陷责任期终止后，承包人已完成合同约定的全部承包工作，但合同工程的财务账目需要结清，因此承包人应按照合同约定向发包人提交最终结清支付申请。发包人对最终结清支付申请有异议的，有权要求承包人进行修正和提供补充资料。承包人修正后，应再次向发包人提交修正后的最终结清支付申请。

（2）发包人应在收到最终结清支付申请后的14天内予以核实，并应向承包人签发最终结清支付证书。

（3）发包人应在签发最终结清支付证书后的14天内，按照最终结清支付证书列明的金额向承包人支付最终结清款。

（4）发包人未在约定的时间内核实，又未提出具体意见的，应视为承包人提交的最终结清支付申请已被发包人认可。

（5）发包人未按期最终结清支付的，承包人可催告发包人支付，并有权获得延迟支付的利息。

(6)最终结清时,承包人被预留的质量保证金不足以抵减发包人工程缺陷修复费用的,承包人应承担不足部分的补偿责任。

(7)承包人对发包人支付的最终结清款有异议的,应按照合同约定的争议解决方式处理。

第五节　合同解除的价款结算与支付

合同解除是合同非常态的终止,为了限制合同的解除,法律规定了合同解除制度。根据解除权来源划分,可分为协议解除和法定解除。鉴于建设工程施工合同的特性,为了防止社会资源浪费,法律不赋予发承包人享有任意单方解除权,因此,除了协议解除,按照《最高人民法院关于审理建设工程施工合同纠纷案件适用法律问题的解释》第八条、第九条的规定,施工合同的解除有承包人根本违约的解除和发包人根本违约的解除两种。

(1)发承包双方协商一致解除合同的,应按照达成的协议办理结算和支付合同价款。

(2)由于不可抗力致使合同无法履行解除合同的,发包人应向承包人支付合同解除之日前已完成工程但尚未支付的合同价款,此外,还应支付下列金额:

1)招标文件中明示应由发包人承担的赶工费用。

2)已实施或部分实施的措施项目应付价款。

3)承包人为合同工程合理订购且已交付的材料和工程设备货款。

4)承包人撤离现场所需的合理费用,包括员工遣送费和临时工程拆除、施工设备运离现场的费用。

5)承包人为完成合同工程而预期开支的任何合理费用,且该项费用未包括在本款其他各项支付之内。

发承包双方办理结算合同价款时,应扣除合同解除之日前发包人应向承包人收回的价款。当发包人应扣除的金额超过了应支付的金额,承包人应在合同解除后的86天内将其差额退还给发包人。

(3)由于承包人违约解除合同的,对于价款结算与支付应按以下规定处理:

1) 发包人应暂停向承包人支付任何价款。

2) 发包人应在合同解除后28天内核实合同解除时承包人已完成的全部合同价款以及按施工进度计划已运至现场的材料和工程设备货款，按合同约定核算承包人应支付的违约金以及造成损失的索赔金额，并将结果通知承包人。发承包双方应在28天内予以确认或提出意见，并办理结算合同价款。如果发包人应扣除的金额超过了应支付的金额，则承包人应在合同解除后的56天内将其差额退还给发包人。

3) 发承包双方不能就解除合同后的结算达成一致的，按照合同约定的争议解决方式处理。

(4) 由于发包人违约解除合同的，对于价款结算与支付应按以下规定处理：

1) 发包人除应按照上述第(2)条的有关规定向承包人支付各项价款外，还应按合同约定核算发包人应支付的违约金以及给承包人造成损失或损害的索赔金额费用。该笔费用由承包人提出，发包人核实后与承包人协商确定后的7天内向承包人签发支付证书。

2) 发承包双方协商不能达成一致的，按照合同约定的争议解决方式处理。

第六节 合同价款争议的解决

施工合同履行过程中出现争议是在所难免的，解决合同履行过程中争议的主要方法包括协商、调解、仲裁和诉讼四种。当发承包双方发生争议后，可以先进行协商和解从而达到消除争议的目的，也可以请第三方进行调解；若争议继续存在，发承包双方可以继续通过仲裁或诉讼的途径解决，当然，也可以直接进入仲裁或诉讼程序解决争议。不论采用何种方式解决发承包双方的争议，只有及时并有效地解决施工过程中的合同价款争议，才是工程建设顺利进行的必要保证。

一、监理或造价工程师合同约定

从我国现行施工合同示范文本、监理合同示范文本、造价咨询合同示范文本的内容可以看出，合同中一般均会对总监理工程师或造价工程师在合同履行过程中发承包双方的争议如何处理有所约定。为使合同争议在施工过程中就能够由总监理工程师或造价工程师予以解决，"13 计价规范"对总监理工程师或造价工程师的合同价款争议处理流程及职责权限进行了如下约定：

(1) 若发包人和承包人之间就工程质量、进度、价款支付与扣除、工期延期、索赔、价款调整等发生任何法律上、经济上或技术上的争议，首先应根据已签约合同的规定，提交合同约定职责范围内的总监理工程师或造价工程师解决，并应抄送另一方。总监理工程师或造价工程师在收到此提交件后 14 天内应将暂定结果通知发包人和承包人。发承包双方对暂定结果认可的，应以书面形式予以确认，暂定结果成为最终决定。

(2) 发承包双方在收到总监理工程师或造价工程师的暂定结果通知之后的 14 天内未对暂定结果予以确认也未提出不同意见的，应视为发承包双方已认可该暂定结果。

(3) 发承包双方或一方不同意暂定结果的，应以书面形式向总监理工程师或造价工程师提出，说明自己认为正确的结果，同时抄送另一方，此时该暂定结果成为争议。在暂定结果对发承包双方当事人履约不产生实质影响的前提下，发承包双方应实施该结果，直到按照发承包双方认可的争议解决办法被改变为止。

二、管理机构的解释和认定

(1) 合同价款争议发生后，发承包双方可就工程计价依据的争议以书面形式提请工程造价管理机构进行解释或认定。工程造价管理机构是工程造价计价依据、办法以及相关政策的制定和管理机构。对发包人、承包人或工程造价咨询人在工程计价中，计价依据、办法以及相关政策规定发生的争议进行解释是工程造价管理机构的职责。

(2) 工程造价管理机构应在收到申请的 10 个工作日内就发承包双方提请的争议问题进行解释或认定。

(3) 发承包双方或一方在收到工程造价管理机构书面解释或认定后仍可按照合同约定的争议解决方式提请仲裁或诉讼。除工程造价管理机构的上级管理部门做出了不同的解释或认定，或在仲裁裁决或法院判决中不予采信的外，工程造价管理机构做出的书面解释或认定应为最终结果，并应对发承包双方均有约束力。

三、协商和解

(1) 合同价款争议发生后，发承包双方任何时候都可以进行协商。协商达成一致的，双方应签订书面和解协议，并明确和解协议对发承包双方

第七章　工程价款约定与支付管理

均有约束力。

(2)如果协商不能达成一致协议,发包人或承包人都可以按合同约定的其他方式解决争议。

四、调解

按照《中华人民共和国合同法》的规定,当事人可以通过调解解决合同争议,但在工程建设领域,目前的调解主要出现在仲裁或诉讼中,即司法调解;有的通过建设行政主管部门或工程造价管理机构处理,双方认可,即行政调解。司法调解耗时较长,且增加了诉讼成本;行政调解受行政管理人员专业水平、处理能力等的影响,其效果也受到限制。因此,"13计价规范"提出了由发承包双方约定相关工程专家作为合同工程争议调解人的思路,类似于国外的争议评审或争端裁决,可定义为专业调解,这在我国合同法的框架内为有法可依,使争议尽可能在合同履行过程中得到解决,确保工程建设顺利进行。

(1)发承包双方应在合同中约定或在合同签订后共同约定争议调解人,负责双方在合同履行过程中发生争议的调解。

(2)合同履行期间,发承包双方可协议调换或终止任何调解人,但发包人或承包人都不能单独采取行动。除非双方另有协议,否则在最终结清支付证书生效后,调解人的任期应即终止。

(3)如果发承包双方发生了争议,任何一方可将该争议以书面形式提交调解人,并将副本抄送另一方,委托调解人调解。

(4)发承包双方应按照调解人提出的要求,给调解人提供所需要的资料、现场进入权及相应设施。调解人不应被视为是在进行仲裁人的工作。

(5)调解人应在收到调解委托后28天内或由调解人建议并经发承包双方认可的其他期限内提出调解书,发承包双方接受调解书的,经双方签字后作为合同的补充文件,对发承包双方均具有约束力,双方都应立即遵照执行。

(6)当发承包双方中任一方对调解人的调解书有异议时,应在收到调解书后28天内向另一方发出异议通知,并应说明争议的事项和理由。但除非并直到调解书在协商和解或仲裁裁决、诉讼判决中做出修改,或合同已经解除,否则承包人应继续按照合同实施工程。

(7)当调解人已就争议事项向发承包双方提交了调解书,而任一方在收到调解书后28天内均未发出表示异议的通知时,调解书对发承包双方应均具有约束力。

五、仲裁、诉讼

(1)发承包双方的协商和解或调解均未达成一致意见,其中的一方已就此争议事项根据合同约定的仲裁协议申请仲裁,应同时通知另一方。进行协议仲裁时,应遵守《中华人民共和国仲裁法》的有关规定,如第四条:"当事人采用仲裁方式解决纠纷,应当双方自愿,达成仲裁协议。没有仲裁协议,一方申请仲裁的,仲裁委员会不予受理";第五条:"当事人达成仲裁协议,一方向人民法院起诉的,人民法院不予受理,但仲裁协议无效的除外";第六条:"仲裁委员会应当由当事人协议选定。仲裁不实行级别管辖和地域管辖"。

(2)仲裁可在竣工之前或之后进行,但发包人、承包人、调解人各自的义务不得因在工程实施期间进行仲裁而有所改变。当仲裁是在仲裁机构要求停止施工的情况下进行时,承包人应对合同工程采取保护措施,由此增加的费用应由败诉方承担。

(3)在前述"一、"至"四、"中规定的期限之内,暂定或和解协议或调解书已经有约束力的情况下,当发承包中一方未能遵守暂定或和解协议或调解书时,另一方可在不损害他可能具有的任何其他权利的情况下,将未能遵守暂定或不执行和解协议或调解书达成的事项提交仲裁。

(4)发包人、承包人在履行合同时发生争议,双方不愿和解、调解或者和解、调解不成,又没有达成仲裁协议的,可依法向人民法院提起诉讼。

第八章　合同管理与工程索赔

第一节　建设工程施工合同管理

一、建设工程合同阶段管理

合同生命期从签订之日起到双方权利义务履行完毕而自然终止。工程合同管理的生命期和项目建设期有关，主要有合同策划、招标采购、合同签订和合同履行等阶段的合同管理。

1. 合同策划阶段

合同策划是在项目实施前对整个项目合同管理方案预先做出科学合理的安排和设计，从合同管理组织、方法、内容、程序和制度等方面预先做出计划的方案，以保证项目所有合同的圆满履行，减少合同争议和纠纷，从而保证整个项目目标的实现。该阶段合同管理内容主要包括以下几个方面：

(1) 合同管理组织机构设置及专业合同管理人员配备。

(2) 合同管理责任及其分解体系。

(3) 采购模式和合同类型选择和确定。

(4) 结构分解体系和合同结构体系设计，包括合同打包、分解或合同标段划分等。

(5) 招标方案和招标文件设计。

(6) 合同文件和主要内容设计。

(7) 合同管理流程设计，包括投资控制、进度控制、质量控制、设计变更、支付与结算、竣工验收、合同索赔和争议处理等流程。

2. 招标采购阶段

合同管理并不是在合同签订之后才开始的，招投标过程中形成的文件基本上都是合同文件的组成部分。在招投标阶段应保证合同条件的完整性、准确性、严格性、合理性与可行性。该阶段合同管理的主要内容有：

(1) 编制合理的招标文件，严格对待投标人的资格预审，依法组织招标。

(2)组织现场踏勘,投标人编制投标方案和投标文件。
(3)做好开标、评标和定标工作。
(4)合同审查工作。
(5)组织合同谈判和签订。
(6)履约担保等。

3. 合同履行阶段

合同履行阶段是合同管理的重点阶段,包括履行过程和履行后的合同管理工作,主要内容有:
(1)合同总体分析与结构分解。
(2)合同管理责任体系及其分解。
(3)合同工作分析和合同交底。
(4)合同成本控制、进度控制、质量控制及安全、健康、环境管理等。
(5)合同变更管理。
(6)合同索赔管理。
(7)合同争议管理等。

二、建设工程施工合同管理基本内容

(一)施工合同定义和特点

1. 施工合同的定义

建设工程施工合同是发包人与承包人就完成具体工程项目的建筑施工、设备安装、设备调试、工程保修等工作内容,确定双方权利和义务的协议。施工合同是建设工程合同的一种,它与其他建设工程合同一样是双务有偿合同,在订立时应遵守自愿、公平、诚实信用等原则。

建设工程施工合同是建设工程的主要合同之一,其标的是将设计图纸变为满足功能、质量、进度、投资等发包人投资预期目的的建筑产品。

履行施工合同具有以下几个方面作用:
(1)明确建设单位和施工企业在施工中的权利和义务。施工合同一经签订,即具有法律效力,是合同双方在履行合同中的行为准则,双方都应以施工合同作为行为的依据。

(2)进行监理的依据和推行监理制的需要。在监理制度中,行政干预的作用被淡化了,建设单位(业主)、施工企业(承包商)、监理单位三者的关系是通过工程建设监理合同和施工合同来确立的。国内外实践经验表明,工程建设监理的主要依据是合同。监理人在工程监理过程中要做到

第八章 合同管理与工程索赔

坚持按合同办事,坚持按规范办事,坚持按程序办事。监理人必须根据合同秉公办事,监督业主和承包商都履行各自的合同义务,因此承发包双方签订一个内容合法、条款公平、完备,适应建设监理要求的施工合同是监理人实施公正监理的根本前提条件,也是推行建设监理制的内在要求。

(3)有利于对工程施工的管理。合同当事人对工程施工的管理应以合同为依据。有关的国家机关、金融机构对施工的监督和管理,也是以施工合同为其重要依据的。

(4)有利于建筑市场的培育和发展。随着社会主义市场经济新体制的建立,建设单位和施工单位将逐渐成为建筑市场的合格主体,建设项目实行真正的业主负责制,施工企业参与市场公平竞争。在建筑商品交换过程中,双方都要利用合同这一法律形式,明确规定各自的权利和义务,以最大限度地实现自己的经济目的和经济效益。施工合同作为建筑商品交换的基本法律形式,贯穿于建筑交易的全过程。无数建设工程合同的依法签订和全面履行,是建立一个完善的建筑市场的最基本条件。

2. 施工合同的特点

(1)合同标的的特殊性。施工合同的标的是各类建筑产品,建筑产品是不动产,建造过程中往往受到各种因素的影响。这就决定了每个施工合同的标的物不同于工厂批量生产的产品,具有单件性的特点。"单件性"指不同地点建造的相同类型和级别的建筑,施工过程中所遇到的情况不尽相同,在甲工程施工中遇到的困难在乙工程中不一定发生,而在乙工程施工中可能出现甲工程中没有发生过的问题。这就决定了每个施工合同的标的都是特殊的,相互间具有不可替代性。

(2)合同履行期限的长期性。由于建筑产品体积庞大、结构复杂、施工周期都较长,施工工期少则几个月,一般都是几年甚至十几年,在合同实施过程中不确定影响因素多,受外界自然条件影响大,合同双方承担的风险高,当主观和客观情况变化时,就有可能造成施工合同的变化,因此施工合同的变更较频繁,施工合同争议和纠纷也比较多。

(3)合同内容的多样性和复杂性。与大多数合同相比较,施工合同的履行期限长、标的额大,涉及的法律关系则包括了劳动关系、保险关系、运输关系、购销关系等,具有多样性和复杂性。这就要求施工合同的条款应当尽量详尽。

(4)合同管理的严格性。合同管理的严格性主要体现在对合同签订管理的严格性;对合同履行管理的严格性;对合同主体管理的严格性。

施工合同的这些特点,使得施工合同无论在合同文本结构,还是合同内容上,都要反映其相适应的特点,符合工程项目建设客观规律的内在要求,以保护施工合同当事人的合法权益,促使当事人严格履行自己的义务和职责,提高工程项目的综合社会效益、经济效益。

(二)施工合同管理

1. 工程施工合同质量管理

质量控制是施工合同履行中的重要环节,也是合同双方经常引起争议的条款和内容之一。承包人在工程施工、竣工和维修过程中要履行质量义务和责任,应按照合同约定的标准、规范、图样、质量等级以及工程师发布的指令认真施工,并达到合同约定的质量等级。工程师在施工过程中应采用巡视、旁站、平行检验等方式监督检查承包人的施工工艺和产品质量,对建筑产品的生产过程进行严格控制。

(1)质量要求

工程质量标准必须符合国家现行有关工程施工质量验收规范和标准的要求。有关工程质量的特殊标准或要求由合同当事人在专用合同条款中约定。

因发包人原因造成工程质量未达到合同约定标准的,由发包人承担由此增加的费用和(或)延误的工期,并支付承包人合理的利润。

因承包人原因造成工程质量未达到合同约定标准的,发包人有权要求承包人返工直至工程质量达到合同约定的标准为止,并由承包人承担由此增加的费用和(或)延误的工期。

(2)质量保证措施

1)发包人的质量管理

发包人应按照法律规定及合同约定完成与工程质量有关的各项工作。

2)承包人的质量管理

承包人按照施工组织设计约定向发包人和监理人提交工程质量保证体系及措施文件,建立完善的质量检查制度,并提交相应的工程质量文件。对于发包人和监理人违反法律规定和合同约定的错误指示,承包人有权拒绝实施。

承包人应对施工人员进行质量教育和技术培训,定期考核施工人员的劳动技能,严格执行施工规范和操作规程。

承包人应按照法律规定和发包人的要求,对材料、工程设备以及工程的所有部位及其施工工艺进行全过程的质量检查和检验,并作详细记录,编制工程质量报表,报送监理人审查。此外,承包人还应按照法律规定和发包人的要求,进行施工现场取样试验、工程复核测量和设备性能检测,提供试验样品、提交试验报告和测量成果以及其他工作。

3)监理人的质量检查和检验

监理人按照法律规定和发包人授权对工程的所有部位及其施工工艺、材料和工程设备进行检查和检验。承包人应为监理人的检查和检验提供方便,包括监理人到施工现场,或制造、加工地点,或合同约定的其他地方进行察看和查阅施工原始记录。监理人为此进行的检查和检验,不免除或减轻承包人按照合同约定应当承担的责任。

监理人的检查和检验不应影响施工正常进行。监理人的检查和检验影响施工正常进行的,且经检查检验不合格的,影响正常施工的费用由承包人承担,工期不予顺延;经检查检验合格的,由此增加的费用和(或)延误的工期由发包人承担。

(3)隐蔽工程检查

1)承包人自检

承包人应当对工程隐蔽部位进行自检,并经自检确认是否具备覆盖条件。

2)检查程序

除专用合同条款另有约定外,工程隐蔽部位经承包人自检确认具备覆盖条件的,承包人应在共同检查前48小时书面通知监理人检查,通知中应载明隐蔽检查的内容、时间和地点,并应附有自检记录和必要的检查资料。

监理人应按时到场并对隐蔽工程及其施工工艺、材料和工程设备进行检查。经监理人检查确认质量符合隐蔽要求,并在验收记录上签字后,承包人才能进行覆盖。经监理人检查质量不合格的,承包人应在监理人指示的时间内完成修复,并由监理人重新检查,由此增加的费用和(或)延误的工期由承包人承担。

除专用合同条款另有约定外,监理人不能按时进行检查的,应在检查前24小时向承包人提交书面延期要求,但延期不能超过48小时,由此导致工期延误的,工期应予以顺延。监理人未按时进行检查,也未提出延期要求的,视为隐蔽工程检查合格,承包人可自行完成覆盖工作,并作相应记录报送监理人,监理人应签字确认。

3)重新检查

承包人覆盖工程隐蔽部位后,发包人或监理人对质量有疑问的,可要求承包人对已覆盖的部位进行钻孔探测或揭开重新检查,承包人应遵照执行,并在检查后重新覆盖恢复原状。经检查证明工程质量符合合同要求的,由发包人承担由此增加的费用和(或)延误的工期,并支付承包人合理的利润;经检查证明工程质量不符合合同要求的,由此增加的费用和(或)延误的工期由承包人承担。

4)承包人私自覆盖

承包人未通知监理人到场检查,私自将工程隐蔽部位覆盖的,监理人有权指示承包人钻孔探测或揭开检查,无论工程隐蔽部位质量是否合格,由此增加的费用和(或)延误的工期均由承包人承担。

(4)不合格工程的处理

因承包人原因造成工程不合格的,发包人有权随时要求承包人采取补救措施,直至达到合同要求的质量标准,由此增加的费用和(或)延误的工期由承包人承担。无法补救的,承包人完成整改后,应当重新进行竣工验收,经重新组织验收仍不合格的且无法采取措施补救的,则发包人可以拒绝接收不合格工程,因不合格工程导致其他工程不能正常使用的,承包人应采取措施确保相关工程的正常使用,由此增加的费用和(或)延误的工期由承包人承担。

因发包人原因造成工程不合格的,由此增加的费用和(或)延误的工期由发包人承担,并支付承包人合理的利润。

(5)质量争议检测

合同当事人对工程质量有争议的,由双方协商确定的工程质量检测机构鉴定,由此产生的费用及因此造成的损失,由责任方承担。

合同当事人均有责任的,由双方根据其责任分别承担。合同当事人进行商定或确定时,总监理工程师应当会同合同当事人尽量通过协商达成一致,不能达成一致的,由总监理工程师按照合同约定审慎做出公正的确定。

总监理工程师应将确定以书面形式通知发包人和承包人,并附详细依据。合同当事人对总监理工程师的确定没有异议的,按照总监理工程师的确定执行。任何一方合同当事人有异议,按照约定处理。争议解决前,合同当事人暂按总监理工程师的确定执行;争议解决后,争议解决的结果与总监理工程师的确定不一致的,按照争议解决的结果执行,由此造成的损失由责任人承担。

(6)工程试车

1)试车程序

工程需要试车的,除专用合同条款另有约定外,试车内容应与承包人承包范围相一致,试车费用由承包人承担。工程试车应按如下程序进行:

①具备单机无负荷试车条件,承包人组织试车,并在试车前48小时书面通知监理人,通知中应载明试车内容、时间、地点。承包人准备试车记录,发包人根据承包人要求为试车提供必要条件。试车合格的,监理人在试车记录上签字。监理人在试车合格后不在试车记录上签字,自试车结束满24小时后视为监理人已经认可试车记录,承包人可继续施工或办理竣工验收手续。

监理人不能按时参加试车,应在试车前24小时以书面形式向承包人提出延期要求,但延期不能超过48小时,由此导致工期延误的,工期应予以顺延。监理人未能在前述期限内提出延期要求,又不参加试车的,视为认可试车记录。

②具备无负荷联动试车条件,发包人组织试车,并在试车前48小时以书面形式通知承包人。通知中应载明试车内容、时间、地点和对承包人的要求,承包人按要求做好准备工作。试车合格,合同当事人在试车记录上签字。承包人无正当理由不参加试车的,视为认可试车记录。

2)试车中的责任

因设计原因导致试车达不到验收要求,发包人应要求设计人修改设计,承包人按修改后的设计重新安装。发包人承担修改设计、拆除及重新安装的全部费用,工期相应顺延。因承包人原因导致试车达不到验收要求,承包人按监理人要求重新安装和试车,并承担重新安装和试车的费用,工期不予顺延。

因工程设备制造原因导致试车达不到验收要求的,由采购该工程设备的合同当事人负责重新购置或修理,承包人负责拆除和重新安装,由此增加的修理、重新购置、拆除及重新安装的费用及延误的工期由采购该工程设备的合同当事人承担。

3）投料试车

如需进行投料试车的，发包人应在工程竣工验收后组织投料试车。发包人要求在工程竣工验收前进行或需要承包人配合时，应征得承包人同意，并在专用合同条款中约定有关事项。

投料试车合格的，费用由发包人承担；因承包人原因造成投料试车不合格的，承包人应按照发包人要求进行整改，由此产生的整改费用由承包人承担；非因承包人原因导致投料试车不合格的，如发包人要求承包人进行整改的，由此产生的费用由发包人承担。

2. 工程施工合同进度管理

进度控制条款是施工合同中的重要条款，主要是围绕工程项目的进度目标来设置双方当事人的有关责任和义务，要求双方当事人在合同规定的工期内完成各自的工作和施工任务。

（1）进度计划

就合同工程的施工组织而言，招标阶段承包人在投标书内提交的施工方案或施工组织设计的深度相对较浅，签订合同后通过对现场的进一步考察和工程交底，对工程的施工有了更深入的了解，因此，承包人应按照约定提交详细的施工进度计划，施工进度计划的编制应当符合国家法律规定和一般工程实践惯例，经发包人批准后实施。施工进度计划是控制工程进度的依据，发包人和监理人有权按照施工进度计划检查工程进度情况。

工程师接到承包人提交的进度计划后，应当予以确认或者提出修改意见，时间限制则由双方在专用条款中约定。如果工程师逾期不确认也不提出书面意见，则视为已经同意。工程师对进度计划和对承包人施工进度的认可，不免除承包人对施工组织设计和工程进度计划本身的缺陷所应承担的责任。进度计划经工程师予以认可的主要目的，是作为发包人和工程师按计划进行协调和对施工进度进行控制的依据。

施工进度计划不符合合同要求或与工程的实际进度不一致的，承包人应向监理人提交修订的施工进度计划，并附具有关措施和相关资料，由监理人报送发包人。除专用合同条款另有约定外，发包人和监理人应在收到修订的施工进度计划后7天内完成审核和批准或提出修改意见。发包人和监理人对承包人提交的施工进度计划的确认，不能减轻或免除承包人根据法律规定和合同约定应承担的任何责任或义务。

(2)开工及延迟开工

承包人应在专用条款约定的时间按时开工的,以便保证在合理工期内及时竣工。但在特殊情况下,工程的准备工作不具备开工条件,则应按合同的约定区分延期开工的责任。

1)开工准备

除专用合同条款另有约定外,承包人应按照约定的期限,向监理人提交工程开工报审表,经监理人报发包人批准后执行。开工报审表应详细说明按施工进度计划正常施工所需的施工道路、临时设施、材料、工程设备、施工设备、施工人员等落实情况以及工程的进度安排。

除专用合同条款另有约定外,合同当事人应按约定完成开工准备工作。

2)开工通知

发包人应按照法律规定获得工程施工所需的许可。经发包人同意后,监理人发出的开工通知应符合法律规定。监理人应在计划开工日期7天前向承包人发出开工通知,工期自开工通知中载明的开工日期起算。

除专用合同条款另有约定外,因发包人原因造成监理人未能在计划开工日期之日起90天内发出开工通知的,承包人有权提出价格调整要求,或者解除合同。发包人应当承担由此增加的费用和(或)延误的工期,并向承包人支付合理利润。

3)延迟开工

因发包人原因不能按照协议书约定的开工日期开工,工程师应以书面形式通知承包人,推迟开工日期。发包人赔偿承包人因延期开工造成的损失,并相应顺延工期。

(3)暂停施工

1)发包人原因引起的暂停施工

因发包人原因引起暂停施工的,监理人经发包人同意后,应及时下达暂停施工指示。由此增加的费用和(或)延误的工期由发包人承担,并支付承包人合理的利润。

2)承包人原因引起的暂停施工

因承包人原因引起的暂停施工,承包人应承担由此增加的费用和(或)延误的工期,且承包人在收到监理人复工指示后84天内仍未复工的,视为承包人无法继续履行合同的情形。

3) 指示暂停施工

监理人认为有必要时,并经发包人批准后,可向承包人做出暂停施工的指示,承包人应按监理人指示暂停施工。

4) 紧急情况下的暂停施工

因紧急情况需暂停施工,且监理人未及时下达暂停施工指示的,承包人可先暂停施工,并及时通知监理人。监理人应在接到通知后24小时内发出指示,逾期未发出指示,视为同意承包人暂停施工。监理人不同意承包人暂停施工的,应说明理由,承包人对监理人的答复有异议,按约定处理。

5) 暂停施工后的复工

暂停施工后,发包人和承包人应采取有效措施积极消除暂停施工的影响。在工程复工前,监理人会同发包人和承包人确定因暂停施工造成的损失,并确定工程复工条件。当工程具备复工条件时,监理人应经发包人批准后向承包人发出复工通知,承包人应按照复工通知要求复工。

承包人无故拖延和拒绝复工的,承包人承担由此增加的费用和(或)延误的工期;因发包人原因无法按时复工的,按照因发包人原因导致工期延误约定办理。

6) 暂停施工持续56天以上

监理人发出暂停施工指示后56天内未向承包人发出复工通知,除该项停工属于承包人原因引起的暂停施工及不可抗力的情形外,承包人可向发包人提交书面通知,要求发包人在收到书面通知后28天内准许已暂停施工的部分或全部工程继续施工。发包人逾期不予批准的,则承包人可以通知发包人,将工程受影响的部分视为按可取消工作。

暂停施工持续84天以上不复工的,且不属于承包人原因引起的暂停施工及不可抗力的情形,并影响到整个工程以及合同目的实现的,承包人有权提出价格调整要求,或者解除合同。

7) 暂停施工期间的工程照管

暂停施工期间,承包人应负责妥善照管工程并提供安全保障,由此增加的费用由责任方承担。

8) 暂停施工的措施

暂停施工期间,发包人和承包人均应采取必要的措施确保工程质量及安全,防止因暂停施工扩大损失。

(4)工期延误

在合同履行过程中,因下列情况导致工期延误和(或)费用增加的,由发包人承担由此延误的工期和(或)增加的费用,且发包人应支付承包人合理的利润:

1)发包人未能按合同约定提供图纸或所提供图纸不符合合同约定的;

2)发包人未能按合同约定提供施工现场、施工条件、基础资料、许可、批准等开工条件的;

3)发包人提供的测量基准点、基准线和水准点及其书面资料存在错误或疏漏的;

4)发包人未能在计划开工日期之日起7天内同意下达开工通知的;

5)发包人未能按合同约定日期支付工程预付款、进度款或竣工结算款的;

6)监理人未按合同约定发出指示、批准等文件的;

7)专用合同条款中约定的其他情形。

因发包人原因未按计划开工日期开工的,发包人应按实际开工日期顺延竣工日期,确保实际工期不低于合同约定的工期总日历天数。因发包人原因导致工期延误需要修订施工进度计划的,可以在专用合同条款中约定逾期竣工违约金的计算方法和逾期竣工违约金的上限。承包人支付逾期竣工违约金后,不免除承包人继续完成工程及修补缺陷的义务。

(5)工程竣工

1)承包人必须按照协议书约定的竣工日期或工程师同意顺延的工期竣工。

2)因承包人原因不能按照协议书约定的竣工日期或工程师同意顺延的工期竣工的,承包人承担违约责任。

3)承包人应向发包人和监理人提交提前竣工建议书,提前竣工建议书应包括实施的方案、缩短的时间、增加的合同价格等内容。发包人接受该提前竣工建议书的,监理人应与发包人和承包人协商采取加快工程进度的措施,并修订施工进度计划,由此增加的费用由发包人承担。承包人认为提前竣工指示无法执行的,应向监理人和发包人提出书面异议,发包人和监理人应在收到异议后7天内予以答复。任何情况下,发包人不得压缩合理工期。

发包人要求承包人提前竣工,或承包人提出提前竣工的建议能够给发包人带来效益的,合同当事人可以在专用合同条款中约定提前竣工的奖励。

3. 工程施工安全管理

合同履行期间,合同当事人均应当遵守国家和工程所在地有关安全生产的要求,合同当事人有特别要求的,应在专用合同条款中明确施工项目安全生产标准化达标目标及相应事项。承包人有权拒绝发包人及监理人强令承包人违章作业、冒险施工的任何指示。

在施工过程中,如遇到突发的地质变动、事先未知的地下施工障碍等影响施工安全的紧急情况,承包人应及时报告监理人和发包人,发包人应当及时下令停工并报政府有关行政管理部门采取应急措施。

(1)安全生产保证措施

承包人应当按照有关规定编制安全技术措施或者专项施工方案,建立安全生产责任制度、治安保卫制度及安全生产教育培训制度,并按安全生产法律规定及合同约定履行安全职责,如实编制工程安全生产的有关记录,接受发包人、监理人及政府安全监督部门的检查与监督。

(2)特别安全生产事项

承包人应按照法律规定进行施工,开工前做好安全技术交底工作,施工过程中做好各项安全防护措施。承包人为实施合同而雇用的特殊工种的人员应受过专门的培训并已取得政府有关管理机构颁发的上岗证书。

承包人在动力设备、输电线路、地下管道、密封防震车间、易燃易爆地段以及临街交通要道附近施工时,施工开始前应向发包人和监理人提出安全防护措施,经发包人认可后实施。

实施爆破作业,在放射、毒害性环境中施工(含储存、运输、使用)及使用毒害性、腐蚀性物品施工时,承包人应在施工前7天以书面通知发包人和监理人,并报送相应的安全防护措施,经发包人认可后实施。

需单独编制危险性较大分部分项专项工程施工方案的,及要求进行专家论证的超过一定规模的危险性较大的分部分项工程,承包人应及时编制和组织论证。

(3)治安保卫

除专用合同条款另有约定外,发包人应与当地公安部门协商,在现场建立治安管理机构或联防组织,统一管理施工场地的治安保卫事项,履行合同工程的治安保卫职责。

发包人和承包人除应协助现场治安管理机构或联防组织维护施工场地的社会治安外，还应做好包括生活区在内的各自管辖区的治安保卫工作。

除专用合同条款另有约定外，发包人和承包人应在工程开工后7天内共同编制施工场地治安管理计划，并制定应对突发治安事件的紧急预案。在工程施工过程中，发生暴乱、爆炸等恐怖事件，以及群殴、械斗等群体性突发治安事件的，发包人和承包人应立即向当地政府报告。发包人和承包人应积极协助当地有关部门采取措施平息事态，防止事态扩大，尽量避免人员伤亡和财产损失。

(4) 文明施工

承包人在工程施工期间，应当采取措施保持施工现场平整，物料堆放整齐。工程所在地有关政府行政管理部门有特殊要求的，按照其要求执行。合同当事人对文明施工有其他要求的，可以在专用合同条款中明确。

在工程移交之前，承包人应当从施工现场清除承包人的全部工程设备、多余材料、垃圾和各种临时工程，并保持施工现场清洁整齐。经发包人书面同意，承包人可在发包人指定的地点保留承包人履行保修期内的各项义务所需要的材料、施工设备和临时工程。

(5) 安全文明施工费

安全文明施工费由发包人承担，发包人不得以任何形式扣减该部分费用。因基准日期后合同所适用的法律或政府有关规定发生变化，增加的安全文明施工费由发包人承担。

承包人经发包人同意采取合同约定以外的安全措施所产生的费用，由发包人承担。未经发包人同意的，如果该措施避免了发包人的损失，则发包人在避免损失的额度内承担该措施费。如果该措施避免了承包人的损失，由承包人承担该措施费。

除专用合同条款另有约定外，发包人应在开工后28天内预付安全文明施工费总额的50%，其余部分与进度款同期支付。发包人逾期支付安全文明施工费超过7天的，承包人有权向发包人发出要求预付的催告通知，发包人收到通知后7天内仍未支付的，承包人有权暂停施工，并按发包人违约的情形执行。

承包人对安全文明施工费应专款专用，承包人应在财务账目中单独列项备查,不得挪作他用,否则发包人有权责令其限期改正;逾期未改正的,可以责令其暂停施工,由此增加的费用和(或)延误的工期由承包人承担。

(6)紧急情况处理

在工程实施期间或缺陷责任期内发生危及工程安全的事件,监理人通知承包人进行抢救,承包人声明无能力或不愿立即执行的,发包人有权雇佣其他人员进行抢救。此类抢救按合同约定属于承包人义务的,由此增加的费用和(或)延误的工期由承包人承担。

(7)事故处理

工程施工过程中发生事故的,承包人应立即通知监理人,监理人应立即通知发包人。发包人和承包人应立即组织人员和设备进行紧急抢救和抢修,减少人员伤亡和财产损失,防止事故扩大,并保护事故现场。需要移动现场物品时,应做出标记和书面记录,妥善保管有关证据。发包人和承包人应按国家有关规定,及时如实地向有关部门报告事故发生的情况,以及正在采取的紧急措施等。

(8)安全生产责任

1)发包人应负责赔偿以下各种情况造成的损失:

①工程或工程的任何部分对土地的占用所造成的第三者财产损失。

②由于发包人原因在施工场地及其毗邻地带造成的第三者人身伤亡和财产损失。

③由于发包人原因对承包人、监理人造成的人员人身伤亡和财产损失。

④由于发包人原因造成的发包人自身人员的人身伤害以及财产损失。

2)承包人的安全责任。由于承包人原因在施工场地内及其毗邻地带造成的发包人、监理人以及第三者人员伤亡和财产损失,由承包人负责赔偿。

三、建设工程施工合同文件的组成

施工合同一般由合同协议书、通用合同条款和专用合同条款三部分组成。组成合同的各项文件应互相解释,互为说明。除专用合同条款另有约定外,解释合同文件的优先顺序一般如下:

1. 合同协议书

合同协议书是施工合同的总纲性法律文件,经过双方当事人签字盖章后合同即成立,具有最高的合同效力。《建设合同工程施工合同(示范文本)》(GF-2013-0201)(以下简称《示范文本》)合同协议书共计13条,主要包括:工程概况、合同工期、质量标准、签约合同价和价格形式、项目经理、合同文件构成、承诺以及合同生效条件等重要内容,集中约定了合同当事人基本的合同权利义务。

2. 通用合同条款

通用合同条款是合同当事人根据《中华人民共和国建筑法》、《中华人民共和国合同法》等法律、法规的规定,就工程建设的实施及相关事项,对合同当事人的权利义务做出的原则性约定。

通用合同条款共计20条,具体条款分别为:一般约定、发包人、承包人、监理人、工程质量、安全文明施工与环境保护、工期和进度、材料与设备、试验与检验、变更、价格调整、合同价格、计量与支付、验收和工程试车、竣工结算、缺陷责任与保修、违约、不可抗力、保险、索赔和争议解决。前述条款安排既考虑了现行法律法规对工程建设的有关要求,也考虑了建设工程施工管理的特殊需要。

3. 专用合同条款

专用合同条款是对通用合同条款原则性约定的细化、完善、补充、修改或另行约定的条款。合同当事人可以根据不同建设工程的特点及具体情况,通过双方的谈判、协商对相应的专用合同条款进行修改补充。在使用专用合同条款时,应注意以下事项:

(1)专用合同条款的编号应与相应的通用合同条款的编号一致。

(2)合同当事人可以通过对专用合同条款的修改,满足具体建设工程的特殊要求,避免直接修改通用合同条款。

(3)在专用合同条款中有横道线的地方,合同当事人可针对相应的通用合同条款进行细化、完善、补充、修改或另行约定;如无细化、完善、补充、修改或另行约定,则填写"无"或划"/"。

四、建设工程施工合同的类型

1. 单价合同

单价合同是指合同当事人约定以工程量清单及其综合单价进行合同价格计算、调整和确认的建设工程施工合同,在约定的范围内合同单价不作调整。单价合同是施工合同类型中最主要的一类合同类型。就招标投标而言,采用单价合同时一般由招标人提供详细的工程量清单,列出各分部分项工程项目的数量和名称,投标人按照招标文件和统一的工程量清单进行报价。

单价合同适用的范围较为广泛,其风险分配较为合理,并且能够鼓励承包人通过提高工效、管理水平等手段从节约成本中提高利润。单价合同的关键在于双方对单价和工程量的计算和确认,其一般原则是"量变价不变";量,工程量清单所提供的量是投标人投标报价的基础,并不是工程结算的依据;工程结算时的量,是承包人实际完成的工程数量,但不包括承包人超出设计图纸范围和因承包人原因造成返工的实际工程量。价,是中标人在工程量清单中所填报的单价(费率),在一般情况下不可改变。工程结算时,按照实际完成的工程量和工程量清单中所填报的单价(费率)办理。

按照单价的固定性,单价合同又可以分为固定单价合同和可调单价合同,其区别主要在于风险的分配不同。固定单价合同,承包人承担的风险较大,不仅包括了市场价格的风险,而且包括工程量偏差情况下对施工成本的风险。可调单价合同,承包人仅承担一定范围内的市场价格风险和工程量偏差对施工成本影响的风险;超出上述范围的,按照合同约定进行调整。

2. 总价合同

总价合同是指合同当事人约定以施工图、已标价工程量清单或预算书及有关条件进行合同价格计算、调整和确认的建设工程施工合同,在约定的范围内合同总价不作调整。采用总价合同类型招标,评标委员会评标时易于确定报价最低的投标人,评标过程较为简单,评标结果客观;发包人易于进行工程造价的管理和控制,易于支付工程款和办理竣工结算。总价合同仅适用于工程量不大且能够精确计算、工期较短、技术不太复杂、风险不大的项目。采用总价合同类型,要求发包人应提供详细而全面的设计图纸,以及各项相关技术说明。

3. 成本加酬金合同

成本加酬金合同是由发包人向承包人支付工程项目的实际成本,并按照事先约定的某一种方式支付酬金的合同类型。对于酬金的约定一般有两种方式:一是固定酬金,合同明确一定额度的酬金,无论实际成本大小,发包人都按照约定的酬金额度进行支付;二是按照实际成本的比率计取酬金。

采用成本加酬金合同，发包人需要承担项目实际发生的一切费用，承担几乎全部的风险；而承包人，除了施工风险和安全风险外，几乎无风险，其报酬往往也较低。这类合同的主要缺点在于发包人对工程造价不易控制，承包人也不注意降低项目成本，不利于提高工程投资效益。成本加酬金合同主要适用于以下三类项目：

(1)需要立即开展工作的项目，如震后的救灾工作。

(2)新型的工程项目，或者对项目内容及技术经济指标未确定的项目。

(3)风险很大的项目。

第二节　工程索赔

一、索赔的概念与特点

1. 索赔的概念

索赔是当事人在合同实施过程中，根据法律、合同规定及惯例，对不应由自己承担责任的情况造成的损失，向合同的另一方当事人提出给予赔偿或补偿要求的行为。

工程索赔通常是指在工程合同履行过程中，合同当事人一方因非自身因素或对方不履行或未能正确履行合同而受到经济损失或权利损害时，通过一定的合法程序向对方提出经济或时间补偿的要求。索赔是一种正当的权利要求，它是发包方、监理人和承包方之间一项正常的、大量发生而且普遍存在的合同管理业务，是一种以法律和合同为依据的、合情合理的行为。

2. 索赔的条件

当合同一方向另一方提出索赔时，应有正当的索赔理由和有效证据，并应符合合同的相关约定。建设工程施工中的索赔是发、承包双方行使正当权利的行为，承包人可向发包人索赔，发包人也可向承包人索赔。任何索赔事件的确立，其前提条件是必须有正当的索赔理由。对正当索赔理由的说明必须具有证据，因为进行索赔主要是靠证据说话。没有证据或证据不足，索赔是难以成功的。

3. 索赔的特点

(1)索赔是双向的,不仅承包人可以向发包人索赔,发包人同样也可以向承包人索赔。

(2)索赔是要求给予补偿(赔偿)的一种权利、主张。

(3)索赔的依据是法律法规、合同文件及工程建设惯例,但主要是合同文件。

(4)索赔是因非自身原因导致的,要求索赔一方没有过错。只有实际发生了经济损失或权利损害,一方才能向对方索赔。

(5)索赔是一种未经对方确认的单方行为。它与人们通常所说的工程签证不同。在施工过程中签证是承发包双方就额外费用补偿或工期延长等达成一致的书面证明材料和补充协议,它可以直接作为工程款结算或最终增减工程造价的依据。而索赔则是单方面行为,对对方尚未形成约束力,这种索赔要求能否得到最终实现,必须要通过确认(如双方协商、谈判、调解或仲裁)或诉讼)后才能得知。

(6)与合同相比较,已经发生了额外的经济损失或工期损害。

(7)索赔必须有切实有效的证据。

(8)索赔是单方行为,双方没有达成协议。

二、索赔分类

1. 按索赔目的分类

(1)工期索赔。由于非承包人责任的原因而导致施工进程延误,要求批准顺延合同工期的索赔,称之为工期索赔。工期索赔形式上是对权利的要求,以避免在原定合同竣工日不能完工时,被发包人追究拖期违约责任。一旦获得批准合同工期顺延后,承包人不仅免除了承担拖期违约赔偿费的严重风险,而且可能提前工期得到奖励,最终仍反映在经济收益上。

(2)费用索赔。费用索赔的目的是要求经济补偿。当施工的客观条件改变导致承包人增加开支,要求对超出计划成本的附加开支给予补偿,以挽回不应由其承担的经济损失。

2. 按索赔当事人分类

(1)承包商与发包人间索赔。这类索赔大多是有关工程量计算、变更、工期、质量和价格方面的争议,也有中断或终止合同等其他违约行为的索赔。

(2)承包商与分包商间索赔。其内容与前一种大致相似,但大多数是分包商向总包商索要付款和赔偿及承包商向分包商罚款或扣留支付款等。

(3)承包商与供货商间索赔。其内容多是商贸方面的争议,如货品质量不符合技术要求、数量短缺、交货拖延、运输损坏等。

3. 按索赔原因分类

(1)工程延误索赔。因发包人未按合同要求提供施工条件,如未及时交付设计图纸、施工现场、道路等,或因发包人指令工程暂停或不可抗力事件等原因造成工期拖延的,承包商对此提出索赔。

(2)工程范围变更索赔。工作范围的索赔是指发包人和承包商对合同中规定工作理解的不同而引起的索赔。

(3)施工加速索赔。施工加速索赔经常是延期或工作范围索赔的结果,有时也被称为"赶工索赔"。而加速施工索赔与劳动生产率的降低关系极大,因此又可称为劳动生产率损失索赔。

(4)不利现场条件索赔。不利现场条件索赔近似于工作范围索赔,然而又不大像大多数工作范围索赔。不利现场条件索赔应归咎于确实不易预知的某个事实。如现场的水文、地质条件在设计时全部弄得一清二楚几乎是不可能的,只能根据某些地质钻孔和土样试验资料来分析和判断。要对现场进行彻底全面的调查将会耗费大量的成本和时间,一般发包人不会这样做,承包商在短短的投标报价时间内更不可能做这种现场调查工作。这种不利现场条件的风险由发包人来承担是合理的。

4. 按索赔合同依据分类

(1)合同内索赔。此种索赔是以合同条款为依据,在合同中有明文规定的索赔,如工期延误、工程变更、承包人提供的放线数据有误、发包人不按合同规定支付进度款等。这种索赔由于在合同中有明文规定,往往容易成功。

(2)合同外索赔。此种索赔在合同文件中没有明确的叙述,但可以根据合同文件的某些内容合理推断出可以进行此类索赔,而且此索赔并不违反合同文件的其他任何内容。

(3)道义索赔。道义索赔也称为额外支付。指承包商在合同内或合同外都找不到可以索赔的合同依据或法律根据,因而没有提出索赔的条件和理由,但承包商认为自己有要求补偿的道义基础,而对其遭受的损失提出具有优惠性质的补偿要求。

5. 按索赔处理方式分类

(1)单项索赔。单项索赔是针对某一干扰事件提出的,在影响原合同正常运行的干扰事件发生时或发生后,由合同管理人员立即处理,并在合同规定的索赔有效期内向发包人或监理人提交索赔要求和报告。单项索赔通常原因单一、责任单一,分析起来相对容易,由于涉及的金额一般较小,双方容易达成协议,处理起来也比较简单。因此,合同双方应尽可能地用此种方式来处理索赔。

(2)综合索赔。综合索赔又称一揽子索赔,一般在工程竣工前和工程移交前,承包商将工程实施过程中因各种原因未能及时解决的单项索赔集中起来进行综合考虑,提出一份综合索赔报告,由合同双方在工程交付前后进行最终谈判,以一揽子方案解决索赔问题。

三、索赔的基本原则

(1)以工程承包合同为依据。工程索赔涉及面广,法律程序严格,参与索赔的人员应熟悉施工的各个环节,通晓建筑合同和法律,并具有一定的财会知识。索赔工作人员必须对合同条件、协议条款有深刻的理解,以合同为依据做好索赔的各项工作。

(2)以索赔证据为准则。索赔工作的关键是证明承包商提出的索赔要求是正确的,还要准确地计算出要求索赔的数额,并证明该数额是合情合理的,而这一切都必须基于索赔证据。索赔证据必须是实施合同过程中存在和发生的;索赔证据应当能够相互关联、相互说明,不能互相矛盾;索赔证据应当具有可靠性,一般应是书面内容,有关的协议、记录均应有当事人的签字认可;索赔证据的取得和提出都必须及时。

(3)及时、合理地处理索赔。索赔发生后,承发包双方应依据合同及时、合理地处理索赔。若多项索赔累积,可能影响承包商资金周转和施工进度,甚至增加双方矛盾。此外,拖到后期综合索赔,往往还牵涉到利息、预期利润补偿等问题,从而使矛盾进一步复杂化,增加了处理索赔的困难。

四、索赔的基本任务

(1)预测索赔机会。虽然干扰事件产生于工程施工中,但它的根由却在招标文件、合同、设计、计划中,所以,在招标文件分析、合同谈判(包括在工程实施中双方召开变更会议、签署补充协议等)中,承包商应对干扰事件有充分的考虑和防范,预测索赔的可能。

(2)在合同实施中寻找和发现索赔机会。在任何工程中,干扰事件是不可避免的,问题是承包商能否及时发现并抓住索赔机会。承包商应对索赔机会有敏锐的感觉,可以通过对合同实施过程进行监督、跟踪、分析和诊断,以寻找和发现索赔机会。

(3)处理索赔事件,解决索赔争执。一经发现索赔机会,则应迅速做出反应,进入索赔处理过程。在这个过程中有大量的、具体的、细致的索赔管理工作和业务,包括:

1)向工程师和发包人提出索赔意向。

2)进行事态调查、寻找索赔理由和证据、分析干扰事件的影响、计算索赔值、起草索赔报告。

3)向发包人提出索赔报告,通过谈判、调解或仲裁最终解决索赔争执,使自己的损失得到合理补偿。

五、索赔发生的原因

在现代承包工程中,特别在国际承包工程中,索赔经常发生,而且索赔额很大。这主要是由以下几方面原因造成的:

1. 施工延期

施工延期是指由于非承包商的各种原因而造成工程的进度推迟,施工不能按原计划时间进行。施工延期的原因有时是单一的,有时又是多种因素综合交错形成。

施工延期的事件发生后,会给承包商造成两个方面的损失:一项是时间上的损失;另一项是经济方面的损失。因此,当出现施工延期的索赔事件时,往往在分清责任和损失补偿方面,合同双方易发生争端。常见的施工延期索赔多由于发包人未能及时提交施工场地,以及气候条件恶劣,如连降暴雨,使大部分的工程无法开展等。

2. 合同变更

对于工程项目实施过程来说,变更是客观存在的,只是这种变更必须是在原合同工程范围内的变更,若属超出工程范围的变更,承包商有权予以拒绝。特别是当工程量变化超出招标时工程量清单的20%以上时,可能会导致承包商的施工现场人员不足,需另雇工人;也可能会导致承包商的施工机械设备失调,工程量的增加,往往要求承包商增加新型号的施工机械设备,或增加机械设备数量等。

3. 合同中存在的矛盾和缺陷

合同矛盾和缺陷常表现为合同文件规定不严谨，合同中有遗漏或错误，这些矛盾常反映为设计与施工规定相矛盾，技术规范和设计图纸不符合或相矛盾，以及一些商务和法律条款规定有缺陷等。

4. 恶劣的现场自然条件

恶劣的现场自然条件是一般有经验的承包商事先无法合理预料的，这需要承包商花费更多的时间和金钱去克服和除掉这些障碍与干扰。因此，承包商有权据此向发包人提出索赔要求。

5. 参与工程建设主体的多元性

由于工程参与单位多，一个工程项目往往会有发包人、总包商、监理人、分包商、指定分包商、材料设备供应商等众多参加单位，各方面的技术、经济关系错综复杂，相互联系又相互影响，只要一方失误，不仅会造成自己的损失，而且会影响其他合作者，造成他人损失，从而导致索赔和争执。

六、索赔证据

1. 索赔证据的要求

(1) 及时性：既然干扰事件已发生，又意识到需要索赔，就应在有效时间内提出索赔意向。在规定的时间内报告事件的发展影响情况，提交索赔的详细额外费用计算账单，对发包人或工程师提出的疑问及时补充有关材料。如果拖延太久，将增加索赔工作的难度。

(2) 真实性：索赔证据必须是在实际过程中产生，完全反映实际情况，能经得住对方的推敲。由于在工程过程中合同双方都在进行合同管理，收集工程资料，所以双方应有相同的证据。使用不实的、虚假的证据是违反商业道德甚至法律的。

(3) 全面性：所提供的证据应能说明事件的全过程。索赔报告中所涉及的干扰事件、索赔理由、索赔值等都应有相应的证据，不能凌乱和支离破碎，否则发包人将退回索赔报告，要求重新补充证据。这会拖延索赔的解决，损害承包商在索赔中的有利地位。

(4) 关联性：索赔的证据应当能互相说明，相互具有关联性，不能互相矛盾。

(5) 法律证明效力：索赔证据必须有法律证明效力，特别对准备递交仲裁的索赔报告更要注意这一点。

1)证据必须是当时的书面文件,一切口头承诺、口头协议不算。

2)合同变更协议必须由双方签署,或以会谈纪要的形式确定,且为决定性决议。一切商讨性、意向性的意见或建议都不算。

3)工程中的重大事件、特殊情况的记录、统计应由工程师签署认可。

2. 索赔证据的种类

(1)招标文件、工程合同、发包人认可的施工组织设计、工程图纸、技术规范等。

(2)工程各项有关的设计交底记录、变更图纸、变更施工指令等。

(3)工程各项经发包人或合同中约定的发包人现场代表或监理人签认的签证。

(4)工程各项往来信件、指令、信函、通知、答复等。

(5)工程各项会议纪要。

(6)施工计划及现场实施情况记录。

(7)施工日报及工长工作日志、备忘录。

(8)工程送电、送水、道路开通、封闭的日期及数量记录。

(9)工程停电、停水和干扰事件影响的日期及恢复施工的日期记录。

(10)工程预付款、进度款拨付的数额及日期记录。

(11)工程图纸、图纸变更、交底记录的送达份数及日期记录。

(12)工程有关施工部位的照片及录像等。

(13)工程现场气候记录,如有关天气的温度、风力、雨雪等。

(14)工程验收报告及各项技术鉴定报告等。

(15)工程材料采购、订货、运输、进场、验收、使用等方面的凭据。

(16)国家和省级或行业建设主管部门有关影响工程造价、工期的文件、规定等。

3. 索赔时效的功能

索赔时效是指合同履行过程中,索赔方在索赔事件发生后的约定期限内不行使索赔权即视为放弃索赔权利,其索赔权归于消灭的制度。其功能主要表现在以下两点:

(1)促使索赔权利人及时行使权利。法律不保护"躺在权利上睡觉的人"。索赔时效是时效制度中的一种,类似于民法中的诉讼时效,即超过法定时间,权利人不主张自己的权利,则诉讼权消灭,人民法院不再对该实体权利强制进行保护。

(2)平衡发包人与承包人的利益。有的索赔事件持续时间短暂,事后难以复原(如异常的地下水位、隐蔽工程等),发包人在时过境迁后难以查找到有力证据来确认责任归属或准确评估所需金额。如果不对时效加以限制,允许承包人隐瞒索赔意图,将置发包人于不利状况。而索赔时效则平衡了发承包双方利益。一方面,索赔时效届满,即视为承包人放弃索赔权利,发包人可以此作为证据的代用,避免举证的困难;另一方面,只有促使承包人及时提出索赔要求,才能警示发包人充分履行合同义务,避免类似索赔事件的再次发生。

七、承包人的索赔及索赔处理

(一)承包人的索赔

根据合同约定,承包人认为有权得到追加付款和(或)延长工期的,应按以下程序向发包人提出索赔:

1. 发出索赔意向通知

承包人应在知道或应当知道索赔事件发生后28天内,向监理人递交索赔意向通知书,并说明发生索赔事件的事由;承包人未在前述28天内发出索赔意向通知书的,丧失要求追加付款和(或)延长工期的权利。

一般索赔意向通知仅仅是表明意向,应写得简明扼要,涉及索赔内容但不涉及索赔数额。通常包括以下几个方面的内容:

(1)事件发生的时间和情况的简单描述。
(2)合同依据的条款和理由。
(3)有关后续资料的提供,包括及时记录和提供事件发展的动态。
(4)对工程成本和工期产生的不利影响的严重程度,以期引起工程师(发包人)的注意。

2. 索赔资料准备

监理人和发包人一般都会对承包人的索赔提出一些质疑,要求承包人做出解释或出具有力的证明材料。主要包括:

(1)施工日志。应指定有关人员现场记录施工中发生的各种情况,包括天气、出工人数、设备数量及使用情况、进度情况、质量情况、安全情况、监理人在现场有什么指示、进行了什么试验、有无特殊干扰施工的情况、遇到了什么不利的现场条件、多少人员参观了现场等等。这种现场记录和日志有利于及时发现和正确分析索赔,可能成为索赔的重要证明材料。

(2)来往信件。对与监理人、发包人和有关政府部门、银行、保险公司的来往信函，必须认真保存，并注明发送和收到的详细时间。

(3)气象资料。在分析进度安排和施工条件时，天气是应考虑的重要因素之一，因此，要保存一份真实、完整、详细的天气情况记录，包括气温、风力、湿度、降雨量、暴风雪、冰雹等。

(4)备忘录。承包人对监理人和发包人的口头指示和电话应随时用书面记录，并签字给予书面确认。事件发生和持续过程中的重要情况也都应有记录。

(5)会议纪要。承包人、发包人和监理人举行会议时要做好详细记录，对其主要问题形成会议纪要，并由会议各方签字确认。

(6)工程照片和工程声像资料。这些资料都是反映工程客观情况的真实写照，也是法律承认的有效证据，对重要工程部位应拍摄有关资料并妥善保存。

(7)工程进度计划。承包人编制的经监理人或发包人批准同意的所有工程总进度、年进度、季进度、月进度计划都必须妥善保管，任何有关工期延误的索赔中，进度计划都是非常重要的证据。

(8)工程核算资料。所有人工、材料、机械设备使用台账，工程成本分析资料，会计报表，财务报表，货币汇率，现金流量，物价指数，收付款票据，都应分类装订成册，这些都是进行索赔费用计算的基础。

(9)工程报告。包括工程试验报告、检查报告、施工报告、进度报告、特别事件报告等。

(10)工程图纸。工程师和发包人签发的各种图纸，包括设计图、施工图、竣工图及其相应的修改图，承包人应注意对照检查和妥善保存。对于设计变更索赔，原设计图和修改图的差异是索赔最有力的证据。

(11)招投标阶段有关现场考察资料，各种原始单据(工资单，材料设备采购单)，各种法规文件，证书证明等，都应积累保存，它们都有可能是某项索赔的有力证据。

3. 编写索赔报告

索赔报告是承包人在合同规定的时间内向监理人提交的要求发包人给予一定经济补偿和延长工期的正式书面报告。索赔报告的水平与质量如何，直接关系到索赔的成败与否。

编写索赔报告时，应注意以下几个问题：

(1)索赔报告的基本要求。

1) 说明索赔的合同依据。即基于何种理由有资格提出索赔要求。

2) 索赔报告中必须有详细准确的损失金额及时间的计算。

3) 要证明客观事实与损失之间的因果关系，说明索赔事件前因后果的关联性，要以合同为依据，说明发包人违约或合同变更与引起索赔的必然性联系。如果不能有理有据说明因果关系，而仅在事件的严重性和损失的巨大上花费过多的笔墨，对索赔的成功都无济于事。

(2) 索赔报告必须准确。编写索赔报告是一项比较复杂的工作，须有一个专门的小组和各方的大力协助才能完成。索赔报告应有理有据，准确可靠，应注意以下几点：

1) 责任分析应清楚、准确。

2) 索赔值的计算依据要正确，计算结果应准确。

3) 用词应委婉、恰当。

(3) 索赔报告的内容。在实际承包工程中，索赔报告通常包括以下三个部分：

第一部分：承包人或其授权人致发包人或工程师的信函。信中简要介绍索赔的事项、理由和要求，说明随函所附的索赔报告正文及证明材料情况等。

第二部分：索赔报告正文。针对不同格式的索赔报告，其形式可能不同，但实质性的内容相似，一般主要包括：

1) 题目。简要地说明针对什么提出索赔。

2) 索赔事件陈述。叙述事件的起因，事件经过，事件过程中双方的活动，事件的结果，重点叙述我方按合同所采取的行为，对方不符合合同的行为。

3) 理由。总结上述事件，同时引用合同条文或合同变更和补充协议条文，证明对方行为违反合同或对方的要求超过合同规定，造成了该项事件，有责任对此造成的损失做出赔偿。

4) 影响。简要说明事件对承包人施工过程的影响，而这些影响与上述事件有直接的因果关系。重点围绕由于上述事件原因造成的成本增加和工期延长。

5) 结论。对上述事件的索赔问题做出最后总结，提出具体索赔要求，包括工期索赔和费用索赔。

第三部分：附件。该报告中所列举事实、理由、影响的证明文件和各种计算基础、计算依据的证明文件。

4. 递交索赔报告

承包人应在发出索赔意向通知书后 28 天内,向监理人正式递交索赔报告;索赔报告应详细说明索赔理由以及要求追加的付款金额和(或)延长的工期,并附必要的记录和证明材料;索赔事件具有持续影响的,承包人应按合理时间间隔继续递交延续索赔通知,说明持续影响的实际情况和记录,列出累计的追加付款金额和(或)工期延长天数;在索赔事件影响结束后 28 天内,承包人应向监理人递交最终索赔报告,说明最终要求索赔的追加付款金额和(或)延长的工期,并附必要的记录和证明材料。

(二)对承包人索赔的处理

1. 索赔审查

索赔的审查,是当事双方在承包合同基础上,逐步分清在某些索赔事件中的权利和责任以使其数量化的过程。监理人应在收到索赔报告后 14 天内完成审查并报送发包人。

(1)工程师审核承包人的索赔申请。接到承包人的索赔意向通知后,工程师应建立自己的索赔档案,密切关注事件的影响,检查承包人的同期记录时,随时记录内容提出不同意见或希望应予以增加的记录项目。

在接到正式索赔报告之后,认真研究承包人报送的索赔资料。

1)在不确认责任归属的情况下,客观分析事件发生的原因,重温合同的有关条款,研究承包人的索赔证据,并检查其同期记录。

2)通过对事件的分析,工程师再依据合同条款划清责任界限,必要时还可以要求承包人进一步提供补充资料。

3)再审查承包人提出的索赔补偿要求,剔除其中的不合理部分,拟定自己计算的合理索赔数额和工期顺延天数。

(2)判定索赔成立的原则。工程师判定承包人索赔成立的条件为:

1)与合同相对照,事件已造成了承包人施工成本的额外支出或总工期延误。

2)造成费用增加或工期延误的原因,按合同约定不属于承包人应承担的责任,包括行为责任和风险责任。

3)承包人按合同规定的程序提交了索赔意向通知和索赔报告。

上述三个条件没有先后主次之分,应当同时具备。只有工程师认定索赔成立后,才处理应给予承包人的补偿额。

(3)审查索赔报告。

1)事态调查。通过对合同实施的跟踪、分析了解事件经过、前因后果,掌握事件详细情况。

2)损害事件原因分析。即分析索赔事件是由何种原因引起,责任应由谁来承担。在实际工作中,损害事件的责任有时是多方面原因造成,故必须进行责任分解,划分责任范围,按责任大小承担损失。

3)分析索赔理由。主要依据合同文件判明索赔事件是否属于未履行合同规定义务或未正确履行合同义务导致,是否在合同规定的赔偿范围之内。只有符合合同规定的索赔要求才有合法性,才能成立。

4)实际损失分析。即分析索赔事件的影响,主要表现为工期的延长和费用的增加。如果索赔事件不造成损失,则无索赔可言。损失调查的重点是分析、对比实际和计划的施工进度,工程成本和费用方面的资料,在此基础上核算索赔值。

5)证据资料分析。主要分析证据资料的有效性、合理性、正确性,这也是索赔要求有效的前提条件。如果在索赔报告中提不出证明其索赔理由、索赔事件的影响、索赔值的计算等方面的详细资料,索赔要求是不能成立的。如果工程师认为承包人提出的证据不能足以说明其要求的合理性时,可以要求承包人进一步提交索赔的证据资料。

(4)工程师可根据自己掌握的资料和处理索赔的工作经验就以下问题提出质疑:

1)索赔事件不属于发包人和监理人的责任,而是第三方的责任。

2)事实和合同依据不足。

3)承包人未能遵守意向通知的要求。

4)合同中的开脱责任条款已经免除了发包人补偿的责任。

5)索赔是由不可抗力引起的,承包人没有划分和证明双方责任的大小。

6)承包人没有采取适当措施避免或减少损失。

7)承包人必须提供进一步的证据。

8)损失计算夸大。

9)承包人以前已明示或暗示放弃了此次索赔的要求等。

2. 出具经发包人签认的索赔处理结果

发包人应在监理人收到索赔报告或有关索赔的进一步证明材料后的

28 天内,由监理人向承包人出具经发包人签认的索赔处理结果。发包人逾期答复的,则视为认可承包人的索赔要求。

工程师经过对索赔文件的评审,与承包人进行较充分的讨论后,应提出对索赔处理决定的初步意见,并参加发包人和承包人之间的索赔谈判,根据谈判达成索赔最后处理的一致意见。

如果索赔在发包人和承包人之间未能通过谈判得以解决,可将有争议的问题进一步提交工程师决定。如果一方对工程师的决定不满意,双方可寻求其他友好解决方式,如中间人调解、争议评审团评议等。友好解决无效,一方可将争端提交仲裁或诉讼。

(三)提出索赔的期限

(1)承包人按约定接收竣工付款证书后,应被视为已无权再提出在工程接收证书颁发前所发生的任何索赔。

(2)承包人按提交的最终结清申请单,只限于提出工程接收证书颁发后发生的索赔。提出索赔的期限自接受最终结清证书时终止。

八、发包人的索赔及索赔处理

1. 发包人的索赔

根据合同约定,发包人认为有权得到赔付金额和(或)延长缺陷责任期的,监理人应向承包人发出通知并附有详细的证明。

发包人应在知道或应当知道索赔事件发生后 28 天内通过监理人向承包人提出索赔意向通知书,发包人未在前述 28 天内发出索赔意向通知书的,丧失要求赔付金额和(或)延长缺陷责任期的权利。发包人应在发出索赔意向通知书后 28 天内,通过监理人向承包人正式递交索赔报告。

2. 对发包人索赔的处理

(1)承包人收到发包人提交的索赔报告后,应及时审查索赔报告的内容、查验发包人证明材料。

(2)承包人应在收到索赔报告或有关索赔的进一步证明材料后 28 天内,将索赔处理结果答复发包人。如果承包人未在上述期限内做出答复的,则视为对发包人索赔要求的认可。

(3)承包人接受索赔处理结果的,发包人可从应支付给承包人的合同价款中扣除赔付的金额或延长缺陷责任期;发包人不接受索赔处理结果的,按争议解决约定处理。

九、索赔策略与技巧

1. 索赔策略

(1) 确定索赔目标，防范索赔风险。

1) 承包人的索赔目标是指承包人对索赔的基本要求，可对要达到的目标进行分解，按难易程度排队，并大致分析它们各自实现的可能性，从而确定最低、最高目标。

2) 分析实现目标的风险状况，如能否在索赔有效期内及时提出索赔，能否按期完成合同规定的工程量，按期交付工程，能否保证工程质量等等。总之，要注意对索赔风险的防范，否则会影响索赔目标的实现。

(2) 分析承包人的经营战略。承包人的经营战略直接制约着索赔的策略和计划。在分析发包人情况和工程所在地情况以后，承包人应考虑有无可能与发包人继续进行新的合作，是否在当地继续扩展业务，承包人与发包人之间的关系对在当地开展业务有何影响等。

这些问题决定着承包人的整个索赔要求和解决的方法。

(3) 分析被索赔方的兴趣与利益。分析被索赔方的兴趣和利益所在，要让索赔在友好和谐的气氛中进行。处理好单项索赔和一揽子索赔的关系，对于理由充分而重要的单项索赔应力争尽早解决，对于发包人坚持后未解决的索赔，要按发包人意见认真积累有关资料，为一揽子解决准备充分的材料。要根据对方的利益所在，对双方感兴趣的地方，承包人在不过多损害自己利益的情况下作适当让步，打破问题的僵局。在责任分析和法律分析方面要适当，在对方愿意接受索赔的情况下，不要得理不让人，否则反而达不到索赔目的。

(4) 分析谈判过程。索赔谈判是承包人要求业主承认自己的索赔，承包人处于很不利的地位，如果谈判一开始就气氛紧张，情绪对立，有可能导致发包人拒绝谈判，使谈判旷日持久，这是最不利于解决索赔问题的。谈判应从发包人关心的议题入手，从发包人感兴趣的问题开谈，稳扎稳打，并始终注意保持友好和谐的谈判气氛。

(5) 分析对外关系。利用与监理人、设计单位、发包人的上级主管部门对发包人施加影响，往往比与发包人直接谈判更有效。承包人要与这些单位搞好关系，取得他们的同情和支持，并与发包人沟通。这就要求承包人对这些单位的关键人物进行分析，同他们搞好关系，利用他们同发包人的微妙关系从中斡旋、调停，使索赔达到十分理想的效果。

2. 索赔技巧

(1)及早发现索赔机会。作为一个有经验的承包人,在投标报价时就应考虑到将来可能要发生索赔的问题,要仔细研究招标文件中的合同条款和规范,仔细查勘施工现场,探索可能索赔的机会,在报价时要考虑索赔的需要。在进行单价分析时,应列入生产效率,把工程成本与投入资源的效率结合起来。这样,在施工过程中论证索赔原因时,可引用效率降低来论证索赔的根据。

(2)商签好合同协议。在商签合同过程中,承包人应对明显把重大风险转嫁给自己的合同条件提出修改的要求,对其达成修改的协议应以"谈判纪要"的形式写出,作为该合同文件的有效组成部分。

(3)对口头变更指令要得到确认。工程师常常乐于用口头形式指令工程变更,如果承包人不对工程师的口头指令予以书面确认,就进行变更工程的施工,一旦有的工程师矢口否认,拒绝承包人的索赔要求,承包人就会有苦难言。

(4)及时发出"索赔通知书"。一般合同规定,索赔事件发生后的一定时间内,承包人必须送出"索赔通知书",过期无效。

(5)索赔事由论证要充足。承包合同通常规定,承包人在发出"索赔通知书"后,每隔一定时间,应报送一次证据资料,在索赔事件结束后的28日内报送总结性的索赔计算及索赔论证,提交索赔报告。索赔报告一定要令人信服,经得起推敲。

(6)索赔计价方法和款额要适当。索赔计算时采用"附加成本法"容易被对方接受,因为这种方法只计算索赔事件引起的计划外的附加开支,计价项目具体,使经济索赔能较快得到解决。另外索赔计价不能过高,要价过高容易让对方发生反感,使索赔报告束之高阁,长期得不到解决。另外还有可能让发包人准备周密的反索赔计价,以高额的反索赔对付高额的索赔,使索赔工作更加复杂化。

(7)力争单项索赔,避免一揽子索赔。单项索赔事件简单,容易解决,而且能及时得到支付。一揽子索赔复杂,金额大,不易解决,往往到工程结束后还得不到付款。

(8)坚持采用"清理账目法"。承包人往往只注意接受发包人按月结算索赔款,而忽略了索赔款的不足部分,没有以文字的形式保留自己今后应获得不足部分款额的权利,等于同意并承认了发包人对该项索赔的付款,以后再无权追索。

(9)力争友好解决,防止对立情绪。索赔争端是难免的,如果遇到争端不能理智地协商讨论问题,就会使一些本来可以解决的问题悬而未决。承包人尤其要头脑冷静,防止对立情绪,力争友好解决索赔争端。

(10)注意同工程师搞好关系。工程师是处理解决索赔问题的公正的第三方,注意同工程师搞好关系,争取工程师的公正裁决,竭力避免仲裁或诉讼。

参 考 文 献

[1] 中华人民共和国住房和城乡建设部. GB 50500—2013 建设工程工程量清单计价规范[S]. 北京:中国计划出版社,2013.
[2] 规范编制组. 2013 建设工程计价计量规范辅导[M]. 北京:中国计划出版社,2013.
[3] 中华人民共和国住房和城乡建设部. GB 50856—2013 通用安装工程工程量计算规范[S]. 北京:中国计划出版社,2013.
[4] 陈建国. 工程计量与造价管理[M]. 上海:同济大学出版社,2001.
[5] 张凌云. 工程造价控制[M]. 北京:中国建筑工业出版社,2004.
[6] 《造价工程师实务手册》编写组. 造价工程师实务手册[M]. 北京:机械工业出版社,2006.
[7] 李建峰. 工程计价与造价管理[M]. 北京:中国电力出版社,2005.
[8] 张月明,等. 工程量清单计价及示例[M]. 北京:中国建筑工业出版社,2004.
[9] 建设部人事教育司,城市建设司. 造价员专业与实务[M]. 北京:中国建筑工业出版社,2006.
[10] 姬晓辉. 工程造价管理[M]. 武汉:武汉大学出版社,2004.
[11] 陶学明,等. 工程造价计价与管理[M]. 北京:中国建筑工业出版社,2004.

我们提供

图书出版、图书广告宣传、企业/个人定向出版、设计业务、企业内刊等外包、代选代购图书、团体用书、会议、培训,其他深度合作等优质高效服务。

编辑部	图书广告	出版咨询	图书销售	设计业务
010-68343948	010-68361706	010-68343948	010-88386906	010-88376510转1008

邮箱: jccbs-zbs@163.com　　网址: www.jccbs.com.cn

发展出版传媒　　服务经济建设

传播科技进步　　满足社会需求

(版权专有,盗版必究。未经出版者预先书面许可,不得以任何方式复制或抄袭本书的任何部分。举报电话: 010-68343948)